国家"双高计划"高水平专业群建设成果系列教材 ◆ 信息安全技术应用专业

U0161929

网络互联技术

朱壮普 主 编

陈 炯 李树文 副主编

电子工业出版社
Publishing House of Electronics Industry
北京·BEIJING

内 容 简 介

本书基于华为交换机、路由器等数据通信产品，以网络实际需求为导向，以 eNSP 为主要实践平台来组织教学内容。内容对标岗位技能要求，对接华为数通网络工程师初、中级认证及 1+X 认证体系，对接技能大赛规范标准，在"岗、课、赛、证"多元融通模式上进行了积极尝试。课程结构科学合理，既体现出系统性、全面性，又重视新技术、新规范的融入；在强化实践技能培养的同时，重视创造性思维能力和职业道德的培养。

本书包括 7 个模块（VRP 基础、交换技术、路由技术、网络安全技术、广域网技术、IPv6 技术、网络优化技术），包含 37 个任务，系统地介绍了网络系统运维相关知识点和技能点。

本书可作为高职高专院校计算机网络技术、信息安全技术应用、计算机应用技术及其他计算机相关专业的教学用书，也可作为网络工程技术人员的参考用书。

图书在版编目（CIP）数据

网络互联技术 / 朱壮普主编.—北京：电子工业出版社，2023.6

ISBN 978-7-121-44932-1

Ⅰ．①网… Ⅱ．①朱… Ⅲ．①互联网络－高等学校－教材 Ⅳ．①TP393.4

中国国家版本馆 CIP 数据核字（2023）第 015973 号

责任编辑：魏建波　　　　　　特约编辑：田学清
印　　刷：三河市鑫金马印装有限公司
装　　订：三河市鑫金马印装有限公司
出版发行：电子工业出版社
　　　　　北京市海淀区万寿路 173 信箱　　　邮编：100036
开　　本：787×1092　　1/16　　印张：22.5　　字数：635 千字
版　　次：2023 年 6 月第 1 版
印　　次：2023 年 9 月第 2 次印刷
定　　价：62.00 元

前　言

互联网作为各产业领域应用和融合的基础，需要进一步加快网络基础设施建设，修好修宽"网络高速公路"，不断扩大网络覆盖广度，更好地满足新兴产业发展的需要。在此背景下，一方面，网络技术人才，尤其是网络系统运维和建设的高精尖人才，需求量巨大；另一方面，基于网络技术与各产业领域的紧密结合，人才需求趋于综合型和复合型，具备网络技术背景的人才在技术转型中更具优势。

通过学习本书，读者能够加深对网络体系及概念的理解；了解现代企业网络的硬件组成、技术需求；掌握交换机、路由器等网络设备的配置技术；具备一定的网络系统运维能力。希望本书能够为网络运维工程师、网络调试员等岗位的从业者提供帮助。

本书遵循理论联系实际的原则，取材合适，深度适宜，系统、全面地阐述了与网络系统运维相关的知识点和技能点，具有如下特色。

（1）探索和实践"岗、课、赛、证"多元融通模式。内容对接企业岗位标准，体现岗位能力要求；对接华为数通网络工程师初、中级认证及 1+X 认证体系，符合职业技能等级考试要求；对接全国职业院校技能大赛网络技术赛项标准和规范要求，引领课程教学改革。

（2）内容对接全国职业院校技能大赛网络技术赛项相关标准和规范要求。

（3）内容理论联系实践，注重实践技能的学习，设计了大量实验案例，支撑学生实践练习。

（4）内容组织依据网络系统运维相关知识和技能要求，梳理了 7 个教学模块，由浅入深，循序渐进，结构严谨。

（5）图文并茂，设计规范，叙述简明扼要，充分符合高职学生的认知规律。

（6）基于智慧树平台承载课程资源，提供了电子课件、实训手册、教学视频、试题库及各类拓展资源，方便在线学习。

本书由山西职业技术学院朱壮普任主编，负责全书的策划、统稿；山西职业技术学院陈炯、山西工程职业学院李树文任副主编，负责全书内容的审议；山西职业技术学院苏彬、范月祺、何峰、李严伟、石永慧、连娜、郝江等老师协同山西工程职业技术学院韩卫红、李立峰，太原城市职业技术学院吕金锐，晋中职业技术学院高海燕，运城职业技术大学李茂林、王波参与了本书编写工作。

本书在编写过程中得到了电子工业出版社编辑的悉心指导和华为技术有限公司的技术校对，在此表示感谢。

由于编者水平有限，书中难免存在疏漏和不足，敬请广大读者批评指正。

编　者
2022 年 10 月

本书常用图标

通用交换机

核心交换机

汇聚交换机

接入交换机

通用路由器

核心路由器

高端路由器

中低端路由器

PC

服务器

WWW 服务器

FTP 服务器

网络云

因特网

广域网

局域网

目 录

模块一

VRP 基础

 概述

　　VRP（Versatile Routing Platform，通用路由平台）是华为公司具有完全自主知识产权的网络操作系统。VRP 以 IP 业务为核心，可以实现组件化的体系结构，为用户提供了统一的用户界面和管理界面，为 IT 从业者的学习提供了极大便利。

　　本模块基于华为模拟器 eNSP（Enterprise Network Simulation Platform），介绍 VRP 命令行界面（Command- Line Interface，CLI）的配置方法、VRP 设备文件管理等常用操作。

学习目标

一、知识目标

（1）熟悉 eNSP 的功能。

（2）熟悉 VRP CLI 的语法格式、基础命令及配置方法。

（3）掌握 VRP 设备文件管理的基本流程和配置方法。

二、技能目标

（1）能够安装和使用 eNSP。

（2）能够基于 CLI 完成常用基础命令的配置。

（3）能够完成系统升级、配置文件备份及还原等操作。

任务规划

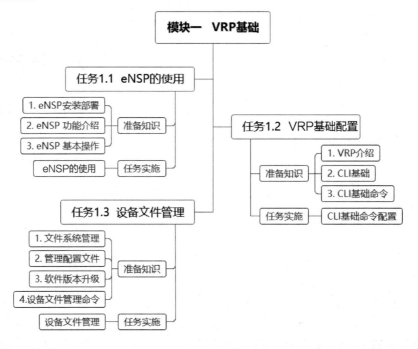

任务 1.1　eNSP 的使用

1.1.1　任务背景

使用 eNSP，一方面可以熟悉产品特性，强化技能；另一方面可以模拟实际项目环境，测试设计方案，为后期工程项目的顺利实施做好准备。

本任务介绍 eNSP 的功能及使用方法。

1.1.2　准备知识

1．eNSP 安装部署

1）eNSP 介绍

eNSP 是一款由华为提供的免费的、可扩展的、图形化的网络设备仿真平台，主要对企业网络的路由器、交换机、WLAN、防火墙等设备进行软件仿真，可以完美呈现真实设备部署场景，有效地开展实验练习。

eNSP 主要功能特色如下。

（1）图形化操作。eNSP 提供便捷的图形化操作界面，让复杂的组网操作变得简单，可以直观展现设备形态，并且支持一键获取帮助和在华为网站查询设备资料。

（2）高仿真度。eNSP 按照真实设备支持特性情况进行模拟，模拟的设备形态多，支持的功能全面，仿真的程度高。

（3）可与真实设备对接。eNSP 支持绑定真实网卡，可以实现模拟设备与真实设备的对接，组网更灵活。

（4）支持分布式部署。eNSP 既支持单机部署，也支持基于分布式部署构建复杂的大型网络。

2）eNSP 及依赖软件

eNSP 的正常使用需依赖 WinPcap、Wireshark 和 VirtualBox 三款软件，如表 1.1.1 所示。

表 1.1.1　eNSP 依赖软件信息

软件名称	版本要求	描述
WinPcap	4.1.3	公共的网络访问系统，提供访问网络底层的能力
Wireshark	2.6.6 及以上	网络封包分析软件，用于支持 eNSP 的抓包功能
VirtualBox	4.2.X～5.2.X	虚拟机软件，用于支持 eNSP 中的路由器等设备的使用

建议安装 eNSP 前先安装依赖软件，否则将影响部分功能的使用。

本书使用的软件版本分别为 eNSP-V100R003C00SPC100、WinPcap 4.1.3、VirtualBox 5.2.22、Wireshark win64 3.0.0。

3）软件安装

eNSP 部署在 Windows 系统平台上，由于每台虚拟设备都会占用一定内存资源，建议计算机配置不低于 CPU 4 核 3.2GHz，内存 8GB，以保证在中型和大型网络拓扑环境下实验操作的流畅性。eNSP 安装步骤如下。

（1）安装三款依赖软件。其中，VirtualBox 不要安装在包含非英文字符的目录中。若没有特殊要求，采用默认设置安装即可。

（2）安装 eNSP，步骤如下。

步骤 1：运行 eNSP 安装程序，在"选择安装语言"对话框中的"选择在安装期间需要使用的语言"下拉列表中选择"中文（简体）"选项，如图 1.1.1 所示。单击"确定"按钮，进入安装向导欢迎界面，如图 1.1.2 所示。

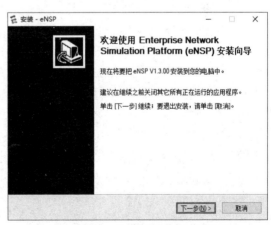

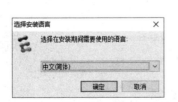

图 1.1.1　"选择安装语言"对话框　　　　　图 1.1.2　安装向导欢迎界面

步骤 2：单击"下一步"按钮，进入"许可协议"界面，选择"我愿意接受此协议"单选按钮，如图 1.1.3 所示。

步骤 4：单击"下一步"按钮，进入"选择目标位置"界面，设置 eNSP 安装路径（整个安装路径不能包含非英文字符），如图 1.1.4 所示。

步骤 5：单击"下一步"按钮，进入"选择开始菜单文件夹"界面，指定 eNSP 快捷方式的存放位置，如图 1.1.5 所示。

图 1.1.3 "许可协议"界面

图 1.1.4 "选择目标位置"界面

步骤 6：单击"下一步"按钮，进入"选择附加任务"界面，勾选"创建桌面快捷图标"复选框，创建桌面快捷方式，如图 1.1.6 所示。

图 1.1.5 "选择开始菜单文件夹"界面

图 1.1.6 "选择附加任务"界面

步骤 7：单击"下一步"按钮，进入"选择安装其他程序"界面，这里会列出需要安装的依赖软件。此处所有依赖软件已经安装好，系统自动检测并列出，如图 1.1.7 所示。若之前未安装依赖软件，用户需要在此界面中选择并进行依赖软件的安装。

步骤 8：单击"下一步"按钮，进入"准备安装"界面，这里会列出 eNSP 程序的相关安装信息，如图 1.1.8 所示。

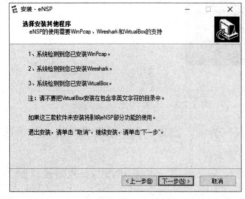

图 1.1.7 "选择安装其他程序"界面

图 1.1.8 "准备安装"界面

步骤 9：单击"安装"按钮，开始安装 eNSP。"正在安装"界面如图 1.1.9 所示。

步骤 10：安装完成后，进入"正在完成 eNSP 安装向导"界面，可以根据需要勾选或取消勾选"运行 eNSP"复选框和"显示更新日志"复选框，如图 1.1.10 所示。

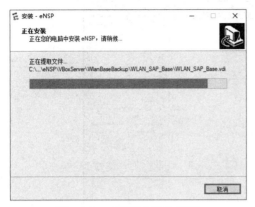

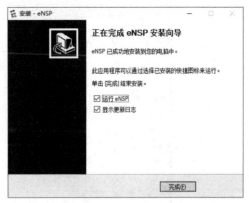

图 1.1.9 "正在安装"界面　　　　图 1.1.10 "正在完成 eNSP 安装向导"界面

2．eNSP 功能介绍

1）引导界面

运行 eNSP，进入引导界面，引导界面分为四个区域，如图 1.1.11 所示。引导界面各区域描述如表 1.1.2 所示。

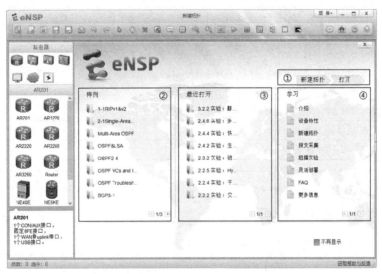

图 1.1.11 引导界面

表 1.1.2 引导界面各区域描述

序号	区域名称	描述
①	快捷按钮	提供新建拓扑和打开拓扑的操作入口
②	样例	提供常用的拓扑案例
③	最近打开	显示最近浏览的拓扑文件名称
④	学习	提供 eNSP 操作方法

2）主界面

关闭引导界面，显示主界面。主界面分为五个区域，如图 1.1.12 所示。主界面各区域描述如

表 1.1.3 所示。

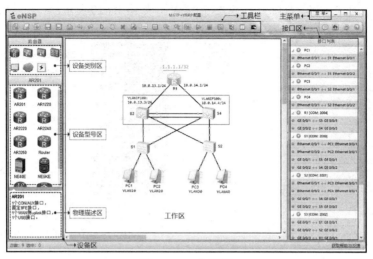

图 1.1.12　主界面

表 1.1.3　主界面各区域描述

区域名称	描述
主菜单	提供"文件"菜单、"编辑"菜单、"视图"菜单、"工具"菜单、"考试"菜单和"帮助"菜单
工具栏	提供新建拓扑、删除拓扑、导工程项目入、启动设备、关闭设备、抓包数据和开启 CLI 等常用功能，如图 1.1.13 所示
设备区	分为三个子区域。 设备类别区：包括设备、终端、桥接工具和连接线。 设备型号区：显示对应设备类别的所有设备型号。 物理描述区：描述选定设备的端口或说明线缆的连接
工作区	在此区域创建网络拓扑，构建环境
端口区	显示拓扑中的设备间互连端口的信息

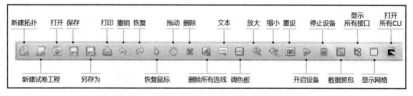

图 1.1.13　工具栏中的图标功能注释

3．eNSP 基本操作

1）新建拓扑

（1）添加设备。

① 单击工具栏中的"新建拓扑"图标，显示空白工作区。

② 在设备类别区选择设备类型。

③ 在设备型号区选择对应型号设备（此时鼠标指针为设备图标，右击或按 Esc 键可取消）。

④ 在工作区中单击，添加选中的设备；或者直接将所选设备拖曳至工作区。

（2）设备连接。

① 在设备类别区将设备类型设置为线缆。

② 在设备型号区设置型号为 auto 或其他具体类型。选择 auto 后，系统会根据设备接口类型自动匹配线缆，并选择设备可用的最小编号的接口进行连接。如果选择具体线缆类型，那么用户可以自行选择接口进行连接。

（3）删除设备。

选中一个或多个设备图标，右击，在弹出的快捷菜单中选择"删除"命令；或者单击工具栏中的"删除"图标，该设备的所有连接将被清除。

（4）删除连接。

先单击工具栏中的"删除"图标，然后单击要删除的连接；或者直接选中要删除的连接，右击，在弹出的快捷菜单中选择"删除连接"命令。

2）设备配置

（1）设备启动。

设备默认为关机状态，在配置设备前需要启动设备。选中设备图标，单击工具栏中的"开启设备"图标；或者右击需要开启的设备图标，在弹出的快捷菜单中选择"启动"命令。如需要启动工作区中的所有设备，直接单击工具栏中的"开启设备"图标即可。若想关闭设备，则在选中设备图标后，单击工具栏中的"停止设备"图标；或者右击需要关闭的设备，在弹出的快捷菜单中选择"停止"命令。

需要指出的是，部分设备，如 CE 交换机、NE/CX 路由器及 USG 防火墙，在使用时只有导入对应设备包才可以运行。

（2）CLI。

网络设备启动后，通常采用 CLI 方式对设备进行配置（关于 CLI 的操作将在下文进行介绍）。双击设备图标；或者右击设备图标，在弹出的快捷菜单中选择"CLI"命令，进入单个设备的 CLI 配置界面。选中多个设备，右击，在弹出的快捷菜单中选择"CLI"命令，进入多个设备 CLI 配置界面。单击工具栏中的"打开所有 CLI"图标，将打开工作区中的所有网络设备的 CLI 配置界面。CLI 配置界面如图 1.1.14 所示。

图 1.1.14　CLI 配置界面

（3）设备设置。

右击设备图标，在弹出的快捷菜单中选择"设置"命令，进入设备配置界面。在"视图"选项卡中可以查看设备面板及 eNSP 支持的接口卡。在具有扩展插槽的设备上，可以通过添加接口卡来扩充设备的接口类型或数量。具体操作是，在"eNSP 支持的接口卡"区域选择合适的接口卡，将其直接拖曳至设备面板上对应的空闲插槽。如果需要删除某个接口卡，直接将设备面板上的接口卡拖回"eNSP 支持的接口卡"区域即可。需要注意的是，设备只有在关闭状态下才可以进行增加或删除接口卡操作。可以直接单击设备面板上的 ON/OFF 按钮进行开关操作。

"配置"选项卡显示的是设备的串口号。通过串口号，用户可以使用第三方调试工具连接 eNSP 中网络设备的 CLI 配置界面。串口号的范围为 2000～65535。工作区每台网络设备的串口号具有唯一性，默认从 2000 开始使用，即第一台设备的串口号为 2000，后续设备的串口号按顺序加 1。串口号可以修改，单击"应用"按钮生效。

3）终端 PC 配置

右击"PC"图标，选择"设置"选项，打开 PC 设置窗口。在"基础配置"选项卡中可以设置 IP 地址等网络参数，如图 1.1.15 所示，参数配置完成后单击"应用"按钮生效；在"命令行"选项卡中可以执行 ping 等网络测试命令，如图 1.1.16 所示；在"组播"选项卡中可以设置组播参数；在"UDP 发包工具"选项卡中可以定义 UDP 分片参数；在"串口"选项卡中可以连接网络设备 CLI 配置界面。

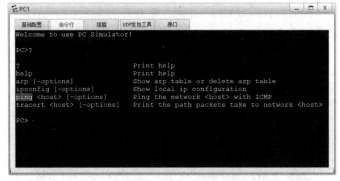

图 1.1.15   "基础配置"选项卡

图 1.1.16   "命令行"选项卡

4）终端 Client、Server 配置

在 Client 终端设置窗口中的"基础配置"选项卡中，可以设置客户端的 IPv4 网络参数、定义 ping 测试目的地址及发包次数，如图 1.1.17 所示；在"客户端信息"选项卡中，可以定义身份为 FtpClient 或 HttpClient，并可以进行服务访问测试，如图 1.1.18 所示；在"日志信息"选项卡中，可以查看客户端的记录及访问日志。

在 Server 终端设置窗口中的"基础配置"选项卡中，可以设置服务器的 IPv4 网络参数、定义 ping 测试目的地址及发包次数，如图 1.1.19 所示；在"服务器信息"选项卡中，可以定义身份为 DNSServer、FtpServer 或 HttpServer，并可以配置服务器参数，如图 1.1.20 所示；在"日志信息"选项卡中，可以查看服务器的记录及访问日志。

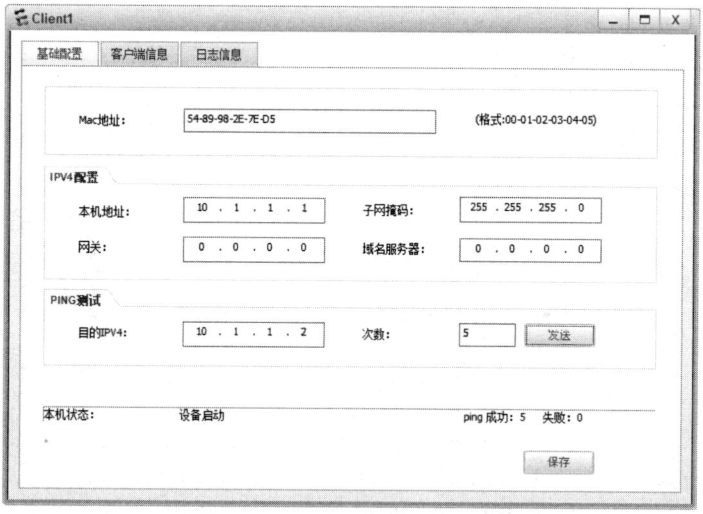

图 1.1.17 "基础配置"选项卡

图 1.1.18 "客户端信息"选项卡

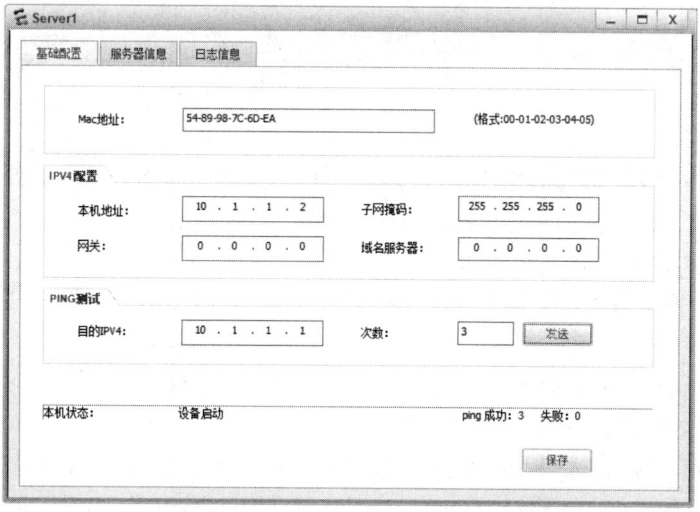

图 1.1.19 "基础配置"选项卡

图 1.1.20 "服务器信息"选项卡

5）数据实验

我们通过一个简单的实验案例，来熟悉 eNSP 的基本操作。实验拓扑如图 1.1.21 所示，该拓扑中的两台终端通过交换机互连，并通过配置终端的网络参数实现互通。

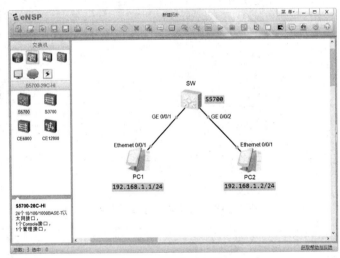

图 1.1.21 实验拓扑

操作步骤如下。

（1）构建拓扑。交换机选择 S5700，终端选择 PC，并进行设备连线。另外为完善拓扑信息，使用工具栏中的"文本"图标，对设备及终端进行标注说明。

（2）启动设备及 PC。

（3）配置 PC 网络参数。配置 PC1 的 IP 地址为 192.168.1.1/24，配置 PC2 的 IP 地址为 192.168.1.2/24。

（4）PC 使用 ping 命令进行连通性测试。在 PC1 的命令行窗口下执行 ping 192.168.1.2 命令，查看回显信息，如图 1.1.22 所示，测试为连通。

（5）实验保存，包括拓扑保存和配置信息保存。单击工具栏中的"保存"图标，可以对拓扑图进行保存，保存的文件名的后缀为.topo。终端的配置信息会随拓扑文件一起保存。设备的配置信息保存分为两种方式：一种方式是右击设备图标，在弹出的快捷菜单中选择"导出设备配置"

命令，系统以.cfg 格式存放配置文件。当再次运行实验拓扑时，需要在设备关机状态下，右击设备图标，在弹出的快捷菜单中，选择"导入设备配置"命令，手动加载已保存的配置文件后再启动设备。另一种方式是在设备 CLI 配置界面执行 save 命令保存配置信息，系统在保存拓扑文件的同时，会在同一目录下生成相应配置文件，再次启动实验时自动加载配置信息。

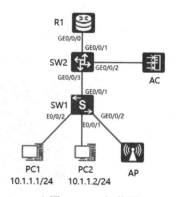

图 1.1.22　PC1 使用 ping 命令测试连通性

1.1.3　任务实施

1．任务目的

掌握 eNSP 的基本操作。

操作演示

2．任务描述

网络工程师张三主要负责网络系统集成项目的实施，在工作中会接触各类华为网络设备。使用 eNSP 熟悉模拟器的各项功能和操作，进而了解各类设备的特性和配置方法。

3．实施规划

1）拓扑图（见图 1.1.23）

2）操作流程

（1）按照拓扑图完成设备选型、设备连接、文本标注等操作。

（2）配置 PC1、PC2 网络参数并测试连通性。

4．具体步骤

（1）设备选型。

参考表 1.1.4 进行设备选型。

图 1.1.23　拓扑图

表 1.1.4　设备选型

设备名称	R1	SW1	SW2	AC	AP	终端（PC1/PC2）
设备选型	AR1220	S3700	S5700	AC6005	AP3030	PC

（2）设备连接。

按照如图 1.1.23 所示的拓扑图连接设备。

（3）文本标注。

按照如图 1.1.23 所示的拓扑图修改设备标签；添加文本，标注 PC1、PC2 的 IP 地址。

（4）设备启动及测试连通性。

启动设备及 PC 终端，终端按照如图 1.1.23 所示的拓扑图配置网络参数并测试连通性。

5. 实验测试

（1）对 PC1、PC2 使用 ipconfig 命令查看网络参数，如图 1.1.24 和图 1.1.25 所示。

图 1.1.24　PC1 网络参数

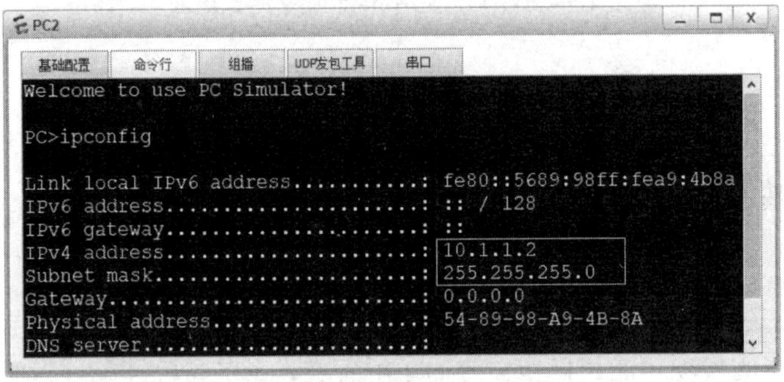

图 1.1.25　PC2 网络参数

（2）使用 ping 命令测试 PC1 与 PC2 的连通性，如图 1.1.26 所示。

图 1.1.26　使用 ping 命令测试 PC1 与 PC2 的连通性

6. 结果分析

通过配置 PC 的网络参数，实现了互通。通过 eNSP 可以搭建各种实验通信场景，便于用户在不具备真实设备的情况下进行模拟配置、通信测试。本任务只涉及 PC 的操作，后续内容将逐步介绍各项网络技术和配置方法，以使读者能够基于网络设备进行实验操作。

7. 注意事项

设备启动会存在一定延时，连接指示灯由红变绿，表明设备正常启动。设备不能正常启动的原因有多种，如虚拟网卡设置、防火墙设置、杀毒软件、VirtualBox 安装目录、硬件虚拟化设置等。可以通过执行"菜单"→"帮助"→"目录"命令，打开帮助文档，查询解决办法。

任务 1.2　VRP 基础配置

1.2.1　任务背景

VRP 是运行在华为全系列路由器、交换机等产品上的通用网络操作系统，对设备进行调试、配置就是对 VRP 系统的操作。

熟悉 VRP 并且熟练掌握 VRP 配置是高效管理华为网络设备的必备基础。本任务主要介绍基于 CLI 的 VRP 基本操作。

1.2.2　准备知识

1. VRP 介绍

VRP 是华为数据通信产品的通用操作系统平台，以 IP 业务为核心，采用组件化的体系结构，在实现丰富功能特性的同时，提供基于应用的可裁剪能力和可扩展能力。

调试华为设备就是对 VRP 进行配置操作，最常用的配置方式是 CLI 配置方式。

2. CLI 基础

CLI 配置方式是指使用命令行对设备进行管理和配置。区别于 GUI 配置方式，CLI 配置方式对系统资源要求低，操作更方便快捷。

1）命令行视图

华为设备提供了丰富的配置和查询命令。为便于用户使用这些命令，VRP 定义了多种命令视图，并按功能分类将命令分别注册在不同的命令行视图下。在配置某一协议或功能时，必须进入对应的视图。常用视图介绍如表 1.2.1 所示。

表 1.2.1　常用视图介绍

视图名称	功能描述
用户视图	查看运行状态和统计信息等
系统视图	配置系统参数及通过该视图进入其他功能配置视图
接口视图	配置与接口相关的物理属性、链路层特性及 IP 地址等参数
路由协议视图	配置路由协议参数

视图的定义使得命令行的配置更模块化、更层次化。不同视图下的命令行提示符不同。在使用 CLI 方式初始登录设备时，进入用户视图，命令行提示符为<Huawei>，这是设备默认名称，可以修改。在用户视图下执行 system-view 命令，进入系统视图，命令行提示符为[Huawei]，在系统视图中执行相关命令可以进入其他视图。在当前视图中执行 quit 命令可以退回上一级视图，执行 return 命令或使用快捷键 Ctrl+Z 可以直接退回用户视图。

视图间的转换关系如图 1.2.1 所示。

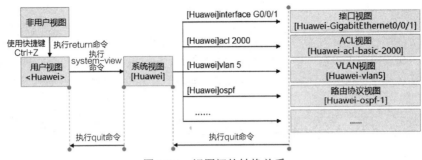

图 1.2.1 视图间的转换关系

2）命令行编辑

（1）命令结构。

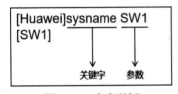

图 1.2.2 命令举例

在 CLI 中，通过输入特定的命令及参数来完成对设备的配置。命令举例如图 1.2.2 所示，该命令用于修改设备名称配置，其中，sysname 为关键字，SW1 为参数。

关键字为系统注册指令，用户不能修改（定义别名除外），输入时不区分大小写。参数按照系统要求由用户定义，是否区分大小写由各命令定义的参数决定。例如，在设置密码时区分大小写，在修改设备名称时大小写只在设备名称上体现，无其他影响。

（2）命令编辑。

CLI 提供了基本的命令行编辑功能，在命令行光标处键入关键字或参数，完成指令输入，并按回车键执行。关键字与关键字或参数之间要用空格隔开。CLI 中的光标位置不能通过鼠标定位，只能通过方向键"←""→"或快捷键来调整。快捷键的使用将在下文介绍。

（3）命令格式。

在后续内容中将介绍各项技术的操作命令，需要注意以下事项。

① 斜体字符串：通常表示用户自定义参数。

② []：中括号，表示其内部的关键字或参数为可选项。

③ {}：大括号，表示其内部的关键字或参数为必选项。

④ |：在中括号或大括号内若存在"|"，表示多选一。

3）CLI 配置技巧

（1）命令简写。

CLI 支持命令简写，即在当前视图下，当已输入的字符能够匹配唯一关键字时，不必输入完整关键字。该功能提供了一种快捷输入方式，有助于提高操作效率。例如，查询当前配置信息命令 display current-configuration 可以简写为 dis cur，如图 1.2.3 所示。但不能简写为 dis c，因为在 display 后与 c 匹配的关键字不唯一。

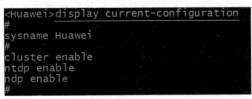

（a）关键字全写

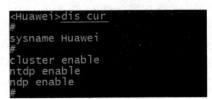

（b）关键字简写

图 1.2.3 关键字全写与简写

（2）Tab 键的使用。

在编辑命令时，在输入不完整的关键字字符串后按 Tab 键，系统会自动补全关键字，具体情况如下。

① 若匹配的关键字唯一，系统则用补全的完整关键字替代原来输入的字符串并换行显示，光标距行尾空一格。

② 若匹配的关键字不唯一，多次按 Tab 键，则循环显示所有与输入字符串匹配的关键字，并依次换行显示，但光标距行尾无空格。

③ 若无匹配的关键字或已输入命令有误，按 Tab 键，则换行显示，输入的字符串不变。

（3）帮助功能。

在编辑命令时，可以通过键入"？"获取实时帮助，因此用户无须记忆大量复杂的命令，有助于用户探索系统功能。帮助功能的使用方式如下。

① 在视图下直接键入"？"，将列出该视图下的所有命令及其简单描述，如图 1.2.4 所示。

```
<Huawei>?
User view commands:
  cd              Change current directory
  check           Check information
  clear           Clear information
  clock           Specify the system clock
  cluster         Run cluster command
  cluster-ftp     FTP command of cluster
  compare         Compare function
  configuration   Configuration interlock
  copy            Copy from one file to another
```

图 1.2.4　在视图下直接键入"？"

② 在关键字后插入空格再键入"？"，若后面是关键字，则列出所有关键字，如图 1.2.5 所示；若后面是参数，则列出参数及描述，如图 1.2.6 所示。

```
<Huawei>display ?
  aaa                 AAA
  access-user         User access
  accounting-scheme   Accounting scheme
  acl                 Acl status and configuration information
  alarm               Alarm
  anti-attack         Specify anti-attack configurations
  arp                 Display ARP entries
  arp-limit           Display the number of limitation
  arp-miss            ARP-miss message
```

图 1.2.5　在关键字后输入空格后键入"？"后面是关键字

③ 在字符串后直接输入"？"，将列出与以该字符串开头的所有关键字，如图 1.2.7 所示。

```
<Huawei>d?
  debugging          delete
  dir                display

<Huawei>display h?
  history-command    hwtacacs-server
```

```
[Huawei]interface Ethernet ?
  <0-0>  Ethernet interface slot number
```

图 1.2.6　在关键字后输入空格后键入"？"　　　　图 1.2.7　字符串后直接键入"？"
后面是参数

（4）错误信息提示。

如果编辑的命令无法通过语法检查，那么系统会向用户报告错误信息。因此用户在执行命令时，要注意观察系统提示信息，及时发现错误，并据此检查、纠正配置命令。常见错误信息及原因如表 1.2.2 所示。

表 1.2.2　常见错误信息及原因

错误信息	错误原因
Error: Unrecognized command found at '^' position	没有查找到命令或没有查找到关键字
Error: Wrong parameter found at '^' position	参数类型错误或参数值越界
Error:Incomplete command found at '^' position	输入命令不完整
Error:Too many parameters found at '^' position	输入参数太多
Error:Ambiguous command found at '^' position	输入命令不明确

（5）快捷键。

VRP 支持快捷键操作，便于用户快速输入，提高配置效率。快捷键分成两类，自定义快捷键和系统快捷键。

自定义快捷键：用户可以根据需要将快捷键与任意命令绑定，当使用快捷键时，系统自动执行它对应的命令。

VRP 支持 4 个自定义快捷键，默认设置分别如下。

Ctrl+G：对应命令为 display current-configuration，即查看当前配置信息。

Ctrl+L：对应命令为 undo idle-timeout，即恢复用户界面断开连接的超时时间为默认值。

Ctrl+O：对应命令为 undo debugging all，即关闭系统所有 debug 提示信息。

Ctrl+U：默认值为空。

每个自定义快捷键都可以通过执行 hotkey 命令重新定义。例如，将快捷键 Ctrl+U 定义为查询接口地址信息（命令为 display ip interface brief），对应操作为在系统视图中执行 hotkey CTRL_U "display ip interface brief "命令。

系统快捷键：功能固定的快捷键，不能由用户自定义。常用的系统快捷键及功能描述如表 1.2.3 所示。

表 1.2.3　常用的系统快捷键及功能描述

系统快捷键	功能
Ctrl+A	将光标移动到当前行的开头
Ctrl+B	将光标向左移动一个字符
Ctrl+C	停止当前正在执行的操作
Ctrl+D	删除当前光标所在位置的字符
Ctrl+E	将光标移动到最后一行的末尾
Ctrl+F	将光标向右移动一个字符
Ctrl+H	删除光标左侧的一个字符
Ctrl+K	在连接建立阶段终止呼出的连接
Ctrl+N	显示历史命令缓冲区中的后一条命令
Ctrl+P	显示历史命令缓冲区中的前一条命令
Ctrl+T	输入问号（？）
Ctrl+W	删除光标左侧的一个字符串（字）
Ctrl+X	删除光标左侧所有字符
Ctrl+Y	删除光标所在位置及其右侧所有的字符
Ctrl+Z	返回用户视图
Ctrl+]	终止呼入的连接或重定向连接

续表

系统快捷键	功能
Esc+B	将光标向左移动一个字符串（字）
Esc+D	删除光标右侧的一个字符串（字）
Esc+F	将光标向右移动一个字符串（字）

3. CLI 基础命令

（1）设置设备的主机名：

```
<Huawei> system-view                        //进入系统视图
[Huawei] sysname SW1                         //设置主机名为 SW1
[SW1]                                        //主机名修改为 SW1
```

（2）设置系统日期和时间：

```
<Huawei>clock datetime 08:00:00 2020-01-01  //设置系统时间为 2020 年 01 月 01 日 08:00
```

（3）配置设备 IP 地址。

① 配置路由器接口地址：

```
[Huawei] interface gigabitethernet 0/0/1                        //进入接口视图
[Huawei-GigabitEthernet0/0/1] ip address 10.1.1.1 255.255.255.0 //配置接口 IP 地址
```

② 配置交换机 VLANIF 接口地址：

```
[Huawei] interface vlanif 1                  //进入 VLANIF 接口视图
[Huawei-Vlanif1] ip address 10.1.1.2 24      //配置接口 IP 地址
```

（4）撤销配置/关闭功能：

```
[Huawei-Vlanif1]undo ip address             //删除 VLANIF1 接口 IP 地址
<Huawei> undo terminal monitor              //关闭终端显示功能
```

（5）状态信息查询：

```
<Huawei> display current-configuration       //查看设备当前生效的配置信息
<Huawei> display clock                        //查看系统当前日期和时钟
<Huawei> display version                      //查看设备的版本信息
<Huawei> display ip interface brief           //查看接口 IP 摘要信息
[Huawei-GigabitEthernet0/0/1] display this    //查看当前视图（接口）的运行配置
```

（6）保存配置文件：

```
<Huawei>save                                 //保存当前配置文件到默认存储设备中（保存配置文件）
```

（7）删除配置文件：

```
//清空设备下次启动使用的配置文件，并取消指定系统在下次启动时使用的配置文件
<Huawei> reset saved-configuration
```

（8）恢复出厂配置：

```
<Huawei> factory-configuration reset         //路由器恢复出厂配置，重启生效
```

```
<Huawei> reset factory-configuration         //交换机恢复出厂配置，重启生效。eNSP 不支持该命令
```

（9）重启设备：

```
<Huawei> reboot
```

操作演示

1.2.3　**任务实施**

1．任务目的

熟悉 CLI 配置方式的基本操作。

2．任务描述

CLI 配置方式是最常用的网络设备管理配置方式，掌握命令行的语法结构、配置方法及相关操作技巧，可以提高设备的配置效率。本任务使用 eNSP 搭建简单通信案例，以熟悉 CLI 配置方式的基本操作。

3．实施规划

1）拓扑图（见图 1.2.8）

图 1.2.8　拓扑图

2）操作流程

按照如图 1.2.8 所示的拓扑图在 eNSP 上搭建环境，用 CLI 配置方式对 R1、SW1 进行基础配置。

（1）设备命名：将路由器（AR1220）名称设置为 R1，将交换机（S5700）名称设置为 SW1。

（2）设置系统日期和时间：将路由器和交换机的系统日期和时间均设置为 2021 年 10 月 01 日 12:00。

（3）网络参数配置。路由器 G0/0/1 接口的 IP 地址设置为 10.1.1.1/24、交换机 VLANIF1 接口的 IP 地址设置为 10.1.1.2/24。

（4）保存设备配置文件。

（5）实验测试：查询系统配置信息，测试连通性；删除配置文件，查看配置信息。

4．具体步骤

1）设备命名

（1）配置路由器的名称为 R1：

```
<Huawei>system-view
[Huawei]sysname R1
[R1]
```

（2）配置交换机的名称为 SW1：

```
<Huawei>system-view
[Huawei]sysname SW1
[SW1]
```

2）配置系统日期和时间

（1）配置路由器的系统日期和时间：

```
<R1>clock datetime 12:00:00 2021-10-01
```

（2）配置交换机的系统日期和时间：

```
<SW1>clock datetime 12:00:00 2021-10-01
```

3）配置 IP 地址

（1）配置路由器的 IP 地址：

```
[R1]interface GigabitEthernet 0/0/1
[R1-GigabitEthernet0/0/1]ip address 10.1.1.1 255.255.255.0
```

（2）配置交换机的 IP 地址：

```
[SW1]interface Vlanif 1
[SW1-Vlanif1]ip address 10.1.1.2 24
```

4）保存配置信息

（1）保存路由器的配置信息：

```
<R1>save
  The current configuration will be written to the device.
  Are you sure to continue? (y/n)[n]:y
  It will take several minutes to save configuration file, please wait.......
  Configuration file had been saved successfully
  Note: The configuration file will take effect after being activated
```

（2）保存交换机的配置信息：

```
<SW1>save
The current configuration will be written to the device.
Are you sure to continue?[Y/N]y
Now saving the current configuration to the slot 0.
Save the configuration successfully.
```

5．实验测试

1）设备执行 display clock 命令查看系统日期和时间

（1）路由器执行 display clock 命令查看系统日期和时间信息：

```
<R1>display clock
2021-10-01 12:00:01
Friday
Time Zone(China-Standard-Time) : UTC-08:00
```

（2）交换机执行 display clock 命令查看系统日期和时间信息：

```
<SW1>display clock
2021-10-01 12:00:03-08:00
Friday
Time Zone(China-Standard-Time) : UTC-08:00
```

2）设备执行 display ip interface brief 命令查看接口地址

（1）路由器执行 display ip interface brief 命令查看接口地址：

```
[R1]display ip interface brief
*down: administratively down
^down: standby
(l): loopback
(s): spoofing
The number of interface that is UP in Physical is 2
The number of interface that is DOWN in Physical is 1
The number of interface that is UP in Protocol is 2
The number of interface that is DOWN in Protocol is 1
Interface                    IP Address/Mask      Physical   Protocol
GigabitEthernet0/0/0         unassigned           down       down
```

```
GigabitEthernet0/0/1              10.1.1.1/24            up          up
NULL0                             unassigned             up
```

（2）交换机执行 display ip interface brief 命令查看接口地址：

```
[SW1]display ip interface brief
*down: administratively down
^down: standby
(l): loopback
(s): spoofing
The number of interface that is UP in Physical is 2
The number of interface that is DOWN in Physical is 1
The number of interface that is UP in Protocol is 2
The number of interface that is DOWN in Protocol is 1
Interface                    IP Address/Mask   Physical Protocol
MEth0/0/1                    unassigned        down     down
NULL0                        unassigned        up       up(s)
Vlanif1                      10.1.1.2/24       up       up
```

3）测试连通性

路由器使用 ping 命令测试与交换机的连通性：

```
[R1]ping 10.1.1.2
  PING 10.1.1.2: 56  data bytes, press CTRL_C to break
    Reply from 10.1.1.2: bytes=56 Sequence=1 ttl=255 time=60 ms
    Reply from 10.1.1.2: bytes=56 Sequence=2 ttl=255 time=10 ms
    Reply from 10.1.1.2: bytes=56 Sequence=3 ttl=255 time=30 ms
    Reply from 10.1.1.2: bytes=56 Sequence=4 ttl=255 time=30 ms
    Reply from 10.1.1.2: bytes=56 Sequence=5 ttl=255 time=20 ms

  --- 10.1.1.2 ping statistics ---
    5 packet(s) transmitted
    5 packet(s) received
    0.00% packet loss
    round-trip min/avg/max = 10/30/60 ms
```

4）删除路由器和交换机的配置文件，重启并查看原配置文件是否存在

（1）删除路由器的配置文件并重启：

```
<R1>reset saved-configuration
This will delete the configuration in the flash memory.
The device configuratio
ns will be erased to reconfigure.
Are you sure? (y/n)[n]:y
 Clear the configuration in the device successfully.

<R1>reboot
Info: The system is comparing the configuration, please wait.
Warning: All the configuration will be saved to the next startup configuration.
Continue ? [y/n]:n
System will reboot! Continue ? [y/n]:y
Info: system is rebooting ,please wait...

<Huawei>display saved-configuration    //重启后查看启动配置文件，提示无配置文件
```

```
There is no correct configuration file in FLASH
```

（2）删除交换机的配置文件并重启：

```
<SW1>reset saved-configuration
Warning: The action will delete the saved configuration in the device.
The configuration will be erased to reconfigure. Continue? [Y/N]:Y
Warning: Now clearing the configuration in the device.
Oct  1 2021 12:34:00-08:00 SW1 %%01CFM/4/RST_CFG(l)[1]:The user chose Y when
deciding whether to reset the saved configuration.
Info: Succeeded in clearing the configuration in the device.

<SW1>reboot
Info: The system is now comparing the configuration, please wait.
Warning: All the configuration will be saved to the configuration file for the next
startup:, Continue?[Y/N]:N
Info: If want to reboot with saving diagnostic information, input 'N' and then execute
'reboot save diagnostic-information'.
System will reboot! Continue?[Y/N]:Y
Oct  1 2021 12:46:34-08:00 SW1 %%01CMD/4/REBOOT(l)[2]:The user chose Y when
deciding whether to reboot the system. (Task=co0, Ip=**, User=**)

<Huawei>display saved-configuration    //重启后查看启动配置文件，未显示信息，表示已清除
```

6．结果分析

对网络设备实施配置，实现了设备间的通信；删除配置文件后，设备下次启动将无法加载配置信息。本任务主要目的是熟悉 CLI 配置方式的基本操作。

7．注意事项

（1）在使用 CLI 配置方式配置设备时，要注意区分视图模式。但有些命令不限视图，如 dispaly。
（2）在设备重启时，要注意查看提示信息，给出对应的 Y/N 指令。
（3）在配置过程中，要逐步熟悉 CLI 配置技巧，提高配置效率。

任务 1.3　设备文件管理

1.3.1　任务背景

华为网络设备通过运行存放在存储器中的系统文件和配置文件来支撑设备的正常工作。VRP提供了基本的文件系统管理功能，便于网络技术人员对设备文件进行管理，以保障设备的安全有效运行。

对文件系统进行管理是网络运维的基本工作内容，本任务主要介绍华为网络设备文件管理的基本操作。

1.3.2　准备知识

1．文件系统管理

文件系统管理是指对存储器中的文件、目录进行管理，包括创建、删除、修改文件和目录，以及显示文件的内容等。华为设备支持的存储器类型有 Flash、SD 卡、U 盘等，不同类型的设备支持的存储类型有所区别，我们以大多数设备都支持的 Flash 为例进行介绍。

1）文件命名规则

文件名为字符串形式，不支持空格，不区分大小写。文件名有如下两种表示方式。

（1）文件名：表示当前工作目录下的文件，文件名的长度范围为 1～64 个字符。

（2）路径+文件名：表示指定路径下的文件，路径+文件名的总长度范围为 1～160 个字符。路径+文件名的格式为[drive] [path] [filename]。

① drive 为存储器，如 flash。

② path 是指存储器的目录及子目录，即路径。设备支持的路径可以是绝对路径，也可以是相对路径。指定存储器的路径是绝对路径。相对路径包括两种，一种是相对于根目录（存储器目录）的路径，以"/"开头，另一种是相对于当前工作目录的路径。例如，flash:/backup/为绝对路径，表示 flash 目录下的 backup 目录；对应的相对路径为/backup/或 backup/（当前工作目录为根目录）。

③ filename 为文件的名称。

2）基本查询命令

（1）pwd 命令用于查看当前所处的工作目录。操作如下：

```
<Huawei>pwd
flash:                                //当前工作目录为存储目录，即 Flash:
```

（2）dir [/all] [*filename* | *directory*]用于显示目录中的文件和子目录的列表。

① /all：查看当前路径下的所有文件和目录，包括已经删除至回收站的文件。

② filename：待查看文件的名称。若文件在当前工作目录下，则可以直接输入文件名；若不在当前工作目录下，则以"路径+文件名"格式表示。

③ directory：待查看目录的路径，即"[drive] path"。

查看当前工作目录（存储器目录）下的文件和子目录，操作如下：

```
<Huawei>dir
Directory of flash:/

  Idx  Attr     Size(Byte)  Date        Time      FileName
    0  drw-          -  Aug 06 2015 21:26:42    src            //子目录
    1  drw-          -  Apr 21 2022 19:27:34    compatible     //子目录
    2  -rw-        449  Apr 21 2022 19:29:08    vrpcfg.zip     //文件

32,004 KB total (31,968 KB free)
```

3）目录操作命令

（1）mkdir *directory* 用于创建目录。例如，在根目录下创建目录 backup，操作如下：

```
<Huawei>mkdir backup
Info: Create directory flash:/backup......Done.
<Huawei>dir
Directory of flash:/

  Idx  Attr     Size(Byte)  Date        Time      FileName
    0  drw-          -  Aug 06 2015 21:26:42    src
    1  drw-          -  Apr 21 2022 19:27:34    compatible
    2  drw-          -  Apr 21 2022 19:42:05    backup
    3  -rw-        449  Apr 21 2022 19:29:08    vrpcfg.zip
```

```
32,004 KB total (31,964 KB free)
```

（2）rmdir *directory* 用于删除目录。例如，删除 backup 目录，操作如下：

```
<Huawei>rmdir /backup/
Remove directory flash:/backup?[Y/N]:y
%Removing directory flash:/backup...Done!
<Huawei>dir
Directory of flash:/

 Idx  Attr    Size(Byte)  Date         Time       FileName
  0   drw-          -     Aug 06 2015  21:26:42   src
  1   drw-          -     Apr 21 2022  19:27:34   compatible
  2   -rw-        449     Apr 21 2022  19:29:08   vrpcfg.zip

32,004 KB total (31,968 KB free)
```

（3）cd *directory* 用于将当前所处工作目录改为/src，操作如下：

```
<Huawei>pwd
flash:
<Huawei>cd /src
<Huawei>pwd
flash:/src
```

4）文件操作命令

（1）more *filename* 用于显示文件的内容。例如，查看/src/patchfile.src 文件内容，操作如下：

```
<Huawei>more /src/patchfile.src
flash:/vrpcfg.zip
```

（2）copy *source-filename destination-filename* 用于复制文件。若目标文件名与已存在的文件名重名，将提示是否覆盖。在向存储器复制文件前，应确保存储器有足够的存储空间。例如，将根目录下的 vrpcfg.zip 文件复制到/backup/目录下，操作如下：

```
<Huawei>copy vrpcfg.zip /backup/
Copy flash:/vrpcfg.zip to flash:/backup/vrpcfg.zip?[Y/N]:y

100% complete
Info: Copied file flash:/vrpcfg.zip to flash:/backup/vrpcfg.zip...Done.
<Huawei>dir /backup/
Directory of flash:/backup

 Idx  Attr    Size(Byte)  Date         Time       FileName
  0   -rw-        449     Apr 21 2022  20:26:12   vrpcfg.zip

32,004 KB total (31,960 KB free)
```

（3）rename *old-name new-name* 用于重命名文件。例如，将/backup 目录下的文件 vrpcfg.zip 重命名为 config.zip，操作如下：

```
<Huawei>rename /backup/vrpcfg.zip /backup/config.zip
Rename flash:/backup/vrpcfg.zip to flash:/backup/config.zip ?[Y/N]:y
Info: Rename file flash:/backup/vrpcfg.zip to flash:/backup/config.zip
......Done.
```

```
<Huawei>dir /backup/
Directory of flash:/backup/

 Idx  Attr    Size(Byte) Date       Time       FileName
   0  -rw-          449  Apr 21 2022 20:26:12  config.zip

32,004 KB total (31,960 KB free)
```

（4）move *source-filename destination-filename* 用于移动文件。若目标文件名与已经存在的文件名重名，将提示是否覆盖。例如，将/backup 目录下的文件 config.zip 移动到根目录下，操作如下：

```
<Huawei>move /backup/config.zip /
Move flash:/backup/config.zip to flash:/config.zip ?[Y/N]:y
%Moved file flash:/backup/config.zip to flash:/config.zip.
<Huawei>dir
Directory of flash:/

 Idx  Attr    Size(Byte) Date       Time       FileName
   0  drw-           -   Aug 06 2015 21:26:42  src
   1  drw-           -   Apr 21 2022 19:27:34  compatible
   2  drw-           -   Apr 21 2022 20:25:49  backup
   3  -rw-          449  Apr 21 2022 19:29:08  vrpcfg.zip
   4  -rw-          449  Apr 21 2022 20:26:12  config.zip

32,004 KB total (31,960 KB free)
<Huawei>dir /backup/
Info: File can't be found in the directory.
32,004 KB total (31,960 KB free)
```

（5）delete [/unreserved] [/quiet] { *filename* | *devicename* }用于删除文件。若使用参数/unreserved，则表示删除后的文件不可恢复；若不使用参数/unreserved，则表示删除的文件被放入回收站。参数/quiet 表示无须确认直接删除。若删除命令指定的参数为 devicename（如 flash:），则表示删除存储器 flash 中的所有文件。例如，删除根目录下的文件 config.zip，操作如下：

```
<Huawei>delete /config.zip
Delete flash:/config.zip?[Y/N]:y
Info: Deleting file flash:/config.zip...succeeded.
<Huawei>dir
Directory of flash:/

 Idx  Attr    Size(Byte) Date       Time       FileName
   0  drw-           -   Aug 06 2015 21:26:42  src
   1  drw-           -   Apr 21 2022 19:27:34  compatible
   2  drw-           -   Apr 21 2022 20:25:49  backup
   3  -rw-          449  Apr 21 2022 19:29:08  vrpcfg.zip

32,004 KB total (31,956 KB free)
```

（6）undelete { *filename* | *devicename* }用于恢复回收站中的文件。例如，恢复根目录下被删除的文件 config.zip，操作如下：

```
<Huawei>undelete config.zip
```

```
Undelete flash:/config.zip?[Y/N]:y
%Undeleted file flash:/config.zip.
<Huawei>dir
Directory of flash:/

 Idx  Attr    Size(Byte)  Date       Time      FileName
  0   drw-          -  Aug 06 2015 21:26:42  src
  1   drw-          -  Apr 21 2022 19:27:34  compatible
  2   drw-          -  Apr 21 2022 20:25:49  backup
  3   -rw-        449  Apr 21 2022 19:29:08  vrpcfg.zip
  4   -rw-        449  Apr 21 2022 20:26:12  config.zip

32,004 KB total (31,956 KB free)
```

（7）reset recycle-bin [*filename* | *devicename*]用于彻底删除回收站中的文件。例如，将根目录下的文件 config.zip 删除后，再从回收站中删除该文件，操作如下：

```
<Huawei>delete /quiet config.zip
Info: Deleting file flash:/config.zip...succeeded.
<Huawei>reset recycle-bin config.zip
Squeeze flash:/config.zip?[Y/N]:y
%Cleared file flash:/config.zip
```

2．管理配置文件

用户对设备进行调试配置后，可以将当前配置保存到配置文件中，以便设备重启后配置依然生效。为了便于后期维护，通常将配置文件备份，这样做设备因故障更换后便于快速还原配置，也便于将配置信息移植至其他设备。华为设备配置文件必须以.cfg 或.zip 为扩展名，并且必须存放在存储器的根目录下。在默认情况下，配置文件保存后的名称为 vrpcfg.zip。

1）保存配置文件

配置文件的保存方式分为自动保存和手动保存。

（1）自动保存。自动保存可防止设备掉电、意外重启导致的配置文件丢失，以及技术人员忘记保存配置文件导致的配置文件丢失。执行 set save-configuration 命令可以开启系统定时保存配置功能，系统在定时保存配置前会比较配置文件。若配置没有改变，则不会执行定时保存操作。

（2）手动保存。技术人员通过执行 save 命令将当前配置信息保存到系统默认的存储路径下，即存储器根目录。如果不进行参数设置，配置文件默认保存为名为 vrpcfg.zip 的文件，并作为下次启动加载的配置文件。用户可以通过执行 save *configuration-file* 命令自定义配置文件的文件名，其中 *configuration-file* 为配置文件的名称。

2）设置启动配置文件

在默认情况下，系统在启动时加载的配置文件为 vrpcfg.zip。如果存在多个配置文件，那么可以通过执行 startup saved-configuration *configuration-file* 命令来指定下次启动加载的配置文件。

3）备份配置文件

在对设备进行调试配置时，为防止操作失误导致设备无法正常工作，可以将现有配置备份到本地（设备存储器），以便快速还原。为防止设备意外损坏导致配置文件无法恢复，可以将配置文件备份到其他设备（如 PC 或服务器）。

将配置文件备份到本地，可以通过文件系统管理命令来实现。将配置文件备份到其他设备，需要具备网络通信环境，常用的方式有 FTP、TFTP、FTPS、SFTP、SCP 等。我们以 FTP 方式为例来进行介绍。

（1）设备作为 FTP 客户端，设备将配置文件上传至 FTP 服务器，如图 1.3.1 所示。

（2）设备作为 FTP 服务器，PC 从 FTP 服务器下载配置文件，如图 1.3.2 所示。

图 1.3.1　配置文件备份（上传）　　　　图 1.3.2　配置文件备份（下载）

3．软件版本升级

升级软件版本是技术人员进行网络运维的基本工作内容，可以修复系统漏洞、优化系统资源、增加新功能。软件版本的升级除了软件版本的更换，还可能涉及补丁文件、license 文件的安装。升级前要确保存储器有足够的空间来存放新的软件版本及配套文件，并且需要搭建网络环境，采用 FTP 等方式传送相关文件到设备的存储器。执行 startup system-software *system-file* 命令，指定下次启动的软件版本，并根据需要安装 license 文件和补丁文件。

4．设备文件管理命令

（1）保存配置文件。

命令：save [*configuration-file*]。

说明：configuration-file 为配置文件保存的文件名，后缀为.zip 或者.cfg。若不加 configuration-file 参数，save 命令将把当前配置信息保存到系统下次启动的配置文件中；若加上 configuration-file 参数，save 命令将把当前配置信息保存为新命名的配置文件。

视图：用户视图。

举例如下。

① 将配置文件保存为下次启动的配置文件：

```
<Huawei>save
The current configuration will be written to the device.
Are you sure to continue?[Y/N]y
Info: Please input the file name ( *.cfg, *.zip ) [vrpcfg.zip]:
Apr 22 2022 00:44:58-08:00 Huawei %%01CFM/4/SAVE(l)[0]:The user chose Y when deciding
whether to save the configuration to the device.
Now saving the current configuration to the slot 0.
Save the configuration successfully.
```

② 将当前配置文件保存为名为 config.cfg 的配置文件：

```
<Huawei>save config.cfg
Are you sure to save the configuration to flash:/config.cfg?[Y/N]:y
Now saving the current configuration to the slot 0.
Save the configuration successfully.
```

（2）设置启动配置文件。

命令：startup saved-configuration *configuration-file*。

说明：指定的配置文件必须存在，并且存放在存储器根目录下，重启后生效。

视图：用户视图。

举例，将配置文件 config.cfg 设置为下次启动的配置文件：

```
<Huawei>startup saved-configuration config.cfg
Info: Succeeded in setting the configuration for booting system.
```

（3）开启设备的 FTP 服务器功能。

命令：ftp server enable。

说明：设备开启 FTP 服务器功能后，需要另外配置 FTP 账号才能登录。

视图：系统视图。

举例，交换机开启 FTP 服务器功能：

```
[Huawei]ftp server enable
Info: Succeeded in starting the FTP server.
```

（4）配置 FTP 账号。

① 创建 AAA 用户。

命令：local-user *user-name* password　{simple | cipher } *password*。

说明：simple 表示明文，cipher 表示密文。

视图：AAA 视图。

② 配置 AAA 用户的服务类型。

命令：local-user *user-name* service-type { ftp | ssh | telnet | ... }。

说明：在默认情况下，本地用户关闭所有服务类型。

视图：AAA 视图。

③ 配置用户级别。

命令：local-user *user-name*　privilege level *level*。

说明：level 取值范围为 0～15，值越大权限越高。

视图：AAA 视图。

④ 配置 FTP 用户的授权目录。

命令：local-user *user-name* ftp-directory *directory*。

说明：directory 必须为绝对路径，否则配置不生效。

视图：AAA 视图。

举例，为 S1 配置 FTP 账号，用户名为 huawei，密码为 huawei123，用户级别为 3，FTP 授权根目录为 flash:/：

```
[S1]aaa                                              //进入 AAA 视图
[S1-aaa]local-user huawei password simple huawei123  //设置用户名和密码
[S1-aaa]local-user huawei service-type ftp           //设置用户服务类型为 ftp
[S1-aaa]local-user huawei privilege level 3          //设置用户级别为 3
[S1-aaa]local-user huawei ftp-directory flash:/      //授权根目录为 flash:/
```

（5）配置 FTP 客户端登录及传输文件。

① 登录 FTP 服务器。

命令：ftp *host-ip*。

说明：host-ip 为 FTP 服务器地址。

视图：用户视图。

② 上传文件。

命令：put *local-filename* [*remote-filename*]。

说明：local-filename 为本地文件名称，remote-filename 为上传至 FTP 服务器后的文件名。不加 remote-filename，表示上传至 FTP 服务器后的文件名与源文件名相同。

视图：FTP 客户端视图。

③ 设置文件传输方式为二进制模式。

命令：binary。

说明：设备支持的文件传输的数据类型包括 ASCII 方式和 Binary 方式。ASCII 方式用于传输纯文本文件，Binary 方式用于传输系统软件、图形图像、声音影像、压缩文件、数据库等程序文件。设备文件传输推荐使用 FTP 的 Binary 方式。

视图：FTP 客户端视图。

举例，S1 登录 FTP 服务器 10.1.1.21，以 Binary 方式上传配置文件 config.cfg。

```
<S1>ftp 10.1.1.21
Trying 10.1.1.21 ...
Press CTRL+K to abort
Connected to 10.1.1.21.
220 FtpServerTry FtpD for free
User(10.1.1.21:(none)):1    //eNSP FTP 服务器默认用户名为 1，密码为 1
331 Password required for 1 .
Enter password:
230 User 1 logged in , proceed

[ftp]binary
200 Type set to IMAGE.

[ftp]put config.cfg
200 Port command okay.
150 Opening BINARY data connection for config.cfg

100%
226 Transfer finished successfully. Data connection closed.
FTP: 1380 byte(s) sent in 0.060 second(s) 23.00Kbyte(s)/sec.
```

（6）设置启动软件版本。

命令：startup system-software *system-file*。

说明：system-file 为软件版本名称，后缀为.cc。

视图：用户视图。

举例，将 S5700SI-V200R005C00SPC500.cc 设置为系统下次启动使用的系统软件。

```
<Huawei>startup system-software S5700SI-V200R005C00SPC500.cc
```

（7）查看设备本次启动及下次启动加载的系统软件和配置文件。

命令：display startup。

说明：eNSP 不支持软件版本升级，故系统软件启动项内容为 NULL。

视图：所有视图。

举例，查看设备启动信息：

```
<Huawei>display startup
MainBoard:
  Configured startup system software:        NULL
  Startup system software:                   NULL
```

```
Next startup system software:            NULL
Startup saved-configuration file:        flash:/config.cfg
Next startup saved-configuration file:   flash:/config.cfg
Startup paf file:                        NULL
Next startup paf file:                   NULL
Startup license file:                    NULL
Next startup license file:               NULL
Startup patch package:                   NULL
Next startup patch package:              NULL
```

1.3.3 任务实施

1. 任务目的

（1）熟悉文件系统管理基础命令。

（2）掌握备份配置文件的配置方法。

操作演示

2. 任务描述

某公司网络技术人员因业务需要，对现有网络设备进行了相关功能配置。为便于日后维护，计划在设备本地备份配置文件，并在网络中部署 FTP 服务器，存放所有设备最后运行的配置文件，并将路由器配置为 FTP 服务器，以便管理人员直接对路由器文件进行管理。

3. 实施规划

1）拓扑图（见图 1.3.3）

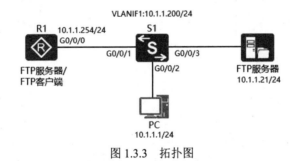

图 1.3.3 拓扑图

2）操作流程

（1）配置设备、PC 及 FTP 服务器网络参数。

（2）设置 FTP 服务器服务参数，根目录指向本地目录 D:/backup_cfg；设置 FTP 客户端（PC）参数，设置 FTP 服务器地址为 R1 接口 G0/0/0 的 IP 地址，本地目录指向 C:/backup_cfg。

（3）配置 FTP 服务器（R1）功能，创建 FTP 账号，用户名为 huawei，密码为 huawei123，设置 FTP 根目录为 flash:/。

（4）将 R1、S1 的配置文件分别保存为 ar1220_202112.cfg、s5700_202112.cfg，并设置为启动配置文件。

（5）配置文件备份规划如表 1.3.1 所示。

表 1.3.1 配置文件备份规划

设备	配文文件名称	本地备份	FTP 服务器备份	PC 备份
R1	ar1220_202112.cfg	/backup/ar1220_202112.cfg	ar1220_202112.cfg	ar1220_202112.cfg
S1	s5700_202112.cfg	/backup/s5700_202112.cfg	s5700_202112.cfg	—

4．具体步骤

1）配置网络参数

（1）配置 PC、FTP 服务器的网络参数。

（2）配置 R1 的网络参数：

```
<Huawei>system-view
[Huawei]sysname R1
[R1]interface g0/0/0
[R1-GigabitEthernet0/0/0]ip address 10.1.1.254 24
```

（3）配置 S1 的网络参数：

```
<Huawei>system-view
[Huawei]sysname S1
[S1]interface Vlanif 1
[S1-Vlanif1]ip address 10.1.1.200 24
```

2）配置 FTP 服务器参数、FTP 客户端（PC）参数

（1）配置 FTP 服务器参数，如图 1.3.4 所示。

图 1.3.4　FTP 服务器参数

（2）配置 FTP 客户端（PC）参数，如图 1.3.5 所示。

图 1.3.5　FTP 客户端（PC）参数

3）配置 FTP 服务器（R1）功能并设置 FTP 账号

配置 FTP 服务器（R1）功能并设置 FTP 账号：

```
[R1]ftp server enable
[R1]aaa
[R1-aaa]local-user huawei password cipher huawei123
[R1-aaa]local-user huawei service-type ftp
[R1-aaa]local-user huawei privilege level 3
[R1-aaa]local-user huawei ftp-directory flash:/
```

4）保存 R1、S1 的配置文件，并设置为启动配置文件

（1）保存 R1 配置文件，并将其设置为启动配置文件：

```
<R1>save ar1220_202112.cfg
 Are you sure to save the configuration to ar1220_202112.cfg? (y/n)[n]:y
 It will take several minutes to save configuration file, please wait.......
 Configuration file had been saved successfully
 Note: The configuration file will take effect after being activated

<R1>startup saved-configuration ar1220_202112.cfg
This operation will take several minutes, please wait.....
Info: Succeeded in setting the file for booting system
```

（2）保存 S1 配置文件，并将其设置为启动配置文件：

```
<S1>save s5700_202112.cfg
Are you sure to save the configuration to flash:/s5700_202112.cfg?[Y/N]:y
Now saving the current configuration to the slot 0.
Save the configuration successfully.

<S1>startup saved-configuration s5700_202112.cfg
Info: Succeeded in setting the configuration for booting system.
```

5）设备配置文件备份

（1）备份 R1 配置文件：

```
<R1>mkdir /backup                               //创建备份目录 backup
Info: Create directory flash:/backup......Done
<R1>copy ar1220_202112.cfg backup/ar1220_202112.cfg //备份到本地目录 backup
Copy flash:/ar1220_202112.cfg to flash:/backup/ar1220_202112.cfg? (y/n)[n]:y

100%  complete
Info: Copied file flash:/ar1220_202112.cfg to flash:/backup/ar1220_202112.cfg...
Done

<R1>ftp 10.1.1.21                               //登录 FTP 服务器
Trying 10.1.1.21 ...

Press CTRL+K to abort
Connected to 10.1.1.21.
220 FtpServerTry FtpD for free
User(10.1.1.21:(none)):1
331 Password required for 1 .
Enter password:
```

```
230 User 1 logged in , proceed

[R1-ftp]binary                                    //传输方式为二进制模式
200 Type set to IMAGE.

[R1-ftp]put ar1220_202112.cfg                     //备份到 FTP 服务器
200 Port command okay.
150 Opening BINARY data connection for ar1220_202112.cfg

100%
226 Transfer finished successfully. Data connection closed.
FTP: 1242 byte(s) sent in 0.270 second(s) 4.59Kbyte(s)/sec.

[R1-ftp]bye                                       //退出 FTP 账号登录
221 Goodbye.
```

（2）备份 S1 配置文件：

```
<S1>mkdir backup
Info: Create directory flash:/backup......Done.
<S1>copy s5700_202112.cfg backup/s5700_202112.cfg
Copy flash:/s5700_202112.cfg to flash:/backup/s5700_202112.cfg?[Y/N]:y

100%  complete
Info: Copied file flash:/s5700_202112.cfg to flash:/backup/s5700_202112.cfg...
Done

<S1>ftp 10.1.1.21
Trying 10.1.1.21 ...
Press CTRL+K to abort
Connected to 10.1.1.21.
220 FtpServerTry FtpD for free
User(10.1.1.21:(none)):1
331 Password required for 1 .
Enter password:
230 User 1 logged in , proceed

[ftp]binary
200 Type set to IMAGE.

[ftp]put s5700_202112.cfg
200 Port command okay.
150 Opening BINARY data connection for s5700_202112.cfg

100%
226 Transfer finished successfully. Data connection closed.
FTP: 1380 byte(s) sent in 0.060 second(s) 23.00Kbyte(s)/sec.

[ftp]bye
221 Goodbye.
```

5. 实验测试

1）查看配置文件本地备份

（1）查看 R1 配置文件本地备份：

```
<R1>dir flash:/backup/
Directory of flash:/backup/

 Idx  Attr     Size(Byte)  Date        Time(LMT)   FileName
   0  -rw-          1,242  Apr 22 2022 04:52:54    ar1220_202112.cfg

1,090,732 KB total (784,448 KB free)
```

（2）查看 S1 配置文件本地备份：

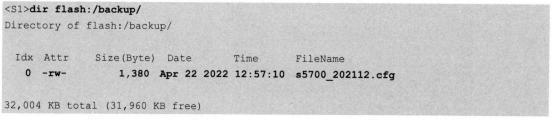

```
<S1>dir flash:/backup/
Directory of flash:/backup/

 Idx  Attr     Size(Byte)  Date        Time       FileName
   0  -rw-          1,380  Apr 22 2022 12:57:10    s5700_202112.cfg

32,004 KB total (31,960 KB free)
```

2）查看 FTP 服务器配置文件备份

查看 FTP 服务器配置文件备份，如图 1.3.6 所示。

图 1.3.6　FTP 服务器配置文件备份

3）登录 FTP 客户端，下载 R1 配置文件

登录 FTP 客户端，下载 R1 配置文件（双击 FTP 服务器根目录下的文件，就是对该文件执行下载操作），如图 1.3.7 所示。

6. 结果分析

R1、S1 将配置文件成功备份到 FTP 服务器和本地目录 flash:/backup/ 下。R1 作为 FTP 服务器，PC 能够以 FTP 客户端身份对 R1 设备文件进行管理。设备既可以充当服务器，也可以充当客户端，在对设备进行文件管理时，可以根据实际情况灵活处理。

7. 注意事项

（1）指定启动配置文件和系统软件后，重启生效。

（2）eNSP 不支持设备软件版本升级，相关操作可以在真实设备上进行。

图 1.3.7　FTP 客户端下载 R1 配置文件

（3）在上传系统文件到设备中时，请保持设备正常供电。否则，可能引起文件损坏或文件系统损坏，从而造成设备存储介质损坏或设备不能正常启动等问题。

模块二
交换技术

 概述

传统的以集线器等设备构建的总线型共享式网络已完成了历史使命，以交换机为互联设备构建的交换式网络在效率和资源利用率方面有了突破性的进展，并成为当前构建网络系统必不可少的重要设备。

本模块主要基于以太网交换机介绍各项交换技术，包括交换机的基本原理、设备管理方式、VLAN、链路聚合、STP、RSTP、MSTP 等技术。

学习目标

一、知识目标

（1）认识交换机的外观特征及接口种类。

（2）掌握交换网络的基本概念及交换机的工作原理。

（3）掌握交换机的管理维护方式。

（4）掌握 VLAN 的工作原理。

（5）理解 802.1Q 协议封装与解封装过程。

（6）掌握链路聚合技术原理。

（7）掌握 STP、RSTP、MSTP 的工作原理。

二、技能目标

（1）能够配置交换机 Telnet 远程管理功能。

（2）能够对交换机进行 VLAN 配置。

（3）能够基于通信需求配置干道链路。

（4）能够配置链路聚合。

（5）能够部署应用各类生成树协议。

任务规划

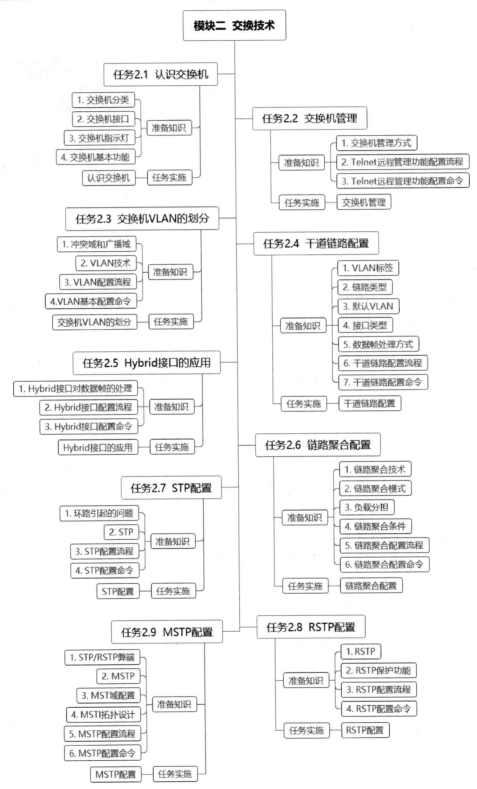

任务 2.1　认识交换机

2.1.1　任务背景

在网络集成项目中会用到各类交换机，熟悉交换机的外观特征、种类、接口类型、指示灯状态及功能原理等，有利于在设备选型、方案设计、故障排除等运维工作中进行基本判断。

本任务介绍交换机的外观特征及工作原理，初步认识交换机的功能特性。

2.1.2　准备知识

1. 交换机分类

交换机有很多种分类方法，按是否支持网络管理功能，可分为非网管型交换机和网管型交换机。

（1）非网管型交换机：非网管型交换机具有最基本的通信功能，不能通过配置实现对网络的控制和管理。

（2）网管型交换机：通过对交换机进行配置，网络可以实现相应的通信需求。网管型交换机产品提供了基于终端控制口、基于 Web 页面及支持 Telnet 远程登录网络等多种网络管理方式。网络管理人员可以对交换机的工作状态、网络运行状况进行本地或远程的实时监控，并通过相关技术配置对网络进行管理。

2. 交换机接口

1）接口分类

交换机的接口大致可以分为三类：业务接口、管理接口和监控口。

（1）业务接口。

业务接口主要负责业务数据的接收和发送。根据接口的电气属性，可以分为以太网电接口和以太网光接口。

① 以太网电接口：主要用于连接终端或设备的互连，采用 RJ45 接口类型，使用双绞线连接，传输速率可以达到 1Gbit/s，最长有效传输距离为 100 米。

② 以太网光接口：主要用于连接服务器或设备的互连。以太网光接口需要安装光模块，以实现信号的光/电转换。光模块接口有多种类型，对应不同的光线缆进行数据传输，传输速率可达 100Gbit/s。传输距离依据光缆类型有所区别，多模光纤最长传输距离为几百米，单模光纤最长传输距离可达 40 多千米。

（2）管理接口。

常说的管理接口是指 Console 接口，需配套使用 Console 通信线缆连接配置终端的 COM 接口，基于 CLI 配置方式来进行现场配置。接口类型大多是 RJ45，也有 DB-9。有些交换机还提供以太网接口，使用网络连接配置终端，采用 GUI 管理方式实现现场或远程配置。

（3）监控口。

监控口是一种用于监控机柜门、设备电源或备用电源等设备的接口。华为仅部分交换机支持监控口。

华为 S5700-28C-HI 交换机外观如图 2.1.1 所示，各部件说明如表 2.1.1 所示。

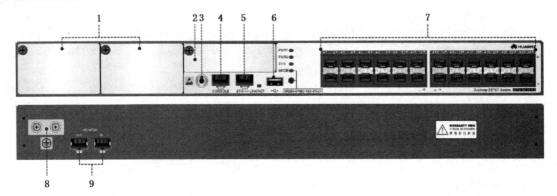

图 2.1.1　华为 S5700-28C-HI 交换机外观

表 2.1.1　华为 S5700-28C-HI 交换机各部件说明

序号	名称	描述
1	电源槽位	支持的电源模块： W0PSA1701（170W 交流电源模块），如图 2.1.2 所示； ES5M0PSD1700（170W 直流电源模块），如图 2.1.3 所示
2	插卡槽位	可安装以太网光接口插卡（eNSP 不支持）。 支持的插卡： ES5D00X2SA00（2 接口 GE SFP/10GE），如图 2.1.4 所示； ES5D00X4SA00（4 接口 GE SFP/10GE），如图 2.1.5 所示； ES5D00G4SC00（4 接口 GE），如图 2.1.6 所示
3	ESD 插孔	在对交换机设备进行安装维护操作时，需要佩戴防静电腕带。防静电腕带的一端要插在机箱上的 ESD 插孔里
4	Console 接口	管理接口，与配置终端的 COM 接口连接，用于搭建现场配置环境
5	以太网接口	管理接口，与配置终端网口连接，用于搭建现场或远程配置环境
6	USB 接口	配合 U 盘使用，可用于开局、传输配置文件、升级文件等
7	以太网电接口	24 个 10/100/1000BASE-T 以太网电接口，用于十兆比特每秒、百兆比特每秒、千兆比特每秒业务数据的接收和发送
8	接地螺钉	配套使用接地线缆
9	监控口	用于监控机柜门、设备电源、电池电量和空调电源

图 2.1.2　W0PSA1701

图 2.1.3　ES5M0PSD1700

（a）ES5D00X2SA00 外观

（b）ES5D00X2SA00 面板

图 2.1.4　ES5D00X2SA00（2 接口 GE SFP/10GE）

（a）ES5D00X4SA00 外观

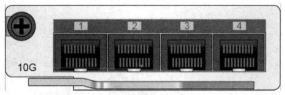
（b）ES5D00X4SA00 面板

图 2.1.5 ES5D00X4SA00（4 接口 GE SFP/10GE）

（a）ES5D00G4SC00 外观

（b）ES5D00G4SC00 面板

图 2.1.6 ES5D00G4SC00（4 接口 GE）

2）自协商功能

如果物理链路两端的设备接口的工作参数不一致，双方就无法正常通信。自协商功能就是使链路两端的设备接口通过交互信息自动选择同样的双工模式和传输速率。协商的结果取决于通信能力低的一端。例如，本端接口为 10/100/1000BASE-T，若对端接口为 10/100/BASE-T，那么接口传输速率协商为 100Mbit/s；若对端端口也为 10/100/1000BASE-T，那么接口传输速率协商为 1000Mbit/s。

自协商功能只有在链路两端设备均支持时才可以生效，一旦协商通过，链路两端的设备就锁定在同样的双工模式和接口传输速率。如果对端设备不支持自协商功能，或者链路两端设备自协商机制不一致，那么可以将链路两端设备均配置为非自协商模式，并手动指定一致的传输速率和双工模式。在默认情况下，华为交换机以太网接口工作在自协商模式。

3. 交换机指示灯

了解交换机面板上各类指示灯的状态及含义，有助于判断设备的运行状态。其中，业务接口指示灯可显示 Status（默认）模式、Speed（速率）模式和 Stack（堆叠）模式三种模式。通过按面板上的模式切换按钮，可以在三种模式间进行切换。具体操作是，按一次模式切换按钮，MODE指示灯呈绿色，业务接口指示灯显示 Speed 模式，暂时用来显示各接口的 Speed 模式。再按一次模式切换按钮，MODE 指示灯呈红色，业务接口指示灯显示 Stack 模式，暂时用来显示 Stack 信息。再按一次模式切换按钮，业务接口指示灯恢复 Status 模式，即常灭。若超过 45s 没有按模式切换按钮，MODE 指示灯自动恢复至 Status 模式，即常灭。

以华为 S5700-28C-HI 交换机为例对各类指示灯进行介绍和说明。面板指示灯如图 2.1.7 所示，面板指示灯说明如表 2.1.2 所示。

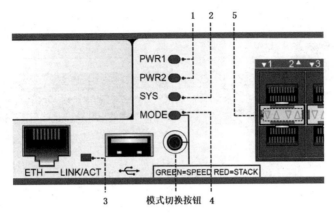

图 2.1.7　面板指示灯

表 2.1.2　面板指示灯说明

序号	名称	颜色	状态	含义
1	电源指示灯 PWR1/PWR2	—	常灭	电源槽位无电源模块/电源供电异常
		绿色	常亮	电源槽位安装了电源模块且电源供电正常
		红色	常亮	电源模块开关处于关闭状态/电源未接通/电源模块存在故障
2	系统运行状态灯 SYS	—	常灭	系统未运行
		绿色	快闪	系统正在启动/通过 USB 升级系统/部署业务
			慢闪	系统正常运行中
		黄色	闪烁	USB 升级后系统重启，系统运行状态灯为黄色且闪烁，表示升级成功
		红色	常亮	系统运行不正常/风扇、温度异常告警
			闪烁	USB 升级出现错误
3	以太网接口指示灯	—	常灭	以太网接口无连接
		绿色	常亮	以太网接口有连接
			闪烁	以太网接口正在发送或接收数据
4	模式切换灯 MODE	—	常灭	业务接口指示灯为 Status 模式
		绿色	常亮	业务接口指示灯暂时用来指示接口传输速率，45s 后自动恢复到 Status 模式（常灭）
		红色	常亮	业务接口指示灯暂时用来指示设备堆叠 ID，45s 后自动恢复到 Status 模式（常灭）
5	业务接口指示灯 （Status）	—	常灭	接口无连接或被关闭
		绿色	常亮	接口有连接
		黄色	闪烁	接口正在发送或接收数据
	业务接口指示灯 （Speed）	—	常灭	接口无连接或被关闭
		绿色和黄色	常亮	10M/100M/1000M 接口：接口传输速率为 10Mbit/s 或 100Mbit/s 100M/1000M 接口：接口传输速率为 100Mbit/s
		绿色和黄色	闪烁	10M/100M/1000M 接口：接口传输速率为 1000Mbit/s 100M/1000M 接口：接口传输速率为 1000Mbit/s
	业务接口指示灯 （Status）	—	常灭	接口指示灯不表示设备堆叠 ID
		绿色和黄色	常亮	该设备是非主交换机
		绿色和黄色	闪烁	该设备是主交换机

4. 交换机基本功能

1）MAC 地址学习

交换机的 MAC 地址表记录了其连接的设备的 MAC 地址与接口的对应关系，以及接口所属 VLAN 等信息。VLAN 概念将在之后的内容中介绍，这里只讨论 MAC 地址与接口的对应关系。

交换机可以识别每个接口接收的数据帧的源 MAC 地址，并将该 MAC 地址和接口的对应关系存储到 MAC 地址表中。如图 2.1.8 所示，在 PC 间相互通信的过程中，交换机自动完成了对所连设备的 MAC 地址的学习。通过执行 display mac-address 命令，可以查看 MAC 地址表。

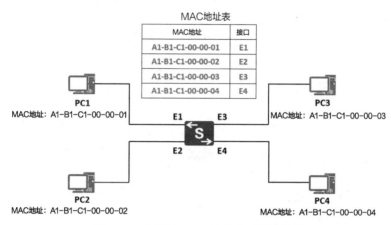

图 2.1.8 交换机 MAC 地址表示例拓扑图

可以将 MAC 地址表的每条表项理解为交换机接口与接口所连设备（MAC 地址）的对应关系。交换机要将数据帧转发给某个目的设备时，只要从对应接口转发即可，而不像集线器那样广播转发，因此交换机其他接口可以并行通信，极大地提升了通信效率。

2）转发/过滤

（1）转发：当交换机某个接口收到数据帧后，在 MAC 地址表中查询目的 MAC 地址，若有记录，则从指定接口转发；若无记录，则表明交换机收到了未知目的 MAC 地址的数据帧，将该数据帧从其他所有激活的接口（接收该帧的接口除外）转发出去，此过程称为泛洪。另外交换机在收到广播帧时，也要进行泛洪。

在如图 2.1.8 所示的拓扑图中，PC1 访问 PC2 的数据帧到达交换机后，交换机在 MAC 地址表中查询目的主机 PC2 的 MAC 地址表，只将该数据帧从目标主机 PC2 的 MAC 地址对应的 E2 接口转发出去。当 PC1 访问 MAC 地址为 A1-B1-C1-00-00-05 的主机时，交换机 MAC 地址表中无该目的 MAC 地址的记录，因此将该数据帧从 E2 接口、E3 接口和 E4 接口转发出去。

（2）过滤：当交换机查询到目的 MAC 地址对应的接口为该数据帧的入接口时，将丢弃该数据帧。如图 2.1.9 所示，交换机 S1 的 MAC 地址表中已记录了 PC1、PC2 的 MAC 地址和 E1 接口的对应关系。当 PC1 访问 PC2 时，假设交换机 S1 的 E1 接口收到了该数据帧，而目的 MAC 地址对应的接口也为 E1，那么交换机 S1 将该数据帧丢弃。可以理解为通信双方都是 E1 接口一侧的设备，故 S1 没有必要将该数据帧通过其他接口转发扩散。

5. 交换机工作原理

我们通过通信案例来介绍交换机的工作原理。如图 2.1.10 所示，交换机的 E1～E4 接口分别连接 PC1～PC4。

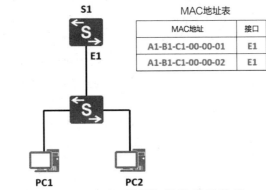

图 2.1.9　交换机过滤功能示例拓扑图

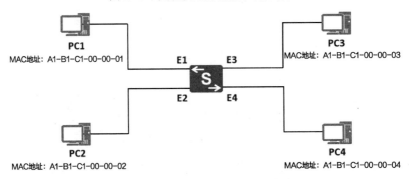

图 2.1.10　交换机组网通信案例

为简化描述，假设每台 PC 的 ARP（Address Resolution Protocol，地址解析协议）缓存表已经记录了其他 PC 的 MAC 地址。模拟通信过程为 PC1 ping PC4。

（1）交换机加电启动后，MAC 地址表为空，如图 2.1.11 所示。

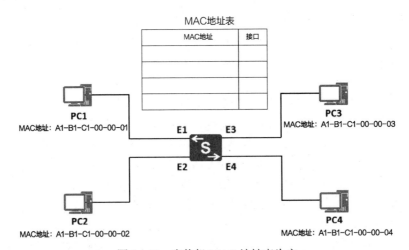

图 2.1.11　交换机 MAC 地址表为空

（2）交换机从 E1 接口接收 PC1 发往 PC4 的 ICMP 数据包后，将源 MAC 地址和入接口的对应关系添加到 MAC 地址表中，如图 2.1.12 所示。

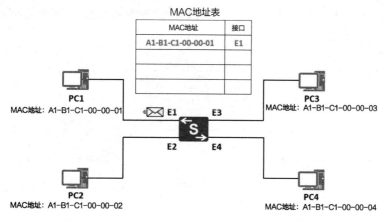

图 2.1.12　交换机 MAC 地址表记录 PC1 的 MAC 地址

（3）交换机查询 MAC 地址表没有发现目的主机 PC4 的 MAC 地址，进行泛洪。只有目的主机接收 ICMP 数据包，其余主机丢弃 ICMP 数据包，如图 2.1.13 所示。

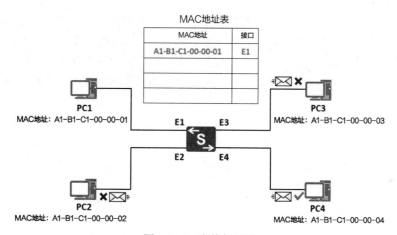

图 2.1.13　交换机泛洪

（4）PC4 向 PC1 发送 ICMP 应答包，交换机从 E4 接口接收 ICMP 应答包，并将源 MAC 地址和入接口的对应关系添加到 MAC 地址表中，如图 2.1.14 所示。

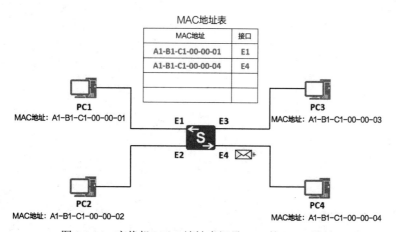

图 2.1.14　交换机 MAC 地址表记录 PC4 的 MAC 地址

（5）交换机查询 MAC 地址表发现目的主机 PC1 的 MAC 地址，因此不进行泛洪，只将该应答包从 E1 接口转发出去，如图 2.1.15 所示。

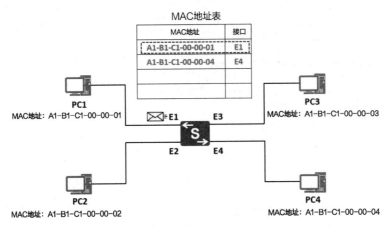

图 2.1.15　交换机从指定接口转发应答表

从示例可以看出，交换机在通信过程中通过记录数据帧的源 MAC 地址，自动构造 MAC 地址表。自动生成的表项称为动态表项，每条动态表项都有一个生存周期，也称为老化时间，默认为 300s。交换机在接收到已知的源 MAC 地址的数据帧时，会对该表项进行计时刷新。若动态表项到达老化时间后仍得不到刷新，将被自动删除。因此 MAC 地址表中的动态表项是当前活跃主机的 MAC 地址记录。

2.1.3　任务实施

操作演示

1．任务目的

（1）了解交换机的外观特征、接口类型。

（2）理解交换机的工作原理。

2．任务描述

某公司通过交换机连接各用户主机，搭建小型办公网络。观察交换机的外观特征，识别接口类型和指示灯类型。配置 PC 网络参数，进行通信测试来观察 MAC 地址表的构造过程，理解交换机的工作原理。

3．实施规划

1）拓扑图（见图 2.1.16）

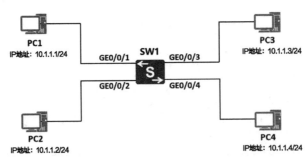

图 2.1.16　拓扑图

2）操作流程

（1）认识交换机外观特征：参照图 2.1.1 和表 2.1.1，对照交换机面板，识别各接口类型；参照图 2.1.7 和表 2.1.2，对照交换机面板，识别各类指示灯。

（2）配置 PC 网络参数，通过 ping 命令依次发起通信，观察 MAC 地址表的构造过程。

（3）交换机 MAC 地址表构建完成后，通过抓包工具，查看接口数据流。

4．具体操作

（1）认识交换机外观特征。

（2）交换机启动后，查看 MAC 地址表。由于未进行通信，因此 MAC 地址表为空。

```
<Huawei>dis mac-address
```

（3）按照如图 2.1.16 所示的拓扑图标识配置 PC 的 IP 地址。

（4）PC1 ping PC4，连通后查看 MAC 地址表。

① PC1 ping PC4：

```
PC>ping 10.1.1.4

Ping 10.1.1.4: 32 data bytes, Press Ctrl_C to break
From 10.1.1.4: bytes=32 seq=1 ttl=128 time=47 ms
From 10.1.1.4: bytes=32 seq=2 ttl=128 time=63 ms
From 10.1.1.4: bytes=32 seq=3 ttl=128 time=47 ms
From 10.1.1.4: bytes=32 seq=4 ttl=128 time=47 ms
From 10.1.1.4: bytes=32 seq=5 ttl=128 time=47 ms

--- 10.1.1.4 ping statistics ---
 5 packet(s) transmitted
 5 packet(s) received
 0.00% packet loss
 round-trip min/avg/max = 47/50/63 ms
```

② 查看 MAC 地址表，交换机已学习了 PC1 和 PC4 的 MAC 地址：

```
<Huawei>display mac-address
MAC address table of slot 0:
-------------------------------------------------------------------------------
MAC Address     VLAN/      PEVLAN CEVLAN  Port     Type     LSP/LSR-ID
                VSI/SI                             MAC-Tunnel
-------------------------------------------------------------------------------
5489-9859-12c1  1          -      -       GE0/0/1  dynamic  0/-
5489-98c2-45a7  1          -      -       GE0/0/4  dynamic  0/-
-------------------------------------------------------------------------------
Total matching items on slot 0 displayed = 2
```

（5）PC2 ping PC3，连通后查看 MAC 地址表。

① PC2 ping PC3：

```
PC>ping 10.1.1.3

Ping 10.1.1.3: 32 data bytes, Press Ctrl_C to break
From 10.1.1.3: bytes=32 seq=1 ttl=128 time=46 ms
From 10.1.1.3: bytes=32 seq=2 ttl=128 time=47 ms
From 10.1.1.3: bytes=32 seq=3 ttl=128 time=47 ms
```

```
From 10.1.1.3: bytes=32 seq=4 ttl=128 time=47 ms
From 10.1.1.3: bytes=32 seq=5 ttl=128 time=63 ms

--- 10.1.1.3 ping statistics ---
 5 packet(s) transmitted
 5 packet(s) received
 0.00% packet loss
 round-trip min/avg/max = 46/50/63 ms
```

② 查看 MAC 地址表，交换机学习了所有 PC 的 MAC 地址：

```
<Huawei>display mac-address
MAC address table of slot 0:
-----------------------------------------------------------------------------
-----
MAC Address     VLAN/       PEVLAN CEVLAN  Port    Type    LSP/LSR-ID
                VSI/SI                                     MAC-Tunnel
-----------------------------------------------------------------------------
-----
5489-9859-12c1  1           -      -       GE0/0/1 dynamic 0/-
5489-98c2-45a7  1           -      -       GE0/0/4 dynamic 0/-
5489-9841-2bd6  1           -      -       GE0/0/2 dynamic 0/-
5489-9830-4ef7  1           -      -       GE0/0/3 dynamic 0/-
-----------------------------------------------------------------------------
-----
Total matching items on slot 0 displayed = 4
```

图 2.1.17　开启端口的数据抓包功能

5．实验测试

MAC 地址表构造完成后，使用数据抓包功能，查看流量转发情况。

（1）交换机的 GE0/0/2 接口开启数据抓包功能。操作为右击交换机设备图标，在弹出的快捷菜单中选择"数据抓包"命令，再选择 GE0/0/2 接口，如图 2.1.17 所示。此时系统会弹出数据捕获窗口，在过滤器文本框中输入"icmp"，并单击"应用"按钮，表示只查看 ICMP 数据流量，此时数据捕获窗口为空，如图 2.1.18 所示。

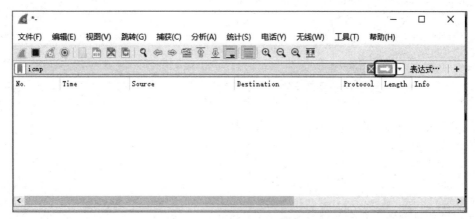

图 2.1.18　数据捕获窗口为空

（2）PC1 ping PC3 或 PC1 ping PC4，此时数据捕获窗口依然为空，表明 GE0/0/2 接口没有数据通过，ICMP 数据包只从对应的 GE0/0/3 或 GE0/0/4 接口转发。

（3）PC1 ping PC2，数据捕获窗口匹配了 ICMP 数据流量，如图 2.1.19 所示。

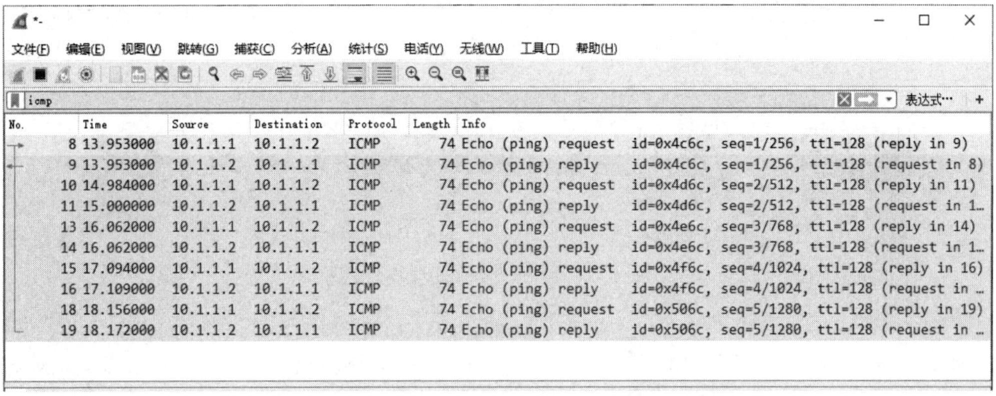

图 2.1.19 数据捕获窗口显示捕获到的 ICMP 数据流量

6．结果分析

在 PC 间的通信过程中，交换机通过记录源 MAC 地址完成了 MAC 地址表的构建。通过数据抓包功能，可以查看设备接口下相关协议的流量信息。

7．注意事项

（1）eNSP 中的 S5700-28C-HI 设备不支持插卡，在实际环境中可以根据需要选用插卡。

（2）在进行数据抓包测试时，可以基于通信协议进行筛选，以便快速定位相关信息。

任务 2.2 交换机管理

2.2.1 任务背景

网络搭建完成后，管理人员需要对网络设备进行日常维护。如果管理人员只能亲临现场进行操作，必然会增加工作负担，尤其是在网络设备数量众多且分散在不同区域的情形下，维护工作将更加烦琐。

事实上，网络设备通常支持远程管理功能。管理人员对网络设备配置远程管理功能后，可通过网络环境实施远程操作，为日后的维护工作提供极大的便利。本任务介绍 Telnet 远程管理交换机的几种管理方式及配置方法。

2.2.2 准备知识

1．交换机管理方式

用户对设备有 CLI 和 GUI 两种管理方式。GUI 管理方式通过设备内置的 WWW 服务器提供图形化的操作界面，仅可以实现对设备部分功能的管理与维护。如果需要对设备进行较复杂或精细的管理，仍然需要使用 CLI 管理方式。CLI 管理方式主要包括本地 Console 接口管理和 Telnet、SSH 等远程管理方式。

（1）Console 接口管理。

对于新出厂的设备，PC 端需要通过控制接口（Console 接口）登录设备进行首次配置。物理上需采用专用的配置线缆（Console 线缆）连接交换机的 Console 接口和 PC 端的 COM 接口，然后在 PC 端通过终端控制程序对设备进行配置和调试。Console 接口管理物理连接如图 2.2.1 所示。

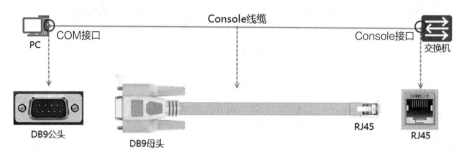

图 2.2.1　Console 接口管理物理连接

图 2.2.2　USB 转 DB9 串口转接线

计算机的 COM 接口类型一般为 DB9 公头，设备的 Console 接口类型一般为 RJ45，因此在一般情况下配置线缆一端为 DB9 母头，一端为 RJ45 接头。如果 PC 端（如笔记本电脑）没有 DB9 串口，那么可以使用 USB 转 DB9 串口转接线实现配置连接，如图 2.2.2 所示。

采用 Console 接口管理时，需要设置终端控制程序通信参数，如表 2.2.1 所示。图 2.2.3 所示为 PC 端使用终端软件 SecureCRT 连接设备 Console 接口的通信参数设置。

表 2.2.1　通信参数设置

序号	参数名称	默认值	说明
1	传输速率	9600bit/s	不同设备的默认传输速率可能不同，按照产品说明进行设置即可
2	流控方式	不进行流控	—
3	校验方式	不进行校验	—
4	停止位	1	—
5	数据位	8	—

图 2.2.3　PC 端使用终端软件 SecureCRT 连接设备 Console 接口的通信参数设置

（2）Telnet 远程管理。

Telnet 是 TCP/IP 协议族中的一员，是 Internet 远程登录服务的标准协议和主要方式。用户通过 Telnet 可以在本地计算机上对远程设备进行配置和管理。Telnet 是常用的远程管理网络设备方法，只要计算机与交换机间是网络可达的，并且交换机开启并授权 Telnet 远程管理功能，计算机就可以对设备进行远程管理。Telnet 远程管理网络拓扑如图 2.2.4 所示。

计算机通过 Telnet 远程登录设备时，设备为 Telnet 服务端，接口号为 23，计算机为 Telnet 客户端，需运行 Telnet 客户端程序。如图 2.2.5 所示，PC 端使用终端软件 SecureCRT 远程连接设备，其中通信参数"主机名"设置为设备的管理地址。

图 2.2.4　Telnet 远程管理网络拓扑　　　　图 2.2.5　使用终端软件 SecureCRT 远程连接设备

2. Telnet 远程管理功能配置流程

在默认情况下，交换机未配置 Telnet 远程管理功能，因此需要先通过 Console 接口本地登录设备，配置 Telnet 远程管理功能及用户信息。

Telnet 远程管理功能配置流程如下。

（1）配置 VTY 用户界面的支持协议类型。

（2）配置 VTY 用户界面的认证方式。

（3）配置登录用户的相关信息，如用户级别、登录密码或账号信息等。

其中，认证方式分为 None 认证、Password 认证和 AAA 认证。None 认证在登录时不需要输入任何认证信息，可直接登录设备；Password 认证也称密码认证，在登录时需输入正确的认证密码；AAA 认证在登录时需输入 AAA 用户名和密码。

3. Telnet 远程管理功能配置命令

1）配置 VTY 用户界面支持的协议类型

命令：protocol inbound { all | ssh | telnet }。

说明：all 表示同时支持 SSH 和 Telnet。

视图：VTY 用户界面视图。

举例，配置交换机 S1 的 VTY 用户界面支持 Telnet：

```
[S1]user-interface vty 0 4              //进入VTY用户界面视图，0 4表示可同时在线5个用户
[S1-ui-vty0-4]protocol inbound telnet   //VTY用户界面支持Telnet
```

2）设置远程登录 VTP 用户界面的认证方式

命令：authentication-mode { aaa | password | none }。

说明：远程登录 VTP 用户界面必须配置验证方式，否则用户无法登录设备。None 认证在登录时不需要输入任何认证信息，可直接登录设备；Password 认证也称密码认证，在登录时需要输入正确的认证密码；AAA 认证在登录时需要输入 AAA 用户名和密码。

视图：VTY 用户界面视图。

举例如下。

（1）设置通过 Telnet 登录交换机 S1 的用户验证方式为 None：

```
[S1]user-interface vty 0 4
[S1-ui-vty0-4]authentication-mode none
```

（2）设置通过 Telnet 登录交换机 S2 的用户验证方式为 Password：

```
[S2]user-interface vty 0 4
[S2-ui-vty0-4]authentication-mode password
```

（3）设置通过 Telnet 登录交换机 S3 的用户验证方式为 AAA：

```
[S3]user-interface vty 0 4
[S3-ui-vty0-4]authentication-mode aaa
```

3）配置登录用户的相关信息

（1）配置用户级别（适用于 None 认证和 Password 认证）。

命令：user privilege level *level*。

说明：参数 level 的取值范围为 0～15（0 为参观级；1 为监控级；2 为配置级；3～15 为管理级）。

视图：VTY 用户界面视图。

举例，设置交换机 S1 的用户级别为 3：

```
[S1]user-interface vty 0 4
[S1-ui-vty0-4]user privilege level 3
```

（2）配置认证密码（适用于 Password 认证）。

命令：set authentication password {simple | cipher} *password*。

说明：simple 表示明文，cipher 表示密文。

视图：VTY 用户界面视图。

举例，设置交换机 S2 的验证密码为 huawei123，用户级别为 3：

```
[S2]user-interface vty 0 4
[S2-ui-vty0-4]set authentication password simple huawei123
[S2-ui-vty0-4]user privilege level 3
```

（3）配置 AAA 用户信息。

① 创建 AAA 用户。

命令：local-user user-name password   {simple | cipher } *password*。

说明：simple 表示明文，cipher 表示密文。

视图：AAA 视图。

② 配置 AAA 用户接入类型。

命令：local-user user-name service-type { http | ssh | telnet | ... }。

说明：在默认情况下，本地用户关闭所有接入类型。

视图：AAA 视图。

③ 配置用户级别。

命令：local-user user-name　privilege level *level*。

说明：参数 level 的取值范围为 0～15，值越大权限越高。

视图：AAA 视图。

举例，配置交换机 S3 的 AAA 认证用户信息，用户名为 huawei，密码为 huawei123，用户级别为 3：

```
[S3]aaa                                              //进入 AAA 视图
[S3-aaa]local-user huawei password simple huawei123  //设置用户名和密码
[S3-aaa]local-user huawei service-type telnet        //设置用户接入类型为 Telnet
[S3-aaa]local-user huawei privilege level 3          //设置用户级别为 3
```

2.2.3　任务实施

操作演示

1．实验目的

（1）理解 Telnet 远程管理设备的意义。

（2）掌握交换机 Telnet 远程管理的配置方法。

2．任务描述

某企业网络是由多台交换机支撑内部网络通信的，但交换机分散在不同区域。通过为设备配置 Telnet 远程管理功能，来为日后的管理维护工作提供便利。

3．实施规划

1）拓扑图（见图 2.2.6）

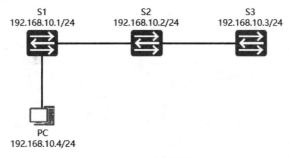

S1
192.168.10.1/24

S2
192.168.10.2/24

S3
192.168.10.3/24

PC
192.168.10.4/24

图 2.2.6　拓扑图

2）操作流程

（1）配置交换机及 PC 的 IP 地址，保证 PC 与交换机网络可达。

（2）交换机按要求配置 Telnet 远程登录功能。VTY 用户界面的认证方式如下。

① S1：None 认证。

② S2：Password 认证（密码：huawei!23）。

③ S3：AAA 认证（用户名为 huawei，密码为 huawei!23）。

4．具体步骤

（1）配置 PC 及交换机网络参数：

```
<Huawei>system
[Huawei]sysname S1
```

```
[S1]int vlanif 1                              //进入 VLANIF1 接口配置视图
[S1-Vlanif1]ip address 192.168.10.1 24        //配置交换机 IP 地址
[S1-Vlanif1]quit
--------------------------------------------------------------------------
<Huawei>system
[Huawei]sysname S2
[S2]int vlanif 1                              //进入 VLANIF1 接口配置视图
[S2-Vlanif1]ip address 192.168.10.2 24        //配置交换机 IP 地址
[S2-Vlanif1]quit
--------------------------------------------------------------------------
<Huawei>system
[Huawei]sysname  S3
[S3]int vlanif 1                              //进入 VLANIF1 接口配置视图
[S3-Vlanif1]ip address 192.168.10.3 24        //配置交换机 IP 地址
[S3-Vlanif1]quit
```

（2）配置 S1 为 None 认证：

```
[S1]user-interface vty 0 4                    //进入 VTY 用户界面配置视图
[S1-ui-vty0-4]protocol inbound telnet         //配置 VTY 用户界面支持的协议
[S1-ui-vty0-4]authentication-mode none        //配置 VTY 认证方式为 None
[S1-ui-vty0-4]user privilege level 3          //配置用户级别
```

（3）配置 S2 为 Password 认证：

```
[S2]user-interface vty 0 4
[S2-ui-vty0-4]protocol inbound telnet                        //配置 VTY 用户界面支持的协议
[S2-ui-vty0-4]authentication-mode password                  //配置 VTY 认证方式为 Password
[S2-ui-vty0-4]set authentication password simple huawei!23  //配置登录密码
[S2-ui-vty0-4]user privilege level 3                        //配置用户级别
```

（4）配置 S3 为 AAA 认证：

```
[S3]user-interface vty 0 4
[S3-ui-vty0-4]protocol inbound telnet              //配置 VTY 用户界面支持的协议
[S3-ui-vty0-4]authentication-mode aaa              //配置 VTY 认证方式为 AAA
[S3-ui-vty0-4]quit
[S3]aaa                                            //进入 AAA 视图
[S3-aaa]local-user huawei password cipher huawei!23  //配置 AAA 用户名和密码
[S3-aaa]local-user huawei service-type telnet      //配置用户接入类型
[S3-aaa]local-user huawei privilege level 3        //配置用户级别
```

5．实验测试

PC 使用 Telnet 客户端工具进行测试。

eNSP 的终端 PC 不支持 Telnet 命令，可以使用交换机模拟 PC 或绑定物理主机网卡（扫描二维码查看操作演示）进行 Telnet 测试。本任务绑定物理主机网卡进行测试。

（1）PC 通过 Telnet 客户端程序登录 S1，如图 2.2.7 所示。

操作演示

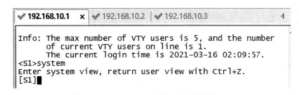

图 2.2.7　None 认证方式登录 S1

（2）PC 通过 Telnet 客户端程序登录 S2，如图 2.2.8 所示。

（3）PC 通过 Telnet 客户端程序登录 S3，如图 2.2.9 所示。

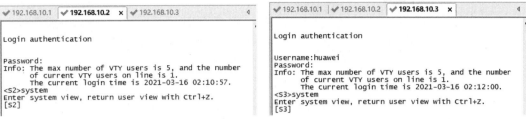

图 2.2.8 Password 认证方式登录 S2   图 2.2.9 AAA 认证方式登录 S3

6. 结果分析

PC 通过 Telnet 客户端程序以三种方式分别成功登录各交换机。从登录过程可以看出，AAA 认证方式相对更安全。

7. 注意事项

（1）在默认情况下，交换机所有接口都属于 VLAN 1，本任务交换机的 IP 地址在 VLANIF1 接口下配置。

（2）交换机可以同时有多个 Telnet 会话，vty 0 4 命令定义了 VTY0~VTY4 五条 Telnet 会话连接，允许 5 个用户同时通过 VTY 登录交换机。

（3）Telnet 远程管理缺少安全的认证方式，且传输过程采用 TCP 进行明文传输，存在安全隐患。对于安全性较高的网络，建议采用 STelnet 远程管理方式。

任务 2.3   交换机 VLAN 的划分

2.3.1 任务背景

局域网（Local Areal Network，LAN）内节点数量的增多、各类网络服务的应用部署，以及视频、语音等流量的通信融合，使网络中的数据量激增，若不加以管理控制，会造成通信效率低、带宽浪费、通信安全等诸多问题。

使用 VLAN 技术实现二层隔离，结合三层子网划分，可以有效减少网络中的广播流量，有利于实现通信流量的管控。本任务介绍二层 VLAN 技术的基本原理和配置方法。

2.3.2 准备知识

1. 冲突域和广播域

（1）冲突域。

共享介质（如集线器）上的多个节点会共享链路的带宽，争用链路的使用权，因此会发生冲突，并且节点越多，发生冲突的概率越大。这种连接共享介质上的所有节点的集合就是一个冲突域。冲突域内所有节点竞争同一带宽，而且一个节点发出的报文其余节点都可以收到。

在基于集线器构建的共享网络中，所有设备处于同一个冲突域中，即集线器所有接口对应一个冲突域。在基于交换机构建的交换网络中，一个接口下的设备处于一个冲突域中，即交换机一个接口对应一个冲突域。图 2.3.1 所示为共享网络和交换网络中的冲突域范围示意图。

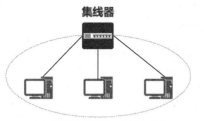 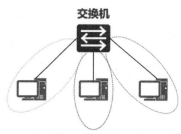

（a）所有设备处于一个冲突域中　　　（b）同一个接口下的设备处于同冲突域中

图 2.3.1　共享网络和交换网络中的冲突域范围示意图

（2）广播域。

一个节点发出广播报文后，所有能收到该广播报文的节点组成的集合就是一个广播域。对于集线器而言，本身的转发机制就是广播，其连接的节点都能收到广播报文，所以集线器所有接口对应一个广播域。交换机在收到广播帧时会进行泛洪，即除入口外的所有接口都转发，因此交换机的所有接口对应一个广播域。广播报文对于网络通信是必要的，如 ARP，通过发起 ARP 广播，来获取目的 IP 地址对应的目标设备 MAC 地址，以对报文进行链路层封装。图 2.3.2 所示为广播域范围示意图。

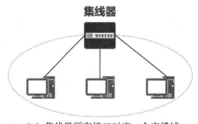 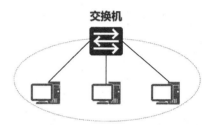

（a）集线器所有接口对应一个广播域　　　（b）交换机所有接口对应一个广播域

图 2.3.2　广播域范围示意图

缩小冲突域和广播域范围能够提高网络的通信性能。对于冲突域，交换机将冲突域缩小至一个接口连接的网络范围；对于广播域，交换机和集线器相同，所有接口对应一个广播域，但交换机可以基于 VLAN 技术，将交换网络中的广播域分割成若干个小的广播域，将每个广播域内的广播流量限制在本区域内传播，不会扩散到其他广播域，在整体上减少了网络中的广播流量。

2. VLAN 技术

1）VLAN 基本概念

VLAN（Virtual Local Area Network，虚拟局域网）技术是将一个物理的 LAN 在逻辑上划分成多个广播域的通信技术。VLAN 基本概念可以概括为以下几点，这里结合图 2.3.3 进行阐述。

（1）VLAN 是在一个物理网络上划分出来的逻辑网络。图 2.3.3 中通过 VLAN 技术将物理网络划分为三个逻辑网络，分别为 VLAN10、VLAN20 和 VLAN30。

（2）可依照功能、部门等因素划分逻辑工作组。图 2.3.3 是基于部门划分逻辑网络的，市场部对应 VLAN10，财务部对应 VLAN20，销售部对应 VLAN30。

（3）每个逻辑网络对应一个广播域。图 2.3.3 中的市场部、财务和销售部各自对应一个广播域，本部门内的广播流量不会扩散到其他部门。

（4）VLAN 内的成员不受物理位置限制。图 2.3.3 中的每个部门的成员不局限于一个集中的办公区域，而是依据用户的组织属性对各楼层主机进行的 VLAN 规划。

（5）VLAN 内的成员间可以互相访问，来自不同 VLAN 的成员间不能进行访问。每个部门内的用户主机可以通信，各部门间的通信被隔离。

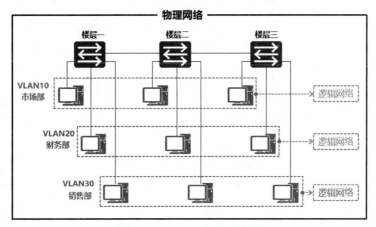

图 2.3.3　VLAN 概念示意图

2）VLAN 技术原理

VLAN 的划分有多种方法，最常用的是基于交换机接口进行的 VLAN 划分。在此方式下，一台主机归属的 VLAN 取决于连接该主机的交换机接口所属的 VLAN。

在一台未设置任何 VLAN 的二层交换机上，任何广播帧都会被转发给除接收接口外的所有其他接口，如图 2.3.4 所示。划分了 VLAN 的交换机在收到广播帧后，只将其转发给属于同一 VLAN 的其他接口，如图 2.3.5 所示。

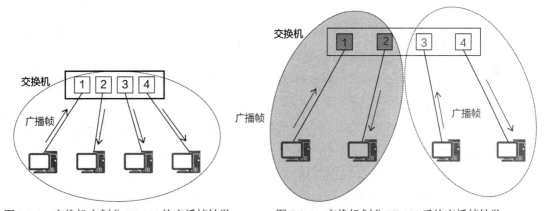

图 2.3.4　交换机未划分 VLAN 的广播帧转发　　　图 2.3.5　交换机划分 VLAN 后的广播帧转发

交换机在划分 VLAN 后，相当于从逻辑上将其切割成若干个小交换机，如图 2.3.6 所示。

3．VLAN 配置流程

（1）创建 VLAN。

（2）设置接口的链路类型。

（3）接口加入 VLAN。

4．VLAN 基本配置命令

（1）创建 VLAN。

命令：vlan *vlan-id* 或 vlan batch *vlan-id1* to *vlan-id2* 或 vlan batch *vlan-id1 vlan-id2 ...*。

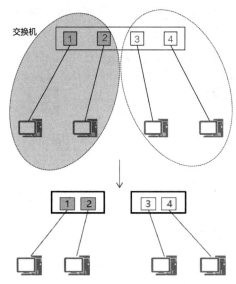

图 2.3.6　交换机划分 VLAN 后的逻辑结构

说明：vlan-id 为 VLAN 的编号，范围为 1～4094；batch 用来批量创建 VLAN，加 to 表示创建连续 VLAN，不加 to 表示创建指定的多个 VLAN。

视图：系统视图。

举例如下。

① 创建 VLAN10：

```
<Huawei>system-view                      //进入系统视图
[Huawei]vlan 10                          //创建 VLAN10
[Huawei-vlan10]                          //创建单一 VLAN 后自动进入该 VLAN 视图
```

② 创建 VLAN11～VLAN20：

```
[Huawei]vlan batch 11 to 20              //创建连续的 VLAN11~VLAN20，共 10 个 VLAN
```

③ 创建 VLAN30、VLAN40 和 VLAN50：

```
[Huawei]vlan batch 30 40 50              //创建不连续的 VLAN30、VLAN40、VLAN50
```

（2）设置接口的链路类型。

命令：port link-type { access | trunk | hybrid }。

说明：只有在接口链路类型为 access 时才可加入 VLAN。

视图：接口视图。

举例，配置接口 G0/0/1 的链路类型为 access：

```
[Huawei]interface GigabitEthernet 0/0/1           //进入接口视图
[Huawei-GigabitEthernet0/0/1]port link-type access //将接口链路类型设置为 access
```

（3）接口加入 VLAN。

① 将接口划分到 VLAN。

命令：port default vlan vlan-id。

说明：将一个接口加入指定 VLAN。

视图：接口视图。

举例，将接口 G0/0/1 添加到 VLAN10：

```
[Huawei]interface GigabitEthernet 0/0/1
[Huawei-GigabitEthernet0/0/1]port default vlan 10
```

② 在 VLAN 下添加接口。

命令：port interface-type {number1 [to number2]}。

说明：将多个接口添加到 VLAN，to 表示添加连续接口。

视图：VLAN 视图。

举例，将接口 G0/0/2～G0/0/5 添加到 VLAN20：

```
[Huawei]vlan 20
[Huawei-vlan20]port GigabitEthernet 0/0/2 to 0/0/5   //将接口 G0/0/2~G0/0/5 四个接口添加到 VLAN20
```

（4）批量配置接口。

① 创建接口组。

命令：port-group *port-group-name*。

说明：port-group-name 为字符串形式，不区分大小写，长度范围是 1～32。

视图：系统视图。

举例，创建接口组，名称为 VLAN10：

```
[Huawei]port-group VLAN10
```

② 将接口添加到接口组。

命令：group-member { interface-type interface-number1 [to interface-type interface-number2] }。

说明：to 表示添加连续接口。

视图：接口组视图。

举例，将接口 G0/0/1～G0/0/10 添加到接口组 VLAN10：

```
[Huawei-port-group-vlan10]group-member g0/0/1 to g0/0/10
```

③ 基于接口组进行 VLAN 操作。

命令：与接口下进行的 VLAN 操作命令相同。

说明：针对接口组进行的命令操作，该接口组内的成员接口都会配置该功能。

举例，将接口组 VLAN10 的成员接口添加到 VLAN10：

```
[Huawei-port-group-vlan10]port link-type access //设置接口链路类型为 access
[Huawei-port-group-vlan10]port default vlan 10    //将接口组成员添加到 VLAN10
```

2.3.3 任务实施

1．任务目的

（1）理解 VLAN 技术的基本原理。

（2）掌握 VLAN 技术的配置方法。

操作演示

2．任务描述

某公司财务部和市场部的用户主机连接在一台交换机上，为避免财务数据泄露，公司要求将两个部门的通信隔离。通过对交换机进行 VLAN 配置，将两个部门划分到不同逻辑子网中，实现通信隔离。

3．实施规划

1）拓扑图（见图 2.3.7）

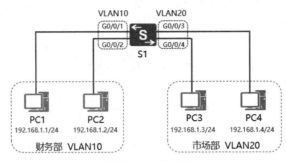

图 2.3.7　拓扑图

2）操作流程

为交换机 S1 创建 VLAN 并添加接口。VLAN 规划表如表 2.3.1 所示。

表 2.3.1　VLAN 规划表

交换机	VLAN ID	接口
S1	10	G0/0/1 和 G0/0/2
	20	G0/0/3 和 G0/0/4

4．具体步骤

（1）配置 PC 的网络参数。

（2）为交换机 S1 创建 VLAN：

```
<Huawei>system
[Huawei]sysname S1
[S1]vlan batch 10 20          //创建 VLAN10 和 VLAN20
```

（3）将接口的链路类型设置为 access，并加入对应 VLAN：

```
[S1]interface g0/0/1
[S1-GigabitEthernet0/0/1]port link-type access          //设置接口链路类型为 access
[S1-GigabitEthernet0/0/1]port default vlan 10           //将接口加入 VLAN10
[S1-GigabitEthernet0/0/1]interface g0/0/2
[S1-GigabitEthernet0/0/2]port link-type access
[S1-GigabitEthernet0/0/2]port default vlan 10
[S1-GigabitEthernet0/0/2]quit
[S1]port-group vlan20                                    //创建接口组，名称为 VLAN20
[S1-port-group-vlan20]group-member g0/0/3 to g0/0/4     //添加成员接口
[S1-port-group-vlan20]port link-type access             //设置接口链路类型为 access
[S1-GigabitEthernet0/0/3]port link-type access          //系统自动配置
[S1-GigabitEthernet0/0/4]port link-type access          //系统自动配置
[S1-port-group-vlan20]port default vlan 20              //接口加入 VLAN20
[S1-GigabitEthernet0/0/3]port default vlan 20           //系统自动配置
[S1-GigabitEthernet0/0/4]port default vlan 20           //系统自动配置
```

5．实验测试

1）VLAN 信息查看

查看 VLAN 信息：

```
[S1]display vlan
The total number of vlans is : 3
--------------------------------------------------------------------------------
U: Up;          D: Down;          TG: Tagged;          UT: Untagged;
MP: Vlan-mapping;               ST: Vlan-stacking;
#: ProtocolTransparent-vlan;    *: Management-vlan;
--------------------------------------------------------------------------------
-----
VID Type    Ports
--------------------------------------------------------------------------------
-----
1    common  UT: GE0/0/5(D)     GE0/0/6(D)     GE0/0/7(D)     GE0/0/8(D)
                 GE0/0/9(D)     GE0/0/10(D)    GE0/0/11(D)    GE0/0/12(D)
                 GE0/0/13(D)    GE0/0/14(D)    GE0/0/15(D)    GE0/0/16(D)
                 GE0/0/17(D)    GE0/0/18(D)    GE0/0/19(D)    GE0/0/20(D)
                 GE0/0/21(D)    GE0/0/22(D)    GE0/0/23(D)    GE0/0/24(D)
10   common  UT: GE0/0/1(U)     GE0/0/2(U)
20   common  UT: GE0/0/3(U)     GE0/0/4(U)
VID Status Property      MAC-LRN       Statistics     Description
--------------------------------------------------------------------------------
1    enable default      enable        disable        VLAN 0001
10   enable default      enable        disable        VLAN 0010
20   enable default      enable        disable        VLAN 0020
```

2）主机连通性测试

（1）PC1 ping PC2，测试结果为连通：

```
PC>PING 192.168.1.2
Ping 192.168.1.2: 32 data bytes, Press Ctrl_C to break
From 192.168.1.2: bytes=32 seq=1 ttl=128 time=31 ms
From 192.168.1.2: bytes=32 seq=2 ttl=128 time=31 ms
From 192.168.1.2: bytes=32 seq=3 ttl=128 time=31 ms
From 192.168.1.2: bytes=32 seq=4 ttl=128 time=16 ms
From 192.168.1.2: bytes=32 seq=5 ttl=128 time=47 ms
--- 192.168.1.2 ping statistics ---
 5 packet(s) transmitted
 5 packet(s) received
 0.00% packet loss
 round-trip min/avg/max = 16/31/47 ms
```

（2）PC1 ping PC3，测试结果为不连通：

```
PC>PING 192.168.1.3
Ping 192.168.1.3: 32 data bytes, Press Ctrl_C to break
From 192.168.1.1: Destination host unreachable
From 192.168.1.1: Destination host unreachable
From 192.168.1.1: Destination host unreachable
From 192.168.1.1: Destination host unreachable
From 192.168.1.1: Destination host unreachable

--- 192.168.1.3 ping statistics ---
 5 packet(s) transmitted
 0 packet(s) received
 100.00% packet loss
```

6. 结果分析

PC1 可以与同一 VLAN 下的 PC2 通信，但不能与另一 VLAN 下的 PC3 通信，不同 VLAN 下的设备的通信被隔离。

7. 注意事项

（1）接口的链路类型必须为 access 才能加入 VLAN。

（2）如果多个接口加入同一 VLAN，那么可以创建接口组，进行批量操作。

任务 2.4　干道链路配置

2.4.1　任务背景

在 LAN 中，同一 VLAN 中的用户可能因办公场地的分散而接入不同的交换机，并且交换机上可能存在其他 VLAN。这样就面临一个 VLAN 的数据流量要跨越多个交换机进行传输的问题。解决问题的关键是，交换机要识别出从对端发送过来的数据属于哪个 VLAN，进而只在与本端相同的 VLAN 下寻找目的主机，而不会扩散到其他 VLAN。

干道链路可以承载来自不同 VLAN 的数据流量，并且数据流量在干道链路中传递时会携带 VLAN 标签，因此对端设备在接收数据流量后可以分辨出该流量对应的 VLAN。本任务介绍通过配置干道链路，实现跨交换机的相同 VLAN 下的设备的通信。

2.4.2　准备知识

1. VLAN 标签

为使交换机能够分辨报文所属 VLAN，802.1Q 协议定义了 VLAN 标签的应用规范，交换机之间通过 VLAN 标签实现同一 VLAN 下的数据互传。

802.1Q 协议规定，在以太网数据帧的源 MAC 地址字段、协议类型字段之间加入 4B 的 VLAN 标签（又称 VLAN Tag，简称 Tag），用以标识 VLAN 信息。在交换网络中，将带有 Tag 的数据帧称为 Tagged 帧，原始的、未加入 4B Tag 的帧称为 Untagged 帧，两类帧的格式示意图如图 2.4.1 所示。

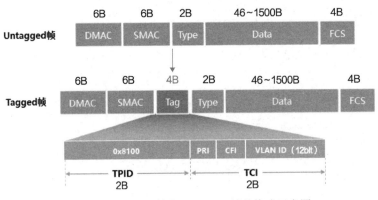

图 2.4.1　Tagged 帧和 Untagged 帧的格式示意图

Tag 包含 4 个字段，各字段含义如表 2.4.1 所示。

表 2.4.1　Tag 各字段含义

字段	长度	含义	取值
TPID	2B	表示数据帧类型	取值为 0x8100，表示该帧为 802.1Q 帧
PRI	3bit	表示数据帧的优先级	取值范围为 0~7，值越大优先级越高。当网络阻塞时，优先级高的数据帧优先发送
CFI	1bit	标准格式指示位，表示 MAC 地址是否以标准格式进行封装	取值为 0 或 1。0 表示 MAC 地址以标准格式封装，1 表示 MAC 地址以非标准格式封装。在以太网中 CFI 值为 0
VLAN	12bit	表示该数据帧所属 VLAN 的编号	取值范围为 1~4094

2．链路类型

交换网络中的链路可以分为接入链路和干道链路。接入链路是指连接交换机和用户终端（如用户主机、服务器等）的链路，只承载 1 个 VLAN 的数据帧。干道链路是指交换机之间互连，或者交换机与路由器互连的链路，用于承载多个不同 VLAN 的数据帧。

如图 2.4.2 所示，交换机连接的用户终端只识别原始数据帧，所以接入链路中传输的是 Untagged 帧。属于同一 VLAN 的用户可能会被连接在不同的交换机上，如果不同交换机下的同一 VLAN 用户进行通信，交换机需要在将数据帧传输给对端交换机之前加上 Tag，以便对端交换机在收到数据帧后能够识别出它来自哪个 VLAN，进而在本地相同的 VLAN 内进行转发。所以干道链路中传输的是 Tagged 帧，交换机依据 Tag 来区分来自不同 VLAN 的数据流量。

3．默认 VLAN

默认 VLAN 又称 PVID（Port Default VLAN ID）。在默认情况下，交换机所有接口的 PVID 均为 1。对于 Access 接口，PVID 就是该接口所属 VLAN 的 ID。交换机在收到 Untagged 帧后会添加 Tag，Tag 中用来表示 VLAN 信息的 VLAN ID 字段内容就是接收接口的 PVID，如图 2.4.3 所示。

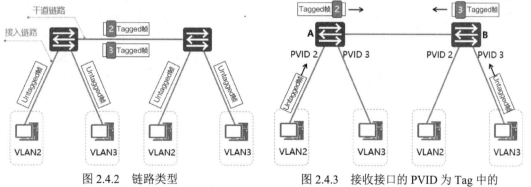

图 2.4.2　链路类型

图 2.4.3　接收接口的 PVID 为 Tag 中的
VLAN ID 字段内容

4．接口类型

根据接口连接对象及对收发数据帧处理方式的不同，可以将接口类型分为以下三类。

1）Access 接口

Access 接口一般用于和不能识别 Tag 的用户终端（如用户主机、服务器等）相连，或者在不需要区分不同 VLAN 成员时使用。Access 接口连接接入链路，从 Access 接口收到 Untagged 帧要添加 Tag，变成 Tagged 帧，以供交换机内部处理。Tagged 帧从 Access 接口发出时需要剥离 Tag

变成 Untagged 帧，以便被终端识别和接收。

2）Trunk 接口

Trunk 接口一般用于连接交换机、路由器、AP（Wireless Access Point，无线访问接收点），以及可同时收发 Tagged 帧和 Untagged 帧的语音终端。Trunk 接口连接干道链路，可以承载来自不同 VLAN 的流量。Trunk 接口接收或发送的数据帧通常是 Tagged 帧，以便对来自各 VLAN 的数据进行区分。

3）Hybrid 接口

Hybrid 接口既可以用于连接不能识别 Tag 的用户终端，也可以用于连接交换机、路由器、AP 及可同时收发 Tagged 帧和 Untagged 帧的语音终端。因此 Hybrid 接口既能连接接入链路，又能连接干道链路。Hybrid 接口可以灵活地定义 Tag 剥离规则，即从 Hybrid 接口发出的 Tagged 帧，可根据通信需要来配置来自哪些 VLAN 的数据帧携带 Tag，来自哪些 VLAN 的数据帧剥离 Tag。

5．数据帧处理方式

在交换网络中，交换机通过对接口收发的以太网数据帧进行 Tag 的添加或剥离，来实现跨交换机的 VLAN 通信。标签的处理方式依据接口的接口类型和 PVID 来确定。各类型接口对收发数据帧的处理方式如表 2.4.2 所示。

表 2.4.2　各类型接口对收发数据帧的处理方式

接口类型	接收帧		发送帧
	Untagged 帧	Tagged 帧	
Access 接口	添加接口 PVID 标记，接收	检查 VLAN ID 字段内容是否与接口 PVID 相同，相同则接收，否则丢弃	剥离 Tag 转发
Trunk 接口	添加接口 PVID 标记，检查该 PVID 是否为接口允许的 VLAN ID，是则接收，否则丢弃	检查 Tag 中的 VLAN ID 字段内容是否为接口允许的 VLAN ID，是则接收，否则丢弃	若 Tag 中的 VLAN ID 不是接口允许的 VLAN ID，则丢弃； 若 Tag 中的 VLAN ID 是接口允许的 VLAN ID，则检查其与接口的 PVID 是否相同，相同则剥离 Tag 发送，否则直接发送
Hybrid 接口	添加接口 PVID 标记，检查该 PVID 是否为接口允许的 VLAN ID，是则接收，否则丢弃	检查 Tag 中的 VLAN ID 字段内容是否为接口允许的 VLAN ID，是则接收，否则丢弃	若 Tag 中的 VLAN ID 不是接口允许的 VLAN ID，则丢弃； 若 Tag 中的 VLAN ID 是接口允许的 VLAN ID，则检查其是否配置了 Tag 剥离，是则剥离 Tag 发送，否则直接发送

下面结合图 2.4.4 和图 2.4.5 来介绍添加和剥离 Tag 的过程。如图 2.4.4 所示，交换机 A 的 Access 接口分别收到来自 VLAN2、VLAN3、VLAN4 的 Untagged 帧，添加 Tag，VLAN ID 字段分别为各接口的 PVID。Trunk 接口的 PVID 为 2，且允许来自 VLAN2、VLAN3、VLAN4 的数据帧通过。来自 VLAN2 的数据帧的 Tag 的 VLAN ID 字段为 2，与 Trunk 接口的 PVID 相同，因此剥离 Tag 转发；来自 VLAN3 和 VLAN4 的数据帧的 Tag 的 VLAN ID 字段与 Trunk 接口的 PVID 不同，因此直接发送。交换机 B 的 Access 接口收到交换机 A 发送的 3 个数据帧，来自 VLAN2 的数据帧为 Untagged 帧，添加 VLAN ID 字段为 3 的 Tag 并接收；来自 VLAN3 的数据帧的 VLAN ID 字段为 3，与接口的 PVID 相同，接收该帧；来自 VLAN4 的 Tagged 帧的 VLAN ID 字段为 4，与接口

的 PVID 不同，丢弃该帧。最后交换机 B 将接收到的 Tagged 帧剥离 Tag 从 VLAN3 的 Access 接口发送出去。

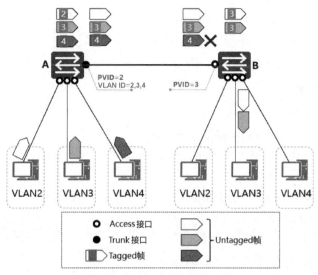

图 2.4.4　Tag 处理过程（1）

将交换机 B 连接交换机 A 的接口设置为 Trunk 接口，PVID 设为 2，允许来自 VLAN2、VLAN3和 VLAN5 的数据帧通过，Tag 添加和剥离过程如图 2.4.5 所示。

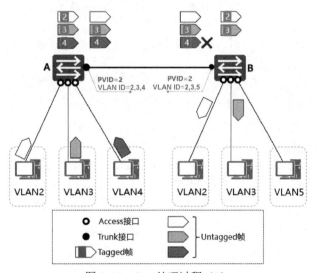

图 2.4.5　Tag 处理过程（2）

交换机 A 对数据帧的处理与图 2.4.4 一致。交换机 B 的 Trunk 接口收到交换机 A 发送的 3 个数据帧，来自 VLAN2 的数据帧为 Untagged 帧，添加 VLAN ID 字段为 2 的 Tag，Trunk 接口允许来自 VLAN2 的数据帧通过，接收该 Tagged 帧；来自 VLAN3 的 Tagged 帧的 VLAN ID 字段为 3，Trunk 接口允许通过，接收该帧；来自 VLAN4 的 Tagged 帧的 VLAN ID 字段为 4，Trunk 接口不允许通过，丢弃该帧。最后交换机 B 将接收到的 Tagged 帧剥离 Tag 分别从 VLAN2 和 VLAN3 的 Access 接口发送出去。

需要说明的是，此案例结构并不合理，该设计只是为了加深读者对 Tag 处理过程的理解。在实际应用中，交换机互连接口均设置为 Trunk，以形成干道链路。两端都允许一致的业务 VLAN

通过；PVID 默认为 1 或特别指定，需两端一致且与业务 VLAN 的 ID 不同。

6. 干道链路配置流程

（1）配置交换机的 VLAN。

（2）将交换机的级连接口的类型设置为 Trunk。

（3）设置 Trunk 接口允许通过的 VLAN 流量。

7. 干道链路配置命令

（1）设置接口的类型。

命令：port link-type { access | trunk | hybrid }。

说明：两端接口类型均需设置为 Trunk 或 Hybrid，才能形成干道链路。

视图：接口视图。

举例，配置接口 G0/0/1 的类型为 Trunk：

```
[Huawei]interface GigabitEthernet 0/0/1                    //进入接口视图
[Huawei-GigabitEthernet0/0/1]port link-type trunk         //设置接口类型为 Trunk
```

（2）设置 Trunk 接口允许通过的 VLAN 流量。

命令：port trunk allow-pass vlan { *vlan-id1* [to *vlan-id2*] | all }。

说明：在默认情况下，只允许来自 VLAN1 的数据帧通过；all 表示来自所有 VLAN 的数据帧都允许通过。

视图：接口视图。

举例如下。

① 配置接口 G0/0/24 的类型为 Trunk，来自本地 VLAN 的数据帧都允许通过：

```
[Huawei]interface GigabitEthernet 0/0/24
[Huawei-GigabitEthernet0/0/24]port link-type trunk        //设置接口类型为 Trunk
[Huawei-GigabitEthernet0/0/24]port trunk allow-pass vlan all //允许所有来自本地 VLAN 的数据帧通过
```

② 配置接口 G0/0/23 的类型为 Trunk，只允许来自 VLAN10～VLAN15 的数据帧通过：

```
[Huawei]interface GigabitEthernet 0/0/23
[Huawei-GigabitEthernet0/0/23]port link-type trunk
//禁止来自 VLAN1（系统默认允许 VLAN1）的数据帧通过
[Huawei-GigabitEthernet0/0/23]undo port trunk allow-pass vlan 1
//只允许来自 VLAN10~VLAN15 的数据帧通过
[Huawei-GigabitEthernet0/0/23]port trunk allow-pass vlan 10 to 15
```

（3）设置 Trunk 接口的 PVID。

命令：port trunk pvid vlan *vlan-id*。

说明：在默认情况下，Trunk 接口的 PVID 为 1。

视图：接口视图。

举例，将接口 G0/0/23 的类型设置为 Trunk 并设置其 PVID 为 15：

```
[Huawei-GigabitEthernet0/0/23]port trunk pvid vlan 15
```

2.4.3 任务实施

1. 任务目的

（1）理解干道链路的应用场景。

操作演示

（2）掌握 Trunk 接口的配置方法。

2．任务描述

某公司因办公场地点分散，同一部门的用户主机分别接在不同的交换机上，公司要求同一部门的用户主机能够通信，但部门间的通信要隔离。

3．实施规划

1）拓扑图（见图 2.4.6）

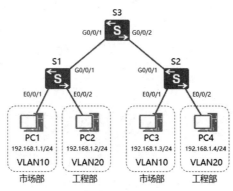

图 2.4.6　拓扑图

2）操作流程

（1）配置交换机 VLAN，实现部门间通信的隔离。VLAN 规划表如表 2.4.3 所示。

表 2.4.3　VLAN 规划表

交换机	VLAN ID	接口
S1	10	E0/0/1
	20	E0/0/2
S2	10	E0/0/1
	20	E0/0/2
S3	10	—
	20	—

（2）将交换机间的级连链路配置为干道链路，并设置允许通过的数据帧的 VLAN，以实现跨交换机的相同部门的主机的互通。

4．具体步骤

（1）配置 PC 网络参数。

（2）配置交换机 VLAN。

① 配置 S1 的 VLAN：

```
[S1]vlan batch 10 20
[S1]int e0/0/1
[S1-Ethernet0/0/1]port link-type access
[S1-Ethernet0/0/1]port default vlan 10
[S1-Ethernet0/0/1]int e0/0/2
[S1-Ethernet0/0/2]port link-type access
```

```
[S1-Ethernet0/0/2]port default vlan 20
```

② 配置 S2 的 VLAN：

```
[S2]vlan batch 10 20
[S2]int e0/0/1
[S2-Ethernet0/0/1]port link-type access
[S2-Ethernet0/0/1]port default vlan 10
[S2-Ethernet0/0/1]int e0/0/2
[S2-Ethernet0/0/2]port link-type access
[S2-Ethernet0/0/2]port default vlan 20
```

③ 配置 S3 的 VLAN：

```
[S3]vlan batch 10 20
```

（3）配置干道链路。

① S1 配置：

```
[S1]int g0/0/1
[S1-GigabitEthernet0/0/1]port link-type trunk
[S1-GigabitEthernet0/0/1]port trunk allow-pass vlan 10 20
```

② S2 配置：

```
[S2]int g0/0/1
[S2-GigabitEthernet0/0/1]port link-type trunk
[S2-GigabitEthernet0/0/1]port trunk allow-pass vlan 10 20
```

③ S3 配置：

```
[S3]port-group 1
[S3-port-group-1]group-member g0/0/1 to g0/0/2
[S3-port-group-1]port link-type trunk
[S3-GigabitEthernet0/0/1]port link-type trunk
[S3-GigabitEthernet0/0/2]port link-type trunk
[S3-port-group-1]port trunk allow-pass vlan 10 20
[S3-GigabitEthernet0/0/1]port trunk allow-pass vlan 10 20
[S3-GigabitEthernet0/0/2]port trunk allow-pass vlan 10 20
```

5. 实验测试

1）查看 VLAN 信息

（1）查看 S1 的 VLAN 信息：

```
[S1]dis vlan
The total number of vlans is : 3
--------------------------------------------------------------------------------
U: Up;          D: Down;          TG: Tagged;          UT: Untagged;
MP: Vlan-mapping;              ST: Vlan-stacking;
#: ProtocolTransparent-vlan;    *: Management-vlan;
--------------------------------------------------------------------------------
VID  Type    Ports
--------------------------------------------------------------------------------
1    common  UT:Eth0/0/3(D)     Eth0/0/4(D)      Eth0/0/5(D)       Eth0/0/6(D)
                Eth0/0/7(D)      Eth0/0/8(D)      Eth0/0/9(D)       Eth0/0/10(D)
                Eth0/0/11(D)     Eth0/0/12(D)     Eth0/0/13(D)      Eth0/0/14(D)
```

```
                   Eth0/0/15(D)      Eth0/0/16(D)      Eth0/0/17(D)      Eth0/0/18(D)
                   Eth0/0/19(D)      Eth0/0/20(D)      Eth0/0/21(D)      Eth0/0/22(D)
                   GE0/0/1(U)        GE0/0/2(D)
10     common  UT:Eth0/0/1(U)
                TG:GE0/0/1(U)
20     common  UT:Eth0/0/2(U)
                TG:GE0/0/1(U)
VID Status Property       MAC-LRN Statistics   Description
--------------------------------------------------------------------------
1   enable default        enable  disable      VLAN 0001
10  enable default        enable  disable      VLAN 0010
20  enable default        enable  disable      VLAN 0020
```

（2）查看 S2 的 VLAN 信息：

```
[S2]dis vlan
The total number of vlans is : 3
--------------------------------------------------------------------------
U: Up;          D: Down;       TG: Tagged;        UT: Untagged;
MP: Vlan-mapping;             ST: Vlan-stacking;
#: ProtocolTransparent-vlan;    *: Management-vlan;
--------------------------------------------------------------------------

VID Type    Ports
--------------------------------------------------------------------------
1   common  UT:Eth0/0/3(D)     Eth0/0/4(D)       Eth0/0/5(D)       Eth0/0/6(D)
               Eth0/0/7(D)     Eth0/0/8(D)       Eth0/0/9(D)       Eth0/0/10(D)
               Eth0/0/11(D)    Eth0/0/12(D)      Eth0/0/13(D)      Eth0/0/14(D)
               Eth0/0/15(D)    Eth0/0/16(D)      Eth0/0/17(D)      Eth0/0/18(D)
               Eth0/0/19(D)    Eth0/0/20(D)      Eth0/0/21(D)      Eth0/0/22(D)
               GE0/0/1(U)      GE0/0/2(D)
10     common  UT:Eth0/0/1(U)
                TG:GE0/0/1(U)
20     common  UT:Eth0/0/2(U)
                TG:GE0/0/1(U)
VID Status Property       MAC-LRN Statistics   Description
--------------------------------------------------------------------------
1   enable default        enable  disable      VLAN 0001
10  enable default        enable  disable      VLAN 0010
20  enable default        enable  disable      VLAN 0020
```

（3）查看 S3 的 VLAN 信息：

```
[S3]dis vlan
The total number of vlans is : 3
--------------------------------------------------------------------------
U: Up;          D: Down;       TG: Tagged;        UT: Untagged;
MP: Vlan-mapping;             ST: Vlan-stacking;
#: ProtocolTransparent-vlan;    *: Management-vlan;
--------------------------------------------------------------------------

VID Type    Ports
--------------------------------------------------------------------------
1   common  UT:GE0/0/1(U)      GE0/0/2(U)        GE0/0/3(D)        GE0/0/4(D)
               GE0/0/5(D)      GE0/0/6(D)        GE0/0/7(D)        GE0/0/8(D)
               GE0/0/9(D)      GE0/0/10(D)       GE0/0/11(D)       GE0/0/12(D)
```

```
            GE0/0/13(D)        GE0/0/14(D)        GE0/0/15(D)        GE0/0/16(D)
            GE0/0/17(D)        GE0/0/18(D)        GE0/0/19(D)        GE0/0/20(D)
            GE0/0/21(D)        GE0/0/22(D)        GE0/0/23(D)        GE0/0/24(D)
10   common  TG:GE0/0/1(U)      GE0/0/2(U)
20   common  TG:GE0/0/1(U)      GE0/0/2(U)
VID  Status  Property          MAC-LRN  Statistics  Description
--------------------------------------------------------------------------------
1    enable  default           enable   disable     VLAN 0001
10   enable  default           enable   disable     VLAN 0010
20   enable  default           enable   disable     VLAN 0020
```

2）查看 Trunk 接口信息

（1）查看 S1 的 Trunk 接口信息：

```
[S1]dis port vlan g0/0/1
Port                  Link Type    PVID     Trunk     VLAN     List
--------------------------------------------------------------------------------
GigabitEthernet0/0/1  trunk        1        1         10       20
```

（2）查看 S2 的 Trunk 接口信息：

```
[S2]dis port vlan g0/0/1
Port                  Link Type    PVID     Trunk     VLAN     List
--------------------------------------------------------------------------------
GigabitEthernet0/0/1  trunk        1        1         10       20
```

（3）查看 S3 的 Trunk 接口信息：

```
[S1]dis port vlan
Port                  Link Type    PVID     Trunk     VLAN     List
--------------------------------------------------------------------------------
GigabitEthernet0/0/1  trunk        1        1         10       20
GigabitEthernet0/0/2  trunk        1        1         10       20
```

3）主机连通性测试

（1）PC1 ping PC2：

```
PC>PING 192.168.1.2

Ping 192.168.1.2: 32 data bytes, Press Ctrl_C to break
From 192.168.1.1: Destination host unreachable
From 192.168.1.1: Destination host unreachable
From 192.168.1.1: Destination host unreachable
From 192.168.1.1: Destination host unreachable
From 192.168.1.1: Destination host unreachable

--- 192.168.1.2 ping statistics ---
  5 packet(s) transmitted
  0 packet(s) received
  100.00% packet loss
```

（2）PC1 ping PC3：

```
PC>ping 192.168.1.3

Ping 192.168.1.3: 32 data bytes, Press Ctrl_C to break
```

```
From 192.168.1.3: bytes=32 seq=1 ttl=128 time=78 ms
From 192.168.1.3: bytes=32 seq=2 ttl=128 time=78 ms
From 192.168.1.3: bytes=32 seq=3 ttl=128 time=63 ms
From 192.168.1.3: bytes=32 seq=4 ttl=128 time=78 ms
From 192.168.1.3: bytes=32 seq=5 ttl=128 time=93 ms

--- 192.168.1.3 ping statistics ---
  5 packet(s) transmitted
  5 packet(s) received
  0.00% packet loss
  round-trip min/avg/max = 63/78/93 ms
```

（3）PC1 ping PC4：

```
PC>ping 192.168.1.4

Ping 192.168.1.4: 32 data bytes, Press Ctrl_C to break
From 192.168.1.1: Destination host unreachable
From 192.168.1.1: Destination host unreachable
From 192.168.1.1: Destination host unreachable
From 192.168.1.1: Destination host unreachable
From 192.168.1.1: Destination host unreachable

--- 192.168.1.4 ping statistics ---
  5 packet(s) transmitted
  0 packet(s) received
  100.00% packet loss
```

6. 结果分析

PC1 可以接通 PC3，但是不能接通 PC2 和 PC4，既实现了不同 VLAN 之间设备通信的隔离，又实现了相同 VLAN 设备间跨交换机的通信。

7. 注意事项

（1）接口类型设置为 Trunk 后，需使用命令 port trunk allow-pass 设置允许通过的 VLAN 流量，默认只允许来自 VLAN 1 的数据帧通过。

（2）当同一 VLAN 中的设备跨越多个交换机通信时，应确保干道链路上的所有交换机都具有该 VLAN。

任务 2.5 Hybrid 接口的应用

2.5.1 任务背景

传统的干道链路技术解决了不同交换机同一 VLAN 下的设备间通信的问题。总的原则是相同 VLAN 下的设备间可以通信，不同 VLAN 下的设备间的通信隔离。在实际环境中，可能面临特殊的通信需求，如某 VLAN 下的服务器希望能够被网络中的其他 VLAN 下的设备访问，但与其他不同 VLAN 下的设备的通信依然隔离。这就需要用到交换机的 Hybrid 接口来进行设置。

基于 Hybrid 接口的属性，可以自定义 Tag 剥离规则，从而实现更灵活的通信需求。本任务介绍 Hybrid 接口的工作原理和配置方法。

2.5.2 准备知识

1．Hybrid 接口对数据帧的处理

在很多应用场景下，Hybrid 接口和 Trunk 接口是可以通用的。Hybrid 接口可以对发出的 Tagged 帧定义 Tag 剥离规则，能够应对一些特殊的通信场景。

下面结合图 2.5.1 来介绍 Hybrid 接口的工作原理。

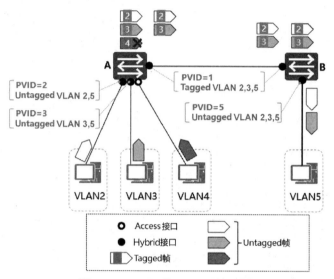

图 2.5.1　Hybrid 接口 Tag 处理过程

先以交换机 A 各 VLAN 中的主机访问交换机 B 的 VLAN5 中的主机为例进行阐述，具体过程如下。

（1）交换机 A 的 Hybrid 接口和 Access 接口分别收到来自 VLAN2、VLAN3、VLAN4 的 Untagged 帧，然后添加 Tag，VLAN ID 字段分别为各接口的 PVID。

（2）交换机 A 的 Hybrid 接口允许来自 VLAN2、VLAN3、VLAN5 的 Tagged 帧通过。VLAN4 的 Tagged 帧的 VLAN ID 的字段为 4，不是 Hybrid 接口允许通过的 VLAN，所以丢弃该帧。交换机 A 只转发来自 VLAN2、VLAN3 的 Tagged 帧。

（3）交换机 B 的 Hybrid 接口允许来自 VLAN2、VLAN3、VLAN5 的 Tagged 帧通过，所以接收交换机 A 发送过来的来自 VLAN2、VLAN3 的 Tagged 帧。

（4）交换机 B 连接终端的 Hybrid 接口允许来自 VLAN2、VLAN3、VLAN5 的 Tagged 帧剥离 Tag 后通过，最后将来自 VLAN2、VLAN3 的数据帧发送给本端的 VLAN5 中的主机。

再以交换机 B 的 VLAN5 中的主机访问交换机 A 的 VLAN2 和 VLAN3 中的主机为例进行阐述，具体过程如下。

交换机 B 连接终端的 Hybrid 接口收到来自 VLAN5 的数据帧后，添加 Tag，并发送给交换机 A。交换机 A 接收后，将从允许来自 VLAN5 数据帧通过的 Hybrid 接口转发。连接 VLAN2、VLAN3 中的主机的 Hybrid 接口允许来自 VLAN5 的 Tagged 帧剥离 Tag 后转发，所以 VLAN2 和 VLAN3 中的主机可以收到来自 VLAN5 的数据帧。

从以上案例可以看出，通过定义 Hybrid 接口的 Tag 剥离规则，可以满足特殊的通信需求。案例中的 VLAN2 和 VLAN3 中的主机都能与 VLAN5 中的主机通信，但 VLAN2 中的主机和 VLAN3 中的主机间依然不能通信，所以适合在 VLAN5 中部署公共服务器。

2. Hybrid 接口配置流程

（1）将设备接口类型设为 Hybrid（系统默认）。

（2）定义 Hybrid 接口对发出的 Tagged 帧的 Tag 剥离规则。

①设置 Hybrid 接口允许发送 Tagged 帧的 VLAN。

②设置 Hybrid 接口允许发送 Untagged 帧的 VLAN。

（3）配置 Hybrid 接口的 PVID，即定义 Hybrid 接口所属 VLAN。

3. Hybrid 接口配置命令

（1）设置 Hybrid 接口允许发送 Tagged 帧的 VLAN。

命令：port hybrid tagged vlan { *vlan-id1* [to *vlan-id2*] | all }。

说明：设置 Hybrid 接口允许通过的 VLAN，并以 Tagged 方式发送数据帧。

视图：接口视图。

举例，设置接口 G0/0/21 的类型为 Hybrid，允许本地所有 VLAN 通过，并以 Tagged 方式发送数据帧：

```
[Huawei-GigabitEthernet0/0/21]port link-type hybrid        //设置接口链路类型为 Hybrid
[Huawei-GigabitEthernet0/0/21]port hybrid tagged vlan all //允许所有VLAN通过,并以Tagged方式发送数据帧
```

（2）设置 Hybrid 接口允许发送 Untagged 帧的 VLAN。

命令：port hybrid untagged vlan { *vlan-id1* [to *vlan-id2*] | all }。

说明：设置 Hybrid 接口允许通过的 VLAN，并以 Untagged 方式发送数据帧。

视图：接口视图。

举例，设置接口 G0/0/22 的类型为 Hybrid，只允许来自 VLAN5～VLAN10 的数据帧通过，并以 Untagged 方式发送数据帧：

```
[Huawei-GigabitEthernet0/0/22]port link-type hybrid
[Huawei-GigabitEthernet0/0/22]undo port hybrid untagged vlan 1
//只允许 VLAN5~VLAN10 通过，并以 Untagged 方式发送数据帧
[Huawei-GigabitEthernet0/0/22]port hybrid untagged vlan 5 to 10
```

（3）设置 Hybrid 接口的 PVID。

命令：port hybrid pvid vlan *vlan-id*。

说明：在默认情况下，Hybrid 接口的 PVID 为 1。

视图：接口视图。

举例：将 Hybrid 接口 G0/0/22 的 PVID 设置为 15：

```
[Huawei-GigabitEthernet0/0/22]port hybrid pvid vlan 15
```

2.5.3 任务实施

1. 任务目的

（1）理解 Hybrid 接口的应用场景。

（2）掌握 Hybrid 接口的配置方法。

操作演示

2. 任务描述

某公司因员工工作场地分散，同一部门的用户主机分别接在不同的交换机上，公司要求同一

部门的用户主机能够通信，但不同部门间的主机的通信要隔离。另外，公司部署了 FTP 服务器，所有部门均可访问。通过配置交换机的 Hybrid 接口，并设置数据帧处理方式，实现上述通信要求。

3．实施规划

1）拓扑图（见图 2.5.2）

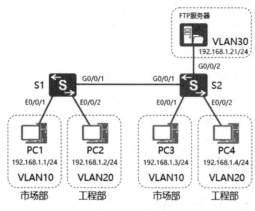

图 2.5.2　拓扑图

2）操作流程

（1）配置交换机 VLAN。VLAN 规划表如表 2.5.1 所示。

表 2.5.1　VLAN 规划表

交换机	接口	PVID	数据帧处理方式
S1	E0/0/1	10	Untagged　10 30
	E0/0/2	20	Untagged　20 30
	G0/0/1	1	Tagged　　10 20 30
S2	E0/0/1	10	Untagged　10 30
	E0/0/2	20	Untagged　20 30
	G0/0/1	1	Tagged　　10 20 30
	G0/0/2	30	Untagged　10 20 30

（2）将交换机间的级连链路配置为干道链路，并按照表 2.5.1 设置数据帧的处理方式。

4．具体步骤

（1）配置 PC 网络参数。

（2）配置交换机的 VLAN。

① 配置 S1 的 VLAN：

```
[S1]vlan batch 10 20 30
```

② 配置 S2 的 VLAN：

```
[S2]vlan batch 10 20 30
```

（3）配置 Hybrid 接口，并设置数据帧处理方式。

① 配置 S1 的 Hybrid 接口，并设置数据帧处理方式：

```
[S1]int e0/0/1
```

```
[S1-Ethernet0/0/1]port hybrid pvid vlan 10                //设置 Hybrid 接口 PVID 为 10
//允许来自 VLAN10 和 VLAN30 的数据帧通过，以 Untagged 方式转发（剥离 Tag）
[S1-Ethernet0/0/1]port hybrid untagged vlan 10 30
[S1-Ethernet0/0/1]int e0/0/2
[S1-Ethernet0/0/2]port hybrid pvid vlan 20
[S1-Ethernet0/0/2]port hybrid untagged vlan 20 30
[S1-Ethernet0/0/2]int g0/0/1
//允许来自 VLAN10、VLAN20 和 VLAN30 的数据帧通过，以 Tagged 方式转发
[S1-GigabitEthernet0/0/1]port hybrid tagged vlan 10 20 30
```

② 配置 S2 的 Hybrid 接口，并设置数据帧处理方式：

```
[S2]int e0/0/1
[S2-Ethernet0/0/1]port hybrid pvid vlan 10
[S2-Ethernet0/0/1]port hybrid untagged vlan 10 30
[S2-Ethernet0/0/1]int e0/0/2
[S2-Ethernet0/0/2]port hybrid pvid vlan 20
[S2-Ethernet0/0/2]port hybrid untagged vlan 20 30
[S2-Ethernet0/0/2]int g0/0/1
[S2-GigabitEthernet0/0/1]port hybrid tagged vlan 10 20 30
[S2-GigabitEthernet0/0/1]int g0/0/2
[S2-GigabitEthernet0/0/2]port hybrid pvid vlan 30
[S2-GigabitEthernet0/0/2]port hybrid untagged vlan 10 20 30
```

5. 实验测试

1）查看 VLAN 信息

（1）查看 S1 的 VLAN 信息：

```
[S1]dis vlan
The total number of vlans is : 4
--------------------------------------------------------------------------------
U: Up;          D: Down;          TG: Tagged;          UT: Untagged;
MP: Vlan-mapping;                 ST: Vlan-stacking;
#: ProtocolTransparent-vlan;      *: Management-vlan;
--------------------------------------------------------------------------------

VID  Type    Ports
--------------------------------------------------------------------------------
1    common  UT:Eth0/0/1(U)      Eth0/0/2(U)      Eth0/0/3(D)      Eth0/0/4(D)
               Eth0/0/5(D)       Eth0/0/6(D)      Eth0/0/7(D)      Eth0/0/8(D)
               Eth0/0/9(D)       Eth0/0/10(D)     Eth0/0/11(D)     Eth0/0/12(D)
               Eth0/0/13(D)      Eth0/0/14(D)     Eth0/0/15(D)     Eth0/0/16(D)
               Eth0/0/17(D)      Eth0/0/18(D)     Eth0/0/19(D)     Eth0/0/20(D)
               Eth0/0/21(D)      Eth0/0/22(D)     GE0/0/1(U)       GE0/0/2(D)
10   common  UT:Eth0/0/1(U)
             TG:GE0/0/1(U)
20   common  UT:Eth0/0/2(U)
             TG:GE0/0/1(U)
30   common  UT:Eth0/0/1(U)      Eth0/0/2(U)
             TG:GE0/0/1(U)


VID  Status  Property     MAC-LRN  Statistics   Description
--------------------------------------------------------------------------------
1    enable  default      enable   disable      VLAN 0001
```

```
10   enable  default      enable   disable      VLAN 0010
20   enable  default      enable   disable      VLAN 0020
30   enable  default      enable   disable      VLAN 0030
```

（2）查看 S2 的 VLAN 信息：

```
[S2]dis vlan
The total number of vlans is : 4
----------------------------------------------------------------------
U: Up;        D: Down;        TG: Tagged;        UT: Untagged;
MP: Vlan-mapping;             ST: Vlan-stacking;
#: ProtocolTransparent-vlan;  *: Management-vlan;
----------------------------------------------------------------------

VID Type    Ports
----------------------------------------------------------------------
1   common  UT:Eth0/0/1(U)    Eth0/0/2(U)    Eth0/0/3(D)    Eth0/0/4(D)
            Eth0/0/5(D)       Eth0/0/6(D)    Eth0/0/7(D)    Eth0/0/8(D)
            Eth0/0/9(D)       Eth0/0/10(D)   Eth0/0/11(D)   Eth0/0/12(D)
            Eth0/0/13(D)      Eth0/0/14(D)   Eth0/0/15(D)   Eth0/0/16(D)
            Eth0/0/17(D)      Eth0/0/18(D)   Eth0/0/19(D)   Eth0/0/20(D)
            Eth0/0/21(D)      Eth0/0/22(D)   GE0/0/1(U)     GE0/0/2(U)
10  common  UT:Eth0/0/1(U)    GE0/0/2(U)
            TG:GE0/0/1(U)
20  common  UT:Eth0/0/2(U)    GE0/0/2(U)
            TG:GE0/0/1(U)
30  common  UT:Eth0/0/1(U)    Eth0/0/2(U)    GE0/0/2(U)
            TG:GE0/0/1(U)

VID Status Property      MAC-LRN  Statistics   Description
----------------------------------------------------------------------
1   enable  default      enable   disable      VLAN 0001
10  enable  default      enable   disable      VLAN 0010
20  enable  default      enable   disable      VLAN 0020
30  enable  default      enable   disable      VLAN 0030
```

2）查看 Hybrid 接口信息

（1）查看 S1 的 Hybrid 接口信息：

```
[S1]dis port vlan active
T=TAG U=UNTAG
----------------------------------------------------------------------
Port            Link Type    PVID    VLAN List
----------------------------------------------------------------------
Eth0/0/1        hybrid       10      U: 1 10 30
Eth0/0/2        hybrid       20      U: 1 20 30
Eth0/0/3        hybrid       1       U: 1
Eth0/0/4        hybrid       1       U: 1
Eth0/0/5        hybrid       1       U: 1
Eth0/0/6        hybrid       1       U: 1
Eth0/0/7        hybrid       1       U: 1
Eth0/0/8        hybrid       1       U: 1
Eth0/0/9        hybrid       1       U: 1
Eth0/0/10       hybrid       1       U: 1
Eth0/0/11       hybrid       1       U: 1
```

```
Eth0/0/12          hybrid        1       U: 1
Eth0/0/13          hybrid        1       U: 1
Eth0/0/14          hybrid        1       U: 1
Eth0/0/15          hybrid        1       U: 1
Eth0/0/16          hybrid        1       U: 1
Eth0/0/17          hybrid        1       U: 1
Eth0/0/18          hybrid        1       U: 1
Eth0/0/19          hybrid        1       U: 1
Eth0/0/20          hybrid        1       U: 1
Eth0/0/21          hybrid        1       U: 1
Eth0/0/22          hybrid        1       U: 1
GE0/0/1            hybrid        1       U: 1
                                         T: 10 20 30
GE0/0/2            hybrid        1       U: 1
```

（2）查看 S2 的 Hybrid 接口信息：

```
[S2]dis port vlan active
T=TAG U=UNTAG
--------------------------------------------------------------------------
Port            Link Type    PVID    VLAN List
--------------------------------------------------------------------------
Eth0/0/1        hybrid        10      U: 1 10 30
Eth0/0/2        hybrid        20      U: 1 20 30
Eth0/0/3        hybrid        1       U: 1
Eth0/0/4        hybrid        1       U: 1
Eth0/0/5        hybrid        1       U: 1
Eth0/0/6        hybrid        1       U: 1
Eth0/0/7        hybrid        1       U: 1
Eth0/0/8        hybrid        1       U: 1
Eth0/0/9        hybrid        1       U: 1
Eth0/0/10       hybrid        1       U: 1
Eth0/0/11       hybrid        1       U: 1
Eth0/0/12       hybrid        1       U: 1
Eth0/0/13       hybrid        1       U: 1
Eth0/0/14       hybrid        1       U: 1
Eth0/0/15       hybrid        1       U: 1
Eth0/0/16       hybrid        1       U: 1
Eth0/0/17       hybrid        1       U: 1
Eth0/0/18       hybrid        1       U: 1
Eth0/0/19       hybrid        1       U: 1
Eth0/0/20       hybrid        1       U: 1
Eth0/0/21       hybrid        1       U: 1
Eth0/0/22       hybrid        1       U: 1
GE0/0/1         hybrid        1       U: 1
                                      T: 10 20 30
GE0/0/2         hybrid        30      U: 1 10 20 30
```

3）主机连通性测试

（1）PC1 ping PC2：

```
PC>PING 192.168.1.2

Ping 192.168.1.2: 32 data bytes, Press Ctrl_C to break
```

```
From 192.168.1.1: Destination host unreachable
From 192.168.1.1: Destination host unreachable
From 192.168.1.1: Destination host unreachable
From 192.168.1.1: Destination host unreachable
From 192.168.1.1: Destination host unreachable

--- 192.168.1.2 ping statistics ---
  5 packet(s) transmitted
  0 packet(s) received
  100.00% packet loss
```

（2）PC1 ping PC3：

```
PC>ping 192.168.1.3

Ping 192.168.1.3: 32 data bytes, Press Ctrl_C to break
From 192.168.1.3: bytes=32 seq=1 ttl=128 time=62 ms
From 192.168.1.3: bytes=32 seq=2 ttl=128 time=63 ms
From 192.168.1.3: bytes=32 seq=3 ttl=128 time=63 ms
From 192.168.1.3: bytes=32 seq=4 ttl=128 time=47 ms
From 192.168.1.3: bytes=32 seq=5 ttl=128 time=63 ms

--- 192.168.1.3 ping statistics ---
  5 packet(s) transmitted
  5 packet(s) received
  0.00% packet loss
  round-trip min/avg/max = 47/59/63 ms
```

（3）PC1 ping PC4：

```
PC>ping 192.168.1.4

Ping 192.168.1.4: 32 data bytes, Press Ctrl_C to break
From 192.168.1.1: Destination host unreachable
From 192.168.1.1: Destination host unreachable
From 192.168.1.1: Destination host unreachable
From 192.168.1.1: Destination host unreachable
From 192.168.1.1: Destination host unreachable

--- 192.168.1.4 ping statistics ---
  5 packet(s) transmitted
  0 packet(s) received
  100.00% packet loss
```

（4）PC2 ping PC4：

```
PC>ping 192.168.1.4

Ping 192.168.1.4: 32 data bytes, Press Ctrl_C to break
From 192.168.1.4: bytes=32 seq=1 ttl=128 time=62 ms
From 192.168.1.4: bytes=32 seq=2 ttl=128 time=78 ms
From 192.168.1.4: bytes=32 seq=3 ttl=128 time=78 ms
From 192.168.1.4: bytes=32 seq=4 ttl=128 time=79 ms
From 192.168.1.4: bytes=32 seq=5 ttl=128 time=63 ms
```

```
--- 192.168.1.4 ping statistics ---
  5 packet(s) transmitted
  5 packet(s) received
  0.00% packet loss
  round-trip min/avg/max = 62/72/79 ms
```

（5）PC1 ping FTP 服务器：

```
PC>ping 192.168.1.21

Ping 192.168.1.21: 32 data bytes, Press Ctrl_C to break
From 192.168.1.21: bytes=32 seq=1 ttl=255 time=47 ms
From 192.168.1.21: bytes=32 seq=2 ttl=255 time=15 ms
From 192.168.1.21: bytes=32 seq=3 ttl=255 time=16 ms
From 192.168.1.21: bytes=32 seq=4 ttl=255 time=47 ms
From 192.168.1.21: bytes=32 seq=5 ttl=255 time=31 ms

--- 192.168.1.21 ping statistics ---
  5 packet(s) transmitted
  5 packet(s) received
  0.00% packet loss
  round-trip min/avg/max = 15/31/47 ms
```

（6）PC2 ping FTP 服务器：

```
PC>ping 192.168.1.21

Ping 192.168.1.21: 32 data bytes, Press Ctrl_C to break
From 192.168.1.21: bytes=32 seq=1 ttl=255 time=109 ms
From 192.168.1.21: bytes=32 seq=2 ttl=255 time=63 ms
From 192.168.1.21: bytes=32 seq=3 ttl=255 time=63 ms
From 192.168.1.21: bytes=32 seq=4 ttl=255 time=47 ms
From 192.168.1.21: bytes=32 seq=5 ttl=255 time=31 ms

--- 192.168.1.21 ping statistics ---
  5 packet(s) transmitted
  5 packet(s) received
  0.00% packet loss
  round-trip min/avg/max = 31/62/109 ms
```

6．结果分析

PC1 可以连通 PC3，PC2 可以连通 PC4，但 PC1 不能连通 PC2 和 PC4，实现了不同 VLAN 下的主机之间的通信隔离。基于 Hybrid 接口的配置，所有 PC 均可 ping 通 FTP 服务器。Hybrid 接口的使用打破了 VLAN 的常规通信原则，可以应对特殊的通信需求。

7．注意事项

（1）Hybrid 接口既可以连接终端设备，也可以连接交换机。

（2）命令 port hybrid { tagged | untagged } vlan *vlan_id* 具有两层含义，一是设置 Hybrid 接口允许通过的 VLAN 流量；二是设置 VLAN 流量以 Tagged 方式传送，还是以 Untagged 方式传送。

任务 2.6 链路聚合配置

2.6.1 任务背景

在交换网络中，如果链路需要传输的数据流量超过了其实际承载能力，那么该链路就会成为通信瓶颈。解决办法是提升链路的带宽，一种方案是升级设备或更换接口板，这种方案需要额外的硬件投入；另一种方案是采用链路聚合技术，这种方案可经济、有效地解决带宽问题。

链路聚合技术在解决带宽问题的同时，使链路具备了负载分担和容错能力，在实际环境中被广泛应用。本任务介绍链路聚合技术的工作原理和配置方法。

2.6.2 准备知识

1．链路聚合技术

链路聚合技术是将多个物理接口捆绑为一个逻辑接口，对应的物理链路捆绑为一条逻辑链路（Eth-Trunk）的技术。在不升级硬件的情况下，使用链路聚合技术可以成倍地提升链路带宽。链路聚合技术示意图如图 2.6.1 所示。

图 2.6.1 链路聚合技术示意图

链路聚合后，数据流量由多条物理链路共同承担，不仅提升了链路带宽，还使链路具备了容错能力，提高了网络的可靠性。链路聚合的优点可概括为以下三点。

（1）增加带宽。链路聚合接口（Eth-Trunk 接口）的最大带宽可以达到各成员接口带宽之和。

（2）提高网络可靠性。当某条活动链路出现故障时，数据流量可以切换到其他可用的成员链路上，从而提高网络可靠性。

（3）负载分担。在一个 Eth-Trunk 内，可以实现在各成员活动链路上的负载分担。

2．链路聚合模式

华为交换机支持两种链路聚合模式：LACP 模式和手工模式。

1）LACP 模式

LACP 模式是基于链路聚合控制协议（Link Aggregation Control Protocol，LACP）来实现链路聚合的。LACP 是一种基于 IEEE 802.3ad 标准的实现链路动态聚合与解聚合的协议，系统根据自身配置自动形成 Eth-Trunk，并启动 Eth-Trunk 的数据收发功能。Eth-Trunk 形成后，LACP 负责维护链路状态，并在聚合条件发生变化时，自动调整 Eth-Trunk。

（1）LACP 模式基本概念。

① 系统 LACP 优先级。

在 LACP 模式下，聚合链路两端的设备要先确定主动端和被动端，然后由主动端确定活动接口。系统 LACP 优先级值越小，优先级越高，LACP 选择优先级高的一端为主动端。如果两端的系统 LACP 优先级相同，就比较两端设备的 MAC 地址，MAC 地址小的一端为主动端。

② 接口 LACP 优先级。

在同一 Eth-Trunk 中，主动端会根据接口 LACP 优先级来确定活动接口。接口 LACP 优先级值越小，优先级越高。如果同一 Eth-Trunk 中的接口 LACP 优先级相同，就选择接口编号比较小的为活动接口。与此同时，与主动端活动接口互连的对端设备接口成为活动接口。

③ M：N 模式。

Eth-Trunk 中的链路可以分为活动链路和备份链路，又称为 M：N 模式，其示意图如图 2.6.2 所示。两台设备间有 M+N 条链路，M 条链路转发流量并分担负载，即活动链路；N 条链路不转发流量，提供备份功能，即备份链路。链路的实际带宽为 M 条链路的带宽总和，但是能提供的最大带宽为 M+N 条链路的带宽总和。

当 M 条链路中有一条链路出现故障时，LACP 会从 N 条备份链路中找出一条 LACP 优先级最高的可用链路替换有故障的链路。此时链路的实际带宽还是 M 条链路的带宽总和，但是能提供的最大带宽变为 M+N-1 条链路的带宽总和。

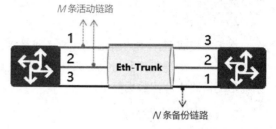

图 2.6.2　M：N 模式示意图

（2）LACP 模式工作过程。

LACP 通过链路聚合控制协议数据单元（Link Aggregation Control Protocol Data Unit, LACPDU）与对端交互信息，LACPDU 报文中包含设备的系统优先级、MAC 地址、接口优先级、接口号和操作 Key 等信息。

下面结合图 2.6.3 来介绍 LACP 模式下的 Eth-Trunk 建立，假设规划 Eth-Trunk 中有活动链路 2 条，备份链路 1 条，具体过程如下。

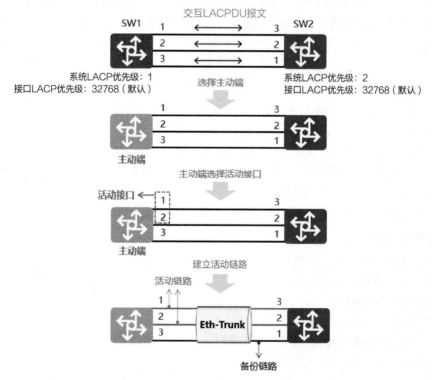

图 2.6.3　LACP 模式下的 Eth-Trunk 建立过程

① 交互 LACPDU 报文：在 LACP 模式下的 Eth-Trunk 中加入成员接口后，两端互相发送 LACPDU 报文。图 2.6.3 中的 SW1 和 SW2 分别将 3 个接口加入 Eth-Trunk。

② 确立主动端：两端设备依据系统 LACP 优先级（若优先级相同，则比较 MAC 地址）确定主动端。图 2.6.3 中 SW1 的系统 LACP 优先级值更小，因此确立 SW1 为主动端。

③ 在主动端选择活动接口：主动端依据接口 LACP 优先级（若所有接口的 LACP 优先级相同，则比较接口编号）来选择本端的活动接口。主动端 SW1 所有接口的 LCAP 优先级相平，因此选择接口编号较小的 1 号接口和 2 号接口作为活动接口。

④ 建立活动链路：与主动端活动接口连接的对端接口自动被确定为活动接口。至此 Eth-Trunk 建立完毕。

2）手工模式

在手工模式下，Eth-Trunk 的建立、成员接口的加入手工配置，没有 LACP 的参与。在手工模式下，所有活动链路都参与数据的转发。如果某条活动链路出现故障，那么 Eth-Trunk 自动在剩余的活动链路中分担数据流量。

3．链路聚合负载分担

链路聚合的负载分担模式有基于源 MAC 地址模式、基于目的 MAC 地址模式、基于源 MAC 地址和目的 MAC 地址模式、基于源 IP 地址模式、基于目的 IP 地址模式、基于源 IP 地址和目的 IP 地址模式。在默认情况下，交换机上的 Eth-Trunk 接口的负载分担模式为 src-dst-ip，即基于源 IP 地址和目的 IP 地址模式。

在指定负载分担模式时要考虑数据流量的主要类型，尽量将数据流量分摊到所有活动链路上，避免数据流量仅在一条链路上传输，造成拥堵，影响业务正常运行。如果报文的 IP 地址变化较频繁，那么可以选择负载分担模式为基于目的 IP 地址模式、基于源 IP 地址模式或基于源 IP 地址和目的 IP 地址模式；如果报文的 MAC 地址变化较频繁，IP 地址比较固定，那么可以选择负载分担模式为基于目的 MAC 地址模式、基于源 MAC 地址模式或基于源 MAC 地址和目的 MAC 地址模式。

4．链路聚合条件

在配置 Eth-Trunk 时，有些基本约束条件，概况如下。

（1）成员接口加入 Eth-Trunk 接口时，必须为默认的接口类型，即 Hybrid 接口。

（2）Eth-Trunk 两端相连的物理接口的数量、双工方式、流控配置必须一致。

（3）一个以太网接口只能加入一个 Eth-Trunk 接口。如果物理接口需要加入其他 Eth-Trunk 接口，必须先退出原来的 Eth-Trunk 接口。

（4）Eth-Trunk 两端设备上的链路聚合模式要一致，即都为手工模式或都为 LACP 模式。

5．链路聚合配置流程

（1）设置 LACP 优先级（可选）。

（2）创建 Eth-Trunk 接口。

（3）设置链路聚合模式。

（4）配置 Eth-Trunk 接口的成员接口。

（5）设置 Eth-Trunk 的负载分担模式（可选）。

（6）设置最大活动链路数（可选）。

6．链路聚合配置命令

（1）创建 Eth-Trunk 接口。

命令：interface eth-trunk *trunk-id*。

说明：trunk-id 参数为 Eth-Trunk 编号，整数形式。

视图：系统视图。

举例，创建 Eth-Trunk 接口，trunk-id 为 1：

```
[Huawei]interface Eth-Trunk 1
[Huawei-Eth-Trunk1]
```

（2）配置 Eth-Trunk 接口的成员接口。

① 在 Eth-Trunk 接口视图下添加成员接口。

命令：trunkport *interface-type* { *num1* [to *num2*] }。

说明：批量添加多个成员接口。

视图：Eth-Trunk 接口视图。

举例，Eth-Trunk1 接口加入成员接口 G0/0/1～G0/0/4：

```
[Huawei]int Eth-Trunk 1
[Huawei-Eth-Trunk1]trunkport GigabitEthernet 0/0/1 to 0/0/4
```

② 将成员接口加入 Eth-Trunk。

命令：eth-trunk *trunk-id*。

说明：将单一接口加入 Eth-Trunk。

视图：成员接口视图。

举例，将接口 G0/0/5 和接口 G0/0/6 加入 Eth-Trunk2：

```
[Huawei]interface g0/0/5
[Huawei-GigabitEthernet0/0/5]eth-trunk 2
[Huawei]interface g0/0/6
[Huawei-GigabitEthernet0/0/5]eth-trunk 2
```

（3）设置链路聚合模式。

命令：mode { lacp | manual load-balance }。

说明：在默认情况下，Eth-Trunk 的聚合模式为手工模式。

视图：Eth-Trunk 接口视图。

举例如下。

① 设置 Eth-Trunk1 的聚合模式为手动模式：

```
[Huawei]interface Eth-Trunk 1
[Huawei-Eth-Trunk1]mode manual load-balance
```

② 设置 Eth-trunk2 的聚合模式为 LACP 模式：

```
[Huawei]interface Eth-Trunk 2
[Huawei-Eth-Trunk2] mode lacp-static
```

（4）设置 LACP 优先级。

命令：lacp priority *priority*。

说明：priority 值越小 LACP 优先级越高。

视图：系统视图/接口视图。

举例如下。

① 设置设备的系统 LACP 优先级为 1：

```
<Huawei> system-view
```

```
[Huawei] lacp priority 1
```

② 设置接口 G0/0/1 的 LACP 优先级为 1：

```
[Huawei] interface GigabitEthernet0/0/1
[HuaweiI-GigabitEthernet0/0/1] lacp priority 1
```

（5）设置负载分担模式。

命令：load-balance {dst-ip|dst-mac|src-ip|src-mac|src-dst-ip|src-dst-mac}。

说明：在默认情况下，交换机上的 Eth-Trunk 接口的负载分担模式为 src-dst-ip。

视图：Eth-Trunk 接口视图。

举例，配置 Eth-Trunk1 接口的负载分担模式为基于目的 IP 地址模式：

```
[Huawei]interface Eth-Trunk 1
[Huawei-Eth-Trunk1] load-balance dst-ip
```

（6）设置最大活动链路数。

命令：max active-linknumber *linknumber*。

说明：活动链路数达到指定值 linknumber 后，剩余的链路作为备份链路。

视图：Eth-Trunk 接口视图。

举例，配置 Eth-Trunk1 活动接口数目上限为 2：

```
[Huawei]interface Eth-Trunk 1
[Huawei-Eth-Trunk1] mode lacp-static
[Huawei-Eth-Trunk1] max active-linknumber 2
```

2.6.3　任务实施

1．任务目的

（1）理解 Eth-Trunk 的应用场景。

（2）掌握 Eth-Trunk 的配置方法。

操作演示

2．任务描述

某公司网络采用的是多核心架构，随着业务流量的增大，为避免核心交换机之间的级连链路成为通信瓶颈，以及单链路出现故障导致通信中断，公司决定在不更换设备或接口板的情况下，提升核心交换机之间的链路带宽，同时增强网络稳定性。通过对交换机配置链路聚合，实现上述要求。

3．实施规划

1）拓扑图（见图 2.6.4）

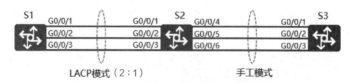

图 2.6.4　拓扑图

3）操作流程

为交换机创建 Eth-Trunk 接口，指定聚合模式，添加成员接口。链路聚合规划如表 2.6.1 所示。

表 2.6.1　链路聚合规划

聚合模式	S1（主动端，优先级的 1）		S2		S3	
	聚合接口	成员接口	聚合接口	成员接口	聚合接口	成员接口
LACP 模式（2∶1）	Eth-Trunk1	G0/0/1（活动接口）	Eth-Trunk1	G0/0/1	—	—
		G0/0/2（活动接口）		G0/0/2	—	—
		G0/0/3		G0/0/3	—	—
手工模式	—	—	Eth-Trunk2	G0/0/4	Eth-Trunk2	G0/0/1
	—	—		G0/0/5		G0/0/2
	—	—		G0/0/6		G0/0/3

4．具体步骤

1）设置链路聚合模式为 LACP 模式

（1）对于 S1，设置链路聚合模式为 LACP 模式：

```
[S1]lacp priority 1                        //设置系统 LACP 优先级为 1
[S1]interface Eth-Trunk 1
[S1-Eth-Trunk1]mode lacp-static
[S1-Eth-Trunk1]max active-linknumber 2     //设置最大活动链路数为 2
[S1-Eth-Trunk1]trunkport GigabitEthernet 0/0/1 to 0/0/3
```

（2）对于 S2，设置链路聚合模式为 LACP 模式：

```
[S2]int Eth-Trunk 1
[S2-Eth-Trunk1]mode lacp-static
[S2-Eth-Trunk1]max active-linknumber 2
[S2-Eth-Trunk1]trunkport GigabitEthernet 0/0/1 to 0/0/3
```

2）设置链路聚合模式为手工模式

（1）对于 S2，设置链路聚合模式为手工模式：

```
[S2]int Eth-Trunk 2
[S2-Eth-Trunk2]mode manual load-balance
[S2-Eth-Trunk2]trunkport GigabitEthernet 0/0/4 to 0/0/6
```

（2）对于 S3，设置链路聚合模式为手工模式：

```
[S3]int Eth-Trunk 2
[S3-Eth-Trunk2]mode manual load-balance
[S3-Eth-Trunk2]trunkport GigabitEthernet 0/0/1 to 0/0/3
```

5．实验测试

（1）查看 S1 的 Eth-Trunk 接口状态信息：

```
<S1>display eth-trunk 1
Eth-Trunk1's state information is:
Local:
LAG ID: 1                 WorkingMode: STATIC
Preempt Delay: Disabled   Hash arithmetic: According to SIP-XOR-DIP
System Priority: 1        System ID: 4c1f-cc32-5315
Least Active-linknumber: 1  Max Active-linknumber: 2
Operate status: up        Number Of Up Port In Trunk: 2
--------------------------------------------------------------------
```

```
ActorPortName          Status     PortType PortPri  PortNo   PortKey  PortState   Weight
GigabitEthernet0/0/1   Selected   1GE      32768    2        305      10111100    1
GigabitEthernet0/0/2   Selected   1GE      32768    3        305      10111100    1
GigabitEthernet0/0/3   Unselect   1GE      32768    4        305      10100000    1

Partner:
--------------------------------------------------------------------------------
ActorPortName          SysPri   SystemID        PortPri  PortNo   PortKey  PortState
GigabitEthernet0/0/1   32768    4c1f-cc9c-6f76  32768    2        305      10111100
GigabitEthernet0/0/2   32768    4c1f-cc9c-6f76  32768    3        305      10111100
GigabitEthernet0/0/3   32768    4c1f-cc9c-6f76  32768    4        305      10100000
```

（2）查看 S2 的 Eth-Trunk 接口状态信息：

```
<S2>display eth-trunk 1
Eth-Trunk1's state information is:
Local:
LAG ID: 1                WorkingMode: STATIC
Preempt Delay: Disabled    Hash arithmetic: According to SIP-XOR-DIP
System Priority: 32768    System ID: 4c1f-cc9c-6f76
Least Active-linknumber: 1 Max Active-linknumber: 2
Operate status: up         Number Of Up Port In Trunk: 2
--------------------------------------------------------------------------------
ActorPortName          Status     PortType PortPri  PortNo   PortKey  PortState   Weight
GigabitEthernet0/0/1   Selected   1GE      32768    2        305      10111100    1
GigabitEthernet0/0/2   Selected   1GE      32768    3        305      10111100    1
GigabitEthernet0/0/3   Unselect   1GE      32768    4        305      10100000    1

Partner:
--------------------------------------------------------------------------------
ActorPortName          SysPri   SystemID        PortPri  PortNo   PortKey  PortState
GigabitEthernet0/0/1   1        4c1f-cc32-5315  32768    2        305      10111100
GigabitEthernet0/0/2   1        4c1f-cc32-5315  32768    3        305      10111100
GigabitEthernet0/0/3   1        4c1f-cc32-5315  32768    4        305      10100000

<S2>display eth-trunk 2
Eth-Trunk2's state information is:
WorkingMode: NORMAL         Hash arithmetic: According to SIP-XOR-DIP
Least Active-linknumber: 1 Max Bandwidth-affected-linknumber: 8
Operate status: up         Number Of Up Port In Trunk: 3
--------------------------------------------------------------------------------
PortName               Status     Weight
GigabitEthernet0/0/4   Up         1
GigabitEthernet0/0/5   Up         1
GigabitEthernet0/0/6   Up         1
```

（3）查看 S3 的 Eth-Trunk 接口状态信息：

```
<S3>display eth-trunk 2
Eth-Trunk2's state information is:
WorkingMode: NORMAL         Hash arithmetic: According to SIP-XOR-DIP
Least Active-linknumber: 1 Max Bandwidth-affected-linknumber: 8
Operate status: up         Number Of Up Port In Trunk: 3
--------------------------------------------------------------------------------
```

```
PortName                    Status      Weight
GigabitEthernet0/0/1          Up        1
GigabitEthernet0/0/2          Up        1
GigabitEthernet0/0/3          Up        1
```

6．结果分析

Eth-Trunk1 两端设备状态正确，因最大活动链路数为 2，故有 2 条链路为活动状态，1 条链路为备份状态；Eth-Trunk2 两端设备状态正确，3 条链路均为活动状态。

7．注意事项

（1）Eth-Trunk 两端的物理接口要求有一致性，即接口类型、接口数量、速率、双工模式及流控策略等一致。

（2）交换机间进行链路聚合后，在 Eth-Trunk 接口配置 Trunk/Hybrid 接口类型，使之成为干道链路。

任务 2.7　STP 配置

2.7.1　任务描述

为了提高网络可靠性，交换网络中通常会使用冗余链路。然而，冗余链路会给交换网络带来环路风险，造成广播风暴、MAC 地址表抖动等问题，进而影响用户的通信质量。

生成树协议（Spanning Tree Protocol，STP）可以解决环路带来的诸多问题。本任务介绍使用STP 来规避环路，并实现冗余链路备份效果。

2.7.2　准备知识

1．环路引起的问题

1）广播风暴

广播风暴是指环路中循环转发广播报文，导致网络资源耗尽，造成网络瘫痪。如图 2.7.1 所示，主机 A 发送广播帧，S1 接收后泛洪到 S2 和 S3，S2 和 S3 接收后同样泛洪，如此循环反复，环路里充斥着大量广播流量，严重影响网络通信。图 2.7.1 所示为广播帧在逆时针方向上的循环转发，反方向亦是如此。

2）帧重复

帧重复是指终端节点重复接收相同的数据帧。如图 2.7.2 所示，主机 A 发送访问主机 B 的单播帧，假设 S1 的 MAC 地址表中未记录主机 B 的 MAC 地址，S1 将该单播帧泛洪到 S2 和 S3，S3 收到分别来自 S1 和 S2 的相同的数据帧，并都转发给主机 B，造成帧重复。

3）MAC 地址表抖动

MAC 地址表抖动是指 MAC 地址表针对某条 MAC 地址记录不停刷新。如图 2.7.3 所示，主机 A 发送访问主机 B 的单播帧，假设 S1 的 MAC 地址表中未记录主机 B 的 MAC 地址，S1 将该单播帧泛洪到 S2 和 S3，S2 从 E1 接口接收该帧后，记录 MAC_A 和 E1 的对应关系。再假设 S3 的 MAC 地址表中也未记录主机 B 的 MAC 地址，S3 将该帧泛洪到 S2，因此 S2 从 E2 接口收到该帧，刷新源 MAC 地址表，记录 MAC_A 和 E2 的对应关系。S2 的 MAC 地址表中关于 MAC_A

的表项发生了接口抖动。若主机 A 发起的是广播帧，则抖动更加明显。

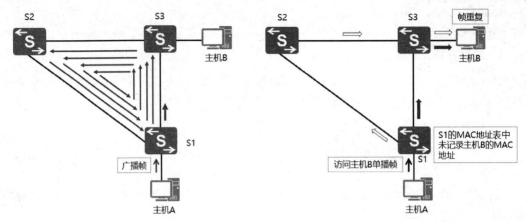

图 2.7.1 环路问题-广播风暴示例　　　　图 2.7.2 环路问题-帧重复示例

2. STP

1）STP 的功能

为了解决交换网络中的环路问题，同时保留冗余链路的优势。IEEE 提出了基于 802.1D 标准的 STP。STP 可以通过阻塞环路中的某些接口，将环型网络结构修剪成无环路的树型网络结构，从而达到破除环路的目的。STP 的破环功能示意图如图 2.7.4 所示。另外，如果当前活动的链路发生故障，STP 还可以自动激活备份链路，恢复网络的连通性。

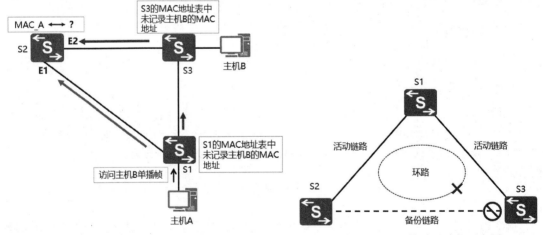

图 2.7.3 环路问题-MAC 地址表抖动　　　　图 2.7.4 STP 的破环功能示意图

2）STP 相关术语

STP 定义了根桥、根端口、路径开销等概念，相关描述如表 2.7.1 所示。

表 2.7.1 STP 相关术语及描述

术语名称	描述
桥 ID（BID）	由 2B 的桥优先级和 6B 的桥 MAC 地址组成，桥优先级默认为 32768
端口 ID（PID）	由端口优先级和端口编号组成，长度为 2B，端口优先级默认为 128
根桥	环路中 BID 最小的交换机

术语名称	描述
根端口	非根桥上到达根桥的最优端口
端口开销	交换机端口的 Cost 参数，与端口带宽有关，端口带宽越大，开销越小
路径开销（RPC）	在非根桥到达根桥的路径上所有链路的路径开销总和
指定交换机	负责向本网段转发 BPDU 报文的设备
指定端口	每个网段（环路中的级连链路）确定的一个发送 BPDU 报文的端口

3）BPDU

STP 采用的协议报文是 BPDU（Bridge Protocol Data Unit，网桥协议数据单元），也称配置消息。STP 通过在设备间传递 BPDU 报文来确定网络的拓扑结构，并完成生成树的计算。STP 的 BPDU 报文分为以下两种。

（1）配置 BPDU（Configuration BPDU）报文：进行生成树计算和维护生成树拓扑的报文。

（2）TCN BPDU（Topology Change Notification BPDU）报文：拓扑变化通知 BPDU 报文，在网络拓扑发生变化时，用来通知相关设备的报文。

4）STP 端口角色及状态

STP 定义了根端口和指定端口两种端口角色。这两种端口用来转发 BPDU 报文和用户数据。没有角色的备份端口处于阻塞（Blocking）状态，仅接收和处理 BPDU 报文，不能转发用户数据。

设备运行 STP 后，要进行生成树计算和拓扑收敛，在此过程中端口的状态会进行变迁。STP 定义了 5 种端口状态，端口状态及说明如表 2.7.2 所示。

表 2.7.2 STP 端口状态及说明

端口状态	说明
Disabled	端口状态为 Down，不处理 BPDU 报文，也不转发用户数据
Listening	过渡状态，开始进行生成树计算，端口可以接收和发送 BPDU 报文，但不转发用户数据
Learning	过渡状态，建立无环的 MAC 地址转发表，不转发用户数据
Forwarding	端口可以接收和发送 BPDU 报文，也可以转发用户数据
Blocking	端口仅接收并处理 BPDU 报文，不转发用户数据

完成拓扑收敛后，只有根端口和指定端口才能进入 Forwarding 状态，其余端口进入 Blocking 状态。

5）STP 工作原理

STP 在构建树型拓扑的过程中要依次进行根桥、根端口、指定端口三个选举过程。各选举过程都要按序比较 STP 相关参数，若某项参数比较出大小（值越小越优先），则不再往下比较。最后阻塞备用端口，生成逻辑的树型拓扑。STP 选举过程如图 2.7.5 所示。

（1）选举根桥。

根桥（Root）作为生成树的根节点，是整个交换网络的逻辑中心。选举环路中的 BID 最小的桥为根桥。

① 比较桥优先级：桥优先级越小，BID 越小。若桥优先级相同，则比较桥 MAC 地址。

② 比较桥 MAC 地址：桥 MAC 地址越小，BID 越小。

如图 2.7.6 所示，S1 的桥优先级最小，故选举 S1 为根桥，不再比较桥 MAC 地址。

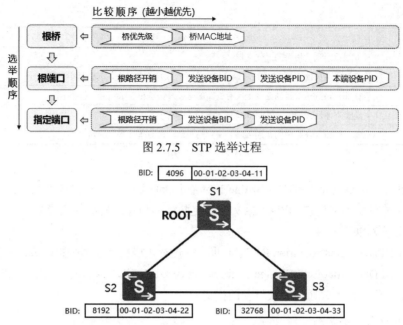

图 2.7.5　STP 选举过程

图 2.7.6　根桥选举（比较桥优先级）

如图 2.7.7 所示，三台交换机桥优先级相同，需比较桥 MAC 地址，S1 的桥 MAC 地址最小，故选举 S1 为根桥。

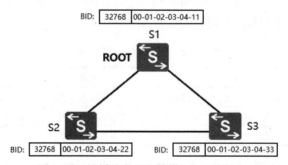

图 2.7.7　根桥选举（比较桥 MAC 地址）

（2）选举根端口。

除根桥外，其他交换机均为非根桥。每个非根桥都要选举一个根端口，用于和根桥交互协议报文。

① 比较根路径开销。非根桥到达根桥路径开销最小的端口为根端口。端口的传输速率越大，路径开销越小。若路径开销相同，则比较发送设备 BID。表 2.7.3 所示为端口的传输速率与路径开销的对应关系。

表 2.7.3　端口的传输速率与路径开销的对应关系

端口的传输速率	路径开销	
	802.1t 标准	华为标准
100Mbit/s	200000	200
1Gbit/s	20000	20
10Gbit/s	2000	2
10Gbit/s 以上	500	1

如图 2.7.8 所示，S2、S3 为非根桥，以华为标准计算根路径开销。S2 的端口 1 连接根桥 S1，根路径开销为 20；端口 2 连接 S3，根路径开销为 220，所以 S2 选举端口 1 为根端口。S3 的根端口选举与 S2 相同。

② 比较发送设备 BID。发送设备就是向本端发送 BPDU 报文的设备。如图 2.7.9 所示，S4端口 1 和端口 2 的根路径开销均为 40，则比较发送设备 S2 和 S3 的 BID，S2 的 BID 更小，所以选举 S4 的端口 1 为根端口。

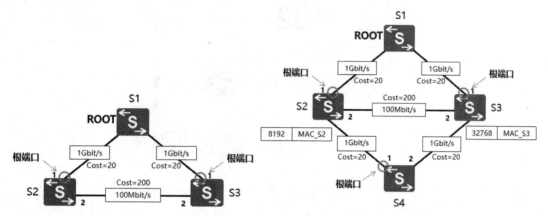

图 2.7.8　根端口选举（比较根路径开销）　　　图 2.7.9　根端口选举（比较发送设备 BID）

③ 比较发送设备 PID。PID 越小越优先，先比较端口优先级，当端口优先级相同时，再比较端口编号。当发送设备的 BID 也相同时，再比较发送设备端口的 PID。如图 2.7.10 所示，S4 的端口 1、端口 2、端口 3 的根路径开销均为 40，则比较发送设备 S2 和 S3 的 BID，S2 的 BID 更小，所以 S4 从端口 1 和端口 3 上选择根端口。因为 S4 的端口 1 和端口 3 对应同一台发送设备 S2，所以进一步比较 S2 的端口 3 和端口 4 的 PID，假设这两个端口的优先级均为默认值 128，则比较端口编号，因端口 3 的编号更小，故 S4 选择端口 3 为根端口。

④ 比较本端设备 PID。如图 2.7.11 所示，S5 的端口 1 和端口 2 连接集线器，集线器单链路连接 S4 的端口 4。可以看出，S5 的端口 1 和端口 2 的根路径开销一致，发送设备 BID 一致，发送设备 PID 一致。此时需要比较本端设备，即 S5 的端口 1 和端口 2 的 PID。假设 S5 的端口 1 和端口 2 的优先级均为默认值 128，则比较端口编号，因端口 1 的编号更小，故选举 S5 的端口 1 为根端口。

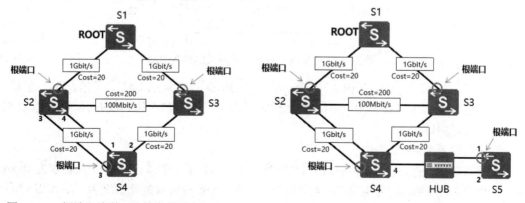

图 2.7.10　根端口选举（比较发送设备 PID）　　　图 2.7.11　根端口选举（比较本端设备 PID）

（3）选举指定端口。

每个 LAN（链路）到达根桥开销最小的路径经过的交换机称为该 LAN 的指定交换机，指定交换机与 LAN 相连的端口为指定端口。根桥就是其连接的 LAN 的指定交换机，所以根桥的所有端口都为指定端口。

① 比较根路径开销。图 2.7.12 标识出了依据根路径开销确定的相关 LAN 的指定端口。

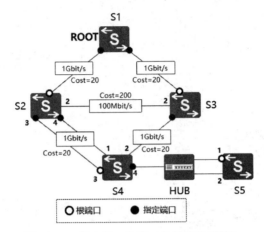

图 2.7.12　指定端口选举（比较路径开销）

② 比较发送设备 BID。如图 2.7.13 所示，S2 和 S3 互连的 LAN 通过两侧交换机到达根桥的根路径开销一致，此时需要比较发送设备，即 S2 和 S3 的 BID，S2 的 BID 更小，因此选举 S2 的端口 2 为该 LAN 的指定端口。

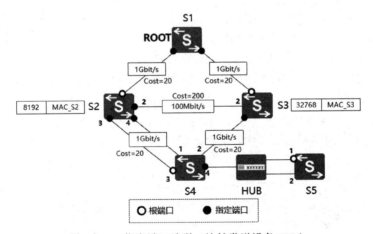

图 2.7.13　指定端口选举（比较发送设备 BID）

③ 比较发送设备 PID。如图 2.7.14 所示。针对 S6 和 S2 之间的 LAN，发送设备都是 S2，于是比较发送设备 S2 的 PID，假设端口优先级都为默认值，则端口 5 的 PID 更小，因此选举 S2 的端口 5 为指定端口。

（4）阻塞备用端口。

除根端口和指定端口外，环路中的其余交换机端口均为备用端口。备用端口将被置为 Blocking 状态，如图 2.7.15 所示。备用端口不能转发用户数据，但能接收并处理 STP 帧。图 2.7.16 所示为基于图 2.7.15 构造的树型拓扑。

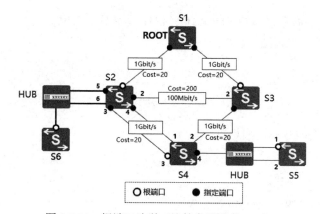

图 2.7.14　根端口选举（比较发送设备 PID）

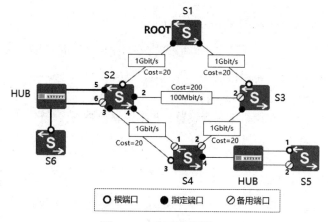

图 2.7.15　阻塞备用端口

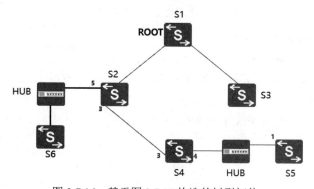

图 2.7.16　基于图 2.7.15 构造的树型拓扑

3. STP 配置流程

（1）开启 STP 并设置其模式为 STP，默认为 MSTP。

（2）配置 STP 的根桥及备份根桥。

4. STP 配置命令

（1）开启 STP/RSTP/MSTP 功能。

命令：stp enable。

说明：根据 STP 工作模式的选择，交换设备或接口会自动对应开启 STP/RSTP/MSTP 功能。

在默认情况下，交换设备和接口的 STP/RSTP/MSTP 功能处于启用状态。

视图：系统视图/接口视图。

举例如下。

① 开启 S1 的 STP 功能：

```
[S1]stp enable
```

② 开启 S2 接口 G0/0/1 的 STP 功能：

```
[S2-GigabitEthernet0/0/1]stp enable
```

（2）设置 STP 工作模式。

命令：stp mode { mstp | rstp | stp }。

说明：在默认情况下，STP 工作模式为 MSTP。

视图：系统视图。

举例，设置 S1 的 STP 工作模式为 STP：

```
[S1]stp mode stp
```

（3）配置生成树的根桥及备份根桥。

命令：stp root { primary | secondary }。

说明：在默认情况下，交换机未进行设置，需要选举根桥。

视图：系统视图。

举例如下。

① 设置 S1 为生成树的根桥：

```
[S1]stp root primary
```

② 设置 S2 为生成树的备份根桥：

```
[S2]stp root secondary
```

（4）配置交换机的 STP 优先级。

命令：stp priority *priority*。

说明：参数 priority 的取值范围为 0～61440，且必须为 4096 的倍数。

视图：系统视图。

举例，配置 S3 的 STP 优先级为 4096：

```
[S3]stp priority 4096
```

2.7.3 任务实施

1．任务目的

（1）理解 STP 的选举过程。

（2）掌握 STP 的配置方法。

操作演示

2．任务描述

某公司为了提升网络的稳定性，内部交换网络采用冗余线路互连。同时为了避免冗余链路对网络通信造成的影响，交换机开启 STP，并且人为控制生成树选举过程，使性能较高的核心层交换机作为通信枢纽。通过对交换机配置 STP，并设置相关参数，实现上述要求。

3．实施规划

1）拓扑图（见图 2.7.17）

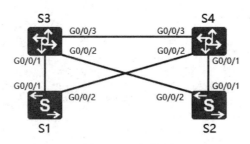

图 2.7.17 拓扑图

2）操作说明

（1）开启交换机 STP。

（2）调整 STP 优先级参数：S3 priority=0；S4 priority=4096。或者通过 stp root 命令直接指定 S3 为根桥，S4 为备份根桥。

4．具体步骤

1）开启交换机 STP，并设置工作模式为 STP

（1）开启 S1 的 STP，并设置工作模式为 STP：

```
[S1]stp enable
[S1]stp mode stp
```

（2）开启 S2 的 STP，并设置工作模式为 STP：

```
[S2]stp enable
[S2]stp mode stp
```

（3）开启 S3 的 STP，并设置工作模式为 STP：

```
[S3]stp enable
[S3]stp mode stp
```

（4）开启 S4 的 STP，并设置工作模式为 STP：

```
[S4]stp enable
[S4]stp mode stp
```

2）调整交换机 STP 优先级或者直接指定根桥和备份根桥

（1）调整 S3 的 STP 优先级：

```
[S3]stp priority 0              //设置 STP 优先级为 0
```

或者，指定 S3 为根桥：

```
[S3]stp root primary           //指定该 S3 为根桥
```

（2）调整 S4 的 STP 优先级：

```
[S4]stp priority 4096          //设置 STP 优先级为 4096
```

或者，指定 S4 为备份根桥：

```
[S4]stp root secondary         //指定 S4 为备份根桥
```

5．实验测试

1）查看生成树状态

（1）查看 S3 的生成树状态：

```
[S3]display stp
-------[CIST Global Info][Mode STP]-------
CIST Bridge         :0   .4c1f-cc02-5a22
Config Times        :Hello 2s MaxAge 20s FwDly 15s MaxHop 20
Active Times        :Hello 2s MaxAge 20s FwDly 15s MaxHop 20
CIST Root/ERPC      :0   .4c1f-cc02-5a22 / 0
CIST RegRoot/IRPC   :0   .4c1f-cc02-5a22 / 0
CIST RootPortId     :0.0
BPDU-Protection     :Disabled
CIST Root Type      :Primary root
TC or TCN received  :30
TC count per hello  :0
STP Converge Mode   :Normal
Time since last TC  :0 days 0h:27m:4s
Number of TC        :18
Last TC occurred    :GigabitEthernet0/0/2
......<省略部分输出>
```

（2）查看 S4 的生成树状态：

```
[S4]display stp
-------[CIST Global Info][Mode STP]-------
CIST Bridge         :4096 .4c1f-cc74-0e03
Config Times        :Hello 2s MaxAge 20s FwDly 15s MaxHop 20
Active Times        :Hello 2s MaxAge 20s FwDly 15s MaxHop 20
CIST Root/ERPC      :0   .4c1f-cc02-5a22 / 20000
CIST RegRoot/IRPC   :4096 .4c1f-cc74-0e03 / 0
CIST RootPortId     :128.3
BPDU-Protection     :Disabled
CIST Root Type      :Secondary root
TC or TCN received  :145
TC count per hello  :0
STP Converge Mode   :Normal
Time since last TC  :0 days 0h:29m:14s
Number of TC        :15
Last TC occurred    :GigabitEthernet0/0/3
......<省略部分输出>
```

2）查看生成树端口状态

（1）查看 S1 的生成树端口状态：

```
[S1]display stp brief
MSTID  Port                    Role   STP State    Protection
  0    GigabitEthernet0/0/1    ROOT   FORWARDING   NONE
  0    GigabitEthernet0/0/2    ALTE   DISCARDING   NONE
```

（2）查看 S2 的生成树端口状态：

```
[S2]display stp brief
MSTID  Port                    Role   STP State    Protection
```

| 0 | GigabitEthernet0/0/1 | **ALTE** | DISCARDING | NONE |
| 0 | GigabitEthernet0/0/2 | **ROOT** | FORWARDING | NONE |

（3）查看 S3 的生成树端口状态：

```
[S3]display stp brief
 MSTID  Port                        Role    STP State       Protection
```

0	GigabitEthernet0/0/1	**DESI**	FORWARDING	NONE
0	GigabitEthernet0/0/2	**DESI**	FORWARDING	NONE
0	GigabitEthernet0/0/3	**DESI**	FORWARDING	NONE

（4）查看 S4 生成树端口状态：

```
[S4]display stp brief
 MSTID  Port                        Role    STP State       Protection
```

0	GigabitEthernet0/0/1	**DESI**	FORWARDING	NONE
0	GigabitEthernet0/0/2	**DESI**	FORWARDING	NONE
0	GigabitEthernet0/0/3	**ROOT**	FORWARDING	NONE

6．结果分析

S3、S4 分别被选举为根桥和备份根桥。基于根桥 S3 的确定，其端口角色均调整为指定端口，其他非根桥的端口角色依据 SPF 算法进行了相应调整。

7．注意事项

（1）在使用 stp root 命令指定根桥或备份根桥时，交换机的 STP 优先级自动调整为最小和次小。

（2）交换机 STP 优先级默认值为 32768，在修改时只能改为 4096 的倍数。如果要使交换机成为根桥，通常将其优先级设置为 0。

任务 2.8　RSTP 配置

2.8.1　任务描述

STP 可以消除环路影响，但在网络拓扑变化时，收敛速度慢，影响通信的时效性。RSTP（Rapid Spanning Tree Protocol，快速生成树协议）（802.1w 标准）在 STP 的基础上进行了改进，实现了网络拓扑的快速收敛。同时 RSTP 提供了多种保护功能，以保障运行环境的稳定。

本任务主要介绍快速 RSTP 的收敛机制及保护功能。

2.8.2　准备知识

1．RSTP

1）端口角色及端口状态

（1）端口角色。

RSTP 定义了四种端口角色：根端口、指定端口、替代端口（Alternate 端口）和备份端口（Backup 端口）。RSTP 中定义的根端口、指定端口的作用与 STP 中定义的根端口、指定端口的作用相同。替代端口提供了从指定交换机到根桥的另一条可切换路径，用来作为根端口的备份。备份端口提供了另一条从根桥到相应网段的备份通路，作为指定端口的备份。如图 2.8.1 所示，在 STP 下，S2 和 S3 的端口 1 均无角色，被置为 Blocking 状态；在 RSTP 下，S2 和 S3 的端口

1 有了角色，分别被选举为替代端口和备份端口，但被置为 Blocking 状态，在 RSTP 中称为 Discarding 状态。

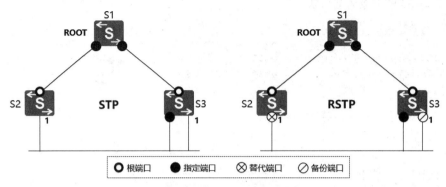

图 2.8.1　端口角色示意图

（2）端口状态。

RSTP 定义了 3 种端口状态，端口状态及说明如表 2.8.1 所示。

表 2.8.1　RSTP 定义的端口状态及说明

端口状态	说明
Learning	端口不转发用户数据但是学习 MAC 地址
Forwarding	端口既转发用户数据也学习 MAC 地址
Discarding	端口既不转发用户数据也不学习 MAC 地址

完成拓扑收敛后，根端口和指定端口进入 Forwarding 状态；替代端口、备份端口进入 Discarding 状态。

2）收敛机制

RSTP 通过引入 Proposal/Agreement 机制（简称 P/A 机制）、根端口快速切换机制和边缘端口，来实现快速收敛。

（1）Proposal/Agreement 机制。

STP 的速度瓶颈主要在于选举出的根端口和指定端口要经过 2 倍的 Forward Delay（30s）后才能进入 Forwarding 状态，这个时延保证了 BPDU 报文传遍整个网络，防止了临时环路的产生。RSTP 的主要目标就是消除这个瓶颈，通过阻塞自己的非根端口来保证不出现环路，使用 Proposal/Agreement 机制加快上游端口转到 Forwarding 状态的速度。

以图 2.8.2 为例，介绍 Proposal/Agreement 机制的工作过程。

① S1 被选举为根桥，它的 p1 端口为指定端口，S2 的 p1 端口为根端口。

② S1 的 p1 端口进入 Discarding 状态，并向 S2 发送 Proposal 和 Agreement 置 1 的 RST BPDU 报文。S2 接收后，各端口进行同步变量置位，将下游指定端口 p2 迁移到 Discarding 状态，替代端口、边缘端口状态不变。

③ S2 的根端口 p1 进入 Forwarding 状态，向 S1 发送 Agreement 置 1 的回应 RST BPDU 报文，S1 确认后，p1 端口立即进入 Forwarding 状态。

④ Proposal/Agreement 机制继续在 S2 和 S3 之间进行，直到网络边缘。

（2）根端口快速切换机制。

如果 RSTP 网络中的一个根端口失效，那么网络中最优的替代端口将立即成为根端口并进入

Forwarding 状态。通过替代端口连接的网段中必然存在指定端口可以通往根桥，从而保证根端口切换后网络通信可以快速恢复。根端口快速切换示意图如图 2.8.3 所示。

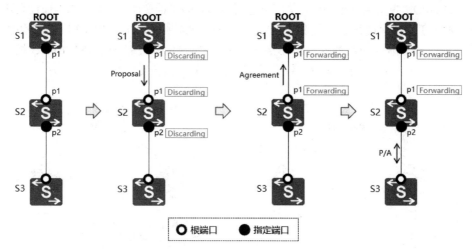

图 2.8.2　Proposal/Agreement 机制工作过程示意图

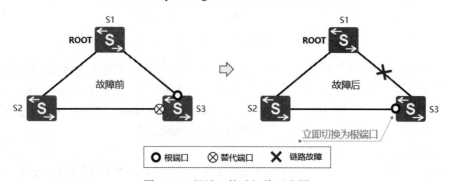

图 2.8.3　根端口快速切换示意图

（3）边缘端口。

如果端口位于整个网络的边缘，即不再与其他交换设备连接，而直接连接用户终端设备，就称这种端口为边缘端口。

边缘端口不参与 RSTP 运算，可以由 Discarding 状态直接转到 Forwarding 状态，所以不经历时延。需要注意的是，在默认情况下，边缘端口一旦收到配置 BPDU 报文，就会失去边缘端口属性，转化为普通的生成树端口，进而重新进行生成树计算，引起网络震荡。因此在配置边缘端口时，需要进行额外配置，以保护边缘端口的属性。

2．RSTP 保护功能

（1）BPDU 保护功能。

在正常情况下，因为边缘端口连接的是用户终端，所以不会收到 RST BPDU 报文。如果边缘端口错误接入交换设备或遭受 BPDU 报文攻击，就会丧失边缘端口属性，那么 RSTP 就会重计算。

开启 BPDU 保护功能后，边缘端口即使收到 RST BPDU 报文，也不会失去边缘端口属性，但会被置为 error-down 状态，不能正常收发报文，在网络管理人员手动恢复后才能正常通信。也可以开启边缘端口的自动恢复功能，同时设置端口自动恢复为 UP 状态的时间，以使端口在被置为 error-down 状态一定的时间间隔后，自动恢复通信功能。

（2）根保护功能。

根桥是依据通信需求、设备性能等因素人为规划部署的。合法的根桥有可能会因收到优先级更高的 RST BPDU 报文失去根地位，从而引起网络拓扑的错误变动。比如，原本通过高速链路传输的流量被牵引到低速链路上，造成网络拥塞。如图 2.8.4 所示，在原 RSTP 网络结构中，S1 为根桥，当 S2 误将优先级更高的 S4 接入网络时，S4 将发送优先级更高的 RST BPDU 报文，引起 RSTP 重计算，并选举 S4 为新根桥，S1 失去根地位，网络拓扑发生变动。

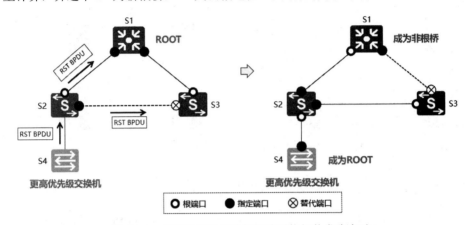

图 2.8.4　未开启根保护功能导致网络拓扑发生变动

可以在根桥 S1 的端口上配置根保护功能，当根桥收到优先级更高的 RST BPDU 报文时，端口将进入 Discarding 状态，不再转发报文。在一段时间（通常为 2 倍的 Forward Delay）内，端口如果没有再次收到优先级较高的 RST BPDU 报文，就会自动恢复到正常的 Forwarding 状态。根保护功能只有配置在指定端口上才生效，一般配置在根桥的端口上。

（3）环路保护功能。

在 RSTP 网络中，交换机通过不断接收上游交换设备的 RST BPDU 报文来维持端口状态。若链路拥塞或单向链路出现故障导致 RST BPDU 报文接收超时，会导致端口状态的迁移，有可能构成环路。如图 2.8.5 所示，S3 在超时时间内未收到来自上游设备 S2 的 RST BPDU 报文，S3 的替代端口切换为根端口，原根端口切换为指定端口，构成了环路。

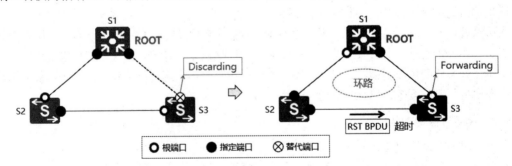

图 2.8.5　未开启环路保护功能导致网络产生环路

设备启动了环路保护功能后，如果根端口或替代端口长时间没有收到来自上游设备的 RST BPDU 报文，根端口会进入 Discarding 状态，角色切换为指定端口，而替代端口会一直保持在 Discarding 状态，从而保证不在网络中形成环路。当链路恢复正常后，端口重新收到 BPDU 报文并进行协商，恢复到之前的角色和状态。

　　环路保护功能配置在根端口上。如果交换设备上有替代端口，那么替代端口也需要配置环路保护功能。配置了根保护功能的端口，不可以配置环路保护功能。

　　（4）防 TC BPDU 报文攻击功能。

　　交换设备在接收到 TC BPDU 报文后，会执行删除 MAC 地址表项和 ARP 表项操作。当有人伪造 TC BPDU 报文恶意攻击交换设备时，交换设备在短时间内会收到很多 TC BPDU 报文，频繁的删除操作会给设备造成很大负担，给网络的稳定带来很大隐患。

　　开启防 TC BPDU 报文攻击功能后，可以设置交换设备处理 TC BPDU 报文的次数。如果在单位时间内，交换设备收到的 TC BPDU 报文数量大于配置的阈值，那么交换设备将只处理阈值指定的次数。对于其他超出阈值的 TC BPDU 报文，在定时器到期后交换设备将对其统一处理一次。这样可以避免频繁删除 MAC 地址表项和 ARP 表项的操作，从而达到保护设备的目的。

3．RSTP 配置流程

　　（1）开启 STP 并设置其工作模式为 RSTP。

　　（2）配置 RSTP 的根桥及备份根桥。

　　（3）配置 RSTP 的保护功能。

4．RSTP 配置命令

　　（1）配置边缘端口及 BPDU 保护功能。

　　命令：stp edged-port { enable | disable }。

　　说明：在默认情况下，交换设备的所有端口都是非边缘端口。

　　视图：接口视图。

　　命令：stp bpdu-protection。

　　说明：边缘端口收到 BPDU 报文会被置为 error-down 状态。

　　视图：系统视图。

　　举例，开启 S1 的 BPDU 保护功能，并设置 G0/0/1 端口为边缘端口。

```
[S1]stp bpdu-protection
[S1]interface GigabitEthernet 0/0/1
[S1-GigabitEthernet0/0/1]stp edged-port enable
```

　　（2）配置根保护。

　　命令：stp root-protection。

　　说明：在默认情况下不开启根保护功能。一般在根桥的指定端口配置根保护功能。

　　视图：接口视图。

　　举例，开启 S2 的 G0/0/1 端口根保护功能：

```
[S2]interface GigabitEthernet 0/0/1
[S2-GigabitEthernet0/0/1]stp root-protection
```

　　（3）配置环路保护。

　　命令：stp loop-protection。

　　说明：在默认情况下不开启环路保护功能。在根端口及替代端口上配置环路保护功能。

　　视图：接口视图。

　　举例，开启 S3 的根端口 G0/0/1 和替代端口 G0/0/2 的环路保护功能：

```
[S3]interface GigabitEthernet 0/0/1
[S3-GigabitEthernet0/0/1]stp loop-protection
```

```
[S3]interface GigabitEthernet 0/0/2
[S3-GigabitEthernet0/0/2]stp loop-protection
```

（4）配置 TC 拓扑变更保护功能（防 TC-BPDU 报文攻击）。

命令：stp tc-protection interval *interval-value*。

说明：配置处理拓扑变化报文所需时间，整数形式，取值范围是 1～600，单位是 s。

视图：系统视图。

命令：stp tc-protection threshold *threshold*。

说明：设备处理拓扑变化报文并立即刷新转发表项的阈值，默认值为 1，取值范围为 1～255。

视图：系统视图。

举例，S2 处理拓扑变化报文的时间为 10s，处理 TC BPDU 报文的阈值为 5：

```
[S2]stp tc-protection interval 10
[S2]stp tc-protection threshold 5
```

2.8.3 任务实施

1. 任务目的

（1）理解 RSTP 的应用场景。

（2）掌握 RSTP 的配置方法。

（3）掌握 RSTP 保护功能的配置方法。

操作演示

2. 任务描述

某公司为了保证网络的稳定性，内部交换网络采用冗余线路互连；为了加快收敛速度，采用 RSTP 来部署，并且人为控制生成树选举过程，使性能较高的核心层交换机作为通信枢纽。同时对交换设备配置保护功能，以保障生成树协议的稳定运行。通过对交换机配置 RSTP，并对相关设备配置保护功能，实现上述要求。

3. 实施规划

1）拓扑图（见图 2.8.6）

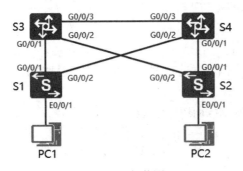

图 2.8.6 拓扑图

2）操作流程

（1）设置交换机的 STP 工作模式为 RSTP。

（2）通过 stp root 命令设置 S3 为根桥，S4 为备份根桥。

（3）将 S1、S2 的连接终端的端口（E0/0/1）设置为边缘端口，并开启 BPDU 保护功能。

（4）为 S3 的指定端口（G0/0/1～G0/0/3）配置根保护功能。

（5）为 S1、S2 的根端口和替代端口（G0/0/1～G0/0/2）配置环路保护功能。

（6）为所有交换机配置 TC 拓扑变更保护功能。

4．具体步骤

1）设置交换机的 STP 工作模式为 RSTP

（1）设置 S1 的 STP 工作模式为 RSTP：

```
[S1]stp mode rstp
```

（2）设置 S2 的 STP 工作模式为 RSTP：

```
[S2]stp mode rstp
```

（3）设置 S3 的 STP 工作模式为 RSTP：

```
[S3]stp mode rstp
```

（4）设置 S4 的 STP 工作模式为 RSTP：

```
[S4]stp mode rstp
```

2）配置根桥和备份根桥

（1）配置 S3 为根桥：

```
[S3]stp priority 0                //设置 RSTP 优先级为 0
```

（2）配置 S4 为备份根桥：

```
[S4]stp root secondary           //指定该交换机为备份根桥
```

3）配置边缘端口

（1）配置 S1 的边缘端口：

```
[S1-Ethernet0/0/1]stp edged-port enable          //配置当前端口为边缘端口
```

（2）配置 S2 的边缘端口：

```
[S2-Ethernet0/0/1]stp edged-port enable
```

4）开启 BPDU 保护功能

（1）开启 S1 的 BPDU 保护功能：

```
[S1]stp bpdu-protection          //开启 BPDU 保护功能
```

（2）开启 S2 的 BPDU 保护功能：

```
[S2]stp bpdu-protection
```

5）开启根保护功能

开启 S3 的根保护功能：

```
[S3]int g0/0/1
[S3-GigabitEthernet0/0/1]stp root-protection          //为当前端口开启根保护功能
[S3-GigabitEthernet0/0/1]int g0/0/2
[S3-GigabitEthernet0/0/2]stp root-protection
[S3-GigabitEthernet0/0/2]int g0/0/3
[S3-GigabitEthernet0/0/3]stp root-protection
```

6）配置环路保护功能

（1）配置 S1 的环路保护功能：

```
[S1]int g0/0/1
[S1-GigabitEthernet0/0/1]stp loop-protection        //为当前端口开启环路保护功能
[S1-GigabitEthernet0/0/1]int g0/0/2
[S1-GigabitEthernet0/0/2]stp loop-protection
```

（2）配置 S2 的环路保护功能：

```
[S2]int g0/0/1
[S2-GigabitEthernet0/0/1]stp loop-protection
[S2-GigabitEthernet0/0/1]int g0/0/2
[S2-GigabitEthernet0/0/2]stp loop-protection
```

7）配置 TC 拓扑变更保护功能

（1）配置 S1 的 TC 拓扑变更保护功能：

```
//配置处理 TC 类型 BPDU 报文并立即刷新转发表项的阈值为 2
[S1]stp tc-protection threshold 2
```

（2）配置 S2 的 TC 拓扑变更保护功能：

```
[S2]stp tc-protection threshold 2
```

（3）配置 S3 的 TC 拓扑变更保护功能：

```
[S3]stp tc-protection threshold 2
```

（4）配置 S4 的 TC 拓扑变更保护功能：

```
[S4]stp tc-protection threshold 2
```

5．实验测试

1）查看生成树状态

（1）查看 S3 的生成树状态：

```
[S3]display stp
-------[CIST Global Info][Mode RSTP]-------
CIST Bridge         :0    .4c1f-cc02-5a22
Config Times        :Hello 2s MaxAge 20s FwDly 15s MaxHop 20
Active Times        :Hello 2s MaxAge 20s FwDly 15s MaxHop 20
CIST Root/ERPC      :0    .4c1f-cc02-5a22 / 0
CIST RegRoot/IRPC   :0    .4c1f-cc02-5a22 / 0
CIST RootPortId     :0.0
BPDU-Protection     :displayabled
CIST Root Type      :Primary root
TC or TCN received  :17
TC count per hello  :0
STP Converge Mode   :Normal
Time since last TC  :0 days 0h:22m:47s
Number of TC        :19
Last TC occurred    :GigabitEthernet0/0/2
......<省略部分输出>
```

（2）查看 S4 的生成树状态：

```
[S4]display stp
```

```
-------[CIST Global Info][Mode RSTP]-------
CIST Bridge        :4096 .4c1f-cc74-0e03
Config Times       :Hello 2s MaxAge 20s FwDly 15s MaxHop 20
Active Times       :Hello 2s MaxAge 20s FwDly 15s MaxHop 20
CIST Root/ERPC     :0    .4c1f-cc02-5a22 / 20000
CIST RegRoot/IRPC  :4096 .4c1f-cc74-0e03 / 0
CIST RootPortId    :128.3
BPDU-Protection    :displayabled
CIST Root Type     :Secondary root
TC or TCN received :31
TC count per hello :0
STP Converge Mode  :Normal
Time since last TC :0 days 0h:23m:20s
Number of TC       :14
......<省略部分输出>
```

2）查看生成树端口状态

（1）查看 S1 的生成树端口状态：

```
[S1]display stp brief
MSTID   Port                    Role    STP State    Protection
  0     Ethernet0/0/1           DESI    FORWARDING   BPDU
  0     GigabitEthernet0/0/1    ROOT    FORWARDING   LOOP
  0     GigabitEthernet0/0/2    ALTE    DISCARDING   LOOP
```

（2）查看 S2 的生成树端口状态：

```
[S2]display stp brief
MSTID   Port                    Role    STP State    Protection
  0     Ethernet0/0/1           DESI    FORWARDING   BPDU
  0     GigabitEthernet0/0/1    ALTE    DISCARDING   LOOP
  0     GigabitEthernet0/0/2    ROOT    FORWARDING   LOOP
```

（3）查看 S3 的生成树端口状态：

```
[S3]display stp brief
MSTID   Port                    Role    STP State    Protection
  0     GigabitEthernet0/0/1    DESI    FORWARDING   ROOT
  0     GigabitEthernet0/0/2    DESI    FORWARDING   ROOT
  0     GigabitEthernet0/0/3    DESI    FORWARDING   ROOT
```

（4）查看 S4 的生成树端口状态：

```
[S4]display stp brief
MSTID   Port                    Role    STP State    Protection
  0     GigabitEthernet0/0/1    DESI    FORWARDING   NONE
  0     GigabitEthernet0/0/2    DESI    FORWARDING   NONE
  0     GigabitEthernet0/0/3    ROOT    FORWARDING   NONE
```

6. 结果分析

按照生成树规划，完成 RSTP 的部署；按照生成树的安全防护要求开启 RSTP 各项保护功能，相应信息体现在各交换机的生成树端口状态中。

7. 注意事项

（1）在系统视图下执行 stp edged-port default 命令，表示设置所有端口为边缘端口。

（2）根保护功能一般只在根桥的端口上配置。

（3）当交换机上有替代端口时，需要同时在根端口和替代端口上配置环路保护功能。

（4）TC 拓扑变更保护功能用于设置交换机在单位时间内只处理阈值指定次数的拓扑变更。TC 拓扑变更保护默认开启（单位时间 2s 内，处理次数是 1 次）。eNSP 不支持修改单位时间。

任务 2.9 MSTP 配置

2.9.1 任务描述

在 STP/RSTP 环境下只能构造一棵生成树，即网络中的所有 VLAN 共用一棵树。在正常情况下，所有数据流量都沿主链路传输，备份链路一直处于空闲状态，线路资源没有得到充分利用。

MSTP（Multiple Spanning Tree Protocol，多生成树协议）可以基于不同实例（VLAN 分组）构造不同生成树，基于合理的规划设计，可以实现数据流量的负载分担，提高网络的通信效率。本任务介绍 MSTP 的基本原理和配置方法。

2.9.2 准备知识

1. STP/RSTP 弊端

当网络中存在多个 VLAN 时，基于 STP/RSTP 运算只能构造一棵生成树，所有 VLAN 的主/备链路一致，数据流量都通过主链路通信，备份链路始终处于空闲状态。

MSTP 可以基于实例（VLAN 分组）构建不同生成树，使不同 VLAN 中的数据流量沿不同路径转发，实现数据流量的负载分担，同时可以实现设备在不同实例中对应不同的主备状态，从而使通信线路互为备份，提高网络的容错能力。STP/RSTP、MSTP 活动链路对比如图 2.9.1 所示。

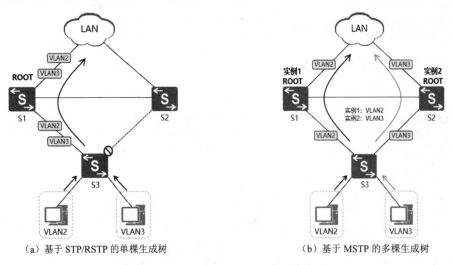

（a）基于 STP/RSTP 的单棵生成树   （b）基于 MSTP 的多棵生成树

图 2.9.1 STP/RSTP、MSTP 活动链路对比

2. MSTP 基本概念

MSTP 是 802.1s 标准定义的协议，通过生成多棵生成树，来解决以太网环路问题。MSTP 把一个交换网络划分成一个或多个 MST 域（Multiple Spanning Tree Region，多生成树域），每个 MST 域内生成一棵或多棵生成树，生成树之间彼此独立。称每棵生成树为一个多生成树实例（Multiple Spanning Tree Instance，MSTI）。每个 MSTI 都使用单独的 RSTP 算法。MSTP 网络层次结构示意

图如图 2.9.2 所示。

（1）MST 域。

MST 域是由多台交换设备及它们之间的网段构成的。一个 LAN 中可以存在多个 MST 域，各 MST 域之间在物理上直接或间接相连。通过配置 MSTP 可以把多台交换设备划分到同一个 MST 域内。同一个 MST 域中的设备具有相同的域名、相同的 VLAN 与 MSTI 映射关系和相同的 MSTP 修订级别。图 2.9.2 所示的网络中存在 MST A、MST B 和 MST C 三个 MST 域。

（2）MSTI。

MSTI 是 MST 域内的生成树实例，每个 MSTI 对应一棵生成树。图 2.9.2 中的 MST B 域中存在三个 MSTI。

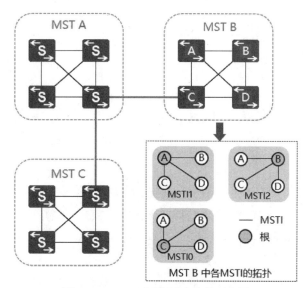

图 2.9.2　MSTP 网络层次结构示意图

（3）CST。

公共生成树（Common Spanning Tree，CST）是一棵连接所有 MST 域的生成树。如果把每个 MST 域看作一个节点，CST 就是这些节点通过 STP 或 RSTP 计算生成的一棵生成树。CST 示意图如图 2.9.3 所示，图中突显部分为各个 MST 域构成 CST。

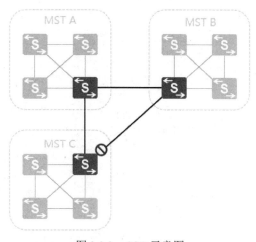

图 2.9.3　CST 示意图

（4）IST。

内部生成树（Internal Spanning Tree，IST）是一棵各 MST 域内实例 ID 均为 0 的生成树，通常称为 MSTI 0。

（5）CIST。

公共和内部生成树（Common and Internal Spanning Tree，CIST）是指连接一个交换网络内所有交换设备的单生成树，也就是一棵由 CST 和各 MST 域的 IST 共同构成的完整的树，如图 2.9.4 所示。

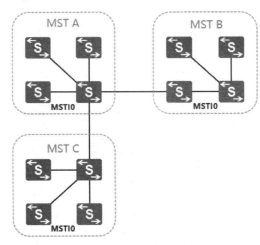

图 2.9.4　CIST 示意图

（6）总根。

总根（CIST Root）是指 CIST 的根桥。一个交换网络中只有一个总根。

（7）域根。

域根（Regional Root）分为 MSTI 域根和 IST 域根。MSTI 域根就是每个 MSTI 的树根，所以不同 MSTI 的域根不同。IST 的域根是指各 MST 域的 IST 中距离总根最近的交换设备，也称为主桥。IST 域根和 MSTI 域根示意图如图 2.9.5 所示，图中标示出了域根对应的设备。

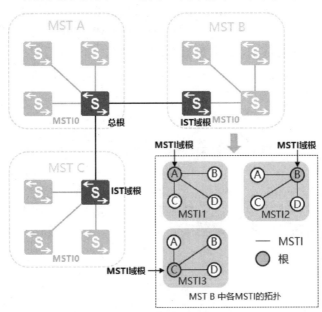

图 2.9.5　IST 域根和 MSTI 域根示意图

（8）域边缘端口和 Master 端口。

域边缘端口是指位于 MST 域的边缘并连接其他 MST 域的端口。

Master 端口是 MST 域交换设备上和总根相连的所有路径中最短路径上的端口，是域中报文去往总根的必经之路。Master 端口是特殊的域边缘端口，其在 CIST 上的角色是根端口，在其他各实例上的角色都是 Master 端口。域边缘端口和 Master 端口示意图如图 2.9.6 所示，图中标示出了域边缘端口和 Master 端口的位置。

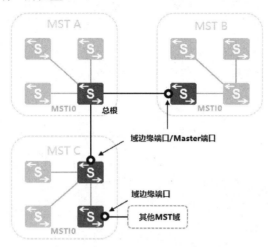

图 2.9.6 域边缘端口和 Master 端口示意图

3. MST 域配置

在部署 MSTP 时，可以通过配置 MST 域来对交换设备进行域的划分。同一域内的交换机的 MST 域配置要一致，具体包括以下 4 项。

（1）格式选择器。默认值均为 0x00，一般无须配置。

（2）MST 域名。默认为交换设备的 MAC 地址，需要手工为 MST 域定义统一的名称。

（3）修订级别。MSTP 是标准协议，各厂商设备的 MSTP 修订级别一般默认为 0。若某厂商设备的 MSTP 修订级别不为 0，为保持 MST 域内计算，则需要在部署 MSTP 时将各设备的 MSTP 修订级别修改一致。

（4）配置摘要。其内容为 VLAN 与 MSTI 映射关系计算得到的一个 16B 的签名。在默认情况下，所有交换设备所有 VLAN 都映射到 MSTI0 上。若将某 VLAN 映射到非 0 的 MSTI 上，则该 VLAN 自动解除与 MSTI0 的映射关系。

对于 MSTP 的部署并非一定要规划多个 MST 域，对于规模有限的交换网络，可以全网使用一个 MST 域。

4. MSTI 拓扑设计

MSTP 基于实例（Instance）构造生成树，计算过程与 RSTP 计算过程相同。每一个 MSTI 对应一棵独立的生成树，一个 MSTI 下所关联的 VLAN 共用一棵生成树。一台交换设备在不同的 MSTI 下可以扮演不同的角色，如某台交换机在一个 MSTI 中是根桥，但在另外一个 MSTI 中是备份根桥。由此在 MSTI 拓扑设计过程中，通过规划不同 MSTI 的根桥和备份根桥，充分利用线路资源，实现数据流量的负载分担和链路的备份。

如图 2.9.7 所示，MST 域规划 MSTI1（关联 VLAN2 和 VLAN4）和 MSTI2（关联 VLAN3 和 VLAN5），设置 S1 为 MSTI1 的根桥，为 MSTI2 的备份根桥；S2 为 MSTI2 的根桥，为 MSTI1

的备份根桥。在正常情况下，VLAN2 和 VLAN4 中的数据流量经由 S1 转发，S2 备份；VLAN3 和 VLAN5 中的数据流量经由 S2 转发，S1 备份，实现了数据流量的负载分担。当 S1 发生故障或 S1—S3 链路失效时，所有 VLAN 中的数据流量都经由 S2 转发，同样，当 S2 发生故障或 S2—S3 链路失效时，所有 VLAN 中的数据流量都经由 S1 转发，实现了冗余备份。

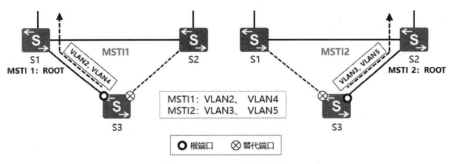

图 2.9.7　MSTI 拓扑设计

5．MSTP 配置流程

（1）设置 STP 的工作模式为 MSTP，默认为 MSTP。

（2）配置 MSTP 参数。

① 进入 MST 域配置视图。

② 配置修订级别。

③ 配置 MST 域名。

④ 配置 MSTI，设置 VLAN 和 MSTI 的映射关系。

⑤ 激活 MST 域配置。

（3）指定 MSTI 的根桥或备份根桥。

6．MSTP 配置命令

（1）进入 MST 域配置视图。

命令：stp region-configuration。

视图：系统视图。

举例，进入 S1 的 MST 域配置视图：

```
[S1]stp region-configuration
[S1-mst-region]
```

（2）配置修订级别。

命令：revision-level *level*。

说明：在默认情况下，交换设备 MST 域的修订级别是 0。

视图：MST 域视图。

举例，将 S1 的 MST 域的修订级别设置为 1：

```
[S1-mst-region]revision-level 1
```

（3）配置 MST 域名。

命令：region-name *name*。

说明：在默认情况下，MST 域名等于交换设备桥的 MAC 地址。

视图：MST 域视图。

举例，将 S1 的 MST 域名设置为 MSTA：

```
[S1-mst-region]region-name MSTA
```

（4）配置 VLAN 和 MSTI 的映射关系。

命令：instance *instance-id* vlan { *vlan-id1* [to *vlan-id2*] }。

说明：在默认情况下，所有 VLAN 均映射到 CIST，即 MSTI0。

视图：MST 域视图。

举例，配置 S1 的 VLAN2 和 VLAN4 映射到 MSTI1，VLAN3、VLAN5 映射到 MSTI2：

```
[S1-mst-region]instance 1 vlan 2 4
[S1-mst-region]instance 2 vlan 3 5
```

（5）激活 MST 域配置。

命令：active region-configuration。

视图：MST 域视图。

举例，激活 S1 的 MST 域配置：

```
[S1-mst-region]active region-configuration
```

（6）配置当前交换设备为指定 MSTI 的根桥或备份根桥。

命令：stp　instance *instance-id*　root { primary | secondary }。

说明：primary 表示优先级调整为 0；secondary 表示优先级调整为 4096。

视图：系统视图。

举例，配置 S1 为 MSTI1 的根桥，为 MSTI2 的备份根桥：

```
[S1]stp instance 1 root primary
[S1]stp instance 2 root secondary
```

2.9.3　任务实施

1．任务目的

（1）理解 MSTP 的应用场景。

（2）理解 MSTP 负载分担的设计思想。

（3）掌握 MSTP 的配置方法。

操作演示

2．任务描述

某公司为了保证网络的稳定性，内部交换网络采用冗余线路互连。采用 STP/RSTP 可以消除环路影响，但会导致备份链路处于闲置状态。为了充分利用线路资源，公司决定采用 MSTP 来优化网络，在保证网络稳定性的同时，实现负载分担，从而提升网络的通信性能。通过对交换机配置 MSTP，基于 VLAN 分组进行负载分担，实现上述要求。

3．实施规划

1）拓扑图（见图 2.9.8）

2）操作说明

（1）配置交换机 VLAN。

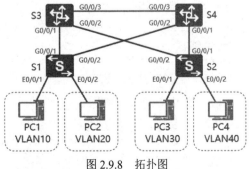

图 2.9.8　拓扑图

（2）将交换机级连链路配置为干道链路。

（3）开启交换机的 STP，并将模式设置为 MSTP。

（4）创建 MSTI，并关联 VLAN。

STP 端口规划如表 2.9.1 所示。

表 2.9.1　STP 端口规划

MST 域名	MSTI	关联 VLAN	根桥	备份根桥
MST-A	instance 1	VLAN10、VLAN30	S3	S4
	instance 2	VLAN20、VLAN40	S4	S3

（5）设置 MSTI 的根桥和备份根桥。

4．具体步骤

1）配置交换机的 VLAN

（1）配置 S1 的 VLAN：

```
[S1]vlan batch 10 20 30 40
```

（2）配置 S2 的 VLAN：

```
[S2]vlan batch 10 20 30 40
```

（3）配置 S3 的 VLAN：

```
[S3]vlan batch 10 20 30 40
```

（4）配置 S4 的 VLAN：

```
[S4]vlan batch 10 20 30 40
```

2）配置干道链路

（1）配置 S1 的干道链路：

```
[S1]int g0/0/1
[S1-GigabitEthernet0/0/1]port link-type trunk
[S1-GigabitEthernet0/0/1]port trunk allow-pass vlan 10 20 30 40
[S1-GigabitEthernet0/0/1]int g0/0/2
[S1-GigabitEthernet0/0/2]port link-type trunk
[S1-GigabitEthernet0/0/2]port trunk allow-pass vlan 10 20 30 40
```

（2）配置 S2 的干道链路：

```
[S2]int g0/0/1
[S2-GigabitEthernet0/0/1]port link-type trunk
[S2-GigabitEthernet0/0/1]port trunk allow-pass vlan 10 20 30 40
[S2-GigabitEthernet0/0/1]int g0/0/2
[S2-GigabitEthernet0/0/2]port link-type trunk
[S2-GigabitEthernet0/0/2]port trunk allow-pass vlan 10 20 30 40
```

（3）配置 S3 的干道链路：

```
[S3]port-group 1
[S3-port-group-1]group-member GigabitEthernet 0/0/1 to g0/0/3
[S3-port-group-1]port link-type trunk
[S3-GigabitEthernet0/0/1]port link-type trunk
```

```
[S3-GigabitEthernet0/0/2]port link-type trunk
[S3-GigabitEthernet0/0/3]port link-type trunk
[S3-port-group-1]port trunk allow-pass vlan 10 20 30 40
[S3-GigabitEthernet0/0/1]port trunk allow-pass vlan 10 20 30 40
[S3-GigabitEthernet0/0/2]port trunk allow-pass vlan 10 20 30 40
[S3-GigabitEthernet0/0/3]port trunk allow-pass vlan 10 20 30 40
```

（4）配置 S4 的干道链路：

```
[S4]port-group 1
[S4-port-group-1]group-member GigabitEthernet 0/0/1 to g0/0/3
[S4-port-group-1]port link-type trunk
[S4-GigabitEthernet0/0/1]port link-type trunk
[S4-GigabitEthernet0/0/2]port link-type trunk
[S4-GigabitEthernet0/0/3]port link-type trunk
[S4-port-group-1]port trunk allow-pass vlan 10 20 30 40
[S4-GigabitEthernet0/0/1]port trunk allow-pass vlan 10 20 30 40
[S4-GigabitEthernet0/0/2]port trunk allow-pass vlan 10 20 30 40
[S4-GigabitEthernet0/0/3]port trunk allow-pass vlan 10 20 30 40
```

3）配置交换机的 STP 工作模式

配置 S1 的 STP 工作模式为 MSTP（S2、S3、S4 的配置与 S1 的配置相同）：

```
[S1]stp mode mstp                          //STP 工作模式默认为 MSTP，此步可跳过
```

4）配置 MSTP 参数

（1）配置 S1 的 MSTP 参数：

```
[S1]stp region-configuration               //进入 MST 域配置视图
[S1-mst-region]region-name MST-A           //配置 MST 域名
[S1-mst-region]revision-level 1            //配置修订级别为 1
[S1-mst-region]instance 1 vlan 10 30       //配置 instance 1，关联 VLAN10 和 VLAN30
[S1-mst-region]instance 2 vlan 20 40       //配置 instance 2，关联 VLAN20 和 VLAN40
[S1-mst-region]active region-configuration //激活 MST 域配置
```

（2）配置 S2 的 MSTP 参数：

```
[S2]stp region-configuration
[S2-mst-region]region-name MST-A
[S2-mst-region]revision-level 1
[S2-mst-region]instance 1 vlan 10 30
[S2-mst-region]instance 2 vlan 20 40
[S2-mst-region]active region-configuration
```

（3）配置 S3 的 MSTP 参数：

```
[S3]stp region-configuration
[S3-mst-region]region-name MST-A
[S3-mst-region]revision-level 1
[S3-mst-region]instance 1 vlan 10 30
[S3-mst-region]instance 2 vlan 20 40
[S3-mst-region]active region-configuration
```

（4）配置 S4 的 MSTP 参数：

```
[S4]stp region-configuration
[S4-mst-region]region-name MST-A
```

```
[S4-mst-region]revision-level 1
[S4-mst-region]instance 1 vlan 10 30
[S4-mst-region]instance 2 vlan 20 40
[S4-mst-region]active region-configuration
```

5）设置 MSTI 的根桥和备份根桥

（1）配置 S3 的 MSTI 的根桥和备份根桥：

```
[S3]stp instance 1 root primary          //S3 为 instance 1 的根桥
[S3]stp instance 2 root secondary        //S3 为 instance 2 的备份根桥
```

（2）配置 S4 的 MSTI 的根桥和备份根桥：

```
[S4]stp instance 1 root secondary        //S4 为 instance 1 的备份根桥
[S4]stp instance 2 root primary          //S4 为 instance 2 的根桥
```

5．实验测试

1）查看生成树状态

（1）查看 S3、S4 的 instance 1 的生成树状态：

```
[S3]display stp instance 1
-------[MSTI 1 Global Info]-------
MSTI Bridge ID      :0.4c1f-cc02-5a22
MSTI RegRoot/IRPC   :0.4c1f-cc02-5a22 / 0
MSTI RootPortId     :0.0
MSTI Root Type      :Primary root
Master Bridge       :32768.4c1f-cc02-5a22
Cost to Master      :0
......<省略部分输出>

[S4]display stp instance 1
-------[MSTI 1 Global Info]-------
MSTI Bridge ID      :4096.4c1f-cc74-0e03
MSTI RegRoot/IRPC   :0.4c1f-cc02-5a22 / 20000
MSTI RootPortId     :128.3
MSTI Root Type      :Secondary root
Master Bridge       :32768.4c1f-cc02-5a22
Cost to Master      :20000
......<省略部分输出>
```

（2）查看 S3、S4 的 instance 2 的生成树状态：

```
[S3]display stp instance 2
-------[MSTI 2 Global Info]-------
MSTI Bridge ID      :4096.4c1f-cc02-5a22
MSTI RegRoot/IRPC   :0.4c1f-cc74-0e03 / 20000
MSTI RootPortId     :128.3
MSTI Root Type      :Secondary root
Master Bridge       :32768.4c1f-cc02-5a22
Cost to Master      :0
......<省略部分输出>

[S4]display stp instance 2
```

```
-------[MSTI 2 Global Info]-------
MSTI Bridge ID       :0.4c1f-cc74-0e03
MSTI RegRoot/IRPC  :0.4c1f-cc74-0e03 / 0
MSTI RootPortId      :0.0
MSTI Root Type       :Primary root
Master Bridge        :32768.4c1f-cc02-5a22
Cost to Master       :20000
......<省略部分输出>
```

2）查看生成树端口状态

（1）查看 S1 的生成树端口状态：

```
[S1]display stp instance 1 brief
 MSTID  Port                        Role  STP State    Protection
   1    GigabitEthernet0/0/1        ROOT  FORWARDING   NONE
   1    GigabitEthernet0/0/2        ALTE  DISCARDING   NONE
[S1]display stp instance 2 brief
 MSTID  Port                        Role  STP State    Protection
   2    GigabitEthernet0/0/1        ALTE  DISCARDING   NONE
   2    GigabitEthernet0/0/2        ROOT  FORWARDING   NONE
```

（2）查看 S2 的生成树端口状态：

```
[S2]display stp instance 1 brief
 MSTID  Port                        Role  STP State    Protection
   1    GigabitEthernet0/0/1        ALTE  DISCARDING   NONE
   1    GigabitEthernet0/0/2        ROOT  FORWARDING   NONE
[S2]display stp instance 2 brief
 MSTID  Port                        Role  STP State    Protection
   2    GigabitEthernet0/0/1        ROOT  FORWARDING   NONE
   2    GigabitEthernet0/0/2        ALTE  DISCARDING   NONE
```

（3）查看 S3 的生成树端口状态：

```
[S3]display stp instance 1 brief
 MSTID  Port                        Role  STP State    Protection
   1    GigabitEthernet0/0/1        DESI  FORWARDING   NONE
   1    GigabitEthernet0/0/2        DESI  FORWARDING   NONE
   1    GigabitEthernet0/0/3        DESI  FORWARDING   NONE
[S3]display stp instance 2 brief
 MSTID  Port                        Role  STP State    Protection
   2    GigabitEthernet0/0/1        DESI  FORWARDING   NONE
   2    GigabitEthernet0/0/2        DESI  FORWARDING   NONE
   2    GigabitEthernet0/0/3        ROOT  FORWARDING   NONE
```

（4）查看 S4 的生成树端口状态：

```
[S4]display stp instance 1 brief
 MSTID  Port                        Role  STP State    Protection
   1    GigabitEthernet0/0/1        DESI  FORWARDING   NONE
   1    GigabitEthernet0/0/2        DESI  FORWARDING   NONE
   1    GigabitEthernet0/0/3        ROOT  FORWARDING   NONE
[S4]display stp instance 2 brief
 MSTID  Port                        Role  STP State    Protection
   2    GigabitEthernet0/0/1        DESI  FORWARDING   NONE
```

| 2 | GigabitEthernet0/0/2 | **DESI** | FORWARDING | NONE |
| 2 | GigabitEthernet0/0/3 | **DESI** | FORWARDING | NONE |

6. 结果分析

S3、S4 基于 MSTI，分别在 instance 1 上对应根桥和备份根桥，在 instance 2 上对应备份根桥和根桥。VLAN10、VLAN30 的上行流量通过 S3 转发，VLAN20、VLAN40 的上行流量通过 S4 转发，实现了链路的负载分担；并且 S3、S4 基于 MSTI 互为备份，提升了网络的可靠性。

7. 注意事项

（1）部署 MSTP 的交换机需要具有一致的 VLAN 配置和 MSTI 配置。

（2）交换机默认存在 MSTI0，未规划的 VLAN 默认都关联 MSTI0。

模块三

路由技术

概述

随着网络规模的扩大，不同类型及不同网络之间的通信需求被提出。以路由器为代表的网络层设备基于 IP 地址寻址转发，屏蔽了异构网络环境，解决了不同网络之间的通信问题。基于通信需求的不断提升，路由技术逐步被完善。

本模块主要介绍 IP 路由的原理及静态路由、VLAN 间路由、动态路由协议 RIPv2、动态路由协议 OSPF、路由重分发等路由技术。

学习目标

一、知识目标

（1）认识路由器的接口和设备种类。

（2）掌握 IP 路由原理。

（3）掌握静态路由的原理。

（4）掌握 VLAN 间路由的技术原理。

（5）掌握动态路由协议 RIPv2 的工作原理。

（6）掌握动态路由协议 OSPF 的工作原理。

（7）掌握 OSPF 的 DR/BDR、LSA、末梢区域等概念。

（8）掌握路由重发布技术的实施原则和工作原理。

二、技能目标

（1）能够基于通信需求配置静态路由、单臂路由和 VLANIF。

（2）能够配置单臂路由、VLANIF 接口等 VLAN 间路由。

（3）能够部署应用动态路由协议 RIPv2，完成 RIPv2 基础配置、路由汇总及认证等特性配置。

（4）能够部署应用动态路由协议 OSPF，完成单区域、多区域、末梢区域配置，以及 OSPF 路由汇总、认证等特性配置。

（5）能够基于通信需求配置路由重分发。

任务规划

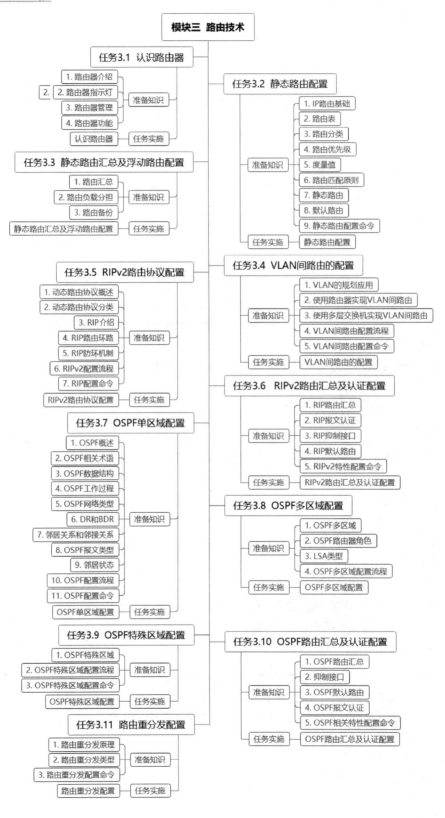

任务 3.1　认识路由器

3.1.1　任务背景

路由器是网络构建中的最重要的设备之一，网络技术人员熟悉路由器的外部特征、种类、接口类型、指示灯状态及功能原理等，有利于在设备选型、方案设计、故障排除等工作中做出基本判断。

本任务主要基于华为 AR1220-AC 路由器来介绍路由器的外观特征、指示灯状态及基本功能。

3.1.2　准备知识

1．路由器介绍

1）路由器接口

路由器工作在 TCP/IP 栈的网络层，提供基于 IP 地址的数据寻址转发功能。路由器是不同网络互连的节点设备，既可部署在内部子网的边缘，也可部署在内、外部网络的边缘，是现代网络构建中非常重要的设备。

因为路由器要连接各种网络，所以接口类型多种多样。华为 AR1220-AC 外观如图 3.1.1 所示，各部件说明如表 3.1.1 所示。

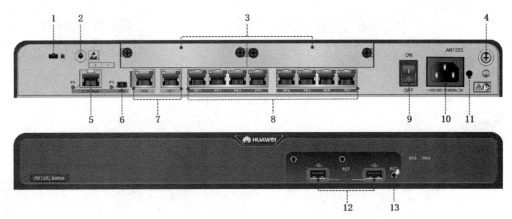

图 3.1.1　华为 AR1220-AC 外观

表 3.1.1　华为 AR1220-AC 各部件说明

序号	名称	描述
1	防盗锁孔	插入防盗锁，防止被盗
2	ESD 插孔	在对设备进行安装维护操作时需要佩戴防静电腕带，防静电腕带的一端要插在该插孔里
3	SIC 插卡槽位	可安装多种类型的插卡，具体如下： 1GEC（1 接口-GE COMBO WAN 接口卡），如图 3.1.2 所示； 2FE（2 接口-FE WAN 接口卡），如图 3.1.3 所示； 2SA（2 接口-同/异步 WAN 接口卡），如图 3.1.4 所示； 8FE1GE（8 接口百兆比特-RJ45+1 接口千兆比特-RJ45-L2 以太网交换电接口卡），如图 3.1.5 所示

续表

序号	名称	描述
4	接地螺钉	与接地线缆配套使用
5	CON/AUX 接口	Console 接口用于连接控制台，实现现场配置功能。AUX 接口用于远程配置，通过 Modem 拨号连接远程管理中心
6	MiniUSB 接口	MiniUSB 接口用于连接控制台，实现现场配置功能，MiniUSB 接口和 Console 接口不能同时使用，二选一，在默认情况下，串口工作
7	GE 电接口	2 个 10/100/1000Mbit/s 自适应电接口（WAN 侧），主要用于传输速率为 10/100/1000Mbit/s 以太网业务的接收和发送
8	FE 电接口	8 个 10/100Mbit/s 自适应电接口（支持 LAN 侧/WAN 侧切换），主要用于传输速率为 10/100/1000Mbit/s 以太网业务的接收和发送
9	电源开关	ON 表示开，OFF 表示关
10	电源线接口	使用交流电源线缆将设备连接到外部电源
11	电源线防松脱卡扣安装孔	用来绑定电源线，防止电源线松脱
12	USB 接口	配合 U 盘使用，可用于开局、传输配置文件、升级文件等
13	RST 按钮	用于手工复位设备。复位设备会导致业务中断，需慎用该按钮

（a）1GEC 外观　　　　　　　　　　　　　　　　（b）1GEC 面板

图 3.1.2　1GEC

 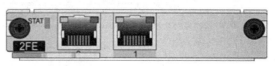

（a）2FE 外观　　　　　　　　　　　　　　　　（b）2FE 面板

图 3.1.3　2FE

（a）2SA 外观　　　　　　　　　　　　　　　　（b）2SA 面板

图 3.1.4　2SA

（a）8FE1GE 外观

（b）8FE1GE 面板

图 3.1.5　8FE1GE

我们可以根据业务需要来选配合适的接口板，在安装或更换接口板时需要关闭电源。

2. 路由器指示灯

了解路由器面板上各类指示灯的状态及含义，有助于判断设备的运行状态。以华为 AR1220-AC 面板指示灯（见图 3.1.6）为例，对各类路由器指示灯进行介绍和说明。华为 AR1220-AC 面板指示灯说明如表 3.1.2 所示。

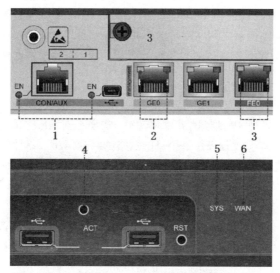

图 3.1.6　华为 AR1220-AC 面板指示灯

表 3.1.2　华为 AR1220-AC 面板指示灯说明

序号	名称	颜色	状态	说明
1	EN	绿色	常亮	CON/AUX 接口或 MiniUSB 接口使能，二者在同一时刻只能使用一个，在默认情况下 CON/AUX 接口有效
			常灭	CON/AUX 接口或 MiniUSB 接口未使能
2	GE 电接口指示灯	绿色	常亮	链路已连通
			常灭	链路无链接
		黄色	常亮	有数据收发
			常灭	无数据收发
3	FE 电接口指示灯	绿色	常亮	链路已连通
			常灭	链路无链接
		黄色	常亮	有数据收发
			常灭	无数据收发

续表

序号	名称	颜色	状态	说明
4	ACT	红绿双色	绿色常亮	U 盘开局正确完成
			绿色闪烁	U 盘开局正在进行
			红色常亮	U 盘开局失败
			常灭	未插入开局 U 盘/USB 接口出现故障/指示灯出现故障
5	系统运行状态灯 SYS	红绿双色	慢闪	系统处于正常运行状态
			快闪	系统处于上电加载或者复位启动状态
			常亮	单板有影响业务的故障且无法自动恢复，需要人工干预
			常灭	软件未运行或处于复位状态
6	WAN	绿色	常亮	2 个 GE 电接口中至少有一个处于连接/激活状态
			常灭	2 个 GE 电接口都处于未连接/未激活状态

3．路由器管理

同交换机一样，用户对路由器的管理有 CLI 管理方式和 GUI 管理方式。在使用配置线缆连接路由器的 Console 接口与计算机的 COM 接口后，计算机通过终端控制程序就可以对设备进行调试和维护。只要计算机与路由器之间网络可达，并且路由器开启并授权远程管理功能，计算机就可以通过 Telnet、SSH 和 Web 等方式对设备进行管理。Telnet 远程管理路由器的命令与 Telnet 远程管理交换机的命令相同。

4．路由器功能

路由器的主要功能是基于 IP 地址的寻址和转发，实现不同网段之间的通信。在路由器内部有一张路由表，其中存放了本端设备去往各个目的网络的路径信息，路径信息需要手工添加或通过协议学习获取。路由器先根据收到的报文的目的 IP 地址查询路由表，确定转发路径，然后将报文传送到下一个路由器，直到传送到路径终点的路由设备将报文送交至目的主机。若路由器没有去往目的网络的路径，则会丢弃该报文。

如图 3.1.7 所示，A 网段中的 PCA 访问远端 B 网段中的 PCB，数据包经过多次路由转发到达目的主机。数据包在传递过程中经历的每一台路由器都要具有去往 B 网段的路径信息。

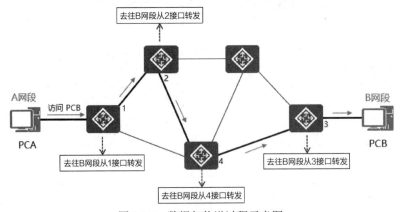

图 3.1.7　数据包传递过程示意图

3.1.3　任务实施

1．任务目的

（1）了解路由器的外观特征、接口类型。

操作演示

（2）初步理解路由器的功能。

2. 任务描述

某公司因通信需要，购置了两台路由器（华为 AR1220-AC），用于对接总部和分支网络，现需要技术人员对设备进行加电检测，熟悉设备性能，测试基本功能。

3. 实施规划

1）拓扑图（见图 3.1.8）

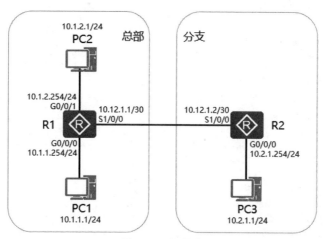

图 3.1.8 拓扑图

2）操作流程

（1）认识路由器的外观特征：参照图 3.1.1 和表 3.1.1，对照华为 AR1220-AC 面板，识别各接口；参照图 3.1.6 和表 3.1.2，对照华为 AR1220-AC 面板，识别各类指示灯。

（2）两台路由器各安装 1 个 2SA 接口卡。

（3）物理连接并启动。路由器使用 GE 电接口连接 PC；路由器与路由器间使用 2SA 单板串口连接。

（4）配置网络参数，进行连通性测试，并分析测试结果。

4. 具体步骤

（1）认识路由器的外观特征。

（2）为路由器安装 2SA 接口卡。

在设备关机状态下拖曳 2SA 接口卡至 SIC 插卡槽位，如图 3.1.9 所示。左侧槽位编号为 2，右侧槽位编号为 1，板卡接口的编号会与槽位编号关联。图 3.1.9 中的 2SA 的 1 号串口对应的接口名称为 Serial1/0/1，如果安装在 2 号槽位，那么该接口对应的名称为 Serial2/0/1。

图 3.1.9 安装 2SA 接口卡

（3）按照如图 3.1.8 所示的拓扑图中的接口标识进行物理连接。

路由器间的串口使用 Serial 线缆手动连接。

（4）按照如图 3.1.8 所示的拓扑图中的 IP 地址标识配置网络参数。

① 配置 PC。

对于 PC，除配置 IP 地址和子网掩码外，还需配置网关地址，网关地址为与 PC 相连的路由器接口的 IP 地址。

② 配置 R1 的网络参数：

```
[R1]interface GigabitEthernet 0/0/0
[R1-GigabitEthernet0/0/0]ip address 10.1.1.254 24
[R1-GigabitEthernet0/0/0]int g0/0/1
[R1-GigabitEthernet0/0/1]ip address 10.1.2.254 24
[R1-GigabitEthernet0/0/0]int Serial 1/0/0
[R1-Serial1/0/0]ip add 10.12.1.1 30
```

③ 配置 R2 的网络参数：

```
[R2]interface g0/0/0
[R2-GigabitEthernet0/0/0]ip address 10.2.1.254 24
[R2-GigabitEthernet0/0/0]int s1/0/0
[R2-Serial1/0/0]ip address 10.12.1.2 30
```

5. 实验测试

（1）R1 ping R2：

```
<R1>PING 10.12.1.2
  PING 10.12.1.2: 56  data bytes, press CTRL_C to break
   Reply from 10.12.1.2: bytes=56 Sequence=1 ttl=255 time=30 ms
   Reply from 10.12.1.2: bytes=56 Sequence=2 ttl=255 time=20 ms
   Reply from 10.12.1.2: bytes=56 Sequence=3 ttl=255 time=30 ms
   Reply from 10.12.1.2: bytes=56 Sequence=4 ttl=255 time=20 ms
   Reply from 10.12.1.2: bytes=56 Sequence=5 ttl=255 time=20 ms

 --- 10.12.1.2 ping statistics ---
   5 packet(s) transmitted
   5 packet(s) received
   0.00% packet loss
   round-trip min/avg/max = 20/24/30 ms
```

（2）PC1 ping PC2：

```
PC>ping 10.1.2.1

Ping 10.1.2.1: 32 data bytes, Press Ctrl_C to break
From 10.1.2.1: bytes=32 seq=1 ttl=127 time<1 ms
From 10.1.2.1: bytes=32 seq=2 ttl=127 time=15 ms
From 10.1.2.1: bytes=32 seq=3 ttl=127 time=16 ms
From 10.1.2.1: bytes=32 seq=4 ttl=127 time=15 ms
From 10.1.2.1: bytes=32 seq=5 ttl=127 time=16 ms

--- 10.1.2.1 ping statistics ---
 5 packet(s) transmitted
 5 packet(s) received
 0.00% packet loss
 round-trip min/avg/max = 0/12/16 ms
```

（3）PC1 ping PC3：

```
PC>ping 10.2.1.1

Ping 10.2.1.1: 32 data bytes, Press Ctrl_C to break
Request timeout!
Request timeout!
Request timeout!
Request timeout!
Request timeout!

--- 10.2.1.1 ping statistics ---
  5 packet(s) transmitted
  0 packet(s) received
100.00% packet loss
```

6．结果分析

PC1、PC2 和 PC3 分别属于不同的网段，连接在 R1 下的 PC1 和 PC2 可以互通，但都不能和 PC3 通信。原因是路由器会自动生成直连网络的路径信息（直连路由），即 R1 会生成 10.1.1.0/24 和 10.1.2.0/24 的路径信息，对于非直连网络的路径只能通过手工添加或协议学习获取，所以 R1 并没有 10.2.1.0/24 的路径信息，当 R1 收到去往 10.2.1.0/24 的数据包后会直接丢弃。

可通过命令 display ip routing-table | include /24 查看路由信息。其中"|"为管道符，用来对查询结果进行筛选；include /24 表示只显示 24 位掩码的子网路由：

```
<R1>display ip routing-table | include /24
Route Flags: R - relay, D - download to fib
------------------------------------------------------------------------------
Routing Tables: Public
         Destinations : 14        Routes : 14

Destination/Mask    Proto   Pre   Cost    Flags   NextHop         Interface

      10.1.1.0/24   Direct   0     0        D     10.1.1.254      GigabitEthernet0/0/0
      10.1.2.0/24   Direct   0     0        D     10.1.2.254      GigabitEthernet0/0/1
```

7．注意事项

（1）华为 AR1220-AC 的 FE 电接口为二层接口，若 PC 连接 FE 电接口，可以先将 FE 电接口划分到 VLAN 下，再为该接口配置 IP 地址作为 PC 的网关地址。

（2）PC 在跨网段通信时，必须配置网关地址，以使 PC 将报文交由网关设备进行下一步转发。

任务 3.2　静态路由配置

3.2.1　任务背景

在网络构建过程中，考虑到权限管理、流量控制等需求，结合用户组织、网络应用等因素，通常要规划多个 IP 网络。网络不再是单一网段的，不同网段之间不能直接通信，需要借助路由器等三层设备来实现。

通过路由器可以实现不同网络的互连互通，前提是路由器要有去往各个目的网络的路由信息。本任务基于小型网络环境，通过对路由设备手工添加路由条目，来实现网络的互连互通。

3.2.2 准备知识

1. IP 路由基础

路由即路径，是指导报文转发的路径信息。通常也将路由器转发报文的过程称为路由过程。路由器从接口接收到数据包后，根据数据包携带的目的 IP 地址查询路由表，如果有匹配的路由条目，就从该条目指向的出接口转发出去；如果没有匹配的路由条目，就丢弃数据包。

为保证源主机发送的报文能够到达目的设备，传输路径上的所有路由器节点均需有该目的网络的路由，而且每个节点都要执行路由查询和报文转发动作。考虑到数据通信的双向性，应确保数据的往返路由均可达，以免数据有去无回。

2. 路由表

路由表是若干条路由信息的集合，路由信息也称为路由条目或路由表项，每个路由条目具有以下基本要素。

（1）目的网络/子网掩码（Destination/Mask）：路由器可转发去往该目的网络的数据报文。

（2）路由来源（Proto）：路由产生的方式，包括直连路由、静态路由及通过协议获取的动态路由。

（3）路由优先级（Pre）：路由的优先级。优先级值越小，路由越优先。

（4）度量值（Cost）：通过该路由条目转发数据的代价。度量值越小，路由越优先。

（5）标志（Flags）：路由的标记，显示该路由是否为迭代路由及是否下发到 FIB（Forwarding Information Base，转发信息库）表。

（6）下一跳地址（NextHop）：匹配当前路由条目的数据报文将转发给以该地址标识的下一个路由器。

（7）出接口（Interface）：匹配当前路由条目的数据报文将从该接口转发出去。

路由条目要素示例如图 3.2.1 所示，为使 PC1 和 PC2 可以通信，R1 需具有 10.1.2.0/24 网络的路由，假设该条目已通过手工方式添加，图中对该路由条目的各要素进行了标识。

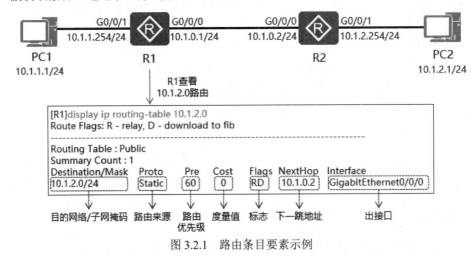

图 3.2.1　路由条目要素示例

3. 路由分类

路由表中的路由条目根据其来源可以分为直连路由、静态路由和动态路由。

1）直连路由

直连路由是在路由器接口配置 IP 地址，并且状态为 UP 时，自动产生的直连网段的路由。如图 3.2.2 所示，R1 自动产生了 3 条子网掩码为 24 的直连路由。

2）静态路由

静态路由是管理人员为路由器手工配置的达到各非直连网段的路由。如图 3.2.2 所示，手工为 R1 配置去往非直连业务网络 10.1.2.0/24 和 10.1.3.0/24 的静态路由。

3）动态路由

路由器运行动态路由协议，通过交互协议报文，自动学习到的非直连网段路由就是动态路由。如图 3.2.2 所示，R1 和 R4 之间运行动态路由协议 OSPF，R1 通过交互协议报文自动学习到非直连业务网段 10.1.4.0/24 的 OSPF 路由。

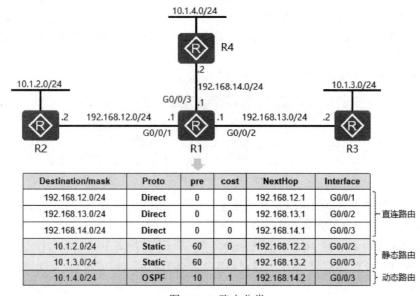

图 3.2.2　路由分类

4．路由优先级

路由表中的路由条目体现的是到达每一个目的网络的最佳路径。当到达某个目的网络存在多个路由来源的路径时，先比较路由优先级，优先级值越小越优先。不同厂家对路由优先级的定义可能不同，表 3.2.1 所示为华为路由优先级标准。

表 3.2.1　华为路由优先级标准

路由类型	优先级
Direct	0
OSPF	10
IS-IS Level-1	15
IS-IS Level-2	18
EBGP	20
Static	60
RIP	100

路由类型	优先级
OSPF ASE	150
OSPF NSSA	150
IBGP	200

5. 度量值

路由的度量值指出了路由到达目的网络的代价。当到达某个目的网络存在同一路由来源的多条路径时，比较路由度量值确定最佳路由，度量值越小越优先。度量值相同的路由为等价路由，等价路由可以实现数据流量的负载分担。不同路由来源的度量值计算方法不同。

6. 路由匹配原则

路由器将数据包中的目的 IP 地址和路由条目中的子网掩码进行 AND（逻辑与）运算，若运算结果与路由条目中的目的网络前缀相同，则匹配该路由。

若数据包中的目的 IP 地址能够匹配多个路由条目，则选择前缀最长的路由条目，即最长匹配原则。

假设 R1 路由表有 3 条静态路由，如图 3.2.3 所示。

序号	Destination/mask	Proto	pre	cost	NextHop	Interface
1	10.1.0.0/16	Static	60	0	192.168.1.1	G0/0/1
2	10.1.1.0/24	Static	60	0	192.168.2.1	G0/0/2
3	10.2.1.0/24	Static	60	0	192.168.3.1	G0/0/3

图 3.2.3　R1 路由表

R1 接收到目的 IP 地址为 10.2.1.1 的数据包，分别与子网掩码 16 和 24 进行逻辑与运算，结果为 10.2.0.0 和 10.2.1.0，匹配第 3 条路由。

R1 接收到目的 IP 地址为 10.1.1.1 的数据包，分别与子网掩码 16 和 24 进行逻辑与运算，结果为 10.1.0.0 和 10.1.1.0，分别与第 1 个条目和第 2 个条目的网络前缀相同，根据最长匹配原则，匹配第 2 条路由。

7. 静态路由

静态路由就是手工添加的路由条目，在配置静态路由时需要技术人员充分了解整个网络结构。当网络发生故障或者拓扑发生变化后，静态路由不会自动更新，必须手动重新配置。在小型网络环境中，建议使用静态路由。

静态路由和动态路由对比如表 3.2.2 所示。

表 3.2.2　静态路由和动态路由对比

路由类型	优点	缺点	适用场景
静态路由	配置简单，对系统要求低	不能自动适应网络拓扑变化，需要人工干预	拓扑结构简单并且稳定的小型网络
动态路由	能够基于网络拓扑变化，自动调整	需要占用带宽资源和系统资源维护路由信息	拓扑结构复杂的中大型网络

8. 默认路由

默认路由是目的地址和子网掩码都为全 0 的特殊路由。如果报文的目的地址无法匹配路由表中的任何一项，路由器将选择默认路由转发报文，也就是默认路由是路由器最后的选择。

默认路由的存在有非常重要的价值，首先路由器不会因为缺少路由而丢包；其次路由器不可能也不必要知道全网路由，因为庞大的路由条目会加大路由器的工作负担。尤其是 LAN 内部路由器，只需存在内部网络路由即可，对于访问 Internet 的流量，依照默认路由逐步引导至网络出口设备，再由网络出口设备转发至运营商即可。图 3.2.4 所示为默认路由的主要作用。

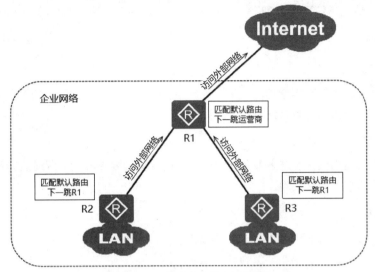

图 3.2.4 默认路由的主要作用

默认路由的配置命令与静态路由的配置命令相同。

9. 静态路由配置命令

命令：ip route-static *ip-address* { *mask* | *mask-length* } *interface-type number* [*nexthop-address*] [preference *preference*]。

说明：

（1）ip-address { mask | mask-length }，非直连网络的目的地址和子网掩码。

（2）interface-type number，配置数据转发的出接口，适用于点到点网络类型。

（3）nexthop-address，配置数据转发的下一个路由器的地址，适用于广播类型网络。

（4）preference，路由优先级，可选配置项，默认值为 60。

视图：系统视图。

举例：如图 3.2.5 所示，为 R1 配置非直连路由。

图 3.2.5 示例拓扑

① 配置 R1 去往 10.1.2.0/24 网络的静态路由，优先级为 5：

```
[R1]ip route-static 10.1.2.0 255.255.255.0 10.1.12.2 preference 5
```

② 配置 R1 去往 10.1.3.0/24 网络的静态路由：

```
[R1]ip route-static 10.1.3.0 24 S1/0/0
```

③ 配置路由器的默认路由，用来转发访问 Internet 的流量：

```
[R1]ip route-static 0.0.0.0 0 1.1.1.2
[R2]ip route-static 0.0.0.0 0 10.1.12.1
[R3]ip route-static 0.0.0.0 0 S1/0/0
```

3.2.3 任务实施

操作演示

1．任务目的

（1）理解静态路由的工作原理。

（2）掌握静态路由的配置方法。

2．任务描述

某公司由三台路由器来互连各业务网络。为协同办公，要求各业务网络能够互相通信，网络管理员决定使用静态路由来实现。

3．实施规划

1）拓扑图（见图 3.2.6）

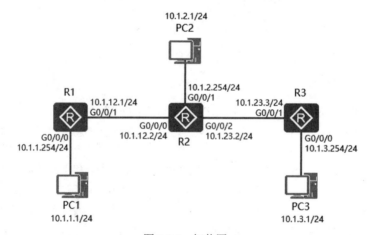

图 3.2.6　拓扑图

2）操作流程

（1）配置 PC 及路由器的网络参数。

（2）为各路由器配置非直连业务网络的静态路由：

① R1 添加 10.1.2.0/24 和 10.1.3.0/24 路由。

② R2 添加 10.1.1.0/24 和 10.1.3.0/24 路由。

③ R3 添加 10.1.1.0/24 和 10.1.2.0/24 路由。

4．具体步骤

1）配置网络参数

（1）配置 PC 的网络参数（需要配置网关地址）。

（2）配置 R1 的网络参数：

```
[R1]int g0/0/0
[R1-GigabitEthernet0/0/0]ip add 10.1.1.254 24
[R1-GigabitEthernet0/0/0]int g0/0/1
[R1-GigabitEthernet0/0/1]ip add 10.1.12.1 24
```

（3）配置 R2 的网络参数：

```
[R2]int g0/0/0
[R2-GigabitEthernet0/0/0]ip add 10.1.12.2 24
[R2-GigabitEthernet0/0/0]int g0/0/1
[R2-GigabitEthernet0/0/1]ip add 10.1.2.254 24
[R2-GigabitEthernet0/0/1]int g0/0/2
[R2-GigabitEthernet0/0/2]ip add 10.1.23.2 24
```

（4）配置 R3 的网络参数：

```
[R3]int g0/0/0
[R3-GigabitEthernet0/0/0]ip add 10.1.3.254 24
[R3-GigabitEthernet0/0/0]int g0/0/1
[R3-GigabitEthernet0/0/1]ip add 10.1.23.3 24
```

2）为路由器配置静态路由

（1）为 R1 配置静态路由：

```
[R1]ip route-static 10.1.2.0 24 10.1.12.2
[R1]ip route-static 10.1.3.0 24 10.1.12.2
```

（2）为 R2 配置静态路由：

```
[R2]ip route-static 10.1.1.0 24 10.1.12.1
[R2]ip route-static 10.1.3.0 24 10.1.23.3
```

（3）为 R3 配置静态路由：

```
[R3]ip route-static 10.1.1.0 24 10.1.23.2
[R3]ip route-static 10.1.2.0 24 10.1.23.2
```

5. 实验测试

1）查看静态路由信息

（1）查看 R1 的静态路由信息：

```
[R1]display ip routing-table protocol static
Route Flags: R - relay, D - download to fib
------------------------------------------------------------------------------
Public routing table : Static
        Destinations : 2        Routes : 2        Configured Routes : 2
Static routing table status : <Active>
        Destinations : 2        Routes : 2
Destination/Mask    Proto    Pre   Cost    Flags   NextHop        Interface

    10.1.2.0/24     Static   60    0       RD      10.1.12.2      GigabitEthernet0/0/1
    10.1.3.0/24     Static   60    0       RD      10.1.12.2      GigabitEthernet0/0/1

Static routing table status : <Inactive>
        Destinations : 0        Routes : 0
```

（2）查看 R2 的静态路由信息：

```
[R2]display ip routing-table protocol static
Route Flags: R - relay, D - download to fib
------------------------------------------------------------------------
Public routing table : Static
        Destinations : 2        Routes : 2       Configured Routes : 2
Static routing table status : <Active>
        Destinations : 2        Routes : 2
Destination/Mask    Proto   Pre   Cost   Flags   NextHop       Interface

     10.1.1.0/24    Static   60    0       RD    10.1.12.1     GigabitEthernet0/0/0
     10.1.3.0/24    Static   60    0       RD    10.1.23.3     GigabitEthernet0/0/2

Static routing table status : <Inactive>
        Destinations : 0        Routes : 0
```

（3）查看 R3 的静态路由信息：

```
[R3]display ip routing-table protocol static
Route Flags: R - relay, D - download to fib
------------------------------------------------------------------------
Public routing table : Static
        Destinations : 2        Routes : 2       Configured Routes : 2
Static routing table status : <Active>
        Destinations : 2        Routes : 2
Destination/Mask    Proto   Pre   Cost   Flags   NextHop       Interface

     10.1.1.0/24    Static   60    0       RD    10.1.23.2     GigabitEthernet0/0/1
     10.1.2.0/24    Static   60    0       RD    10.1.23.2     GigabitEthernet0/0/1

Static routing table status : <Inactive>
        Destinations : 0        Routes : 0
```

2）测试连通性

（1）PC1 ping PC2：

```
PC>PING 10.1.2.1

Ping 10.1.2.1: 32 data bytes, Press Ctrl_C to break
From 10.1.2.1: bytes=32 seq=1 ttl=126 time=16 ms
From 10.1.2.1: bytes=32 seq=2 ttl=126 time=16 ms
From 10.1.2.1: bytes=32 seq=3 ttl=126 time=31 ms
From 10.1.2.1: bytes=32 seq=4 ttl=126 time=15 ms
From 10.1.2.1: bytes=32 seq=5 ttl=126 time=15 ms

--- 10.1.2.1 ping statistics ---
 5 packet(s) transmitted
 5 packet(s) received
 0.00% packet loss
 round-trip min/avg/max = 15/18/31 ms
```

（2）PC1 ping PC3：

```
PC>PING 10.1.3.1
```

```
Ping 10.1.3.1: 32 data bytes, Press Ctrl_C to break
From 10.1.3.1: bytes=32 seq=1 ttl=125 time=32 ms
From 10.1.3.1: bytes=32 seq=2 ttl=125 time=31 ms
From 10.1.3.1: bytes=32 seq=3 ttl=125 time=31 ms
From 10.1.3.1: bytes=32 seq=4 ttl=125 time=16 ms
From 10.1.3.1: bytes=32 seq=5 ttl=125 time=15 ms

--- 10.1.3.1 ping statistics ---
  5 packet(s) transmitted
  5 packet(s) received
  0.00% packet loss
  round-trip min/avg/max = 15/25/32 ms
```

（3）PC2 ping PC3：

```
PC>PING 10.1.3.1

Ping 10.1.3.1: 32 data bytes, Press Ctrl_C to break
From 10.1.3.1: bytes=32 seq=1 ttl=126 time<1 ms
From 10.1.3.1: bytes=32 seq=2 ttl=126 time=16 ms
From 10.1.3.1: bytes=32 seq=3 ttl=126 time=16 ms
From 10.1.3.1: bytes=32 seq=4 ttl=126 time=16 ms
From 10.1.3.1: bytes=32 seq=5 ttl=126 time=16 ms

--- 10.1.3.1 ping statistics ---
  5 packet(s) transmitted
  5 packet(s) received
  0.00% packet loss
  round-trip min/avg/max = 0/12/16 ms
```

6．结果分析

通过为各路由器添加到达非直连网络的静态路由，实现了业务网络之间的互相通信。本任务只针对业务网络配置了静态路由，路由器对于非直连的设备互连网段不能通信。如有通信需求，可通过补增路由来实现。

7．注意事项

（1）在以太网链路上配置静态路由时通常指定下一跳地址，下一跳地址为数据流向的下一个路由器入接口地址。

（2）在配置静态路由时，要确保路由的双向配置，避免数据有去无回。

任务 3.3　静态路由汇总及浮动路由配置

3.3.1　任务背景

静态路由通过添加非直连路由来实现互相通信。如果网络中的业务网段较多，针对每个网段都配置静态路由会使工作变得烦琐，并且会造成路由条目太多，匹配时延增加。另外，静态路由不能适应网络拓扑变化，一旦设备或链路出现故障，与之关联的通信必然会中断。

本任务使用路由汇总和浮动路由两项优化技术，分别解决业务网段数量多和静态路由动态适应网络拓扑变化的问题。

3.3.2 准备知识

1. 路由汇总

路由汇总就是将若干条明细路由汇总成一条路由，这条路由称为汇总路由。汇总路由的网络范围一定要包含各明细路由的网络范围，否则会造成部分网段无法通信。通过汇总路由可以减少路由条目，降低路由查询对设备的消耗。静态路由、动态路由均可进行路由汇总。

路由汇总是网络设计的重要思想，汇总路由的计算方法是 CIDR（Classless Inter-Domain Routing，无类别域间路由），因此路由汇总的有效实施依赖于 IP 地址的合理规划。

如图 3.3.1 所示，R2 连接 172.16.0.0/24～172.16.7.0/24 八个连续子网，配置静态路由，使 R1 能够访问这八个子网。

图 3.3.1　示例拓扑

可以通过添加下列八条明细路由来实现：

```
[R1]ip route-static 172.16.0.0 24 10.1.0.2
[R1]ip route-static 172.16.1.0 24 10.1.0.2
[R1]ip route-static 172.16.2.0 24 10.1.0.2
[R1]ip route-static 172.16.3.0 24 10.1.0.2
[R1]ip route-static 172.16.4.0 24 10.1.0.2
[R1]ip route-static 172.16.5.0 24 10.1.0.2
[R1]ip route-static 172.16.6.0 24 10.1.0.2
[R1]ip route-static 172.16.7.0 24 10.1.0.2
```

也可以通过添加一条汇总路由来实现：

```
[R1]ip route-static 172.16.0.0 21 10.1.0.2
```

路由汇总基于 CIDR，采用可变子网掩码，屏蔽 A、B、C 主类网络的限定。相对于 VLSM（Variable Length Subnet Mask，可变长子网掩码）的向后变长子网掩码将一个网络划分为若干个子网的思想，CIDR 通过向前缩短子网掩码，来将多个网络合并为一个更大的网络。子网掩码向前缩短一位，便可合并两个网络，向前缩短 n 位，便可合并 2^n 个网络。

具体到汇总路由的计算，就是在明细路由子网掩码的基础上向前缩短子网掩码，找出所有明细路由目的网络相同的比特位。那么这些相同的比特位就是汇总路由的前缀，其长度就是汇总路由的子网掩码长度。

图 3.3.2 所示为图 3.3.1 所示示例的汇总路由计算方法。

汇总路由要尽可能精确，图 3.3.1 中的汇总路由 172.16.0.0/21 精确包含八条明细路由。如果汇总路由的范围过大，就可能造成无效转发、丢包等一系列通信问题。

如图 3.3.3 所示，R2 配置了汇总路由和默认路由，这里讨论可能产生的通信问题。

当 PC 通过 R2 访问当前不存在的网络 172.16.100.0/24 时，R2 会匹配汇总路由，将该报文转发至 R1，此为无效的数据转发。

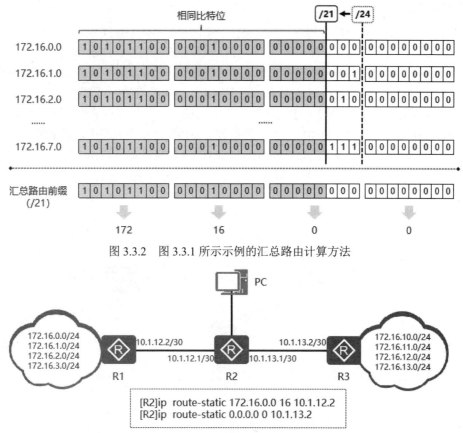

图 3.3.2　图 3.3.1 所示示例的汇总路由计算方法

图 3.3.3　不精确的汇总路由

当 PC 通过 R2 访问网络 172.16.10.0/24 时，R2 优先匹配汇总路由，将报文转发至 R1，而不是转发至 R3，从而导致丢包。更为严重的是，如果 R1 具有网络 172.16.10.0/24 的路由，那下一跳设备必然是 R2，这样数据报文就会在 R1 和 R2 之间循环转发，造成路由环路，直至数据报文 TTL（生存时间）值降为 0 被路由器丢弃。

另外可以看到，R3 连接的 4 个子网虽然连续，但无法精确汇总为一条路由。假设将网络范围扩大，汇总为 172.16.8.0/21，那么除包含现有 4 个子网外，还包含另外 4 个子网：172.16.8.0/24、172.16.9.0/24、172.16.14.0/24 和 172.16.15.0/24。由此可见，汇总路由的精确计算及有效实施，依赖于网络中 IP 地址的合理规划和管理。若将另外 4 个子网规划为 R3 的预留网段，不做他用，也可以进行上述路由汇总。

2．路由负载分担

路由表中存放的是到达各目的网络的最佳路由。当到达同一目的网络的路由存在多个路由来源时，选择路由优先级值最小的作为最佳路由。如果在该路由来源下基于同一目的网络又存在多条路由，就选择路由度量值最小的作为最佳路由。如果度量值相同，那么这些路由都将作为最佳路由加入路由表，这样到达同一个目的网络的数据包就存在多条转发路径，从而实现负载分担。

当路由器存在等价路由时，会根据五元素（源地址、目的地址、源端口、目的端口、协议）进行数据转发，当五元素相同时，路由器选择与上一次相同的下一跳地址发送报文。当五元素不同时，路由器会选择相对空闲的路径进行转发。

3．路由备份

路由备份是指到达同一目的网络有多条路径，路由表只体现最佳路由，即主路由，其余路由作为备份路由。在正常情况下，路由器采用主路由转发数据。当主链路出现故障时，主路由会变为非激活状态，此时，路由器将激活备份路由来转发数据。当主链路恢复正常时，路由器重新选择主路由来转发数据。这样就实现了主/备路由的切换，提高了网络的可靠性。

基于静态路由的路由备份称为浮动路由。技术人员可以针对某一目的网络配置多条静态路由，并为这些路由设置不同的路由优先级。优先级最高的路由作为主路由，其余路由作为备份路由。如图 3.3.4 所示，R1 配置了两条去往目的网络 10.1.1.0/24 的静态路由，其中下一跳地址指向 R2 的路由优先级设置为 50，下一跳地址指向 R3 的路由优先级采用默认值 60。

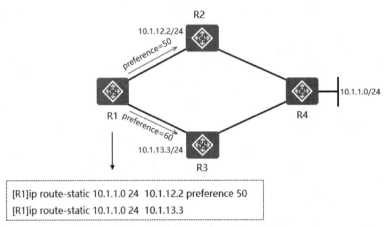

图 3.3.4　浮动路由配置

这样路由优先级为 50 的路由被激活，处于活动状态；路由优先级为 60 的路由未被激活，处于备份状态。R1 执行 display ip routing-table protocol static 命令查看静态路由状态信息：

```
[R1]display ip routing-table protocol static
Route Flags: R - relay, D - download to fib
------------------------------------------------------------------------
Public routing table : Static
        Destinations : 1      Routes : 2      Configured Routes : 2
Static routing table status : <Active>
        Destinations : 1      Routes : 1
Destination/Mask    Proto   Pre   Cost    Flags   NextHop        Interface
    10.1.1.0/24     Static   50    0       RD     10.1.12.2     GigabitEthernet0/0/0
Static routing table status : <Inactive>
        Destinations : 1      Routes : 1
Destination/Mask    Proto   Pre   Cost    Flags   NextHop        Interface
    10.1.1.0/24     Static   60    0       R      10.1.13.3     GigabitEthernet0/0/1
```

为测试主/备路由的切换效果，将 R2 关机，再次查看静态路由状态信息：

```
<R1>display ip routing-table protocol static
Route Flags: R - relay, D - download to fib
------------------------------------------------------------------------
Public routing table : Static
        Destinations : 1      Routes : 2      Configured Routes : 2
Static routing table status : <Active>
        Destinations : 1      Routes : 1
```

Destination/Mask	Proto	Pre	Cost	Flags	NextHop	Interface
10.1.1.0/24	Static	60	0	RD	10.1.13.3	GigabitEthernet0/0/1
Static routing table status : <Inactive>						
Destinations : 1		Routes : 1				
Destination/Mask	Proto	Pre	Cost	Flags	NextHop	Interface
10.1.1.0/24	Static	50	0		10.1.12.2	Unknown

由上述程序可知，主/备路由进行了切换。

这里需要思考的是，R4 关于回向路由的设置。一种合理的设计是，将数据报文从 R4 返回 R1 的主路由下一跳地址设置为 R2 的 IP 地址，备份路由下一跳地址设置为 R3 的 IP 地址。这样虽然能够解决 R2 有故障后的路由切换，但依然存在缺陷。例如，当 R1 和 R2 之间的链路出现故障时，R4 不能感知这一变化，数据报文回向的主路由下一跳设备依然为 R2，这就会造成通信问题。一种有效的解决方案是，静态路由与 BFD 协议联动检测整条链路的可达性，以实现动态响应。

3.3.3　任务实施

1．任务目的

（1）掌握静态汇总路由的配置方法。

（2）掌握浮动静态路由的配置方法。

操作演示

2．任务描述

某公司用三台路由器互连各业务网络。因工作要求，各业务网络需要互相通信；同时公司业务网络较多，尽可能通过路由汇总来简化路由表；另外为了保障网络的稳定性，配置浮动静态路由作为主链路的备份。

3．实施规划

1）拓扑图（见图 3.3.5）

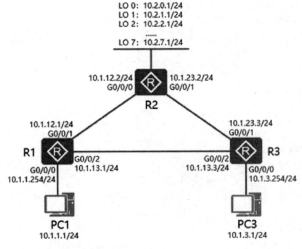

图 3.3.5　拓扑图

2）操作流程

（1）配置网络参数，R2 所连业务网络使用环回口地址模拟。

（2）各路由器配置非直连业务网络的静态路由及汇总路由，具体规划如表 3.3.1 所示。

表 3.3.1 静态路由及汇总路由规划

路由器	目的网络	下一跳地址
R1	10.1.3.0/24	10.1.13.3
	10.2.0.0/21	10.1.12.2
R2	10.1.1.0/24	10.1.12.1
	10.1.3.0/24	10.1.23.3
R3	10.1.1.0/24	10.1.13.1
	10.2.0.0/21	10.1.23.2

（3）配置路由器的浮动静态路由，具体规划如表 3.3.2 所示。

表 3.3.2 浮动静态路由规划

路由器	目的网络	下一跳地址	优先级
R1	10.1.3.0/24	10.1.12.2	100
	10.2.0.0/21	10.1.13.3	100
R2	10.1.1.0/24	10.1.23.3	100
	10.1.3.0/24	10.1.12.1	100
R3	10.1.1.0/24	10.1.23.2	100
	10.2.0.0/21	10.1.13.1	100

4．具体步骤

1）配置网络参数

（1）配置 PC 的网络参数。

（2）配置 R1 的网络参数：

```
[R1]int g0/0/0
[R1-GigabitEthernet0/0/0]ip add 10.1.1.254 24
[R1-GigabitEthernet0/0/0]int g0/0/1
[R1-GigabitEthernet0/0/1]ip add 10.1.12.1 24
[R1-GigabitEthernet0/0/1]int g0/0/2
[R1-GigabitEthernet0/0/2]ip add 10.1.13.1 24
```

（3）配置 R2 的网络参数：

```
[R2]int g0/0/0
[R2-GigabitEthernet0/0/0]ip add 10.1.12.2 24
[R2-GigabitEthernet0/0/0]int g0/0/1
[R2-GigabitEthernet0/0/1]ip add 10.1.23.2 24
[R2-GigabitEthernet0/0/1]int loopback 0
[R2-LoopBack0]ip add 10.2.0.1 24
[R2-LoopBack0]int loopback 1
[R2-LoopBack1]ip add 10.2.1.1 24
[R2-LoopBack1]int loopback 2
[R2-LoopBack2]ip add 10.2.2.1 24
[R2-LoopBack2]int loopback 3
[R2-LoopBack3]ip add 10.2.3.1 24
[R2-LoopBack3]int loopback 4
[R2-LoopBack4]ip add 10.2.4.1 24
[R2-LoopBack4]int loopback 5
```

```
[R2-LoopBack5]ip add 10.2.5.1 24
[R2-LoopBack5]int loopback 6
[R2-LoopBack6]ip add 10.2.6.1 24
[R2-LoopBack6]int loopback 7
[R2-LoopBack7]ip add 10.2.7.1 24
```

（4）配置 R3 的网络参数：

```
[R3]int g0/0/0
[R3-GigabitEthernet0/0/0]ip add 10.1.3.254 24
[R3-GigabitEthernet0/0/0]int g0/0/1
[R3-GigabitEthernet0/0/1]ip add 10.1.23.3 24
[R3-GigabitEthernet0/0/1]int g0/0/2
[R3-GigabitEthernet0/0/2]ip add 10.1.13.3 24
```

2）配置路由器的静态路由及汇总路由

（1）配置 R1 的静态路由及汇总路由：

```
[R1]ip route-static 10.1.3.0 24 10.1.13.3
[R1]ip route-static 10.2.0.0 21 10.1.12.2
```

（2）配置 R2 的静态路由：

```
[R2]ip route-static 10.1.1.0 24 10.1.12.1
[R2]ip route-static 10.1.3.0 24 10.1.23.3
```

（3）配置 R3 的静态路由及汇总路由：

```
[R3]ip route-static 10.1.1.0 24 10.1.13.1
[R3]ip route-static 10.2.0.0 21 10.1.23.2
```

3）配置路由器的浮动静态路由

（1）配置 R1 的浮动静态路由：

```
[R1]ip route-static 10.1.3.0 24 10.1.12.2 preference 100
[R1]ip route-static 10.2.0.0 21 10.1.13.3 preference 100
```

（2）配置 R2 的浮动静态路由：

```
[R2]ip route-static 10.1.1.0 24 10.1.23.3 preference 100
[R2]ip route-static 10.1.3.0 24 10.1.12.1 preference 100
```

（3）配置 R3 的浮动静态路由：

```
[R3]ip route-static 10.1.1.0 24 10.1.23.2 preference 100
[R3]ip route-static 10.2.0.0 21 10.1.13.1 preference 100
```

5. 实验测试

1）查看静态路由信息

（1）查看 R1 的静态路由信息：

```
[R1]display ip routing-table protocol static
Route Flags: R - relay, D - download to fib
-------------------------------------------------------------------------------
Public routing table : Static
       Destinations : 2       Routes : 4       Configured Routes : 4
Static routing table status : <Active>
```

```
         Destinations : 2        Routes : 2
Destination/Mask    Proto   Pre  Cost   Flags   NextHop        Interface

     10.1.3.0/24    Static  60   0      RD      10.1.13.3      GigabitEthernet0/0/2
     10.2.0.0/21    Static  60   0      RD      10.1.12.2      GigabitEthernet0/0/1

Static routing table status : <Inactive>
         Destinations : 2        Routes : 2
Destination/Mask    Proto   Pre  Cost   Flags   NextHop        Interface

     10.1.3.0/24    Static  100  0      R       10.1.12.2      GigabitEthernet0/0/1
     10.2.0.0/21    Static  100  0      R       10.1.13.3      GigabitEthernet0/0/2
```

（2）查看 R2 的静态路由信息：

```
[R2]display ip routing-table protocol static
Route Flags: R - relay, D - download to fib
--------------------------------------------------------------------------------
Public routing table : Static
         Destinations : 2        Routes : 4      Configured Routes : 4
Static routing table status : <Active>
         Destinations : 2        Routes : 2
Destination/Mask    Proto   Pre  Cost   Flags   NextHop        Interface

     10.1.1.0/24    Static  60   0      RD      10.1.12.1      GigabitEthernet0/0/0
     10.1.3.0/24    Static  60   0      RD      10.1.23.3      GigabitEthernet0/0/1

Static routing table status : <Inactive>
         Destinations : 2        Routes : 2
Destination/Mask    Proto   Pre  Cost   Flags   NextHop        Interface

     10.1.1.0/24    Static  100  0      R       10.1.23.3      GigabitEthernet0/0/1
     10.1.3.0/24    Static  100  0      R       10.1.12.1      GigabitEthernet0/0/0
```

（3）查看 R3 的静态路由信息：

```
[R3]display ip routing-table protocol static
Route Flags: R - relay, D - download to fib
--------------------------------------------------------------------------------
Public routing table : Static
         Destinations : 2        Routes : 4      Configured Routes : 4
Static routing table status : <Active>
         Destinations : 2        Routes : 2
Destination/Mask    Proto   Pre  Cost   Flags   NextHop        Interface

     10.1.1.0/24    Static  60   0      RD      10.1.13.1      GigabitEthernet0/0/2
     10.2.0.0/21    Static  60   0      RD      10.1.23.2      GigabitEthernet0/0/1

Static routing table status : <Inactive>
         Destinations : 2        Routes : 2
Destination/Mask    Proto   Pre  Cost   Flags   NextHop        Interface

     10.1.1.0/24    Static  100  0      R       10.1.23.2      GigabitEthernet0/0/1
     10.2.0.0/21    Static  100  0      R       10.1.13.1      GigabitEthernet0/0/2
```

2）连通性测试

（1）PC1 ping PC3：

```
PC>PING 10.1.3.1

Ping 10.1.3.1: 32 data bytes, Press Ctrl_C to break
From 10.1.3.1: bytes=32 seq=1 ttl=126 time=16 ms
From 10.1.3.1: bytes=32 seq=2 ttl=126 time=16 ms
From 10.1.3.1: bytes=32 seq=3 ttl=126 time=16 ms
From 10.1.3.1: bytes=32 seq=4 ttl=126 time=16 ms
From 10.1.3.1: bytes=32 seq=5 ttl=126 time=16 ms

--- 10.1.3.1 ping statistics ---
 5 packet(s) transmitted
 5 packet(s) received
 0.00% packet loss
 round-trip min/avg/max = 16/16/16 ms
```

（2）PC1 ping 10.2.0.0/21 子网：

```
PC>PING 10.2.0.1

Ping 10.2.0.1: 32 data bytes, Press Ctrl_C to break
From 10.2.0.1: bytes=32 seq=1 ttl=254 time=31 ms
From 10.2.0.1: bytes=32 seq=2 ttl=254 time=15 ms
From 10.2.0.1: bytes=32 seq=3 ttl=254 time=16 ms
From 10.2.0.1: bytes=32 seq=4 ttl=254 time=32 ms
From 10.2.0.1: bytes=32 seq=5 ttl=254 time=16 ms
......<省略部分输出>

PC>PING 10.2.7.1

Ping 10.2.7.1: 32 data bytes, Press Ctrl_C to break
From 10.2.7.1: bytes=32 seq=1 ttl=254 time=31 ms
From 10.2.7.1: bytes=32 seq=2 ttl=254 time=31 ms
From 10.2.7.1: bytes=32 seq=3 ttl=254 time=15 ms
From 10.2.7.1: bytes=32 seq=4 ttl=254 time=15 ms
From 10.2.7.1: bytes=32 seq=5 ttl=254 time=31 ms
......<省略部分输出>
```

（3）PC3 ping 10.2.0.0/21 子网：

```
PC>PING 10.2.0.1

Ping 10.2.0.1: 32 data bytes, Press Ctrl_C to break
From 10.2.0.1: bytes=32 seq=1 ttl=254 time=15 ms
From 10.2.0.1: bytes=32 seq=2 ttl=254 time=15 ms
From 10.2.0.1: bytes=32 seq=3 ttl=254 time=31 ms
From 10.2.0.1: bytes=32 seq=4 ttl=254 time=16 ms
From 10.2.0.1: bytes=32 seq=5 ttl=254 time=16 ms
......<省略部分输出>

PC>PING 10.2.7.1
```

```
Ping 10.2.7.1: 32 data bytes, Press Ctrl_C to break
From 10.2.7.1: bytes=32 seq=1 ttl=254 time=15 ms
From 10.2.7.1: bytes=32 seq=2 ttl=254 time=15 ms
From 10.2.7.1: bytes=32 seq=3 ttl=254 time=15 ms
From 10.2.7.1: bytes=32 seq=4 ttl=254 time=15 ms
From 10.2.7.1: bytes=32 seq=5 ttl=254 time<1 ms
......<省略部分输出>
```

3）断开 R1 的 G0/0/1 接口，模拟 R1、R2 之间链路出现故障的情景

（1）查看 R1 的路由表：

```
[R1]display ip routing-table protocol static
Route Flags: R - relay, D - download to fib
--------------------------------------------------------------------------------
Public routing table : Static
         Destinations : 2        Routes : 4       Configured Routes : 4
Static routing table status : <Active>
         Destinations : 2        Routes : 2
Destination/Mask      Proto   Pre   Cost   Flags   NextHop       Interface

      10.1.3.0/24     Static  60    0      RD      10.1.13.3     GigabitEthernet0/0/2
      10.2.0.0/21     Static  100   0      RD      10.1.13.3     GigabitEthernet0/0/2

Static routing table status : <Inactive>
         Destinations : 2        Routes : 2
Destination/Mask      Proto   Pre   Cost   Flags   NextHop       Interface

      10.1.3.0/24     Static  100   0              10.1.12.2     Unknown
      10.2.0.0/21     Static  60    0              10.1.12.2     Unknown
......<省略部分输出>
```

（2）查看 R2 的路由表：

```
[R1]display ip routing-table protocol static
Route Flags: R - relay, D - download to fib
--------------------------------------------------------------------------------
Public routing table : Static
         Destinations : 2        Routes : 4       Configured Routes : 4
Static routing table status : <Active>
         Destinations : 2        Routes : 2
Destination/Mask      Proto   Pre   Cost   Flags   NextHop       Interface

      10.1.1.0/24     Static  100   0      RD      10.1.23.3     GigabitEthernet0/0/1
      10.1.3.0/24     Static  60    0      RD      10.1.23.3     GigabitEthernet0/0/1

Static routing table status : <Inactive>
         Destinations : 2        Routes : 2
Destination/Mask      Proto   Pre   Cost   Flags   NextHop       Interface

      10.1.1.0/24     Static  60    0              10.1.12.1     Unknown
      10.1.3.0/24     Static  100   0              10.1.12.1     Unknown
```

（3）PC1 ping 10.2.0.0/21 子网：

```
PC>ping 10.2.7.1
```

```
Ping 10.2.7.1: 32 data bytes, Press Ctrl_C to break
From 10.2.7.1: bytes=32 seq=1 ttl=253 time=31 ms
From 10.2.7.1: bytes=32 seq=2 ttl=253 time=15 ms
From 10.2.7.1: bytes=32 seq=3 ttl=253 time=16 ms
From 10.2.7.1: bytes=32 seq=4 ttl=253 time=16 ms
From 10.2.7.1: bytes=32 seq=5 ttl=253 time=16 ms

--- 10.2.7.1 ping statistics ---
 5 packet(s) transmitted
 5 packet(s) received
 0.00% packet loss
 round-trip min/avg/max = 15/18/31 ms
```

6．结果分析

R1、R3 针对 R2 连接的连续子网配置静态汇总路由，在保证通信的同时简化了路由表。对各路由器配置浮动静态路由后，断开 R1 的 G0/0/1 接口，模拟 R1、R2 间链路出现故障的情景，R1、R2 所连子网间依然可以通信。

7．注意事项

（1）配置浮动静态路由，确保双向配置。

（2）路由汇总技术可以极大地简化路由表，但依赖于 IP 地址的合理规划。

任务 3.4　VLAN 间路由的配置

3.4.1　任务背景

VLAN 的本质作用是分割广播域，减少网络中的广播流量。划分 VLAN 之后，不同 VLAN 间的通信将被二层隔离，但实际环境中不同 VLAN 间也存在通信需求，可以借助三层设备来满足此需求。

路由器和三层交换机都可以实现 VLAN 间的通信。本任务介绍实现 VLAN 间通信的相关技术和配置方法。

3.4.2　准备知识

1．VLAN 的规划应用

在企业网络中，我们通常基于业务类型或用户组织结构进行 VLAN 的规划，如将企业的不同部门划分到不同的 VLAN。在前叙内容中将不同的 VLAN 对应同一个 IP 网段，只是为了讨论 VLAN 的二层隔离作用，在实际部署中，常将各 VLAN 关联到不同的 IP 网段，以使每个 VLAN 形成独立的管理单元，这样做更便于管理网络，管控流量。

当不同 VLAN 对应不同 IP 网段时，VLAN 间的通信就是不同网段的通信，可以通过具有路由功能的三层设备来实现。

2．使用路由器实现 VLAN 间路由

使用路由器来实现 VLAN 间的通信，有多臂路由和单臂路由两种方式。

1）多臂路由

多臂路由的思路是将路由器的每一个三层物理接口连接一个 VLAN，并作为所连 VLAN 的网

关。如图 3.4.1 所示，交换机划分了 VLAN10、VLAN20 和 VLAN30 三个 VLAN，路由器需提供三个三层接口来进行连接，当路由器接口配置 IP 地址并处于 UP 状态时，会产生这三个子网的直连路由，从而实现 VLAN 间的数据转发。

可以看出，随着 VLAN 的增多，路由器需要提供更多物理接口与之连接，这对于路由器接口来讲是一种消耗。事实上路由器的三层接口数量是有限的，多臂路由只是一种理论参考，不适合进行实际部署。

2）单臂路由

单臂路由的实现原理与多臂路由相同，但在机制上进行了改进。单臂路由使用路由器的一个三层物理接口连接所有 VLAN。在逻辑上，一个物理接口可派生出多个虚拟的子接口，每一个子接口对应一个 VLAN，并作为对应 VLAN 的网关。如图 3.4.2 所示，路由器通过 G0/0/1 接口连接交换机，G0/0/1 接口派生出 3 个虚拟子接口，即 G0/0/1.10 接口、G0/0/1.20 接口和 G0/0/1.30 接口，分别对应 VLAN10、VLAN20 和 VLAN30。

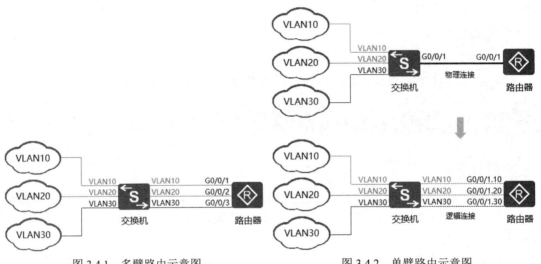

图 3.4.1 多臂路由示意图   图 3.4.2 单臂路由示意图

在技术实现上，交换机的上连口（连接路由器的接口）接口类型被配置为 Trunk，并允许业务 VLAN 流量通过。路由器基于物理接口创建虚拟的子接口，虚拟的子接口需要进行如下配置。

① 进行 802.1Q 封装：使子接口在收到 Tagged 帧后可以剥离 Tag，进行三层转发；在发送报文时，对报文进行二层封装并插入 Tag。

② 配置 IP 地址：作为对应 VLAN 的网关地址。

③ 开启 ARP 广播功能：子接口默认不开启 ARP 广播功能，在收到 ARP 广播报文后会直接丢弃。在开启 ARP 广播功能后，系统将构造带 Tag 的 ARP 广播报文，并从该子接口发送出去。

如图 3.4.3 所示，以 VLAN10 访问 VLAN30 为例，来介绍单臂路由的工作原理。

交换机在接收来自 VLAN10 的数据帧后，插入 VLAN ID 为 10 的 Tag，并从 Trunk 接口发送给路由器；路由器子接口 G0/0/1.10 接收该数据帧后剥离 Tag，基于目的网络 10.1.30.0/24 查询路由表并匹配路由，出接口为 G0/0/1.30；路由器子接口 G0/0/1.30 对报文进行二层封装，插入 VLAN ID 为 30 的 Tag，并发送出去；交换机接收该数据帧后剥离标签，并从 VLAN30 的接口发送给目的主机。

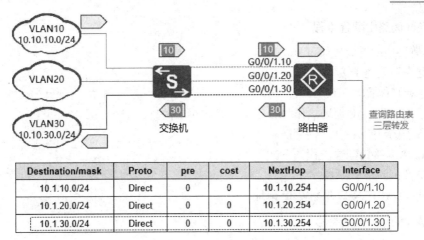

Destination/mask	Proto	pre	cost	NextHop	Interface
10.1.10.0/24	Direct	0	0	10.1.10.254	G0/0/1.10
10.1.20.0/24	Direct	0	0	10.1.20.254	G0/0/1.20
10.1.30.0/24	Direct	0	0	10.1.30.254	G0/0/1.30

图 3.4.3　单臂路由通信示例

3. 使用多层交换机实现 VLAN 间路由

在 VLAN 数量较多时，使用单臂路由实现 VLAN 间通信存在明显弊端，单臂链路将成为通信的瓶颈。三层交换机集成了三层路由功能和二层交换功能，在解决 VLAN 间通信问题上提供了更灵活有效的组网方案。

在三层交换机上可以创建基于 VLAN 的逻辑接口，即 VLANIF 接口。在创建 VLANIF 接口前，必须保证本地已存在对应的 VLAN。VLANIF 接口是一种三层的逻辑接口，在配置 IP 地址后，可以作为本 VLAN 内用户的网关对需要跨网段的报文进行基于 IP 地址的三层转发。另外，将交换机之间的级连链路配置为干道链路，并允许相应的 VLAN 通过。VLANIF 接口配置简单，是实现 VLAN 间相互访问常用的一种技术。

如图 3.4.4 所示，以 VLAN10 访问 VLAN30 为例，来介绍 VLANIF 接口的工作原理。

Destination/mask	Proto	pre	cost	NextHop	Interface
10.2.10.0/24	Direct	0	0	10.2.10.254	VLANIF10
10.2.20.0/24	Direct	0	0	10.2.20.254	VLANIF20
10.2.30.0/24	Direct	0	0	10.2.30.254	VLANIF30

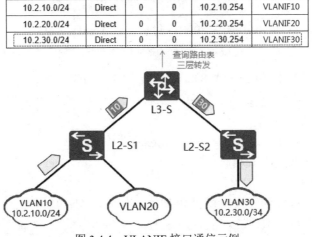

图 3.4.4　VLANIF 接口通信示例

二层交换机 L2-S1 接收来自 VLAN10 的数据帧，插入 VLAN ID 为 10 的 Tag，并从干道链路发送给三层交换机 L3-S；L3-S 接收该数据帧后剥离 Tag，基于目的网络 10.2.30.0/24 查询路由表并匹配路由，出接口为 VLANIF30；VLANIF30 对报文进行二层封装，插入 VLAN ID 为 30 的 Tag，并发送出去；二层交换机 L2-S2 接收该数据帧后剥离 Tag，从 VLAN30 接口发送给目的主机。

4．VLAN 间路由配置流程

（1）单臂路由配置流程如下。

① 为路由器创建子接口。

② 为子接口配置 802.1Q 封装。

③ 为子接口配置 IP 地址，作为对应 VLAN 的网关地址。

④ 开启子接口的 ARP 广播功能。

（2）VLANIF 接口配置流程如下。

① 为交换机创建 VLAN。

② 创建 VLANIF 接口并配置 IP 地址。

5．VLAN 间路由配置命令

（1）为路由器创建子接口。

命令：interface *interface-type interface-number.subinterface-number*。

说明：创建子接口并进入子接口视图。subinterface-number 参数为子接口编号。

视图：系统视图。

举例，为 R1 创建子接口 G0/0/0.10、G0/0/0.20、G0/0/0.30：

```
[R1]int g0/0/0.10
[R1-GigabitEthernet0/0/0.10]int g0/0/0.20
[R1-GigabitEthernet0/0/0.20]int g0/0/0.30
[R1-GigabitEthernet0/0/0.30]
```

（2）为子接口配置 802.1Q 封装。

命令：dot1q termination vid *vlan-id*。

说明：子接口对发送的报文标记 VLAN ID。

视图：子接口视图。

举例如下。

① 为 R1 的子接口 G0/0/0.10 配置 802.1Q 封装，VLAN ID 为 10：

```
[R1-GigabitEthernet0/0/0.10]dot1q termination vid 10
```

② 为 R1 的子接口 G0/0/0.20 配置 802.1Q 封装，VLAN ID 为 20：

```
[R1-GigabitEthernet0/0/0.20]dot1q termination vid 20
```

（3）为子接口配置 IP 地址。

命令：ip address *ip-address* { *mask* | *mask-length* }。

说明：与物理接口配置方式相同。

视图：子接口视图。

举例：为 R1 的子接口 G0/0/0.10 配置 IP 地址，作为 VLAN10 的网关地址：

```
[R1-GigabitEthernet0/0/0.10]ip address 192.168.10.254 24
```

（4）开启子接口的 ARP 广播功能。

命令：arp broadcast enable。

说明：子接口默认不开启 ARP 广播功能。

视图：子接口视图。

举例，为 R1 的子接口 G0/0/0.10 开启 ARP 广播功能：

```
[R1-GigabitEthernet0/0/0.10]arp broadcast enable
```

（5）为交换机创建 VLANIF 接口。

命令：interface vlanif *vlan-id*。

说明：创建 VLANIF 接口并进入 VLANIF 接口视图。

视图：系统视图。

举例，为三层交换机 L3-S 创建 VLANIF10、VLANIF20 和 VLANIF30：

```
[L3-S]vlan batch 10 20 30         //在创建 VLANIF 接口前，必须先创建对应 VLAN
[L3-S]interface VLANIF 10
[L3-S-VLANIF10]interface VLANIF 20
[L3-S-VLANIF20]interface VLANIF 30
```

（6）配置 VLANIF 接口的 IP 地址。

命令：ip address *ip-address* { *mask* | *mask-length* }。

说明：与物理接口配置方式相同。

视图：VLANIF 接口视图。

举例，为三层交换机 L3-S 配置 VLANIF10 接口的 IP 地址，作为 VLAN10 的网关地址：

```
[L3-S]vlan 10
[L3-S]interface VLANIF 10
[L3-S-VLANIF10]ip address 10.1.10.254 24
```

3.4.3 任务实施

操作演示

1．任务目的

（1）理解单臂路由的工作原理。

（2）理解 VLANIF 接口的工作原理。

（3）掌握 VLAN 间路由的配置方法。

2．任务描述

某公司有多个业务部门，分别连接到不同的三层设备。为了提高内部网络通信性能，决定对交换机按部门划分 VLAN，来分割二层广播域。另外，为协同办公，要求各业务网络能够互相通信，网络管理员决定配置 VLAN 间路由和静态路由来实现通信需求。

3．实施规划

1）拓扑图（见图 3.4.5）

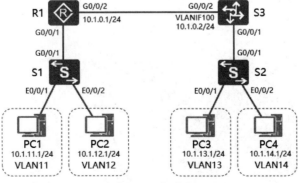

图 3.4.5 拓扑图

2）操作流程

（1）配置 PC 的网络参数。

（2）配置交换机的 VLAN。VLAN 规划如表 3.4.1 所示。

表 3.4.1　VLAN 规划

设备	VLAN ID	接口
S1	11	E0/0/1
	12	E0/0/2
S2	13	E0/0/1
	14	E0/0/2
S3	13，14	—
	100	G0/0/2

（3）将交换机级连链路配置为干道链路。

（4）配置路由器为单臂路由，实现 VLAN11 和 VLAN12 之间的互通。单臂路由规划如表 3.4.2 所示。

表 3.4.2　单臂路由规划

设备	子接口	IP 地址	VLAN 封装
R1	G0/0/0.11	10.1.11.254/24	11
	G0/0/0.12	10.1.12.254/24	12

（5）为三层交换机配置 VLANIF 接口，实现 VLAN13 和 VLAN14 之间的互通。VLANIF 接口规划如表 3.4.3 所示。

表 3.4.3　VLANIF 接口规划

设备	VLANIF 接口	IP 地址	备注
S3	VLANIF13	10.1.13.254/24	—
	VLANIF14	10.1.14.254/24	—
	VLANIF100	10.1.0.2/24	与路由器连接

（6）为三层设备配置静态路由，实现全网业务网络互通。

4．具体步骤

（1）PC 配置网络参数。

（2）为交换机配置 VLAN。

① 配置 S1 的 VLAN：

```
[S1]vlan batch 11 12
[S1]int e0/0/1
[S1-Ethernet0/0/1]port link-type access
[S1-Ethernet0/0/1]port default vlan 11
[S1-Ethernet0/0/1]int e0/0/2
[S1-Ethernet0/0/2]port link-type access
[S1-Ethernet0/0/2]port default vlan 12
```

② 配置 S2 的 VLAN：

```
[S2]vlan batch 13 14
[S2]int e0/0/1
[S2-Ethernet0/0/1]port link-type access
[S2-Ethernet0/0/1]port default vlan 13
[S2-Ethernet0/0/1]int e0/0/2
[S2-Ethernet0/0/2]port link-type access
[S2-Ethernet0/0/2]port default vlan 14
```

③ 配置 S3 的 VLAN：

```
[S3]vlan batch 13 14 100
[S3]int GigabitEthernet0/0/2
[S3-GigabitEthernet0/0/2]port link-type access
[S3-GigabitEthernet0/0/2]port default vlan 100
```

（3）配置干道链路。

① 配置 S1 的干道链路：

```
[S1]int g0/0/1
[S1-GigabitEthernet0/0/1]port link-type trunk
[S1-GigabitEthernet0/0/1]port trunk allow-pass vlan 11 12
```

② 配置 S2 的干道链路：

```
[S2]int g0/0/1
[S2-GigabitEthernet0/0/1]port link-type trunk
[S2-GigabitEthernet0/0/1]port trunk allow-pass vlan 13 14
```

③ 配置 S3 的干道链路：

```
[S3]int g0/0/1
[S3-GigabitEthernet0/0/1]port link-type trunk
[S3-GigabitEthernet0/0/1]port trunk allow-pass vlan 13 14
```

（4）配置路由器 R1 的单臂路由：

```
[R1]int g0/0/1.11                                        //创建子接口
[R1-GigabitEthernet0/0/1.11]ip address 10.1.11.254 24    //配置 VLAN11 网关地址
[R1-GigabitEthernet0/0/1.11]dot1q termination vid 11     //配置 dot1q 终结的单层 VLAN ID 为 11
[R1-GigabitEthernet0/0/1.11]arp broadcast enable         //开启子接口的 ARP 广播功能
[R1-GigabitEthernet0/0/1.11]int g0/0/0.12
[R1-GigabitEthernet0/0/1.12]ip address 10.1.12.254 24
[R1-GigabitEthernet0/0/1.12]dot1q termination vid 12
[R1-GigabitEthernet0/0/1.12]arp broadcast enable
```

（5）配置三层交换机 S3 的 VLANIF 接口：

```
[S3]int vlanif 13                              //创建 VLANIF13
[S3-Vlanif13]ip address 10.1.13.254 24         //配置 VLANIF13 接口的 IP 地址
[S3-Vlanif13]int vlanif 14
[S3-Vlanif14]ip address 10.1.14.254 24
[S3-Vlanif14]int vlanif 100
[S3-Vlanif100]ip address 10.1.0.2 24
```

（6）为三层设备配置静态路由。

① 配置 R1 的静态路由：

```
[R1-GigabitEthernet0/0/2]ip add 10.1.0.1 24
[R1]ip route-static 10.1.13.0 24 10.1.0.2
[R1]ip route-static 10.1.14.0 24 10.1.0.2
```

② 配置 S3 的静态路由:

```
[S3]ip route-static 10.1.11.0 24 10.1.0.1
[S3]ip route-static 10.1.12.0 24 10.1.0.1
```

5. 实验测试

1）查看路由信息

（1）查看 R1 的路由信息:

```
[R1]display ip routing-table
Route Flags: R - relay, D - download to fib
------------------------------------------------------------------------------
Routing Tables: Public
         Destinations : 15 Routes : 15
Destination/Mask    Proto   Pre   Cost    Flags   NextHop       Interface
     10.1.0.0/24    Direct  0     0       D       10.1.0.1      GigabitEthernet0/0/2
     10.1.0.1/32    Direct  0     0       D       127.0.0.1     GigabitEthernet0/0/2
   10.1.0.255/32    Direct  0     0       D       127.0.0.1     GigabitEthernet0/0/2
    10.1.11.0/24    Direct  0     0       D       10.1.11.254   GigabitEthernet0/0/1.11
  10.1.11.254/32    Direct  0     0       D       127.0.0.1     GigabitEthernet0/0/1.11
  10.1.11.255/32    Direct  0     0       D       127.0.0.1     GigabitEthernet0/0/1.11
    10.1.12.0/24    Direct  0     0       D       10.1.12.254   GigabitEthernet0/0/1.12
  10.1.12.254/32    Direct  0     0       D       127.0.0.1     GigabitEthernet0/0/1.12
  10.1.12.255/32    Direct  0     0       D       127.0.0.1     GigabitEthernet0/0/1.12
    10.1.13.0/24    Static  60    0       RD      10.1.0.2      GigabitEthernet0/0/2
    10.1.14.0/24    Static  60    0       RD      10.1.0.2      GigabitEthernet0/0/2
    127.0.0.0/8     Direct  0     0       D       127.0.0.1     InLoopBack0
    127.0.0.1/32    Direct  0     0       D       127.0.0.1     InLoopBack0
127.255.255.255/32  Direct  0     0       D       127.0.0.1     InLoopBack0
255.255.255.255/32  Direct  0     0       D       127.0.0.1     InLoopBack0
```

（2）查看 S3 的路由信息:

```
[S3]display ip routing-table
Route Flags: R - relay, D - download to fib
------------------------------------------------------------------------------
Routing Tables: Public
         Destinations : 10    Routes : 10

Destination/Mask    Proto   Pre   Cost    Flags   NextHop       Interface

     10.1.0.0/24    Direct  0     0       D       10.1.0.2      Vlanif100
     10.1.0.2/32    Direct  0     0       D       127.0.0.1     Vlanif100
    10.1.11.0/24    Static  60    0       RD      10.1.0.1      Vlanif100
    10.1.12.0/24    Static  60    0       RD      10.1.0.1      Vlanif100
    10.1.13.0/24    Direct  0     0       D       10.1.13.254   Vlanif13
  10.1.13.254/32    Direct  0     0       D       127.0.0.1     Vlanif13
    10.1.14.0/24    Direct  0     0       D       10.1.14.254   Vlanif14
  10.1.14.254/32    Direct  0     0       D       127.0.0.1     Vlanif14
```

| 127.0.0.0/8 | Direct | 0 | 0 | D | 127.0.0.1 | InLoopBack0 |
| 127.0.0.1/32 | Direct | 0 | 0 | D | 127.0.0.1 | InLoopBack0 |

2）连通性测试

（1）PC1 ping PC2：

```
PC>ping 10.1.12.1

Ping 10.1.12.1: 32 data bytes, Press Ctrl_C to break
From 10.1.12.1: bytes=32 seq=1 ttl=127 time=78 ms
From 10.1.12.1: bytes=32 seq=2 ttl=127 time=78 ms
From 10.1.12.1: bytes=32 seq=3 ttl=127 time=78 ms
From 10.1.12.1: bytes=32 seq=4 ttl=127 time=94 ms
From 10.1.12.1: bytes=32 seq=5 ttl=127 time=62 ms

--- 10.1.12.1 ping statistics ---
  5 packet(s) transmitted
  5 packet(s) received
  0.00% packet loss
  round-trip min/avg/max = 62/78/94 ms
```

（2）PC1 ping PC3：

```
PC>ping 10.1.13.1

Ping 10.1.13.1: 32 data bytes, Press Ctrl_C to break
From 10.1.13.1: bytes=32 seq=1 ttl=126 time=109 ms
From 10.1.13.1: bytes=32 seq=2 ttl=126 time=78 ms
From 10.1.13.1: bytes=32 seq=3 ttl=126 time=63 ms
From 10.1.13.1: bytes=32 seq=4 ttl=126 time=63 ms
From 10.1.13.1: bytes=32 seq=5 ttl=126 time=109 ms

--- 10.1.13.1 ping statistics ---
  5 packet(s) transmitted
  5 packet(s) received
  0.00% packet loss
  round-trip min/avg/max = 63/84/109 ms
```

（3）PC1 ping PC4：

```
PC>ping 10.1.14.1

Ping 10.1.14.1: 32 data bytes, Press Ctrl_C to break
From 10.1.14.1: bytes=32 seq=1 ttl=126 time=110 ms
From 10.1.14.1: bytes=32 seq=2 ttl=126 time=78 ms
From 10.1.14.1: bytes=32 seq=3 ttl=126 time=62 ms
From 10.1.14.1: bytes=32 seq=4 ttl=126 time=78 ms
From 10.1.14.1: bytes=32 seq=5 ttl=126 time=94 ms

--- 10.1.14.1 ping statistics ---
  5 packet(s) transmitted
  5 packet(s) received
  0.00% packet loss
  round-trip min/avg/max = 62/84/110 ms
```

6. 结果分析

单臂路由、VLANIF 接口分别实现了三层设备各自所连 VLAN 的互通。静态路由实现了两侧业务网络的互通。

7. 注意事项

（1）单臂路由的"单臂"很可能成为瓶颈，因此在网络构建过程中，单臂路由并非合理解决方案。

（2）习惯上设置子接口的编号与其封装的 VLAN ID 一致，以便解读配置信息。

（3）三层交换机是 LAN 中的常用设备，为网络设计提供了灵活的、易扩展的解决方案。

（4）三层交换机也可以直接连接用户终端，将接口添加到对应 VLAN 中，再配置 VLANIF 接口实现三层通信。

任务 3.5　RIPv2 路由协议配置

3.5.1　任务背景

小型网络可以通过配置静态路由实现网络互通。大中型网络由于网络设备众多且拓扑复杂，因此使用静态路由配置工作量大，维护困难，而且不能动态响应网络拓扑变更。

本任务介绍一种较简单的动态路由协议 RIPv2，通过部署应用 RIPv2，体会动态路由协议在路由表构造过程中的作用效果。

3.5.2　准备知识

1. 动态路由协议概述

动态路由协议通过路由信息的交换生成路由表中的条目。动态路由协议在网络拓扑发生改变时，可以自动更新、维护路由表，无须管理员手工对路由器上的路由表进行维护。

2. 动态路由协议分类

在计算机网络发展过程中，产生了多种动态路由协议。可以采用以下不同标准对动态路由协议进行分类。

（1）按作用范围分类。

Internet 是由若干自治系统[①]（Autonomous System，AS）互连而成的，依据协议的作用范围，将路由协议分为内部网关协议和外部网关协议。

内部网关协议（Interior Gateway Protocol，IGP）：在一个 AS 内部运行。常见的 IGP 包括 RIP、OSPF 和 IS-IS。

外部网关协议（Exterior Gateway Protocol，EGP）：运行在不同 AS 之间。BGP 是目前最常用的 EGP。

（2）按路由算法分类。

根据使用算法不同，路由协议可分为距离矢量协议和链路状态协议。

[①] 自治系统是由同一个管理机构管理、使用统一路由策略的路由器的集合。一个自治系统内的所有网络都被分配同一个自治系统号。

距离矢量协议（Distance-Vector Protocol）：相邻路由器之间互相交换整个路由表，并进行矢量叠加，最后学习到整个路由表。距离矢量协议基于距离矢量算法，此类协议有 RIP 和 BGP。其中，BGP 也被称为路径矢量协议（Path-Vector Protocol）。

链路状态协议（Link-State Protocol）：路由器不是简单地从相邻的路由器学习路由，每台路由器收集区域内其他路由器的链路状态信息，并根据状态信息生成网络拓扑，再根据网络拓扑计算各自的最优路径。链路状态协议基于最短路径优先算法，此类协议有 OSPF 和 IS-IS。

3．RIP 介绍

1）基本概念

RIP（Routing Information Protocol）是基于距离矢量算法的路由协议；以跳数为度量来衡量到达目的网络的距离。在默认情况下，设备到达与它直接相连网络的跳数为 0，每经过一个路由器，跳数加 1。RIP 规定度量值取介于 0～15 的整数，大于或等于 16 的跳数被定义为无穷大，即目的网络或主机不可达。这个限制导致 RIP 不可能在大型网络中得到应用。

RIP 路由度量示意图如图 3.5.1 所示。

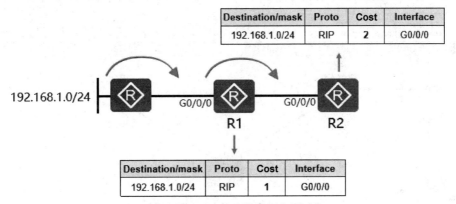

图 3.5.1　RIP 路由度量示意图

RIP 包括 RIPv1 和 RIPv2 两个版本，RIPv1 功能简单且只能针对主类网络进行路由更新，不适用于现代网络的部署。RIPv2 基于 RIPv1 在功能上进行了扩充，支持无类路由，更具有优势，本任务只讨论 RIPv2。

2）路由学习

RIP 启动时的初始路由表仅包含本设备的一些直连接口路由。RIP 定义了请求（Request）和响应（Response）两种报文，通过 UDP 封装（520）进行路由信息的交换。RIP 路由器将路由度量值加 1，通告给邻居设备，邻居设备将有效条目加入路由表。通过相邻设备互相学习路由条目，逐步完成路由收敛。图 3.5.2 所示为 RIP 路由初始路由表，图 3.5.3 所示为 RIP 路由收敛后的路由表。

3）路由更新

RIP 路由器接收 RIP 路由信息后，会依据下列情况进行更新。

（1）接收的路由为已有路由条目。

① 当下一跳地址相同时，不论度量值增大还是减小都更新该路由条目。如图 3.5.4 所示，R1 收到来自 R2 的目的网络为 20.1.1.0/24 的路由，不管度量值如何变化，路由条目都要更新。

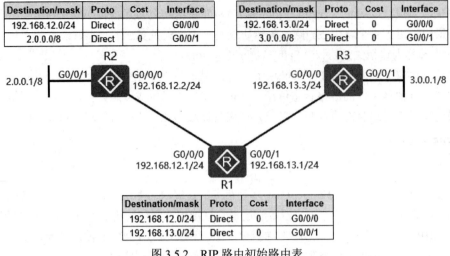

Destination/mask	Proto	Cost	Interface
192.168.12.0/24	Direct	0	G0/0/0
2.0.0.0/8	Direct	0	G0/0/1

Destination/mask	Proto	Cost	Interface
192.168.13.0/24	Direct	0	G0/0/0
3.0.0.0/8	Direct	0	G0/0/1

Destination/mask	Proto	Cost	Interface
192.168.12.0/24	Direct	0	G0/0/0
192.168.13.0/24	Direct	0	G0/0/1

图 3.5.2　RIP 路由初始路由表

Destination/mask	Proto	Cost	Interface
192.168.12.0/24	Direct	0	G0/0/0
2.0.0.0/8	Direct	0	G0/0/1
192.168.13.0/24	RIP	1	G0/0/0
3.0.0.0/8	RIP	2	G0/0/0

Destination/mask	Proto	Cost	Interface
192.168.13.0/24	Direct	0	G0/0/0
3.0.0.0/8	Direct	0	G0/0/1
192.168.12.0/24	RIP	1	G0/0/0
2.0.0.0/8	RIP	2	G0/0/0

Destination/mask	Proto	Cost	Interface
192.168.12.0/24	Direct	0	G0/0/0
192.168.13.0/24	Direct	0	G0/0/1
2.0.0.0/8	RIP	1	G0/0/0
3.0.0.0/8	RIP	1	G0/0/1

图 3.5.3　RIP 路由收敛后的路由表

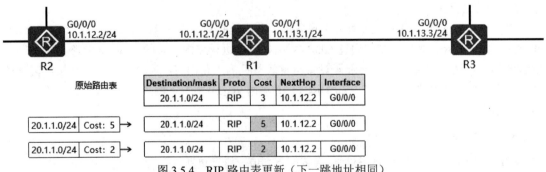

	Destination/mask	Proto	Cost	NextHop	Interface
原始路由表	20.1.1.0/24	RIP	3	10.1.12.2	G0/0/0
20.1.1.0/24 Cost: 5 →	20.1.1.0/24	RIP	5	10.1.12.2	G0/0/0
20.1.1.0/24 Cost: 2 →	20.1.1.0/24	RIP	2	10.1.12.2	G0/0/0

图 3.5.4　RIP 路由表更新（下一跳地址相同）

② 当下一跳地址不同时，只在度量值减小时更新该路由条目。如图 3.5.5 所示，R1 收到 R3 发送的目的网络为 20.1.1.0/24 的路由，只在度量值小于原有度量值时，才对该路由条目进行更新。

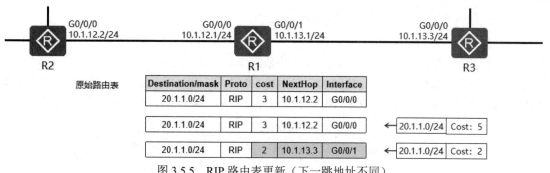

图 3.5.5 RIP 路由表更新（下一跳地址不同）

（2）接收的路由为未知路由条目。

只要度量值小于 16，就在路由表中添加该路由条目。

4）RIP 定时器

RIP 使用定时器来对路由信息进行更新和维护。定时器种类如下。

（1）更新定时器。

RIP 路由器每隔 30s 周期性地从已激活 RIP 接口泛洪路由表。

（2）老化定时器。

若一条路由在 180s 内没有收到更新，则将这条路由的跳数将标记为 16，表示不可达，并从路由表中删除，保存在 RIP 数据库中。

（3）垃圾回收定时器。

老化定时器超时后立即激活垃圾回收定时器，若在 120s 内仍未收到路由更新，则从 RIP 数据库中删除。

更新定时器、老化定时器、垃圾回收定时器作用时间示意图如图 3.5.6 所示。

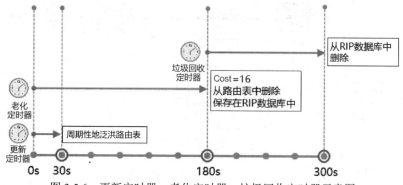

图 3.5.6 更新定时器、老化定时器、垃圾回收定时器示意图

（4）抑制定时器。

当 RIP 设备收到 Cost=16 的路由更新时，对应路由进入抑制状态，并启动抑制定时器。为了防止路由震荡，在到达抑制定时器设置时间之前，即使收到该路由 Cost<16 的更新，也不进行处理。抑制定时器默认时间为 180s。

4．RIP 路由环路

路由环路是指去往某个目的网络的数据包在设备间被不停地来回转发。路由环路会严重耗用系统资源、带宽资源，影响正常业务流量的通信。

下面结合实例描述 RIP 环路的产生过程。

（1）R1 和 R2 路由收敛完成，如图 3.5.7 所示。

（2）假设 R2 直连网络 2.0.0.0/8 链路发生故障，R2 删除该路由，将在下个更新周期通告 R1。

（3）在 R2 通告 R1 之前，R1 发送的路由更新包含 2.0.0.0/8 路由。

（4）R2 在收到路由更新后将 2.0.0.0/8 路由加入路由表，基于 2.0.0.0 的路由环路产生，如图 3.5.8 所示。随着更新周期，2.0.0.0/8 路由的 Cost 不断增大，直到等于 16，变为不可达。

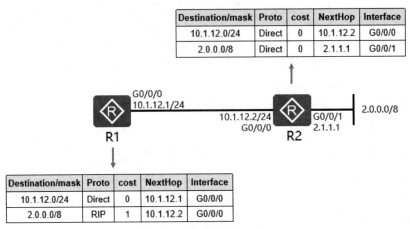

图 3.5.7　RIP 路由收敛完成

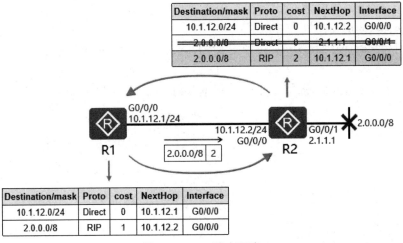

图 3.5.8　RIP 路由环路

5．RIP 防环机制

（1）定义最大跳数。

RIP 定义了路由的最大跳数为 15，路由的度量值超过 15 被视为不可达。

（2）水平分割。

RIP 路由器从某个接口接收的路由不再从该接口通告回去。

（3）毒性逆转。

RIP 路由器从某个接口学习到路由后，将该路由的度量值设为 16（不可达），并从原接口发送回邻居设备。如果同时配置水平分割和毒性逆转，那么只有毒性逆转生效。

图 3.5.9 所示为水平分割和毒性逆转示意图。

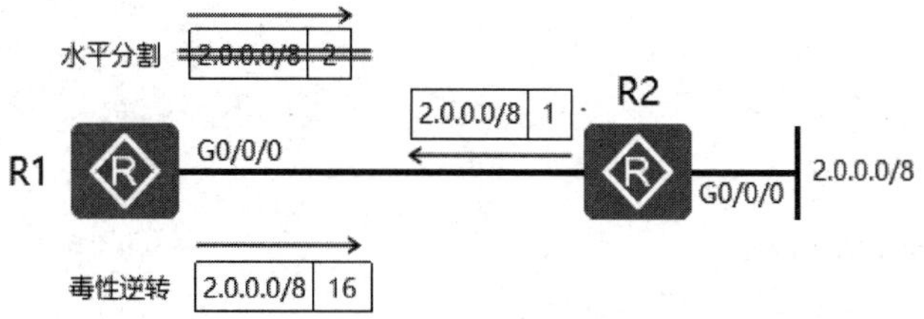

图 3.5.9　水平分割和毒性逆转示意图

（4）触发更新。

在网络拓扑发生变更时，无须等待更新周期，立即向邻居设备发送路由更新。

（5）毒性路由。

当 RIP 路由器某直连路由失效时，立即向外通告度量值为 16 的该条路由更新，以使其他路由器快速清除该路由。图 3.5.10 所示为毒性路由示意图。

图 3.5.10　毒性路由示意图

6．RIPv2 配置流程

（1）启动 RIP 进程。

（2）指定 RIP 版本为 version 2。

（3）关闭自动汇总功能。

（4）接口使能 RIP。

7．RIP 配置命令

（1）启动 RIP 进程。

命令：rip [*process-id*]。

说明：启动指定的 RIP 进程。

视图：系统视图。

举例，为 R1 启动 RIP 进程 1：

```
[R1]rip 1
[R1-rip-1]
```

（2）指定 RIP 版本为 version 2。

命令：version 2。

说明：在默认情况下，只发送 RIPv1 报文，但可以接收 RIPv1 报文和 RIPv2 报文。

视图：RIP 视图。

举例，为 R1 启动 RIPv2：

```
[R1-rip-1]version 2
```

（3）关闭自动汇总功能。

命令：undo summary。

说明：取消有类聚合，以便在子网间进行路由。

视图：RIP 视图。

举例，关闭 R1 的自动汇总功能：

```
[R1-rip-1]undo summary
```

（4）对指定网段接口使能 RIP。

命令：network *network-address*。

说明：network-address 为主类网络地址。

视图：RIP 视图。

举例，对 R1 中的 IP 地址属于主类网络 172.16.0.0 的接口使能 RIP：

```
[R1--rip-1]network 172.16.0.0
```

3.5.3　任务实施

操作演示

1．任务目的

（1）理解 RIP 的工作原理。

（2）掌握 RIPv2 的基本配置方法。

2．任务描述

某公司网络是通过三台路由器互连各业务网络的。因工作需要，各业务网段要能互相通信，网络管理人员决定使用动态路由协议 RIPv2 来实现。

3．实施规划

1）拓扑图（见图 3.5.11）

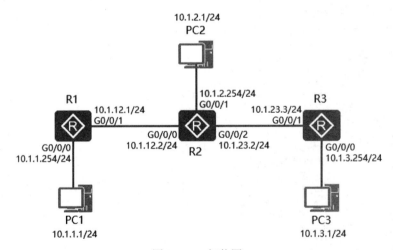

图 3.5.11　拓扑图

2）操作流程

（1）配置 PC 及路由器的 IP 地址。

（2）为各路由器启动 RIPv2，激活 RIP 接口。

4．具体步骤

（1）配置 PC 的网络参数。

（2）配置路由器的网络参数。

① 配置 R1 的网络参数：

```
[R1]int g0/0/0
[R1-GigabitEthernet0/0/0]ip add 10.1.1.254 24
[R1-GigabitEthernet0/0/0]int g0/0/1
[R1-GigabitEthernet0/0/1]ip add 10.1.12.1 24
```

② 配置 R2 的网络参数：

```
[R2]int g0/0/0
[R2-GigabitEthernet0/0/0]ip add 10.1.12.2 24
[R2-GigabitEthernet0/0/0]int g0/0/1
[R2-GigabitEthernet0/0/1]ip add 10.1.2.254 24
[R2-GigabitEthernet0/0/1]int g0/0/2
[R2-GigabitEthernet0/0/2]ip add 10.1.23.2 24
```

③ 配置 R3 的网络参数：

```
[R3]int g0/0/0
[R3-GigabitEthernet0/0/0]ip add 10.1.3.254 24
[R3-GigabitEthernet0/0/0]int g0/0/1
[R3-GigabitEthernet0/0/1]ip add 10.1.23.3 24
```

（3）为路由器配置 RIPv2。

① 为 R1 配置 RIPv2：

```
[R1]rip 1                                  //开启 RIP 进程 1
[R1-rip-1]version 2                        //指定 RIP version 2
[R1-rip-1]undo summary                     //关闭自动汇总功能
//激活 RIP 接口，IP 地址属于主类网络 10.0.0.0 的接口使能 RIP
[R1-rip-1]network 10.0.0.0
```

② 为 R2 配置 RIPv2：

```
[R2]rip 1
[R2-rip-1]version 2
[R2-rip-1]undo summary
[R2-rip-1]network 10.0.0.0
```

③ 为 R3 配置 RIPv2：

```
[R3]rip 1
[R3-rip-1]version 2
[R3-rip-1]undo summary
[R3-rip-1]network 10.0.0.0
```

5. 实验测试

1）查看 RIP 路由信息

（1）查看 R1 的 RIP 路由信息：

```
[R1]display ip routing-table protocol rip
Route Flags: R - relay, D - download to fib
------------------------------------------------------------------------------
Public routing table : RIP
         Destinations : 3        Routes : 3
RIP routing table status : <Active>
         Destinations : 3        Routes : 3
Destination/Mask     Proto    Pre   Cost    Flags    NextHop        Interface
```

```
      10.1.2.0/24      RIP    100     1       D    10.1.12.2    GigabitEthernet0/0/1
      10.1.3.0/24      RIP    100     2       D    10.1.12.2    GigabitEthernet0/0/1
      10.1.23.0/24     RIP    100     1       D    10.1.12.2    GigabitEthernet0/0/1

RIP routing table status : <Inactive>
      Destinations : 0       Routes : 0
```

（2）查看 R2 的 RIP 路由信息：

```
[R2]display ip routing-table protocol rip
Route Flags: R - relay, D - download to fib
----------------------------------------------------------------------------
Public routing table : RIP
      Destinations : 2       Routes : 2
RIP routing table status : <Active>
      Destinations : 2       Routes : 2
Destination/Mask      Proto   Pre  Cost   Flags   NextHop        Interface

      10.1.1.0/24      RIP    100     1       D    10.1.12.1    GigabitEthernet0/0/0
      10.1.3.0/24      RIP    100     1       D    10.1.23.3    GigabitEthernet0/0/2

RIP routing table status : <Inactive>
      Destinations : 0       Routes : 0
```

（3）查看 R3 的 RIP 路由信息：

```
[R3]display ip routing-table protocol rip
Route Flags: R - relay, D - download to fib
----------------------------------------------------------------------------
Public routing table : RIP
      Destinations : 3       Routes : 3
RIP routing table status : <Active>
      Destinations : 3       Routes : 3
Destination/Mask      Proto   Pre  Cost   Flags   NextHop        Interface

      10.1.1.0/24      RIP    100     2       D    10.1.23.2    GigabitEthernet0/0/1
      10.1.2.0/24      RIP    100     1       D    10.1.23.2    GigabitEthernet0/0/1
      10.1.12.0/24     RIP    100     1       D    10.1.23.2    GigabitEthernet0/0/1

RIP routing table status : <Inactive>
      Destinations : 0       Routes : 0
```

2）连通性测试

（1）PC1 ping PC2：

```
PC>PING 10.1.2.1

Ping 10.1.2.1: 32 data bytes, Press Ctrl_C to break
From 10.1.2.1: bytes=32 seq=1 ttl=126 time=15 ms
From 10.1.2.1: bytes=32 seq=2 ttl=126 time=15 ms
From 10.1.2.1: bytes=32 seq=3 ttl=126 time=15 ms
From 10.1.2.1: bytes=32 seq=4 ttl=126 time=15 ms
From 10.1.2.1: bytes=32 seq=5 ttl=126 time=15 ms
```

```
--- 10.1.2.1 ping statistics ---
  5 packet(s) transmitted
  5 packet(s) received
  0.00% packet loss
  round-trip min/avg/max = 15/15/15 ms
```

（2）PC1 ping PC3：

```
PC>PING 10.1.3.1

Ping 10.1.3.1: 32 data bytes, Press Ctrl_C to break
From 10.1.3.1: bytes=32 seq=1 ttl=125 time=15 ms
From 10.1.3.1: bytes=32 seq=2 ttl=125 time=31 ms
From 10.1.3.1: bytes=32 seq=3 ttl=125 time=31 ms
From 10.1.3.1: bytes=32 seq=4 ttl=125 time=15 ms
From 10.1.3.1: bytes=32 seq=5 ttl=125 time=31 ms

--- 10.1.3.1 ping statistics ---
  5 packet(s) transmitted
  5 packet(s) received
  0.00% packet loss
  round-trip min/avg/max = 15/24/31 ms
```

（3）PC2 ping PC3：

```
PC>PING 10.1.3.1

Ping 10.1.3.1: 32 data bytes, Press Ctrl_C to break
From 10.1.3.1: bytes=32 seq=1 ttl=126 time=32 ms
From 10.1.3.1: bytes=32 seq=2 ttl=126 time=16 ms
From 10.1.3.1: bytes=32 seq=3 ttl=126 time=16 ms
From 10.1.3.1: bytes=32 seq=4 ttl=126 time=15 ms
From 10.1.3.1: bytes=32 seq=5 ttl=126 time=15 ms

--- 10.1.3.1 ping statistics ---
  5 packet(s) transmitted
  5 packet(s) received
  0.00% packet loss
  round-trip min/avg/max = 15/18/32 ms
```

6. 结果分析

通过配置 RIPv2，各路由器均获得了关于非直连网络的 RIP 路由，各业务主机能够互相通信，实现了全网连通。

7. 注意事项

（1）RIP 在配置 network 命令时，华为设备只能指定主类网络。

（2）RIPv1 有诸多局限性，不能适应目前网络的部署，在配置 network 命令之前应先指定 version 2，避免 RIPv1 路由的更新。

（3）RIPv2 自动汇总功能默认开启，会以主类网络通告路由，因汇总范围太大，可能会导致路由不可达等问题，建议关闭。根据实际情况，可采用手动汇总进行精确控制。

任务 3.6　RIPv2 路由汇总及认证配置

3.6.1　任务背景

当 RIP 网络规模很大时，RIP 路由表会变得十分庞大，使用路由汇总可以简化路由表；在安全性要求较高的 RIP 网络中，可以通过配置报文认证来提高 RIP 网络的安全性。

本任务主要介绍路由汇总、报文认证等 RIPv2 的特性。

3.6.2　准备知识

1. RIP 路由汇总

路由汇总可以提高大型网络的可扩展性和效率，简化路由表。RIP 路由汇总，是指将同一个自然网段内的不同子网的路由聚合成一个包含所有子网的路由向外发送。RIP 路由汇总分为自动汇总和手动汇总。

（1）自动汇总：RIP 路由器在通告一个子网路由时，自动将其汇总成对应主类网络路由。

（2）手动汇总：自定义汇总路由的目的网络，可实现精确汇总。

RIP 路由汇总示意图如图 3.6.1 所示，通过该图可看出 RIP 自动汇总和手动汇总的区别。

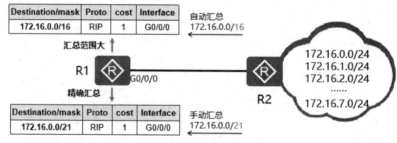

图 3.6.1　RIP 路由汇总示意图

在应用过程中，自动汇总因汇总范围大，可能会导致通信失败。手动汇总能实现精确汇总，更符合实际应用。如图 3.6.2 所示，使用自动汇总方式，生成了目的网络 172.16.0.0/16，R2 可能将去往两侧任意/24 子网的报文转发到错误路径上，导致丢包。

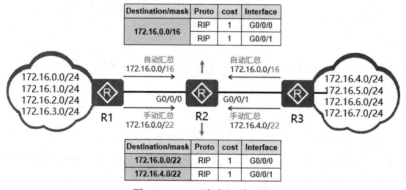

图 3.6.2　RIP 路由汇总对比

2. RIP 报文认证

RIPv2 支持对协议报文进行认证。为 RIP 路由器的接口启动认证并配置认证口令，在收到对端设备的 RIP 报文时，将报文中携带的认证字段与本地的认证口令进行匹配，一致则接收，否则丢弃。这样做 RIP 报文的交互更加安全，可以避免非法 RIP 路由器的 Response 报文对设备路由表造成破坏。

RIPv2 提供简单认证和密文认证两种方式。

（1）简单认证：以明文形式携带认证字段中的认证密码，安全性较低。

（2）密文认证：以密文形式携带认证字段中的认证密码，安全性较高。密文认证类型包括 MD5 认证和 hmac-sha256 认证。

3．RIP 抑制接口

接口激活 RIP 后，会周期性地发送 Response 报文，同时侦听 RIP 报文。RIP 接口被设置为抑制接口（Silent-Interface）后，只接收 RIP 报文，不再发送 RIP 报文。抑制接口适用于连接用户终端的 RIP 接口，因为 RIP 报文对于用户终端毫无意义，同时基于此优化设置，能够减少 RIP 报文对资源的消耗。图 3.6.3 所示为抑制接口应用效果示意图。

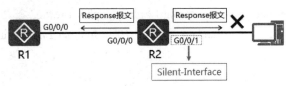

图 3.6.3　抑制接口应用效果示意图

4．RIP 默认路由

LAN 在访问外部网络时，路由设备需要配置指向网络出口设备的默认路由。可以手工为每台路由设备配置默认路由，也可以通过网络出口 RIP 设备为 LAN 内的每台 RIP 路由器下发默认路由。如图 3.6.4 所示，通过 R1 发布 RIP 默认路由，R2、R3 无须进行配置就可以学习到指向 R1 的默认路由。

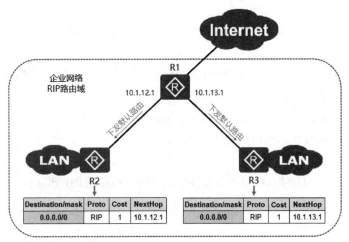

图 3.6.4　RIP 默认路由下发示意图

5．RIPv2 特性配置命令

（1）手动路由汇总。

命令：rip summary-address *ip-address mask*。

说明：配置 RIP 路由器发布一个指定的汇总路由。

视图：接口视图。

举例，R1 的 G0/0/0 接口发布目的网络为 172.16.0.0/22 的汇总路由：

```
[R1-GigabitEthernet0/0/0]rip summary-address 172.16.0.0 255.255.252.0
```

（2）配置 RIPv2 简单认证。

命令：rip authentication-mode simple { plain | cipher } *text*。

说明：plain、cipher 分别表示以明文形式、密文形式将认证口令保存在配置文件中。不管采用何种形式，在 RIP 报文认证字段中均以明文形式携带认证密码。

视图：接口视图。

举例，为 R1 的 G0/0/0 接口配置简单认证，认证密码（huawei）以密文形式保存在配置文件中：

```
[R1-GigabitEthernet0/0/0]rip authentication-mode simple cipher huawei
```

（3）配置 RIPv2 MD5 认证。

命令：① rip authentication-mode md5 usual { plain | cipher } *text*。

② rip authentication-mode md5 nonstandard { plain | cipher } *text*。

说明：usual 为私有标准；nonstandard 为 IETF（The Internet Engineering Task Force，互联网工程任务组）标准。

视图：接口视图。

举例：为 R1 的 G0/0/0 接口配置 MD5 认证，采用私有标准，认证密码（huawei）以密文形式保存在配置文件中：

```
[R1-GigabitEthernet0/0/0]rip authentication-mode md5 usual cipher huawei
```

（4）配置 RIPv2 hmac-sha256 认证。

命令：rip authentication-mode hmac-sha256 { plain | cipher } *text key-id*。

说明：key-id（1-255）为密文认证标识符；hmac-sha256 安全级别最高。

视图：接口视图。

举例，为 R1 的 G0/0/0 接口配置 hmac-sha256 认证，key-id 为 255，认证密码（huawei）以密文形式保存在配置文件中：

```
[R1-GigabitEthernet0/0/0]rip authentication-mode hmac-sha256 cipher huawei 255
```

（5）配置 RIPv2 抑制接口。

命令：silent-interface { all | *interface-type interface-number* }。

说明：抑制接口的直连路由仍然可以发布。

视图：RIP 视图。

举例，将 R1 的 G0/0/0 接口配置为抑制接口，只接收不发送 RIP 报文：

```
[R1-rip-1]silent-interface GigabitEthernet 0/0/0
```

（6）RIP 默认路由发布。

命令：default-route originate [cost *cost*]。

说明：RIP 设备生成一条默认路由或者将路由表中存在的默认路由发送给邻居设备。Cost 为默认路由的度量值，默认值为 0。

视图：RIP 视图。

举例，R1 发布默认路由：

```
[R1-rip-1]default-route originate
```

操作演示

3.6.3 任务实施

1. 任务目的

（1）掌握 RIP 路由手动汇总的配置方法。

（2）掌握 RIP 报文认证的配置方法。

2. 任务描述

某公司网络是通过三台路由器互连各业务网段的。因工作需要，各业务网段需要互相通信，网络管理人员决定使用动态路由协议 RIPv2 来实现。公司业务网段较多，尽可能地通过路由汇总来简化路由表；另外，为了保障网络的安全性，需要对 RIP 路由器进行身份认证，以免路由信息被窃取或破坏。

3. 实施规划

1）拓扑图（见图 3.6.5）

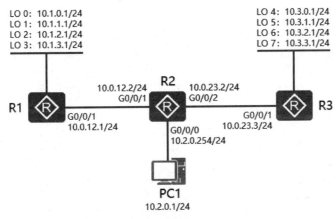

图 3.6.5 拓扑图

2）操作流程

（1）配置 PC 及路由器的 IP 地址，R1、R3 所连业务网络使用环回口地址模拟。

（2）为 R1、R3 配置 RIPv2，并进行手动汇总，路由汇总规划如表 3.6.1 所示。

表 3.6.1 路由汇总规划

路由器	明细路由	汇总路由
R1	10.1.0.0/24 10.1.1.0/24 10.1.2.0/24 10.1.3.0/24	10.1.0.0/22
R3	10.3.0.0/24 10.3.1.0/24 10.3.2.0/24 10.3.3.0/24	10.3.0.0/22

（3）为路由器开启 RIP 报文认证功能。认证方式为 MD5；认证密码为 huawei@123。

4．具体步骤

（1）配置 PC 的网络参数。

（2）配置路由器的网络参数。

① 配置 R1 的网络参数：

```
[R1]int g0/0/1
[R1-GigabitEthernet0/0/1]ip add 10.0.12.1 24
[R1-GigabitEthernet0/0/1]int loopback 0
[R1-LoopBack0]ip add 10.1.0.1 24
[R1-LoopBack0]int loopback 1
[R1-LoopBack1]ip add 10.1.1.1 24
[R1-LoopBack1]int loopback 2
[R1-LoopBack2]ip add 10.1.2.1 24
[R1-LoopBack2]int loopback 3
[R1-LoopBack3]ip add 10.1.3.1 24
```

② 配置 R2 的网络参数：

```
[R2]int g0/0/0
[R2-GigabitEthernet0/0/0]ip add 10.2.0.254 24
[R2-GigabitEthernet0/0/0]int g0/0/1
[R2-GigabitEthernet0/0/1]ip add 10.0.12.2 24
[R2-GigabitEthernet0/0/1]int g0/0/2
[R2-GigabitEthernet0/0/2]ip add 10.0.23.2 24
```

③ 配置 R3 的网络参数：

```
[R3]int g0/0/1
[R3-GigabitEthernet0/0/1]ip add 10.0.23.3 24
[R3-GigabitEthernet0/0/1]int loopback 0
[R3-LoopBack0]ip add 10.3.0.1 24
[R3-LoopBack0]int loopback 1
[R3-LoopBack1]ip add 10.3.1.1 24
[R3-LoopBack1]int loopback 2
[R3-LoopBack2]ip add 10.3.2.1 24
[R3-LoopBack2]int loopback 3
[R3-LoopBack3]ip add 10.3.3.1 24
```

（3）为路由器配置 RIPv2。

① 为 R1 配置 RIPv2：

```
[R1]rip 1                           //开启 RIP 进程 1
[R1-rip-1]version 2                 //指定 RIP 的版本为 2
[R1-rip-1]undo summary              //关闭自动汇总功能
//激活 RIP 接口，IP 地址属于主类网络 10.0.0.0 的接口使能 RIP
[R1-rip-1]network 10.0.0.0
```

② 为 R2 配置 RIPv2：

```
[R2]rip 1
[R2-rip-1]version 2
[R2-rip-1]undo summary
[R2-rip-1]network 10.0.0.0
```

③ 为 R3 配置 RIPv2：

```
[R3]rip 1
```

```
[R3-rip-1]version 2
[R3-rip-1]undo summary
[R3-rip-1]network 10.0.0.0
```

（4）配置手动汇总路由。

① 为 R1 配置手动汇总路由：

```
[R1]int g0/0/1
[R1-GigabitEthernet0/0/1]rip summary-address 10.1.0.0 255.255.252.0
```

② 为 R3 配置手动汇总路由：

```
[R3]int g0/0/1
[R3-GigabitEthernet0/0/1]rip summary-address 10.3.0.0 255.255.252.0
```

（5）配置 RIP 认证。

① 为 R1 配置 MD5 认证：

```
//开启 MD5 认证，华为标准，密文保存，密码为 huawei@123
[R1-GigabitEthernet0/0/1]rip authentication-mode md5 usual cipher huawei@123
```

② 为 R2 配置 MD5 认证：

```
[R2-GigabitEthernet0/0/1]rip authentication-mode md5 usual cipher huawei@123
[R2-GigabitEthernet0/0/2]rip authentication-mode md5 usual cipher huawei@123
```

③ 为 R3 配置 MD5 认证：

```
[R3-GigabitEthernet0/0/1]rip authentication-mode md5 usual cipher huawei@123
```

5. 实验测试

1）查看 RIP 路由信息

（1）查看 R1 的 RIP 路由信息：

```
[R1]dis ip routing-table protocol rip
Route Flags: R - relay, D - download to fib
------------------------------------------------------------------------
Public routing table : RIP
        Destinations : 3       Routes : 3
RIP routing table status : <Active>
        Destinations : 3       Routes : 3
Destination/Mask      Proto   Pre  Cost   Flags   NextHop        Interface

    10.0.23.0/24      RIP     100   1       D     10.0.12.2      GigabitEthernet0/0/1
    10.2.0.0/24       RIP     100   1       D     10.0.12.2      GigabitEthernet0/0/1
    10.3.0.0/22       RIP     100   2       D     10.0.12.2      GigabitEthernet0/0/1

RIP routing table status : <Inactive>
```

（2）查看 R2 的 RIP 路由信息：

```
[R2]dis ip routing-table protocol rip
Route Flags: R - relay, D - download to fib
------------------------------------------------------------------------
Public routing table : RIP
        Destinations : 2       Routes : 2
RIP routing table status : <Active>
```

```
        Destinations : 2        Routes : 2
Destination/Mask      Proto    Pre    CostFlags NextHopInterface

   10.1.0.0/22        RIP      100    1        D    10.0.12.1    GigabitEthernet0/0/1
   10.3.0.0/22        RIP      100    1        D    10.0.23.3    GigabitEthernet0/0/2

RIP routing table status : <Inactive>
        Destinations : 0        Routes : 0
```

（3）查看 R3 的 RIP 路由信息：

```
[R3]dis ip routing-table protocol rip
Route Flags: R - relay, D - download to fib
------------------------------------------------------------------------------
Public routing table : RIP
        Destinations : 3        Routes : 3
RIP routing table status : <Active>
        Destinations : 3        Routes : 3
Destination/Mask      Proto    Pre    CostFlags NextHopInterface

   10.0.12.0/24       RIP      100    1        D    10.0.23.2    GigabitEthernet0/0/1
   10.1.0.0/22        RIP      100    2        D    10.0.23.2    GigabitEthernet0/0/1
   10.2.0.0/24        RIP      100    1        D    10.0.23.2    GigabitEthernet0/0/1

RIP routing table status : <Inactive>
        Destinations : 0        Routes : 0
        Destinations : 0        Routes : 0
```

2）查看 RIP 认证信息

（1）查看 R1 的 RIP 认证信息：

```
[R1]dis rip 1 interface GigabitEthernet 0/0/1 verbose
GigabitEthernet0/0/1(10.0.12.1)
 ......<省略部分输出>
 Poison-reverse            : Disabled
 Split-Horizon             : Enabled
 Authentication type       : MD5 (Usual)
 Replay Protection         : Disabled
 Summary Address(es) :
   10.1.0.0/22
```

（2）R1 的 G0/0/1 接口认证信息：

```
[R1-GigabitEthernet0/0/1]dis this
[V200R003C00]
#
interface GigabitEthernet0/0/1
 ip address 10.0.12.1 255.255.255.0
 rip authentication-mode md5 usual cipher %$%$~I|y@CD9_"N!(nXu9HKW8A/w%$%$
 rip summary-address 10.1.0.0 255.255.252.0
```

3）连通性测试

（1）PC1 ping 10.1.0.1：

```
PC>PING 10.1.0.1
```

```
Ping 10.1.0.1: 32 data bytes, Press Ctrl_C to break
From 10.1.0.1: bytes=32 seq=1 ttl=254 time=31 ms
From 10.1.0.1: bytes=32 seq=2 ttl=254 time=32 ms
From 10.1.0.1: bytes=32 seq=3 ttl=254 time=16 ms
From 10.1.0.1: bytes=32 seq=4 ttl=254 time=16 ms
From 10.1.0.1: bytes=32 seq=5 ttl=254 time=16 ms

--- 10.1.0.1 ping statistics ---
 5 packet(s) transmitted
 5 packet(s) received
 0.00% packet loss
 round-trip min/avg/max = 16/22/32 ms
```

（2）PC1 ping 10.3.0.1：

```
PC>PING 10.3.0.1

Ping 10.3.0.1: 32 data bytes, Press Ctrl_C to break
From 10.3.0.1: bytes=32 seq=1 ttl=254 time=31 ms
From 10.3.0.1: bytes=32 seq=2 ttl=254 time=15 ms
From 10.3.0.1: bytes=32 seq=3 ttl=254 time=15 ms
From 10.3.0.1: bytes=32 seq=4 ttl=254 time=15 ms
From 10.3.0.1: bytes=32 seq=5 ttl=254 time=15 ms

--- 10.3.0.1 ping statistics ---
 5 packet(s) transmitted
 5 packet(s) received
 0.00% packet loss
 round-trip min/avg/max = 15/18/31 ms
```

6. 结果分析

通过 RIPv2 手动汇总路由配置，各路由器 RIP 路由得以简化。尤其是路由器 R2，RIP 路由条数由汇总前为 8 条，汇总后简化为 2 条。通过配置 MD5 认证，保证了 RIP 报文交互的安全性。进行 RIPv2 网络优化后，通过 PC1 测试连通性，全网通信正常。

7. 注意事项

（1）路由汇总依赖于 IP 地址的合理规划，手动方式可以精确汇总路由，避免一些通信问题。在实际环境中建议使用手动汇总来优化路由表。

（2）RIP 报文认证功能要求 RIP 邻居设备的认证参数必须完全一致。

任务 3.7　OSPF 单区域配置

3.7.1　任务背景

RIP 是基于距离矢量算法的路由协议，存在收敛慢、路由环路、可扩展性差等问题。OSPF 是 IETF 开发的基于链路状态的动态路由协议，能够解决 RIP 存在的诸多问题。

本任务介绍 OSPF 的基本概念和原理，以及 OSPF 单区域的配置方法。

3.7.2 准备知识

1. OSPF 概述

OSPF（Open Shortest Path First）是 IETF 开发的基于链路状态的动态路由协议，不依赖于邻居进行路由决策，且具有更先进的路由算法及诸多功能特性，是目前使用最广泛的内部网关路由协议。

OSPF 引入了区域（Area）的概念，可实现灵活的分级管理，通常应用在大规模的网络环境中。OSPF 在区域内采用 SPF 算法保证区域内部无环路；区域间通过区域连接规则及域间路由注入规则保证区域间无环路。

OSPF 支持 CIDR、路由汇总、等值路由、报文认证等。

2. OSPF 相关术语

1）区域

（1）区域 ID 是一个 32bit 非负整数，用整数或点分十进制形式表示，如 Area 0.0.1.0，等价于 Area 256。

（2）骨干区域：区域 ID 为 0 的区域，其他区域为非骨干区域。

（3）区域连接：OSPF 路由域中的其他区域必须要与 Area 0 连接。

图 3.7.1 所示为 OSPF 区域概念示意图。

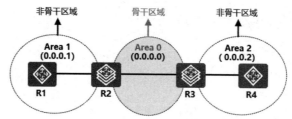

图 3.7.1　OSPF 区域概念示意图

2）Router ID

Router ID 是一个 32bit 的非负整数，用点分十进制形式表示，Router ID 是 OSPF 路由器在全域中的唯一标识。

Router ID 可以通过手工指定，若无手工指定，则选择环回接口中最大的 IP 地址；若未创建环回口，则选择激活物理接口中最大的 IP 地址。这里建议手工指定，以便在查验 OSPF 运行状态时快速定位相关信息。

3）度量值（Cost）

Cost 值是一个 16bit 的正数，取值范围为 1～65535。Cost 有两种情况，分别为接口 Cost 和路由 Cost。

接口 Cost 的计算方法为参考带宽/接口带宽，结果取整数，若结果小于 1，则值取 1。参考带宽默认值为 100Mbit/s，可根据需要进行修改。

路由 Cost 等于路由传入方向的各节点入接口的 Cost 总和。

如图 3.7.2 所示，R2 可以通过两条路由到达目的网络 10.1.1.0/24，第一条路由的 Cost 值为 1+48=49，第二条路由的 Cost 值为 1+1+1=3，因此，R2 将度量值更小的路由加入路由表。

4）LSA

LSA（Link-State Advertisement，链路状态通告），是指一系列描述拓扑的信息，包括接口地址、子网掩码、网络类型、度量值及邻居信息等，如图 3.7.3（a）所示。

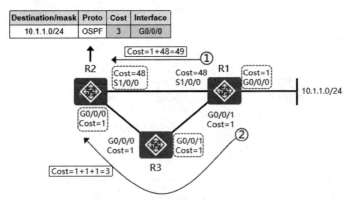

图 3.7.2　OSPF 路由 Cost

5）LSDB

LSDB（Link State DateBase，链路状态数据库）是 OSPF 路由器收集的 LSA 集合。一个区域内的路由器的 LSDB 是一致的，如图 3.7.3（b）所示。

6）SPF

OSPF 路由器利用 SPF 算法独立计算到达各目的网络的最短路径，如图 3.7.3（c）所示。

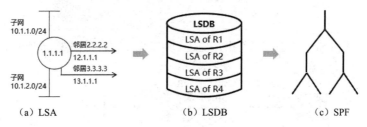

（a）LSA　　　　　　　　　（b）LSDB　　　　　　　　　（c）SPF

图 3.7.3　LSA、LSDB 和 SPF 关系示意图

3．OSPF 数据结构

OSPF 维系着三张表，分别为邻居表、拓扑表和路由表。

（1）邻居表。

路由器通过交互 Hello 报文来建立和维系邻居关系，并将邻居信息加入邻居表，如图 3.7.4 所示。

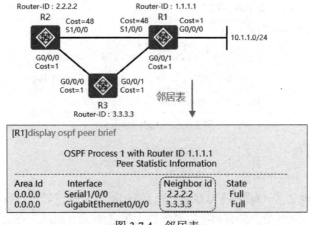

图 3.7.4　邻居表

（2）拓扑表。

拓扑表即 LSDB，如图 3.7.5 所示。具有邻接关系的路由器之间通过交互 LSA 来收集完整的网络拓扑信息，存放在 LSDB 中。

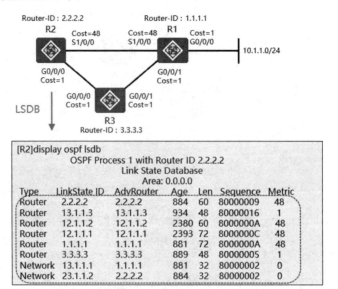

图 3.7.5　拓扑表

（3）路由表。

基于 LSDB，采用 SPF 算法计算路由，构造 OSPF 路由表，如图 3.7.6 所示。

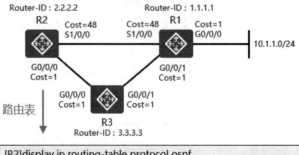
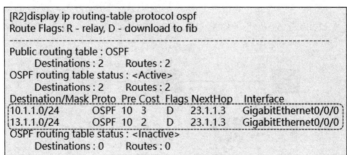

图 3.7.6　OSPF 路由表

4．OSPF 工作过程

OSPF 工作过程分为三个阶段。

第一个阶段是发现邻居。OSPF 路由器通过交互 Hello 报文发现邻居设备，进而建立邻接关系。

第二个阶段是同步 LSDB。具有邻接关系的路由器之间泛洪 LSA，直到 LSDB 一致。

第三个阶段是计算路由。OSPF 路由器基于 LSDB 还原网络拓扑，生成带权有向拓扑图；各路由器以自己为根采用 SPF 算法，计算到达各个网络的最短路径（最佳路径），最后将这些路径信息加入路由表。计算路由过程示意图如图 3.7.7 所示。

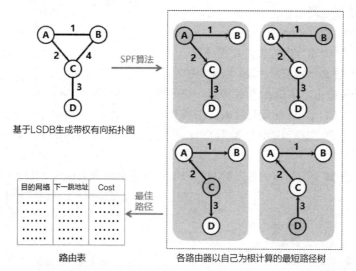

图 3.7.7　计算路由过程示意图

5. OSPF 网络类型

OSPF 根据接口对应的链路层协议类型，分为四种网络类型，如图 3.7.8 所示。在不同的网络类型下，OSPF 的工作流程、协议运行存在一些差别。

（1）P2P（点到点）：链路层协议是 PPP、HDLC。

（2）BMA（广播多路访问）：链路层协议是 Ethernet。

（3）NBMA（非广播多路访问）：链路层协议是帧中继、X.25。

（4）P2MP（点到多点）：手动设置，通常是将非全网连通的 NBMA 网络改为 P2MP 网络。

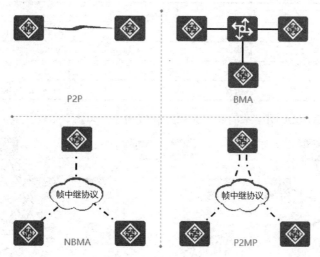

图 3.7.8　OSPF 网络类型

6. DR 和 BDR

在 BMA 网络和 NBMA 网络中，若任意两台路由器之间都传递 LSA，则会导致网络中充斥大量的 LSA 流量，且任意拓扑变更都会导致 LSA 的重复传递，严重耗费系统资源。

OSPF 定义了指定路由器（Designated Router，DR）和备份指定路由器（Backup Designated Router，BDR）。OSPF 路由器只和 DR 和 BDR 建立邻接关系，只向 DR、BDR 发送 LSA，再由 DR 将 LSA 泛洪给其他路由器。

DR 和 BDR 的工作原理如下。

（1）选举 DR 和 BDR。先比较接口优先级，优先级取值范围为 0～255，值越大越优先。如果优先级相同，就比较 Router-ID，值越大越优先。

（2）DR 不能被抢占，BDR 起备份作用。在如图 3.7.9 所示的 BMA 网络中，依据优先级的大小已选举出 DR 和 BDR，即使此时接入优先级更高的路由器，该路由器也不会立即成为 DR 或 BDR。只有当 DR 出现故障，BDR 切换为 DR，其他路由器竞选 BDR 时，该路由器才可凭借高优先级被优先选为 BDR。

（3）DR、BDR 减少了邻接关系，除 DR、BDR 外的路由器都称为 DR Other。DR Other 间不交互 LSA，因此减少了网络中的 LSA 泛洪流量。

图 3.7.9 所示为 BMA 网络中的 DR/BDR 机制示意图。

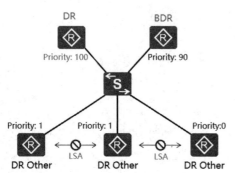

图 3.7.9　BMA 网络中的 DR/BDR 机制示意图

7．邻居关系和邻接关系

邻居关系不等于邻接关系，但邻接关系一定是邻居关系。比如，在 BMA 网络中，所有相邻路由器间都是邻居关系，但路由器只能与 DR 或 BDR 建立邻接关系。只有具有邻接关系的路由器之间，才可以交互 LSA。

在不同的 OSPF 网络类型中，邻居关系和邻接关系的建立情况有所不同，如表 3.7.1 所示。

表 3.7.1　各 OSPF 网络类型中的邻居关系和邻接关系的建立情况

网络类型	邻居关系	邻接关系
BMA	所有	与 DR 或 BDR
P2P	所有	所有
P2MP	所有	所有
NBMA	所有	与 DR 或 BDR

图 3.7.10 所示为 BMA 网络中的邻居关系和邻接关系示意图。

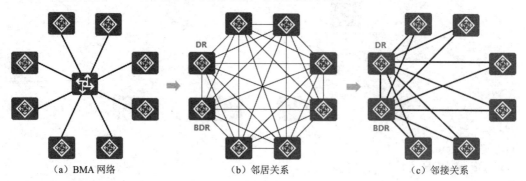

（a）BMA 网络　　　　（b）邻居关系　　　　（c）邻接关系

图 3.7.10　BMA 网络中的邻居关系和邻接关系示意图

8. OSPF 报文类型

OSPF 报文封装在 IP 报文中，协议号为 89。OSPF 定义了 5 种类型的报文，每种报文都有各自的用途，服务于 OSPF 工作的各个阶段。

1）Hello 报文

Hello 报文的作用是发现和维持 OSPF 邻居关系。OSPF 路由器间通过交互 Hello 报文来发现直连链路上的邻居设备，并依据网络类型确立邻接关系，之后会周期性地发送 Hello 报文，检测邻居状态，以维系邻居关系。Hello 报文交互示意图如图 3.7.11 所示。

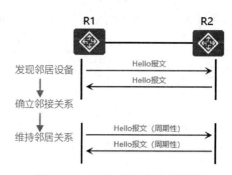

图 3.7.11　Hello 报文交互示意图

不同类型网络的 Hello 报文发送间隔不同，如表 3.7.2 所示。若经历 4 个 Hello 间隔，即 1 个 Dead 间隔后，依然未收到邻居设备发来的 Hello 报文，则 OSPF 路由器会认为邻居失效，撤销邻居关系。

表 3.7.2　各 OSPF 类型网络的 Hello 间隔和 Dead 间隔

网络类型	Hello 间隔	Dead 间隔
BMA	10s	40s
P2P	10s	40s
P2MP	30s	120s
NBMA	30s	120s

Hello 报文的内容主要包括网络掩码、Hello 间隔、Dead 间隔、路由器优先级、DR、BDR、邻居信息等，如图 3.7.12 所示。

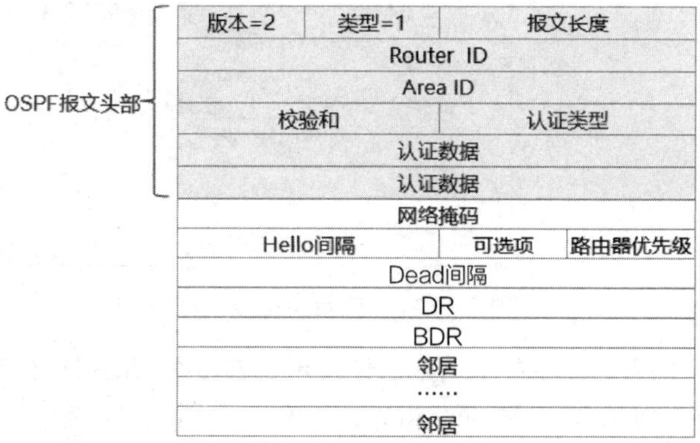

图 3.7.12　Hello 报文主要内容

Hello 报文中的 Area ID、认证类型、认证数据、网络掩码、Hello 间隔、Dead 间隔是邻居关系建立的条件。只有参数完全匹配，双方才能建立邻居关系。

2）DD 报文

DD 报文的作用是描述本地 LSDB 的摘要信息。具有邻接关系的路由器之间通过交互 DD 报文来明确哪些是邻居设备具有而自身不存在的 LSA，以便向邻居设备请求对应 LSA 的完整信息。

在正式交互 LSDB 摘要信息之前，双方先依据 Router ID 协商主从关系，也就是确定 Master 和 Slave。DD 报文的交互过程由 Master 主导。通过 DD 序列号来保证 DD 报文传输的有序性和可靠性，具体做法是 Slave 在发送 DD 报文前，必须先收到 Master 发来的 DD 报文，并且 Slave 发送的 DD 报文中的序列号使用 Master 发来的 DD 报文的序列号。

如图 3.7.13 所示，通过比较 Router ID，R2 为 Master，R1 为 Slave。R1 发送的 DD 报文中的序列号使用的是 Master 发来的 DD 报文的序列号 Y，在 R2 发送序列号为 $Y+1$ 的报文后，Slave 才可发送下一个 DD 报文，并且发送的 DD 报文的序列号为 $Y+1$。

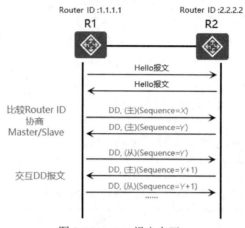

图 3.7.13　DD 报文交互

需要明确一点是，Master 和 Slave 的比较依据是 Router ID，而在 BMA 网络中，DR 的选举先比较的是接口优先级，因此 Master 不一定是 DR。

DD 报文的内容包括 DD 序列号及 LSA 的头部信息，并非完整的 LSA 信息，如图 3.7.14 所示。

图 3.7.14　DD 报文主要内容

通过设置 DD 报文的可选项字段中的末三位，可以表示不同的 DD 报文。

① I 位：取 1，表示正在协商 Master/Slave；取 0，表示协商完成。

② M 位：取 0，表示这是最后一个 DD 报文；取 1，表示这不是最后一个 DD 报文。

③ MS 位：取 1，表示该路由器为 Master；取 0，表示该路由器为 Slave。

3）LSR 报文

LSR 报文的作用是向邻居设备请求所需 LSA，如图 3.7.15 所示。LSR 的内容为链路状态类型、链路状态 ID 和通告路由器，这个三元组可以用来标识需要请求的 LSA。

4）LSU 报文

LSU 报文的作用是向对方发送其所需的 LSA 的完整信息，如图 3.7.16 所示，内容包括 LSA 个数和 LSA 完整信息。

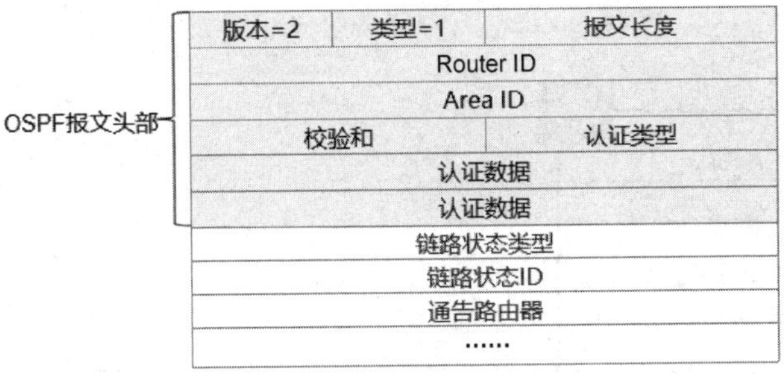

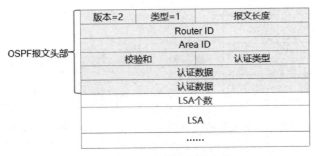

OSPF报文头部
版本=2
类型=1
报文长度
Router ID
Area ID
校验和
认证类型
认证数据
认证数据
链路状态类型
链路状态ID
通告路由器
……

图 3.7.15 LSR 报文主要内容

OSPF报文头部
版本=2
类型=1
报文长度
Router ID
Area ID
校验和
认证类型
认证数据
认证数据
LSA个数
LSA
……

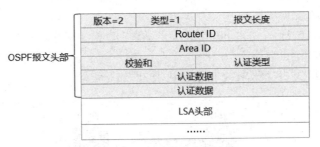

图 3.7.16 LSU 报文主要内容

5）LSAck 报文

LSAck 报文的作用是对收到的 LSA 进行确认，如图 3.7.17 所示，内容包括确认收到的 LSA 头部信息。

OSPF报文头部
版本=2
类型=1
报文长度
Router ID
Area ID
校验和
认证类型
认证数据
认证数据
LSA头部
……

图 3.7.17 LSAck 报文主要内容

LSR 报文、LSU 报文和 LSAck 报文的交互过程示意图如图 3.7.18 所示。

9. 邻居状态

路由器运行 OSPF 后，随着报文的交互，邻居状态会进行相应变迁，变迁过程示意图如图 3.7.19 所示。

（1）OSPF 接口在未收到邻居设备发来的 Hello 报文时，处于 Down 状态。

（2）OSPF 接口收到来自邻居设备的 Hello 报文，但“邻居”字段没有自己的 Router ID 时，处于 Init 状态；在 NBMA 网络中，还存在一种 Attempt 状态，表明路由器以 Hello 间隔向邻居设备发送 Hello 报文，尝试建立邻居关系。

（3）OSPF 接口收到来自邻居设备的 Hello 报文，“邻居”字段有自己的 Router ID，确认双向通信，进入 2-Way 状态。2-Way 状态表明邻居关系已建立，若不需要建立邻接关系，则路由器将一直停留在此状态，如 BMA 网络中的 DR Other 间的邻居状态。

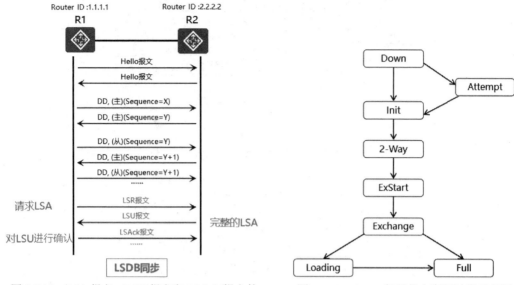

图 3.7.18 LSA 报文、LSU 报文和 LSAck 报文的
交互过程示意图

图 3.7.19 OSPF 邻居状态变迁过程示意图

（4）邻接关系建立后，进入 ExStart 状态，此时开始协商 Master/Slave，并确定 DD 报文初始序列号。

（5）Master/Slave 关系协商完成后，进入 Exchange 状态，双方开始交互 DD 报文。

（6）DD 报文交互完成后，进入 Loading 状态，此时通过 LSR 报文、LSU 报文及 LSAck 报文交互，获取所需 LSA 完整信息；

（7）LSDB 同步完成后，进入 Full 状态。若通过 DD 报文交互后发现 LSDB 已同步，则直接从 Exchange 状态进入 Full 状态。

图 3.7.20 所示为 OSPF 报文在交互过程中对应的邻居状态。

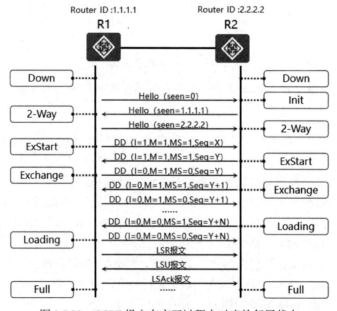

图 3.7.20 OSPF 报文在交互过程中对应的邻居状态

10．OSPF 配置流程

（1）创建 OSPF 进程。

（2）创建 OSPF 区域。

（3）接口使能 OSPF 进程。

11．OSPF 配置命令

（1）创建 OSPF 进程。

命令：ospf [*process-id* | router-id *router-id*]。

说明：若 ospf 命令后不指定 process-id 参数，则默认为进程 1，并且根据规则自动设置参数 router-id。

视图：系统视图。

举例，R1 启动 OSPF 进程 1，Router ID 为 1.1.1.1：

```
[R1]ospf 1 router-id 1.1.1.1
[R1-ospf-1]
```

（2）创建 OSPF 区域。

命令：area *area-id*。

说明：area-id 参数可以用整数或点分十进制形式表示。

视图：OSPF 视图。

举例，在 R1 的 OSPF 进程 1 下，创建 Area 0：

```
[R1-ospf-1]area 0
[R1-ospf-1-area-0.0.0.0]
```

（3）接口激活 OSPF。

命令：network *network-address wildcard-mask*。

说明：接口地址必须在 network 命令指定的网段范围内才能被激活；wildcard-mask 参数是通配符掩码，与 network-address 参数按位对应，0 表示严格匹配，1 表示无须匹配。

视图：OSPF 区域视图。

举例，R1 的 G0/0/0 接口激活 OSPF，G0/0/0 接口的 IP 地址为 12.1.1.1/24：

```
//IP 地址前三个字节为 12.1.1 的接口会激活 OSPF，G0/0/0 接口在此范围内
[R1-ospf-1-area-0.0.0.0]network 12.1.1.0 0.0.0.255
```

或者：

```
//精确匹配 12.1.1.1，只激活 R1 的 G0/0/0 接口
[R1-ospf-1-area-0.0.0.0]network 12.1.1.1 0.0.0.0
```

3.7.3　任务实施

1．任务目的

（1）理解 OSPF 的工作原理。

（2）掌握 OSPF 单区域的配置方法。

操作演示

2．任务描述

某公司网络由三台路由器互连各业务网段。因工作需要，各业务网段要能互相通信，网络管理人员决定使用动态路由协议 OSPF 来实现。

3．实施规划

1）拓扑图（见图3.7.21）

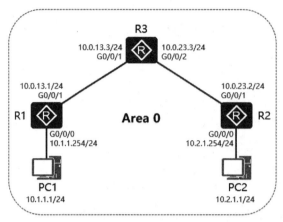

图 3.7.21　拓扑图

2）操作流程

（1）配置 PC 及路由器的网络参数。

（2）为各路由器启动 OSPF 进程，接口激活 OSPF。

4．具体步骤

（1）配置 PC 的网络参数。

（2）配置路由器的网络参数。

① 配置 R1 的网络参数：

```
[R1]int g0/0/0
[R1-GigabitEthernet0/0/0]ip add 10.1.1.254 24
[R1-GigabitEthernet0/0/0]int g0/0/1
[R1-GigabitEthernet0/0/1]ip add 10.0.13.1 24
```

② 配置 R2 的网络参数：

```
[R2]int g0/0/0
[R2-GigabitEthernet0/0/0]ip add 10.2.1.254 24
[R2-GigabitEthernet0/0/0]int g0/0/1
[R2-GigabitEthernet0/0/1]ip add 10.0.23.2 24
```

③ 配置 R3 的网络参数：

```
[R3]int g0/0/1
[R3-GigabitEthernet0/0/1]ip add 10.0.13.3 24
[R3-GigabitEthernet0/0/1]int g0/0/2
[R3-GigabitEthernet0/0/2]ip add 10.0.23.3 24
```

（3）为路由器配置 OSPF。

① 为 R1 配置 OSPF：

```
[R1]ospf 1 router-id 1.1.1.1                    //启动 OSPF 进程，并设置 Router ID 为 1.1.1.1
[R1-ospf-1]area 0                               //进入 Area 0 配置视图
[R1-ospf-1-area-0.0.0.0]network 10.1.1.0 0.0.0.255    //接口激活 OSPF
[R1-ospf-1-area-0.0.0.0]network 10.0.13.0 0.0.0.255
```

② 为 R2 配置 OSPF：

```
[R2]ospf 1 router-id 2.2.2.2
[R2-ospf-1]area 0
[R2-ospf-1-area-0.0.0.0]network 10.2.1.0 0.0.0.255
[R2-ospf-1-area-0.0.0.0]network 10.0.23.0 0.0.0.255
```

③ 为 R3 配置 OSPF：

```
[R3]ospf 1 router-id 3.3.3.3
[R3-ospf-1]area 0
[R3-ospf-1-area-0.0.0.0]network 10.0.13.0 0.0.0.255
[R3-ospf-1-area-0.0.0.0]network 10.0.23.0 0.0.0.255
```

5．实验测试

（1）查看 OSPF 路由信息。

① 查看 R1 的 OSPF 路由信息：

```
[R1]display ip routing-table protocol ospf
Route Flags: R - relay, D - download to fib
------------------------------------------------------------------
Public routing table : OSPF
        Destinations : 2      Routes : 2
OSPF routing table status : <Active>
        Destinations : 2      Routes : 2
Destination/Mask    Proto   Pre   Cost   Flags   NextHop        Interface

     10.0.23.0/24    OSPF    10    2      D       10.0.13.3      GigabitEthernet0/0/1
     10.2.1.0/24     OSPF    10    3      D       10.0.13.3      GigabitEthernet0/0/1

OSPF routing table status : <Inactive>
        Destinations : 0      Routes : 0
        Destinations : 0      Routes : 0
```

③ 查看 R2 的 OSPF 路由信息：

```
[R2]display ip routing-table protocol ospf
Route Flags: R - relay, D - download to fib
------------------------------------------------------------------
Public routing table : OSPF
        Destinations : 2      Routes : 2
OSPF routing table status : <Active>
        Destinations : 2      Routes : 2
Destination/Mask    Proto   Pre   Cost   Flags   NextHop        Interface

     10.0.13.0/24    OSPF    10    2      D       10.0.23.3      GigabitEthernet0/0/1
     10.1.1.0/24     OSPF    10    3      D       10.0.23.3      GigabitEthernet0/0/1

OSPF routing table status : <Inactive>
        Destinations : 0      Routes : 0
```

③ 查看 R3 的 OSPF 路由信息：

```
[R3]display ip routing-table protocol ospf
Route Flags: R - relay, D - download to fib
```

```
--------------------------------------------------------------------------------
Public routing table : OSPF
        Destinations : 2       Routes : 2
OSPF routing table status : <Active>
        Destinations : 2       Routes : 2
Destination/Mask      Proto   Pre  Cost   Flags  NextHop        Interface

     10.1.1.0/24      OSPF    10    2       D    10.0.13.1      GigabitEthernet0/0/1
     10.2.1.0/24      OSPF    10    2       D    10.0.23.2      GigabitEthernet0/0/2

OSPF routing table status : <Inactive>
        Destinations : 0       Routes : 0
```

（2）查看 R3 的邻居信息。

```
[R3]dis ospf 1 peer
        OSPF Process 1 with Router ID 3.3.3.3
                Neighbors
 Area 0.0.0.0 interface 10.0.13.3(GigabitEthernet0/0/1)'s neighbors
 Router ID: 1.1.1.1          Address: 10.0.13.1
   State: Full  Mode:Nbr is  Slave  Priority: 1
   DR: 10.0.13.3 BDR: 10.0.13.1 MTU: 0
   Dead timer due in 40  sec
   Retrans timer interval: 5
   Neighbor is up for 00:00:53
   Authentication Sequence: [ 0 ]


                Neighbors
 Area 0.0.0.0 interface 10.0.23.3(GigabitEthernet0/0/2)'s neighbors
 Router ID: 2.2.2.2          Address: 10.0.23.2
   State: Full  Mode:Nbr is  Slave  Priority: 1
   DR: 10.0.23.3 BDR: 10.0.23.2 MTU: 0
   Dead timer due in 31  sec
   Retrans timer interval: 5
   Neighbor is up for 00:00:21
   Authentication Sequence: [ 0 ]
```

（3）连通性测试。

PC1 ping PC2：

```
PC>PING 10.2.1.1

Ping 10.2.1.1: 32 data bytes, Press Ctrl_C to break
From 10.2.1.1: bytes=32 seq=1 ttl=125 time=16 ms
From 10.2.1.1: bytes=32 seq=2 ttl=125 time=15 ms
From 10.2.1.1: bytes=32 seq=3 ttl=125 time=15 ms
From 10.2.1.1: bytes=32 seq=4 ttl=125 time=31 ms
From 10.2.1.1: bytes=32 seq=5 ttl=125 time=16 ms

--- 10.2.1.1 ping statistics ---
 5 packet(s) transmitted
 5 packet(s) received
 0.00% packet loss
 round-trip min/avg/max = 15/18/31 ms
```

6．结果分析

通过 OSPF 单区域配置，各路由器均获得了关于非直连网络的 OSPF 路由，各业务主机能够互相通信，实现了全网连通。

7．注意事项

（1）在配置 network 命令时，接口的 IP 地址必须在 network 指定的网段范围内才能被激活。

（2）在指定 Router ID 时，需保证全域唯一性。

任务 3.8　OSPF 多区域配置

3.8.1　任务背景

在较大规模的网络中部署单区域 OSPF，每台 OSPF 路由器都会收到域内其他路由器的 LSA，从而导致网络中 LSA 流量过多，路由器 LSDB 规模过大，路由表规模庞大，而且任意一台设备的拓扑变更都会引起其他设备的 SPF 重计算。这些问题会使 OSPF 路由器负担过重，资源消耗过多，影响数据转发。

OSPF 引入了多区域的概念，通过区域、层次化的设计，来缓解 OSPF 单区域部署带来的问题。本任务介绍 OSPF 多区域在大规模网络中的部署应用。

3.8.2　准备知识

1．OSPF 多区域

OSPF 多区域设计思想如下。

（1）LSA 洪泛和 LSDB 同步只在本区域内进行。

（2）每个区域独立计算路由。

（3）Area 0 必须是连续的，也就是说一个 OSPF 路由域中只能有一个 Area 0，其他区域必须和 Area 0 直接连接。

（4）区域间的路由交换必须通过 Area 0，区域边界路由器负责把区域内的路由转换成区域间路由，传播到其他区域。

（5）依据实际网络环境，通过配置汇总路由、特殊区域等，简化 OSPF 路由表。

OSPF 多区域基本特征示意图如图 3.8.1 所示。

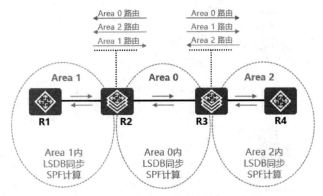

图 3.8.1　OSPF 多区域基本特征示意图

2．OSPF 路由器角色

在 OSPF 多区域路由域中，路由器因所处位置不同，被定义了不同的角色。

（1）内部路由器（Internal Router，IR）：所有接口在同一个区域内的路由器。

（2）骨干路由器（Backbone Router，BR）：Area 0 中的路由器。

（3）区域边界路由器（Area Border Router，ABR）：连接 Area 0 和其他区域的路由器。

（4）AS 边界路由器（AS Boundary Router，ASBR）：工作在 AS 边界的路由器。

OSPF 各路由器角色定位示意图如图 3.8.2 所示。

3．LSA 类型

基于 OSPF 的多区域设计，定义了多种类型的 LSA。LSA 是 OSPF 的核心内容，深入学习 LSA 有助于更好地应用 OSPF。以如图 3.8.3 所示的 OSPF 多区域环境为例，来分析各种类型的 LSA。

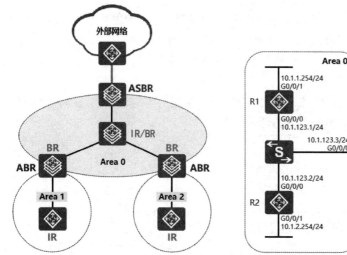

图 3.8.2　OSPF 各路由器角色定位示意图

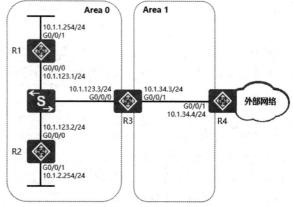

图 3.8.3　OSPF 多区域环境

（1）路由器 LSA，称为 1 类 LSA，由区域内所有路由器产生，描述了路由器所有接口的状况和 Cost 值，只在本区域内泛洪。

如图 3.8.4 所示，R1 的 G0/0/0 接口和 G0/0/1 接口激活 OSPF，R1 产生一个 1 类 LSA，描述了这两个接口的状况，并在 Area 0 内泛洪。

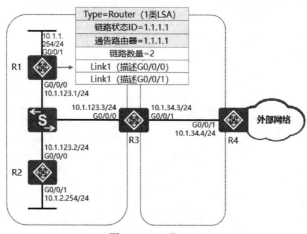

图 3.8.4　1 类 LSA

（2）网络 LSA，称为 2 类 LSA。由 DR 产生，描述其连接的所有路由器的 Router ID，也包含自身 Router ID，只在接口所属区域泛洪。

如图 3.8.5 所示，R3 成为 BMA 网络 10.1.123.0 的 DR，产生 2 类 LSA，描述了自身及邻居路由器的 Router ID，并在 Area 0 内泛洪。

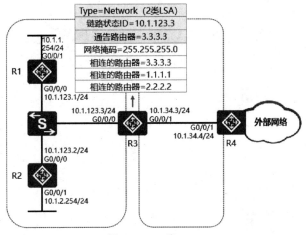

图 3.8.5 2 类 LSA

（3）网络汇总 LSA，称为 3 类 LSA，由 ABR 产生，描述其直连区域内部的路由信息，并在区域间传递。因此，该 LSA 的传递范围为整个 OSPF 路由域。

如图 3.8.6 所示，R3 分别产生 Area 1 和 Area 0 的 3 类 LSA。R3 将 Area 1 的 3 类 LSA 注入 Area 0，同时将 Area 0 的 3 类 LSA 注入 Area 1，使得 Area 1 中的设备获得 Area 0 中的路由，反之亦然。

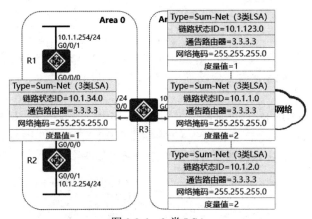

图 3.8.6 3 类 LSA

（4）ASBR 汇总 LSA，称为 4 类 LSA，由 ABR 产生，描述到达 ASBR 的主机路由，在除 ASBR 所在区域的其他区域间传递。因为 ASBR 所在区域的路由设备可以通过 1 类 LSA 或 2 类 LSA 获知 ASBR 的路由。

如图 3.8.7 所示，ASBR R4 将外部路由引入 OSPF 路由域，R3 产生 4 类 LSA，描述了去往 R4 的主机路由，并在 Area 0 内传递，Area 0 内的路由设备获得 ASBR 的路由。

（5）AS 外部 LSA，称为 5 类 LSA，由 ASBR 产生，描述 AS 之外的外部路由，在整个 OSPF 路由域传递。

如图 3.8.8 所示，ASBR R4 将外部路由引入 OSPF 路由域，R4 产生 5 类 LSA，描述了外部路由 10.1.45.0/24 的信息，并在全域传递。因此 OSPF 路由域内的所有路由器都可以获得该路由信息。

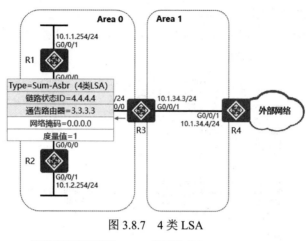

图 3.8.7　4 类 LSA

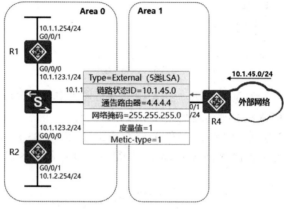

图 3.8.8　5 类 LSA

（6）NSSA LSA，称为 7 类 LSA，由 ASBR 产生，描述 AS 之外的外部路由，在始发 NSSA（Not-So-Stubby Area，末梢节区域）内泛洪，NSSA 中的 ABR 会将此 7 类 LSA 转换成 5 类 LSA 注入 Area 0。

如图 3.8.9 所示，ASBR R4 将外部路由引入 OSPF 路由域的 NSSA，R4 产生 7 类 LSA，描述了外部路由 10.1.45.0/24 的信息，并在 NSSA 内泛洪，ABR R3 将该 7 类 LSA 转换成 5 类 LSA，注入 Area 0。这样 OSPF 路由域内的所有路由器都可获得该路由信息。

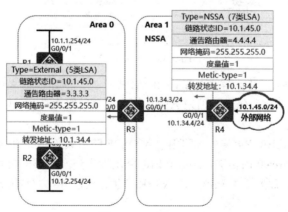

图 3.8.9　7 类 LSA

4.OSPF 多区域配置流程及相关命令

OSPF 多区域配置流程及命令格式与 OSPF 单区域配置相同,区别在于,OSPF 多区域需要根据规划创建多个区域,接口在激活 OSPF 协议时要注意区分区域 ID。

3.8.3 任务实施

操作演示

1.任务目的

(1)理解 OSPF 的工作原理。

(2)掌握 OSPF 多区域的配置方法。

2.任务描述

某公司的网络为总-分支结构,计划部署 OSPF,以实现全网连通。路由器数量较多,若采用单区域设计,会导致网络中的 OSPF 报文流量过大,且任意节点的拓扑变更都将引起 SPF 重计算,增加路由设备的开销,影响网络的通信性能。网络管理员决定采用 OSPF 多区域来设计网络,总部网络规划为 Area 0,分支机构规划为常规区域。常规区域通过 Area 0 来交换路由信息,实现全网连通。

3.实施规划

1)拓扑图(见图 3.8.10)

2)操作流程

(1)配置 PC 及路由器的网络参数。

(2)各路由器启动 OSPF 进程,按照区域规划,接口分别使能 OSPF。

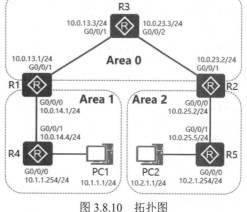

图 3.8.10 拓扑图

4.具体步骤

(1)配置 PC 的网络参数。

(2)配置路由器的网络参数。

① 配置 R1 的网络参数:

```
[R1]int g0/0/0
[R1-GigabitEthernet0/0/0]ip add 10.0.14.1 24
[R1-GigabitEthernet0/0/0]int g0/0/1
[R1-GigabitEthernet0/0/1]ip add 10.0.13.1 24
```

② 配置 R2 的网络参数:

```
[R2]int g0/0/0
[R2-GigabitEthernet0/0/0]ip add 10.0.25.2 24
[R2-GigabitEthernet0/0/0]int g0/0/1
[R2-GigabitEthernet0/0/1]ip add 10.0.23.2 24
```

③ 配置 R3 的网络参数:

```
[R3]int g0/0/1
[R3-GigabitEthernet0/0/1]ip add 10.0.13.3 24
[R3-GigabitEthernet0/0/1]int g0/0/2
[R3-GigabitEthernet0/0/2]ip add 10.0.23.3 24
```

④ 配置 R4 的网络参数：

```
[R4]int g0/0/0
[R4-GigabitEthernet0/0/0]ip add 10.1.1.254 24
[R4-GigabitEthernet0/0/0]int g0/0/1
[R4-GigabitEthernet0/0/1]ip add 10.0.14.4 24
```

⑤ 配置 R5 的网络参数：

```
[R5]int g0/0/0
[R5-GigabitEthernet0/0/0]ip add 10.2.1.254 24
[R5-GigabitEthernet0/0/0]int g0/0/1
[R5-GigabitEthernet0/0/1]ip add 10.0.25.5 24
```

（3）路由器配置 OSPF 多区域。

① 为 R1 配置 OSPF：

```
[R1]ospf 1 router-id 1.1.1.1
[R1-ospf-1]area 0
[R1-ospf-1-area-0.0.0.0]network 10.0.13.0 0.0.0.255
[R1-ospf-1-area-0.0.0.0]area 1
[R1-ospf-1-area-0.0.0.1]network 10.0.14.0 0.0.0.255
```

② 为 R2 配置 OSPF：

```
[R2]ospf 1 router-id 2.2.2.2
[R2-ospf-1]area 0
[R2-ospf-1-area-0.0.0.0]network 10.0.23.0 0.0.0.255
[R2-ospf-1-area-0.0.0.0]area 2
[R2-ospf-1-area-0.0.0.2]network 10.0.25.0 0.0.0.255
```

③ 为 R3 配置 OSPF：

```
[R3]ospf 1 router-id 3.3.3.3
[R3-ospf-1]area 0
[R3-ospf-1-area-0.0.0.0]network 10.0.13.0 0.0.0.255
[R3-ospf-1-area-0.0.0.0]network 10.0.23.0 0.0.0.255
```

④ 为 R4 配置 OSPF：

```
[R4]ospf 1 router-id 4.4.4.4
[R4-ospf-1]area 1
[R4-ospf-1-area-0.0.0.1]network 10.0.14.0 0.0.0.255
[R4-ospf-1-area-0.0.0.1]network 10.1.1.0 0.0.0.255
```

⑤ 为 R5 配置 OSPF：

```
[R5]ospf 1 router-id 5.5.5.5
[R5-ospf-1]area 2
[R5-ospf-1-area-0.0.0.2]network 10.0.25.0 0.0.0.255
[R5-ospf-1-area-0.0.0.2]network 10.2.1.0 0.0.0.255
```

5. 实验测试

1）查看 OSPF 路由信息

（1）查看 R1 的 OSPF 路由信息：

```
[R1]display ip routing-table protocol ospf
Route Flags: R - relay, D - download to fib
```

```
--------------------------------------------------------------------------
Public routing table : OSPF
         Destinations : 4         Routes : 4
OSPF routing table status : <Active>
         Destinations : 4         Routes : 4
Destination/Mask      Proto   Pre   Cost    Flags   NextHop        Interface

      10.0.23.0/24    OSPF    10    2        D      10.0.13.3      GigabitEthernet0/0/1
      10.0.25.0/24    OSPF    10    3        D      10.0.13.3      GigabitEthernet0/0/1
      10.1.1.0/24     OSPF    10    2        D      10.0.14.4      GigabitEthernet0/0/0
      10.2.1.0/24     OSPF    10    4        D      10.0.13.3      GigabitEthernet0/0/1

OSPF routing table status : <Inactive>
         Destinations : 0         Routes : 0
```

（2）查看 R2 的 OSPF 路由信息：

```
[R2]display ip routing-table protocol ospf
Route Flags: R - relay, D - download to fib
--------------------------------------------------------------------------
Public routing table : OSPF
         Destinations : 4         Routes : 4
OSPF routing table status : <Active>
         Destinations : 4         Routes : 4
Destination/Mask      Proto   Pre   Cost    Flags   NextHop        Interface

      10.0.13.0/24    OSPF    10    2        D      10.0.23.3      GigabitEthernet0/0/1
      10.0.14.0/24    OSPF    10    3        D      10.0.23.3      GigabitEthernet0/0/1
      10.1.1.0/24     OSPF    10    4        D      10.0.23.3      GigabitEthernet0/0/1
      10.2.1.0/24     OSPF    10    2        D      10.0.25.5      GigabitEthernet0/0/0

OSPF routing table status : <Inactive>
         Destinations : 0         Routes : 0
```

（3）查看 R3 的 OSPF 路由信息：

```
[R3]display ip routing-table protocol ospf
Route Flags: R - relay, D - download to fib
--------------------------------------------------------------------------
Public routing table : OSPF
         Destinations : 4         Routes : 4
OSPF routing table status : <Active>
         Destinations : 4         Routes : 4
Destination/Mask      Proto   Pre   Cost    Flags   NextHop        Interface

      10.0.14.0/24    OSPF    10    2        D      10.0.13.1      GigabitEthernet0/0/1
      10.0.25.0/24    OSPF    10    2        D      10.0.23.2      GigabitEthernet0/0/2
      10.1.1.0/24     OSPF    10    3        D      10.0.13.1      GigabitEthernet0/0/1
      10.2.1.0/24     OSPF    10    3        D      10.0.23.2      GigabitEthernet0/0/2

OSPF routing table status : <Inactive>
         Destinations : 0         Routes : 0
```

（4）查看 R4 的 OSPF 路由信息：

```
[R4]display ip routing-table protocol ospf
```

```
Route Flags: R - relay, D - download to fib
--------------------------------------------------------------------------
Public routing table : OSPF
        Destinations : 4        Routes : 4
OSPF routing table status : <Active>
        Destinations : 4        Routes : 4
Destination/Mask     Proto   Pre   Cost   Flags   NextHop        Interface

      10.0.13.0/24   OSPF    10    2      D       10.0.14.1      GigabitEthernet0/0/1
      10.0.23.0/24   OSPF    10    3      D       10.0.14.1      GigabitEthernet0/0/1
      10.0.25.0/24   OSPF    10    4      D       10.0.14.1      GigabitEthernet0/0/1
      10.2.1.0/24    OSPF    10    5      D       10.0.14.1      GigabitEthernet0/0/1

OSPF routing table status : <Inactive>
        Destinations : 0        Routes : 0
```

（5）查看 R5 的 OSPF 路由信息：

```
[R5]display ip routing-table protocol ospf
Route Flags: R - relay, D - download to fib
--------------------------------------------------------------------------
Public routing table : OSPF
        Destinations : 4        Routes : 4
OSPF routing table status : <Active>
        Destinations : 4        Routes : 4
Destination/Mask     Proto   Pre   Cost   Flags   NextHop        Interface

      10.0.13.0/24   OSPF    10    3      D       10.0.25.2      GigabitEthernet0/0/1
      10.0.14.0/24   OSPF    10    4      D       10.0.25.2      GigabitEthernet0/0/1
      10.0.23.0/24   OSPF    10    2      D       10.0.25.2      GigabitEthernet0/0/1
      10.1.1.0/24    OSPF    10    5      D       10.0.25.2      GigabitEthernet0/0/1

OSPF routing table status : <Inactive>
        Destinations : 0        Routes : 0
```

2）查看邻居信息

（1）查看 R1 的邻居信息：

```
[R1]display ospf peer brief
      OSPF Process 1 with Router ID 1.1.1.1
            Peer Statistic Information
--------------------------------------------------------------------------
Area Id         Interface                 Neighbor id     State
0.0.0.0         GigabitEthernet0/0/1      3.3.3.3         Full
0.0.0.1         GigabitEthernet0/0/0      4.4.4.4         Full
--------------------------------------------------------------------------
```

（2）查看 R2 的邻居信息：

```
[R2]display ospf peer brief
      OSPF Process 1 with Router ID 2.2.2.2
            Peer Statistic Information
--------------------------------------------------------------------------
Area Id         Interface                 Neighbor id     State
```

```
0.0.0.0              GigabitEthernet0/0/1            3.3.3.3        Full
0.0.0.2              GigabitEthernet0/0/0            5.5.5.5        Full
-----------------------------------------------------------------------------
```

（3）查看 R3 的邻居信息：

```
[R3]display ospf peer brief
        OSPF Process 1 with Router ID 3.3.3.3
                Peer Statistic Information
-----------------------------------------------------------------------------
Area Id              Interface                   Neighbor id      State
0.0.0.0              GigabitEthernet0/0/1            1.1.1.1        Full
0.0.0.0              GigabitEthernet0/0/2            2.2.2.2        Full
-----------------------------------------------------------------------------
```

（4）查看 R4 的邻居信息：

```
[R4]display ospf peer brief
        OSPF Process 1 with Router ID 4.4.4.4
                Peer Statistic Information
-----------------------------------------------------------------------------
Area Id              Interface                   Neighbor id      State
0.0.0.1              GigabitEthernet0/0/1            1.1.1.1        Full
-----------------------------------------------------------------------------
```

（5）查看 R5 的邻居信息：

```
[R5]display ospf peer brief
        OSPF Process 1 with Router ID 5.5.5.5
                Peer Statistic Information
-----------------------------------------------------------------------------
Area Id              Interface                   Neighbor id      State
0.0.0.2              GigabitEthernet0/0/1            2.2.2.2        Full
-----------------------------------------------------------------------------
```

3）连通性测试

PC1 ping PC2：

```
PC>PING ping 10.2.1.1

Ping 10.2.1.1: 32 data bytes, Press Ctrl_C to break
From 10.2.1.1: bytes=32 seq=1 ttl=123 time=31 ms
From 10.2.1.1: bytes=32 seq=2 ttl=123 time=31 ms
From 10.2.1.1: bytes=32 seq=3 ttl=123 time=31 ms
From 10.2.1.1: bytes=32 seq=4 ttl=123 time=31 ms
From 10.2.1.1: bytes=32 seq=5 ttl=123 time=47 ms

--- 10.2.1.1 ping statistics ---
 5 packet(s) transmitted
 5 packet(s) received
 0.00% packet loss
 round-trip min/avg/max = 31/34/47 ms
```

6. 结果分析

通过配置 OSPF 多区域，各路由器 OSPF 路由学习完整，邻居状态正常，PC 互通有效，实现了全网连通。

7．注意事项

（1）在规划 OSPF 多区域时，只能有一个 Area 0，常规区域必须与 Area 0 相连。

（2）网络合并等原因导致的 OSPF 路由域中存在多个 Area 0 或常规区域未与 Area 0 互连等，可以通过虚链路技术来解决。

任务 3.9　OSPF 特殊区域配置

3.9.1　任务背景

通过部署 OSPF 多区域，可以减少网络中的 LSA 流量，将路由器的 LSDB 规模限制在区域内，但随着网络规模的扩大，路由表的规模依然会变得很庞大。

OSPF 支持配置特殊区域（末梢区域，华为官方手册中直接表达为 STUB 区域）。通过配置末梢区域可以进一步缩小路由表规模和传递的路由信息数量。本任务介绍 OSPF 的 4 种末梢区域特征，通过末梢区域的应用进一步优化 OSPF 运行环境。

3.9.2　准备知识

1．OSPF 特殊区域

（1）STUB 区域（STUB Area）：该区域下有如下特点。

① 不允许发布 AS 外部路由。

② 不允许接收与外部路由相关的 4 类 LSA 和 5 类 LSA。

③ 可以接收区域间路由的 3 类 LSA 及该区域 ABR 发布的 3 类 LSA 默认路由。

STUB 区域中的 LSA 过滤情况如图 3.9.1 所示。

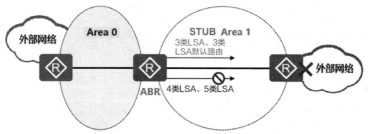

图 3.9.1　STUB 区域中的 LSA 过滤情况

（2）完全末梢区域（Totally STUB Area）：在 STUB 区域特征的基础上，不再接收区域间路由的 3 类 LSA，如图 3.9.2 所示。

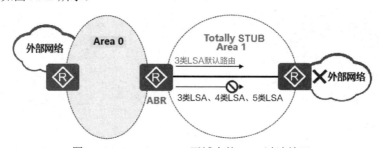

图 3.9.2　Totally STUB 区域中的 LSA 过滤情况

（3）NSSA：是 STUB 区域的变形，和 STUB 区域有许多相似之处的同时具有自身特征，概况如下。

① 允许发布 AS 外部路由，形成 7 类 LSA，ABR 将 7 类 LSA 转化成 5 类 LSA 注入 Area 0。

② 不允许接收 AS 外部路由相关的 4 类 LSA 和 5 类 LSA。

③ 接收区域间路由的 3 类 LSA。

④ 接收该区域 ABR 发布的 7 类 LSA 默认路由。

NSSA 中的 LSA 过滤情况如图 3.9.3 所示。

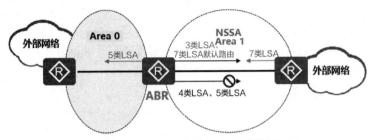

图 3.9.3　NSSA 中的 LSA 过滤情况

（4）Totally NSSA：该区域在 NSSA 特征基础上，不再接收区域间路由的 3 类 LSA，只接收该区域 ABR 发布的 3 类默认路由和 7 类 LSA 默认路由，如图 3.9.4 所示。这样存在两种类型的默认路由，路由表体现的是 3 类默认路由。

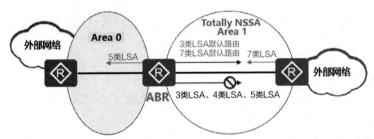

图 3.9.4　Totally NSSA 3 类 LSA、4 类 LSA、5 类 LSA 下 LSA 过滤情况

表 3.9.1 归纳了各种 OSPF 区域允许的 LSA 类型，常规区域允许 1～5 类 LSA；STUB 区域允许 1～3 类 LSA 和 3 类 LSA 默认路由；Totally STUB 区域允许 1～2 类 LSA 和 3 类 LSA 默认路由；NSSA 允许 1～3 类 LSA 及 3 类 LSA 和 7 类 LSA 默认路由；Totally NSSA 允许 1～2 类 LSA 及 3 类和 7 类 LSA 默认路由。

表 3.9.1　各种 OSPF 区域允许的 LSA 类型

区域类型	LSA 类型					
	1 类 LSA	2 类 LSA	3 类 LSA	4 类 LSA	5 类 LSA	7 类 LSA
常规区域	√	√	√	√	√	×
STUB 区域	√	√	√	×	×	×
Totally STUB 区域	√	√	×	×	×	×
NSSA	√	√	√	×	×	√
Totally NSSA	√	√	×	×	×	√

2．OSPF 特殊区域配置流程

（1）配置 OSPF 特殊区域的 ABR 的区域类型（STUB 区域/Totally STUB 区域/NSSA/Totally NSSA）。

（2）配置区域内所有路由器对应区域类型。

3．OSPF 特殊区域配置命令

（1）配置 STUB 区域或 Totally STUB 区域。

命令：stub [no-summary]。

说明：在配置 STUB 区域时，区域内所有路由器都需要配置 stub 命令；在配置 Totally STUB 区域时，需要在 ABR 上配置 no-summary 命令。

视图：OSPF 区域视图。

举例如下。

① 将 OSPF 进程 1 下的 Area 1 设置为 STUB 区域，假设该区域包含 R1、R2，其中 R1 为 ABR：

```
[R1-ospf-1-area-0.0.0.1]stub
[R2-ospf-1-area-0.0.0.1]stub
```

② 将 OSPF 进程 1 下的 Area 1 设置为 Totally STUB 区域，假设该区域包含 R1、R2，其中 R1 为 ABR：

```
[R1-ospf-1-area-0.0.0.1]stub no-summary
[R2-ospf-1-area-0.0.0.1]stub
```

（2）配置 NSSA 或 Totally NSSA。

命令：nssa [no-summary]。

说明：在配置 NSSA 时，区域内的所有路由器都需要配置 NSSA；在配置 Totally NSSA 时，需要在 ABR 上配置 no-summary 命令。

视图：OSPF 区域视图。

举例如下。

① 将 OSPF 进程 1 下的 Area 1 设置为 NSSA，假设该区域包含 R1、R2，其中 R1 为 ABR：

```
[R1-ospf-1-area-0.0.0.1]nssa
[R2-ospf-1-area-0.0.0.1]nssa
```

② 将 OSPF 进程 1 下的 Area 1 设置为 Totally NSSA，假设该区域包含 R1、R2，其中 R1 为 ABR：

```
[R1-ospf-1-area-0.0.0.1]nssa no-summary
[R2-ospf-1-area-0.0.0.1]nssa
```

3.9.3 任务实施

1．任务目的

（1）掌握 OSPF 特殊区域的分类及区别。

（2）掌握 OSPF 特殊区域的配置方法。

操作演示

2．任务描述

某公司的网络为总-分支结构，计划部署 OSPF 多区域，以实现全网连通。考虑到分支机构众多，为进一步优化各分支机构路由设备的路由表，网络管理员决定采用 OSPF 特殊区域来规划分支机构网络。

3．实施规划

1）拓扑图（见图 3.9.5）

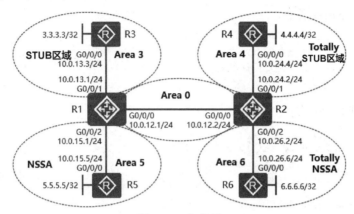

图 3.9.5　拓扑图

2）操作流程

（1）配置 PC 及路由器的网络参数。

（2）为各路由器启动 OSPF 进程，按照区域规划，为接口激活 OSPF。

（3）配置特殊区域，简化路由表。

4．具体步骤

（1）配置 PC 的网络参数。

（2）配置路由器的网络参数。

① 配置 R1 的网络参数：

```
[R1]int g0/0/0
[R1-GigabitEthernet0/0/0]ip add 10.0.12.1 24
[R1-GigabitEthernet0/0/0]int g0/0/1
[R1-GigabitEthernet0/0/1]ip add 10.0.13.1 24
[R1-GigabitEthernet0/0/1]int g0/0/2
[R1-GigabitEthernet0/0/2]ip add 10.0.15.1 24
```

② 配置 R2 的网络参数：

```
[R2]int g0/0/0
[R2-GigabitEthernet0/0/0]ip add 10.0.12.2 24
[R2-GigabitEthernet0/0/0]int g0/0/1
[R2-GigabitEthernet0/0/1]ip add 10.0.24.2 24
[R2-GigabitEthernet0/0/1]int g0/0/2
[R2-GigabitEthernet0/0/2]ip add 10.0.26.2 24
```

③ 配置 R3 的网络参数：

```
[R3]int g0/0/0
[R3-GigabitEthernet0/0/0]ip add 10.0.13.3 24
[R3-GigabitEthernet0/0/0]int loopback 0
[R3-LoopBack0]ip add 3.3.3.3 32
```

④ 配置 R4 的网络参数：

```
[R4]int g0/0/0
[R4-GigabitEthernet0/0/0]ip add 10.0.24.4 24
[R4-GigabitEthernet0/0/0]int loopback0
[R4-LoopBack0]ip add 4.4.4.4 32
```

⑤ 配置 R5 的网络参数：

```
[R5]int g0/0/0
[R5-GigabitEthernet0/0/0]ip add 10.0.15.5 24
[R5-GigabitEthernet0/0/0]int loopback 0
[R5-LoopBack0]ip add 5.5.5.5 32
```

⑥ 配置 R6 的网络参数：

```
[R6]int g0/0/0
[R6-GigabitEthernet0/0/0]ip add 10.0.26.6 24
[R6-GigabitEthernet0/0/0]int loopback 0
[R6-LoopBack0]ip add 6.6.6.6 32
```

（3）路由器配置 OSPF 多区域。

① 配置 R1 的 OSPF：

```
[R1]ospf 1 router-id 1.1.1.1
[R1-ospf-1]area 0
[R1-ospf-1-area-0.0.0.0]network 10.0.12.0 0.0.0.255
[R1-ospf-1-area-0.0.0.0]area 3
[R1-ospf-1-area-0.0.0.3]network 10.0.13.0 0.0.0.255
[R1-ospf-1-area-0.0.0.3]area 5
[R1-ospf-1-area-0.0.0.5]network 10.0.15.0 0.0.0.255
```

② 配置 R2 的 OSPF：

```
[R2]ospf 1 router-id 2.2.2.2
[R2-ospf-1]area 0
[R2-ospf-1-area-0.0.0.0]network 10.0.12.0 0.0.0.255
[R2-ospf-1-area-0.0.0.0]area 4
[R2-ospf-1-area-0.0.0.4]network 10.0.24.0 0.0.0.255
[R2-ospf-1-area-0.0.0.4]area 6
[R2-ospf-1-area-0.0.0.6]network 10.0.26.0 0.0.0.255
```

③ 配置 R3 的 OSPF：

```
[R3]ospf 1 router-id 3.3.3.3
[R3-ospf-1]area 3
[R3-ospf-1-area-0.0.0.3]network 10.0.13.0 0.0.0.255
[R3-ospf-1-area-0.0.0.3]network 3.3.3.3 0.0.0.0
```

④ 配置 R4 的 OSPF：

```
[R4]ospf 1 router-id 4.4.4.4
[R4-ospf-1]area 4
[R4-ospf-1-area-0.0.0.4]network 10.0.24.0 0.0.0.255
[R4-ospf-1-area-0.0.0.4]network 4.4.4.4 0.0.0.0
```

⑤ 配置 R5 的 OSPF：

```
[R5]ospf 1 router-id 5.5.5.5
[R5-ospf-1]area 5
```

```
[R5-ospf-1-area-0.0.0.5]network 10.0.15.0 0.0.0.255
[R5-ospf-1-area-0.0.0.5]network 5.5.5.5 0.0.0.0
```

⑥ 配置 R6 的 OSPF：

```
[R6]ospf 1 router-id 6.6.6.6
[R6-ospf-1]area 6
[R6-ospf-1-area-0.0.0.6]network 10.0.26.0 0.0.0.255
[R6-ospf-1-area-0.0.0.6]network 6.6.6.6 0.0.0.0
```

（4）为路由器配置特殊区域。

① 配置 R1 的 STUB 区域、NSSA：

```
[R1-ospf-1]area 3
[R1-ospf-1-area-0.0.0.3]stub          //将 Area 3 设置为 STUB 区域
[R1-ospf-1-area-0.0.0.3]area 5
[R1-ospf-1-area-0.0.0.5]nssa          //将 Area 5 设置为 NSSA
```

② 配置 R3 的 STUB 区域：

```
[R3-ospf-1]area 3
[R3-ospf-1-area-0.0.0.3]stub
```

③ 配置 R5 的 NSSA：

```
[R5-ospf-1]area 5
[R1-ospf-1-area-0.0.0.5]nssa
```

④ 配置 R2 的 Totally STUB 区域、Totally NSSA：

```
[R2-ospf-1]area 4
[R2-ospf-1-area-0.0.0.4]stub no-summary      //将 Area 4 设置为 Totally STUB 区域
[R2-ospf-1-area-0.0.0.4]area 6
[R2-ospf-1-area-0.0.0.6]nssa no-summary      //将 Area 4 设置为 Totally NSSA 区域
```

⑤ 配置 R4 的 STUB 区域：

```
[R4-ospf-1]area 4
[R4-ospf-1-area-0.0.0.4]stub
```

⑥ 配置 R6 的 NSSA：

```
[R6-ospf-1]area 6
[R6-ospf-1-area-0.0.0.6]nssa
```

5. 实验测试

1）查看 OSPF 路由信息

（1）查看 R1 的 OSPF 路由信息：

```
[R1]display ip routing-table protocol ospf
Route Flags: R - relay, D - download to fib
------------------------------------------------------------------------
Public routing table : OSPF
        Destinations : 6          Routes : 6
OSPF routing table status : <Active>
        Destinations : 6          Routes : 6
 Destination/Mask    Proto    Pre   Cost    Flags   NextHop          Interface
```

```
        3.3.3.3/32      OSPF    10      1       D       10.0.13.3       GigabitEthernet0/0/1
        4.4.4.4/32      OSPF    10      2       D       10.0.12.2       GigabitEthernet0/0/0
        5.5.5.5/32      OSPF    10      1       D       10.0.15.5       GigabitEthernet0/0/2
        6.6.6.6/32      OSPF    10      2       D       10.0.12.2       GigabitEthernet0/0/0
      10.0.24.0/24      OSPF    10      2       D       10.0.12.2       GigabitEthernet0/0/0
      10.0.26.0/24      OSPF    10      2       D       10.0.12.2       GigabitEthernet0/0/0

OSPF routing table status : <Inactive>
        Destinations : 0        Routes : 0
```

（2）查看 R2 的 OSPF 路由信息：

```
[R2]display ip routing-table protocol ospf
Route Flags: R - relay, D - download to fib
------------------------------------------------------------------------
Public routing table : OSPF
        Destinations : 6        Routes : 6
OSPF routing table status : <Active>
        Destinations : 6        Routes : 6
Destination/Mask      Proto   Pre    Cost    Flags   NextHop         Interface

        3.3.3.3/32      OSPF    10      2       D       10.0.12.1       GigabitEthernet0/0/0
        4.4.4.4/32      OSPF    10      1       D       10.0.24.4       GigabitEthernet0/0/1
        5.5.5.5/32      OSPF    10      2       D       10.0.12.1       GigabitEthernet0/0/0
        6.6.6.6/32      OSPF    10      1       D       10.0.26.6       GigabitEthernet0/0/2
      10.0.13.0/24      OSPF    10      2       D       10.0.12.1       GigabitEthernet0/0/0
      10.0.15.0/24      OSPF    10      2       D       10.0.12.1       GigabitEthernet0/0/0

OSPF routing table status : <Inactive>
        Destinations : 0        Routes : 0
```

（3）查看 R3 的 OSPF 路由信息：

常规区域下查看：
```
[R3]display ip routing-table protocol ospf
Route Flags: R - relay, D - download to fib
------------------------------------------------------------------------
Public routing table : OSPF
        Destinations : 7        Routes : 7
OSPF routing table status : <Active>
        Destinations : 7        Routes : 7
Destination/Mask      Proto   Pre    Cost    Flags   NextHop         Interface

        4.4.4.4/32      OSPF    10      3       D       10.0.13.1       GigabitEthernet0/0/0
        5.5.5.5/32      OSPF    10      2       D       10.0.13.1       GigabitEthernet0/0/0
        6.6.6.6/32      OSPF    10      3       D       10.0.13.1       GigabitEthernet0/0/0
      10.0.12.0/24      OSPF    10      2       D       10.0.13.1       GigabitEthernet0/0/0
      10.0.15.0/24      OSPF    10      2       D       10.0.13.1       GigabitEthernet0/0/0
      10.0.24.0/24      OSPF    10      3       D       10.0.13.1       GigabitEthernet0/0/0
      10.0.26.0/24      OSPF    10      3       D       10.0.13.1       GigabitEthernet0/0/0

OSPF routing table status : <Inactive>
        Destinations : 0        Routes : 0
```

STUB 区域下查看：
```
[R3]display ip routing-table protocol ospf
```

```
Route Flags: R - relay, D - download to fib
------------------------------------------------------------------------
Public routing table : OSPF
        Destinations : 8        Routes : 8
OSPF routing table status : <Active>
        Destinations : 8        Routes : 8
Destination/Mask      Proto   Pre  Cost    Flags   NextHop        Interface

       0.0.0.0/0      OSPF    10   2       D       10.0.13.1      GigabitEthernet0/0/0
       4.4.4.4/32     OSPF    10   3       D       10.0.13.1      GigabitEthernet0/0/0
       5.5.5.5/32     OSPF    10   2       D       10.0.13.1      GigabitEthernet0/0/0
       6.6.6.6/32     OSPF    10   3       D       10.0.13.1      GigabitEthernet0/0/0
      10.0.12.0/24    OSPF    10   2       D       10.0.13.1      GigabitEthernet0/0/0
      10.0.15.0/24    OSPF    10   2       D       10.0.13.1      GigabitEthernet0/0/0
      10.0.24.0/24    OSPF    10   3       D       10.0.13.1      GigabitEthernet0/0/0
      10.0.26.0/24    OSPF    10   3       D       10.0.13.1      GigabitEthernet0/0/0

OSPF routing table status : <Inactive>
        Destinations : 0        Routes : 0
```

（4）查看 R4 的 OSPF 路由信息

常规区域下查看：
```
[R4]display ip routing-table protocol ospf
Route Flags: R - relay, D - download to fib
------------------------------------------------------------------------
Public routing table : OSPF
        Destinations : 7        Routes : 7
OSPF routing table status : <Active>
        Destinations : 7        Routes : 7
Destination/Mask      Proto   Pre  Cost    Flags   NextHop        Interface

       3.3.3.3/32     OSPF    10   3       D       10.0.24.2      GigabitEthernet0/0/0
       5.5.5.5/32     OSPF    10   3       D       10.0.24.2      GigabitEthernet0/0/0
       6.6.6.6/32     OSPF    10   2       D       10.0.24.2      GigabitEthernet0/0/0
      10.0.12.0/24    OSPF    10   2       D       10.0.24.2      GigabitEthernet0/0/0
      10.0.13.0/24    OSPF    10   3       D       10.0.24.2      GigabitEthernet0/0/0
      10.0.15.0/24    OSPF    10   3       D       10.0.24.2      GigabitEthernet0/0/0
      10.0.26.0/24    OSPF    10   2       D       10.0.24.2      GigabitEthernet0/0/0

OSPF routing table status : <Inactive>
        Destinations : 0        Routes : 0
```
Totally STUB 区域下查看：
```
[R4]display ip routing-table protocol ospf
Route Flags: R - relay, D - download to fib
------------------------------------------------------------------------
Public routing table : OSPF
        Destinations : 1        Routes : 1
OSPF routing table status : <Active>
        Destinations : 1        Routes : 1
Destination/Mask      Proto   Pre  Cost    Flags   NextHop        Interface

       0.0.0.0/0      OSPF    10   2       D       10.0.24.2      GigabitEthernet0/0/0
```

```
OSPF routing table status : <Inactive>
        Destinations : 0       Routes : 0
```

（5）查看 R5 的 OSPF 路由信息：

常规区域下查看：

```
[R5]display ip routing-table protocol ospf
Route Flags: R - relay, D - download to fib
------------------------------------------------------------------------------
Public routing table : OSPF
        Destinations : 7       Routes : 7
OSPF routing table status : <Active>
        Destinations : 7       Routes : 7
Destination/Mask       Proto   Pre   Cost    Flags   NextHop      Interface

       3.3.3.3/32      OSPF    10    2       D       10.0.15.1    GigabitEthernet0/0/0
       4.4.4.4/32      OSPF    10    3       D       10.0.15.1    GigabitEthernet0/0/0
       6.6.6.6/32      OSPF    10    3       D       10.0.15.1    GigabitEthernet0/0/0
      10.0.12.0/24     OSPF    10    2       D       10.0.15.1    GigabitEthernet0/0/0
      10.0.13.0/24     OSPF    10    2       D       10.0.15.1    GigabitEthernet0/0/0
      10.0.24.0/24     OSPF    10    3       D       10.0.15.1    GigabitEthernet0/0/0
      10.0.26.0/24     OSPF    10    3       D       10.0.15.1    GigabitEthernet0/0/0

OSPF routing table status : <Inactive>
        Destinations : 0       Routes : 0
```

NSSA 下查看：

```
[R5]display ip routing-table protocol ospf
Route Flags: R - relay, D - download to fib
------------------------------------------------------------------------------
Public routing table : OSPF
        Destinations : 8       Routes : 8
OSPF routing table status : <Active>
        Destinations : 8       Routes : 8
Destination/Mask       Proto    Pre   Cost    Flags   NextHop      Interface

       0.0.0.0/0       O_NSSA   150   1       D       10.0.15.1    GigabitEthernet0/0/0
       3.3.3.3/32      OSPF     10    2       D       10.0.15.1    GigabitEthernet0/0/0
       4.4.4.4/32      OSPF     10    3       D       10.0.15.1    GigabitEthernet0/0/0
       6.6.6.6/32      OSPF     10    3       D       10.0.15.1    GigabitEthernet0/0/0
      10.0.12.0/24     OSPF     10    2       D       10.0.15.1    GigabitEthernet0/0/0
      10.0.13.0/24     OSPF     10    2       D       10.0.15.1    GigabitEthernet0/0/0
      10.0.24.0/24     OSPF     10    3       D       10.0.15.1    GigabitEthernet0/0/0
      10.0.26.0/24     OSPF     10    3       D       10.0.15.1    GigabitEthernet0/0/0

OSPF routing table status : <Inactive>
        Destinations : 0       Routes : 0
```

（6）R6 查看 OSPF 路由信息：

常规区域下查看：

```
[R6]display ip routing-table protocol ospf
Route Flags: R - relay, D - download to fib
------------------------------------------------------------------------------
```

```
Public routing table : OSPF
        Destinations : 7        Routes : 7
OSPF routing table status : <Active>
        Destinations : 7        Routes : 7
Destination/Mask       Proto    Pre   Cost    Flags    NextHop           Interface

        3.3.3.3/32     OSPF      10    3        D       10.0.26.2         GigabitEthernet0/0/0
        4.4.4.4/32     OSPF      10    2        D       10.0.26.2         GigabitEthernet0/0/0
        5.5.5.5/32     OSPF      10    3        D       10.0.26.2         GigabitEthernet0/0/0
    10.0.12.0/24       OSPF      10    2        D       10.0.26.2         GigabitEthernet0/0/0
    10.0.13.0/24       OSPF      10    3        D       10.0.26.2         GigabitEthernet0/0/0
    10.0.15.0/24       OSPF      10    3        D       10.0.26.2         GigabitEthernet0/0/0
    10.0.24.0/24       OSPF      10    2        D       10.0.26.2         GigabitEthernet0/0/0

OSPF routing table status : <Inactive>
        Destinations : 0        Routes : 0
```

Totally NSSA 下查看：

```
Route Flags: R - relay, D - download to fib
------------------------------------------------------------------------
Public routing table : OSPF
        Destinations : 1        Routes : 1
OSPF routing table status : <Active>
        Destinations : 1        Routes : 1
Destination/Mask       Proto    Pre   Cost    Flags    NextHop           Interface

        0.0.0.0/0      OSPF      10    2        D       10.0.26.2         GigabitEthernet0/0/0

OSPF routing table status : <Inactive>
        Destinations : 0        Routes : 0
```

2）连通性测试

（1）R3 的 3.3.3.3 ping 4.4.4.4、5.5.5.5 和 6.6.6.6：

```
[R3]ping -a 3.3.3.3 4.4.4.4           //-a 用于指定源 IP 地址
  PING 4.4.4.4: 56  data bytes, press CTRL_C to break
    Reply from 4.4.4.4: bytes=56 Sequence=1 ttl=253 time=40 ms
    Reply from 4.4.4.4: bytes=56 Sequence=2 ttl=253 time=20 ms
    Reply from 4.4.4.4: bytes=56 Sequence=3 ttl=253 time=20 ms
    Reply from 4.4.4.4: bytes=56 Sequence=4 ttl=253 time=30 ms
    Reply from 4.4.4.4: bytes=56 Sequence=5 ttl=253 time=30 ms
......<省略部分输出>

[R3]ping -a 3.3.3.3 5.5.5.5
  PING 5.5.5.5: 56  data bytes, press CTRL_C to break
    Reply from 5.5.5.5: bytes=56 Sequence=1 ttl=254 time=30 ms
    Reply from 5.5.5.5: bytes=56 Sequence=2 ttl=254 time=30 ms
    Reply from 5.5.5.5: bytes=56 Sequence=3 ttl=254 time=20 ms
    Reply from 5.5.5.5: bytes=56 Sequence=4 ttl=254 time=30 ms
    Reply from 5.5.5.5: bytes=56 Sequence=5 ttl=254 time=20 ms
......<省略部分输出>

[R3]ping -a 3.3.3.3 6.6.6.6
  PING 6.6.6.6: 56  data bytes, press CTRL_C to break
```

```
 Reply from 6.6.6.6: bytes=56 Sequence=1 ttl=253 time=40 ms
 Reply from 6.6.6.6: bytes=56 Sequence=2 ttl=253 time=30 ms
 Reply from 6.6.6.6: bytes=56 Sequence=3 ttl=253 time=10 ms
 Reply from 6.6.6.6: bytes=56 Sequence=4 ttl=253 time=20 ms
 Reply from 6.6.6.6: bytes=56 Sequence=5 ttl=253 time=40 ms
......<省略部分输出>
```

（2）R4 的 4.4.4.4 ping 5.5.5.5、6.6.6.6：

```
[R4]ping -a 4.4.4.4 5.5.5.5
 PING 5.5.5.5: 56 data bytes, press CTRL_C to break
 Reply from 5.5.5.5: bytes=56 Sequence=1 ttl=253 time=50 ms
 Reply from 5.5.5.5: bytes=56 Sequence=2 ttl=253 time=40 ms
 Reply from 5.5.5.5: bytes=56 Sequence=3 ttl=253 time=30 ms
 Reply from 5.5.5.5: bytes=56 Sequence=4 ttl=253 time=30 ms
 Reply from 5.5.5.5: bytes=56 Sequence=5 ttl=253 time=40 ms
......<省略部分输出>
```

```
[R4]ping -a 4.4.4.4 6.6.6.6
 PING 6.6.6.6: 56 data bytes, press CTRL_C to break
 Reply from 6.6.6.6: bytes=56 Sequence=1 ttl=254 time=40 ms
 Reply from 6.6.6.6: bytes=56 Sequence=2 ttl=254 time=20 ms
 Reply from 6.6.6.6: bytes=56 Sequence=3 ttl=254 time=30 ms
 Reply from 6.6.6.6: bytes=56 Sequence=4 ttl=254 time=20 ms
 Reply from 6.6.6.6: bytes=56 Sequence=5 ttl=254 time=20 ms
......<省略部分输出>
```

（3）R5 的 5.5.5.5 ping 6.6.6.6：

```
[R5]ping -a 5.5.5.5 6.6.6.6
 PING 6.6.6.6: 56 data bytes, press CTRL_C to break
 Reply from 6.6.6.6: bytes=56 Sequence=1 ttl=253 time=40 ms
 Reply from 6.6.6.6: bytes=56 Sequence=2 ttl=253 time=30 ms
 Reply from 6.6.6.6: bytes=56 Sequence=3 ttl=253 time=40 ms
 Reply from 6.6.6.6: bytes=56 Sequence=4 ttl=253 time=40 ms
 Reply from 6.6.6.6: bytes=56 Sequence=5 ttl=253 time=30 ms
......<省略部分输出>
```

6. 结果分析

通过在 OSPF 多区域的基础上设置特殊区域，实现了全网连通。STUB 区域和 NSSA 内的路由器（非 ABR），在原有 OSPF 路由的基础上增加了默认路由。Totally STUB 区域和 Totally NSSA 内的路由器（非 ABR），过滤掉其他 OSPF 路由，只保留默认路由。可以看出，配置 Totally STUB 区域和 Totally NSSA，可以极大地简化路由表。

7. 注意事项

（1）STUB 区域不接收外部路由（5 类 LSA），接收域间路由（3 类 LSA）以及默认路由（3 类 LSA）。

（2）Totally STUB 区域只接收默认路由（3 类 LSA）。

（3）NSSA 接收域间路由（3 类 LSA）和默认路由（7 类 LSA）。

（4）Totally NSSA 只接收默认路由（3 类 LSA 和 7 类 LSA），路由表体现 3 类 LSA 的默认路由。

（5）NSSA 和 Totally NSSA 区别于 STUB 区域，可以引入外部路由（7 类 LSA）。

任务 3.10　OSPF 路由汇总及认证配置

3.10.1　任务背景

OSPF 引入了多区域概念，支持大规模网络的组建，同时 OSPF 具备路由汇总、认证等诸多功能特性，合理应用这些特性可以优化 OSPF 网络的性能。

本任务介绍 OSPF 的主要功能特征及应用，进一步来优化 OSPF 网络。

3.10.2　准备知识

1．OSPF 路由汇总

这里回顾路由汇总基本原理。路由汇总是指将多个子网的路由条目用一条地址范围较大的路由代表，既不影响连通性，又缩小了路由表的规模，提高了路由器数据转发的效率。

OSPF 规定路由汇总只能在 ABR 或 ASBR 上进行，ABR 上的路由汇总称为域间路由汇总，ASBR 上的路由汇总称为域外路由汇总，如图 3.10.1 所示。当然，路由汇总的实施依赖于 IP 地址的合理规划，以及路由域中的 ABR 或 ASBR 的位置。

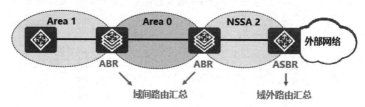

图 3.10.1　OSPF 路由汇总分类

1）域间路由汇总

路由汇总生效后，ABR 不再通告隶属子网的 3 类 LSA，只通告汇总路由；ABR 只能对其直连区域的内部路由进行汇总；汇总路由的度量值为明细路由中的 Cost 最大值；只有当明细路由全部失效时，ABR 才不再通告该汇总路由。

如图 3.10.2 所示，R1 连接 172.16.0.0/24 至 172.16.3.0/24 四个子网，ABR1 可以将这四个子网汇总为 172.16.0.0/22，汇总路由的度量值取明细路由中的 Cost 最大值 3，并且 ABR1 只通告汇总路由。同理，ABR2 也可以进行路由汇总。这样 R3 针对相关网段的路由，由汇总前的 8 条缩减为 2 条，简化了路由表。

2）域外路由汇总

域外路由汇总分为两种情况，第一种情况是 Area 0 或常规区域中的路由器作为 ASBR 引入外部路由，第二种情况是 NSSA 中的路由器作为 ASBR 引入外部路由。

对于第一种情况，ASBR 生成 5 类 LSA 汇总路由，在 OSPF 路由域内传递。

对于第二种情况，ASBR 生成 7 类 LSA 汇总路由，由连接 NSSA 的 ABR 转化成 5 类汇总路由，注入 Area 0。

如图 3.10.3 所示，Area 0 中的 ASBR1 将外部路由 30.1.0.0/24 至 30.1.3.0/24 引入后进行汇总，产生 5 类 LSA 汇总路由 30.1.0.0/22，注入 Area 0。NSSA 中的 ASBR2，将外部路由 20.1.0.0/24 至 20.1.3.0/24 引入后进行汇总，产生 7 类 LSA 汇总路由 20.1.0.0/22，通过 NSSA 中的 ABR 转

化为 5 类 LSA 汇总路由 20.1.0.0/22,注入 Area 0,Area 0 中的 R3 获得两条外部汇总路由,简化了路由表。

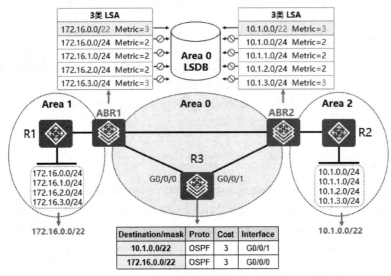

图 3.10.2 OSPF 域间路由汇总示例

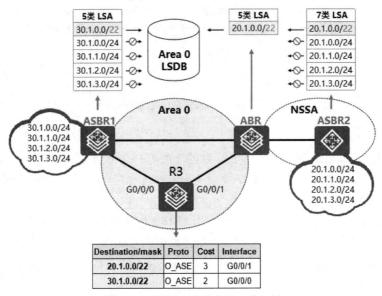

图 3.10.3 OSPF 域外路由汇总示例

2. 抑制接口

接口激活了 OSPF 后,会产生 1 类 LSA 描述该接口,以让区域内的 OSPF 路由器学习该接口网段的路由;同时,接口会周期性地发送 Hello 报文,尝试发现邻居设备。

如果该接口连接业务网段,就没有必要发送 Hello 报文去发现邻居设备。OSPF 接口在被设置为抑制接口后,将不再收发 Hello 报文,因此该特性的应用适合于连接用户终端的 OSPF 接口,如图 3.10.4 所示。

3. OSPF 默认路由

OSPF 默认路由分为域内默认路由和域外默认路由。

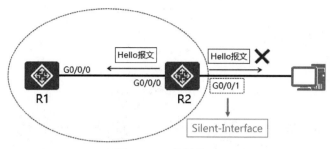

图 3.10.4 抑制接口

1）域内默认路由

域内默认路由由 ABR 发布，用于指导区域内设备转发区域间报文，分为如下 3 种情况。

（1）STUB 区域/Totally STUB 区域中的 ABR 发布 3 类 LSA 默认路由。

（2）NSSA 中的 ABR 发布 7 类默认路由。

（3）Totally NSSA 中的 ABR 发布的 3 类 LSA 默认路由和 7 类 LSA 默认路由。

图 3.10.5 列出了 3 种域内默认路由的产生情况。

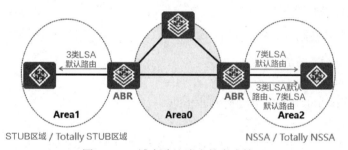

图 3.10.5 域内默认路由的产生情况

2）域外默认路由

域外默认路由由 ASBR 发布，用来指导 AS 内的设备访问外部网络报文的转发，分为如下两种情况。

（1）NSSA 或 Totally NSSA 中的 ASBR 发布 7 类 LSA 外部默认路由，经 ABR 转化为 5 类 LSA 外部默认路由，如图 3.10.6 所示。

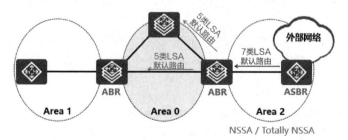

图 3.10.6 NSSA 或 Totally NSSA 中的 ASBR 下发外部默认路由

（2）Area 0 和其他区域中的 ASBR 发布的 5 类 LSA 外部默认路由，如图 3.10.7 所示。

4. OSPF 报文认证

OSPF 支持报文认证，提高了安全性，避免了非法路由器的接入，防止了路由信息被窃取或设备路由表被破坏。

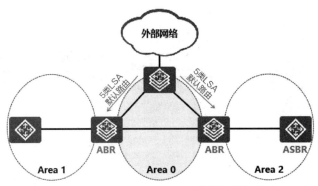

图 3.10.7　在 Area 0 ASBR 下发外部默认路由

（1）OSPF 认证模式分为两种，即链路认证和区域认证。

① 链路认证只对该链路对应的 OSPF 接口发送的报文进行认证。

② 区域认证是对该区域中激活的 OSPF 接口发送的所有报文进行认证。

（2）OSPF 认证方式分为简单认证和密文认证，其中密文认证包括 MD5 认证、hmac-MD5 认证和安全性更高的 hmac-sha256 认证。

5．OSPF 相关特性配置命令

（1）在 ABR 上配置路由汇总。

命令：abr-summary *ip-address mask*。

说明：在默认情况下，ABR 不进行路由汇总。

视图：OSPF 区域视图。

举例，ABR R1 将 OSPF 进程 1 的 Area 10 明细路由 172.16.0.0/24 至 172.16.3.0/24 汇总为 172.16.0.0/22：

```
[R1-ospf-1-area-0.0.0.10]abr-summary 172.16.0.0 255.255.252.0
```

（2）将外部默认路由通告到 OSPF 路由域。

命令：default-route-advertise　[always | cost *cost* | type *type*]。

说明：always 表示无论本机是否存在激活的非 OSPF 默认路由，都会产生并发布一个描述默认路由的 LSA；type 取值为 1 或 2，1 表示计算内部链路开销，2 表示不计算内部链路开销。

视图：OSPF 视图。

举例，配置 R1 将外部默认路由通告到 OSPF 路由域，并计算内部链路开销：

```
[R1-ospf-1]default-route-advertise type 1
```

（3）配置 OSPF 接口为抑制接口。

命令：silent-interface { all | *interface-type interface-number* }。

说明：接口被设置为抑制接口后，将禁止接收和发送 OSPF 报文。

视图：OSPF 视图。

举例，设置 R1 的 OSPF 接口 G0/0/0 禁止接收和发送 OSPF 报文：

```
[R1-ospf-1]silent-interface GigabitEthernet 0/0/0
```

（4）配置 OSPF 简单认证。

命令：ospf authentication-mode simple { plain | cipher } *text*。

说明：plain 表示以明文形式保存认证密码，cipher 表示以密文形式保存认证密码；text 为用户自定义的密码。在 OSPF 视图下可配置区域认证，在链路认证命令的基础上去掉关键字"ospf"。

视图：OSPF 接口视图。

举例如下。

① 为 R1 的 G0/0/0 接口配置简单认证，认证密码（huawei）以密文形式保存：

```
[R1-GigabitEthernet0/0/0]ospf authentication-mode simple cipher huawei
```

② 为 R1 在 Area 0 配置简单认证，认证密码（huawei）以密文形式保存：

```
[R1-ospf-1-area-0.0.0.0]authentication-mode simple cipher huawei
```

（5）配置 OSPF 密文认证。

命令：ospf authentication-mode { md5 | hmac-md5 | hmac-sha256 } *key-id* { plain | cipher } *text*。

说明：key-id 参数为验证字标识符，两端必须一致。此命令在接口视图下执行。

视图：OSPF 接口视图。

举例，为 R1 的 G0/0/0 接口配置 MD5 认证，key-id 为 1 认证密码（huawei）以密文形式保存：

```
[R1-GigabitEthernet0/0/0]ospf authentication-mode md5 1 cipher huawei
```

3.10.3 任务实施

1．任务目的

操作演示

（1）掌握 OSPF 域间路由汇总的配置方法。

（2）掌握 OSPF 默认路由的配置方法。

（3）掌握 OSPF 认证的配置方法。

2．任务描述

某公司网络通过部署 OSPF 多区域，来实现全网连通。因公司业务网段较多，尽可能地通过路由汇总来简化路由表；Area 0 连接 Internet，通过 OSPF 自动下发默认路由，来实现所有域内路由器获得默认路由；另外为了保障 OSPF 的运行安全，需要对 OSPF 路由器进行身份认证，以免路由信息被窃取或破坏。

3．实施规划

1）拓扑图（见图 3.10.8）

2）操作流程

（1）配置设备网络参数。

（2）为各路由器启动 OSPF 进程，按照区域规划，激活接口 OSPF。

（3）为 ABR 配置域间汇总路由，以简化路由表。汇总路由规划如表 3.10.1 所示。

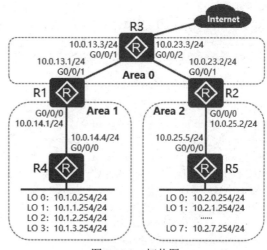

图 3.10.8 拓扑图

表 3.10.1　汇总路由规划

路由器	明细路由	汇总路由
R1	10.1.0.1/24 10.1.1.1/24 10.1.2.1/24 10.1.3.1/24	10.1.0.0/22
R2	10.2.0.1/24 10.2.1.1/24 …… 10.2.7.1/24	10.2.0.0/21

（4）网络出口设备 R3 发布默认路由。

（5）开启 OSPF 认证功能（认证方式为 MD5，密码为 huawei@123）。

4．具体步骤

（1）配置路由器网络参数。

① 配置 R1 的网络参数：

```
[R1]int g0/0/0
[R1-GigabitEthernet0/0/0]ip add 10.0.14.1 24
[R1-GigabitEthernet0/0/0]int g0/0/1
[R1-GigabitEthernet0/0/1]ip add 10.0.13.1 24
```

② 配置 R2 的网络参数：

```
[R2]int g0/0/0
[R2-GigabitEthernet0/0/0]ip add 10.0.25.2 24
[R2-GigabitEthernet0/0/0]int g0/0/1
[R2-GigabitEthernet0/0/1]ip add 10.0.23.2 24
```

③ 配置 R3 的网络参数：

```
[R3]int g0/0/1
[R3-GigabitEthernet0/0/1]ip add 10.0.13.3 24
[R3-GigabitEthernet0/0/1]int g0/0/2
[R3-GigabitEthernet0/0/2]ip add 10.0.23.3 24
```

④ 配置 R4 的网络参数：

```
[R4]int g0/0/0
[R4-GigabitEthernet0/0/0]ip add 10.0.14.4 24
[R4-GigabitEthernet0/0/0]int LoopBack 0
[R4-LoopBack0]ip add 10.1.0.254 24
//设置环回接口的网络类型为广播类型，以便1类 LSA 描述环回接口的实际掩码，即/24
[R4-LoopBack0]ospf network-type broadcast
[R4-LoopBack0]int LoopBack 1
[R4-LoopBack1]ip add 10.1.1.254 24
[R4-LoopBack1]ospf network-type broadcast
[R4-LoopBack1]int LoopBack 2
[R4-LoopBack2]ip add 10.1.2.254 24
[R4-LoopBack2]ospf network-type broadcast
[R4-LoopBack2]int LoopBack 3
```

```
[R4-LoopBack3]ip add 10.1.3.254 24
[R4-LoopBack3]ospf network-type broadcast
```

⑤ 配置 R5 的网络参数：

```
[R5]int g0/0/0
[R5-GigabitEthernet0/0/0]ip add 10.0.25.5 24
[R5-GigabitEthernet0/0/0]int LoopBack 0
[R5-LoopBack0]ip add 10.2.0.254 24
[R5-LoopBack0]ospf network-type broadcast
[R5-LoopBack0]int LoopBack 1
[R5-LoopBack1]ip add 10.2.1.254 24
[R5-LoopBack1]ospf network-type broadcast
[R5-LoopBack1]int LoopBack 2
[R5-LoopBack2]ip add 10.2.2.254 24
[R5-LoopBack2]ospf network-type broadcast
[R5-LoopBack2]int LoopBack 3
[R5-LoopBack3]ip add 10.2.3.254 24
[R5-LoopBack3]ospf network-type broadcast
[R5-LoopBack3]int LoopBack 4
[R5-LoopBack4]ip add 10.2.4.254 24
[R5-LoopBack4]ospf network-type broadcast
[R5-LoopBack4]int LoopBack 5
[R5-LoopBack5]ip add 10.2.5.254 24
[R5-LoopBack5]ospf network-type broadcast
[R5-LoopBack5]int LoopBack 6
[R5-LoopBack6]ip add 10.2.6.254 24
[R5-LoopBack6]ospf network-type broadcast
[R5-LoopBack6]int LoopBack 7
[R5-LoopBack7]ip add 10.2.7.254 24
[R5-LoopBack7]ospf network-type broadcast
```

（2）为路由器配置 OSPF 多区域。

① 为 R1 配置 OSPF：

```
[R1]ospf 1 router-id 1.1.1.1
[R1-ospf-1]area 0
[R1-ospf-1-area-0.0.0.0]network 10.0.13.0 0.0.0.255
[R1-ospf-1-area-0.0.0.0]area 1
[R1-ospf-1-area-0.0.0.1]network 10.0.14.0 0.0.0.255
```

② 为 R2 配置 OSPF：

```
[R2]ospf 1 router-id 2.2.2.2
[R2-ospf-1]area 0
[R2-ospf-1-area-0.0.0.0]network 10.0.23.0 0.0.0.255
[R2-ospf-1-area-0.0.0.0]area 2
[R2-ospf-1-area-0.0.0.2]network 10.0.25.0 0.0.0.255
```

③ 为 R3 配置 OSPF：

```
[R3]ospf 1 router-id 3.3.3.3
[R3-ospf-1]area 0
[R3-ospf-1-area-0.0.0.0]network 10.0.13.0 0.0.0.255
[R3-ospf-1-area-0.0.0.0]network 10.0.23.0 0.0.0.255
```

④ 为 R4 配置 OSPF：

```
[R4]ospf 1 router-id 4.4.4.4
[R4-ospf-1]area 1
[R4-ospf-1-area-0.0.0.1]network 10.0.14.0 0.0.0.255
[R4-ospf-1-area-0.0.0.1]network 10.1.0.0 0.0.255.255
```

⑤ 为 R5 配置 OSPF：

```
[R5]ospf 1 router-id 5.5.5.5
[R5-ospf-1]area 2
[R5-ospf-1-area-0.0.0.2]network 10.0.25.0 0.0.0.255
[R5-ospf-1-area-0.0.0.2]network 10.2.0.0 0.0.255.255
```

（3）为 ABR 配置域间汇总路由。

① 为 R1 配置域间汇总：

```
[R1-ospf-1]area 1
[R1-ospf-1-area-0.0.0.1]abr-summary 10.1.0.0 255.255.252.0
```

② 为 R2 配置域间汇总路由：

```
[R2-ospf-1]area 2
[R2-ospf-1-area-0.0.0.2]abr-summary 10.2.0.0 255.255.248.0
```

（4）为 R3 配置默认路由并在 OSPF 路由域中通告：

```
[R3]ip route-static 0.0.0.0 0.0.0.0 NULL 0  // NULL 模拟出接口
[R3]ospf 1
[R3-ospf-1]default-route-advertise
```

（5）开启 OSPF 认证功能。

① 为 R1 配置 OSPF MD5 认证：

```
[R1-GigabitEthernet0/0/0]ospf authentication-mode md5 1 cipher huawei@123
[R1-GigabitEthernet0/0/1]ospf authentication-mode md5 1 cipher huawei@123
```

② 为 R2 配置 OSPF MD5 认证：

```
[R2-GigabitEthernet0/0/0]ospf authentication-mode md5 1 cipher huawei@123
[R2-GigabitEthernet0/0/1]ospf authentication-mode md5 1 cipher huawei@123
```

③ 为 R3 配置 OSPF MD5 认证：

```
[R3-ospf-1]area 0
[R3-ospf-1-area-0.0.0.0]authentication-mode md5 1 cipher huawei@123  //区域认证
```

④ 为 R4 配置 OSPF MD5 认证：

```
[R4-GigabitEthernet0/0/0]ospf authentication-mode md5 1 cipher huawei@123
```

⑤ 为 R5 配置 OSPF MD5 认证：

```
[R5-GigabitEthernet0/0/0]ospf authentication-mode md5 1 cipher huawei@123
```

5．实验测试

1）查看 OSPF 路由信息

（1）查看 R1 的 OSPF 路由信息：

```
[R1]display ip routing-table protocol ospf
```

```
Route Flags: R - relay, D - download to fib
------------------------------------------------------------------------------
Public routing table : OSPF
        Destinations : 8       Routes : 8
OSPF routing table status : <Active>
        Destinations : 8       Routes : 8
Destination/Mask     Proto    Pre   Cost   Flags   NextHop       Interface

       0.0.0.0/0     O_ASE    150   1      D       10.0.13.3     GigabitEthernet0/0/1
      10.0.23.0/24   OSPF     10    2      D       10.0.13.3     GigabitEthernet0/0/1
      10.0.25.0/24   OSPF     10    3      D       10.0.13.3     GigabitEthernet0/0/1
      10.1.0.0/24    OSPF     10    1      D       10.0.14.4     GigabitEthernet0/0/0
      10.1.1.0/24    OSPF     10    1      D       10.0.14.4     GigabitEthernet0/0/0
      10.1.2.0/24    OSPF     10    1      D       10.0.14.4     GigabitEthernet0/0/0
      10.1.3.0/24    OSPF     10    1      D       10.0.14.4     GigabitEthernet0/0/0
      10.2.0.0/21    OSPF     10    3      D       10.0.13.3     GigabitEthernet0/0/1

OSPF routing table status : <Inactive>
        Destinations : 0       Routes : 0
```

（2）查看 R2 的 OSPF 路由信息：

```
[R2]display ip routing-table protocol ospf
Route Flags: R - relay, D - download to fib
------------------------------------------------------------------------------
Public routing table : OSPF
        Destinations : 12      Routes : 12
OSPF routing table status : <Active>
        Destinations : 12      Routes : 12
Destination/Mask     Proto    Pre   Cost   Flags   NextHop       Interface

       0.0.0.0/0     O_ASE    150   1      D       10.0.23.3     GigabitEthernet0/0/1
      10.0.13.0/24   OSPF     10    2      D       10.0.23.3     GigabitEthernet0/0/1
      10.0.14.0/24   OSPF     10    3      D       10.0.23.3     GigabitEthernet0/0/1
      10.1.0.0/22    OSPF     10    3      D       10.0.23.3     GigabitEthernet0/0/1
      10.2.0.0/24    OSPF     10    1      D       10.0.25.5     GigabitEthernet0/0/0
      10.2.1.0/24    OSPF     10    1      D       10.0.25.5     GigabitEthernet0/0/0
      10.2.2.0/24    OSPF     10    1      D       10.0.25.5     GigabitEthernet0/0/0
      10.2.3.0/24    OSPF     10    1      D       10.0.25.5     GigabitEthernet0/0/0
      10.2.4.0/24    OSPF     10    1      D       10.0.25.5     GigabitEthernet0/0/0
      10.2.5.0/24    OSPF     10    1      D       10.0.25.5     GigabitEthernet0/0/0
      10.2.6.0/24    OSPF     10    1      D       10.0.25.5     GigabitEthernet0/0/0
      10.2.7.0/24    OSPF     10    1      D       10.0.25.5     GigabitEthernet0/0/0

OSPF routing table status : <Inactive>
        Destinations : 0       Routes : 0
```

（3）查看 R3 的 OSPF 路由信息：

```
[R3]display ip routing-table protocol ospf
Route Flags: R - relay, D - download to fib
------------------------------------------------------------------------------
Public routing table : OSPF
        Destinations : 4       Routes : 4
```

```
OSPF routing table status : <Active>
        Destinations : 4      Routes : 4
Destination/Mask      Proto   Pre   Cost    Flags   NextHop        Interface

     10.0.14.0/24     OSPF    10    2       D       10.0.13.1      GigabitEthernet0/0/1
     10.0.25.0/24     OSPF    10    2       D       10.0.23.2      GigabitEthernet0/0/2
     10.1.0.0/22      OSPF    10    2       D       10.0.13.1      GigabitEthernet0/0/1
     10.2.0.0/21      OSPF    10    2       D       10.0.23.2      GigabitEthernet0/0/2

OSPF routing table status : <Inactive>
        Destinations : 0      Routes : 0
```

（4）查看 R4 的 OSPF 路由信息：

```
[R4]display ip routing-table protocol ospf
Route Flags: R - relay, D - download to fib
----------------------------------------------------------------------------
Public routing table : OSPF
        Destinations : 5      Routes : 5
OSPF routing table status : <Active>
        Destinations : 5      Routes : 5
Destination/Mask      Proto   Pre   Cost    Flags   NextHop        Interface

      0.0.0.0/0       O_ASE   150   1       D       10.0.14.1      GigabitEthernet0/0/0
     10.0.13.0/24     OSPF    10    2       D       10.0.14.1      GigabitEthernet0/0/0
     10.0.23.0/24     OSPF    10    3       D       10.0.14.1      GigabitEthernet0/0/0
     10.0.25.0/24     OSPF    10    4       D       10.0.14.1      GigabitEthernet0/0/0
     10.2.0.0/21      OSPF    10    4       D       10.0.14.1      GigabitEthernet0/0/0

OSPF routing table status : <Inactive>
        Destinations : 0      Routes : 0
```

（5）查看 R5 的 OSPF 路由信息：

```
[R5]display ip routing-table protocol ospf
Route Flags: R - relay, D - download to fib
----------------------------------------------------------------------------
Public routing table : OSPF
        Destinations : 5      Routes : 5
OSPF routing table status : <Active>
        Destinations : 5      Routes : 5
Destination/Mask      Proto   Pre   Cost    Flags   NextHop        Interface

      0.0.0.0/0       O_ASE   150   1       D       10.0.25.2      GigabitEthernet0/0/0
     10.0.13.0/24     OSPF    10    3       D       10.0.25.2      GigabitEthernet0/0/0
     10.0.14.0/24     OSPF    10    4       D       10.0.25.2      GigabitEthernet0/0/0
     10.0.23.0/24     OSPF    10    2       D       10.0.25.2      GigabitEthernet0/0/0
     10.1.0.0/22      OSPF    10    4       D       10.0.25.2      GigabitEthernet0/0/0

OSPF routing table status : <Inactive>
        Destinations : 0      Routes : 0
```

2）连通性测试

R4 连接的子网主机 10.1.3.254 ping R5 连接的子网主机 10.2.7.254：

```
[R4]ping -a 10.1.3.254 10.2.7.254

 PING 10.2.7.254: 56  data bytes, press CTRL_C to break
  Reply from 10.2.7.254: bytes=56 Sequence=1 ttl=252 time=60 ms
  Reply from 10.2.7.254: bytes=56 Sequence=2 ttl=252 time=30 ms
  Reply from 10.2.7.254: bytes=56 Sequence=3 ttl=252 time=40 ms
  Reply from 10.2.7.254: bytes=56 Sequence=4 ttl=252 time=30 ms
  Reply from 10.2.7.254: bytes=56 Sequence=5 ttl=252 time=30 ms

 --- 10.2.7.254 ping statistics ---
  5 packet(s) transmitted
  5 packet(s) received
  0.00% packet loss
  round-trip min/avg/max = 30/38/60 ms
```

6．结果分析

通过为 ABR R1 和 R2 配置域内汇总路由，优化了 OSPF 路由条目。R3 配置默认路由并发布，路由域内的 R1～R4 都获得了 OSPF 默认路由。使用 R4 子网与 R5 子网测试连通性，全网连通。

7．注意事项

（1）域间路由汇总只能在 ABR 上操作。汇总生效后，ABR 向其他区域只发布 3 类 LSA 的汇总路由，不再发布 3 类 LSA 的明细路由。

（2）在 OSPF 区域视图下配置报文认证，表示该区域下激活的 OSPF 接口都要与邻居设备进行身份认证。

（3）在 OSPF 路由域中，一般在出口设备配置默认路由，并在路由域内发布。

任务 3.11　路由重分发配置

3.11.1　任务背景

实际网络环境中存在运行不同路由协议的网络合并问题，因为不同路由协议的实现机理不同，所以它们之间的路由信息是隔离的，不能直接交互。如何在不改变各自路由域环境的前提下，实现路由信息的共享，需要使用路由重发布技术。在一些网络环境中，出于业务逻辑，规划多协议共存可以使路由的层次结构清晰可控。

本任务介绍路由重分发原理和类型。

3.11.2　准备知识

1．路由重分发原理

路由重分发是指在路由域的边界上，将某种路由协议的路由信息引入另一种路由协议，以实现路由信息的共享。

路由重分发示意图如图 3.11.1 所示，R2 位于 OSPF 路由域和 RIP 路由域的边界，即 R2 运行了 OSPF 和 RIP 两种路由协议，R2 可以基于两种协议获得对应路由。在 R2 上将 RIP 路由引入 OSPF 路由域，则 OSPF 路由器 R1 获得 5 类 LSA 的目的网络 192.168.1.0/24 的外部路由；同样将 OSPF 路由引入 RIP 路由域，R3 将获得目的网络 172.16.1.0/24 的路由。

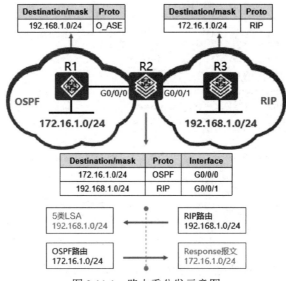

图 3.11.1　路由重分发示意图

2．路由重分发类型

上文通过 OSPF 和 RIP 两种路由协议的相互引入介绍了路由重分发的基本原理，实际上路由重分发有多种类型。

（1）引入直连路由。

先回顾下直连路由的产生，当设备接口激活并配有 IP 地址时，系统便可以自动产生直连路由。直连路由通常对应设备互连网段和业务网段。对应业务网段路由的学习有两种方式，一种是通过 network 通告，另一种是通过直连路由引入。

如图 3.11.2 所示，在 OSPF 路由域下，S1 通过 network 命令对 VLAN10、VLAN20、VLAN30 对应的直连路由进行通告，可以以明细方式通告，也可以以汇总方式通告，只要接口与 network 命令后的网络前缀和通配符掩码匹配，接口就会激活 OSPF，R1 就会获得 1 类 LSA 的 OSPF 路由。

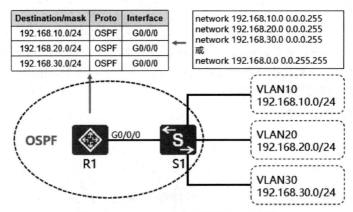

图 3.11.2　network 通告直连路由示意图

如果 S1 引入 VLAN10、VLAN20、VLAN30 对应的直连路由，那么 R1 会获得 5 类 LSA 的 OSPF 外部路由，如图 3.11.3 所示。引入直连路由在业务网段动态变化的环境中非常实用。

（2）引入静态路由。

静态路由作为外部路由不能被动态路由协议感知。在边界路由器引入静态路由，可以让路由域中的设备获得该静态路由所指向的目的网络的路由。

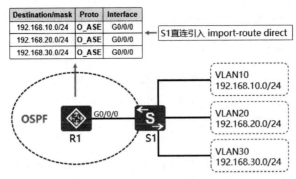

图 3.11.3　引入直连路由示意图

如图 3.11.4 所示，R2 具有一条目的网络为 192.168.10.0/24 的静态路由，R2 引入静态路由后，R1 将获得去往 192.168.10.0/24 网络的 OSPF 外部路由。

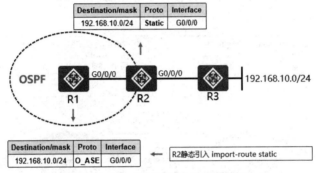

图 3.11.4　引入静态路由示意图

（3）动态路由协议间的重分发。

将 A 协议路由引入 B 协议路由域，可以概括为将设备路由表中 A 协议标记的路由条目以及当前设备 A 协议接口对应的直连路由全部发布到 B 协议路由域中，并且按 B 协议重新标识路由类型。

如图 3.11.5 所示，R2 具有两条协议路由和两条直连路由，在将 OSPF 路由引入 RIP 路由域时，会将 OSPF 标识的 10.1.1.0/24 路由和 OSPF 接口对应的直连路由 10.0.12.0/24 发布到 RIP 路由域中，RIP 路由域中的 R3 将获得这两条路由，并将协议类型标识为 RIP。

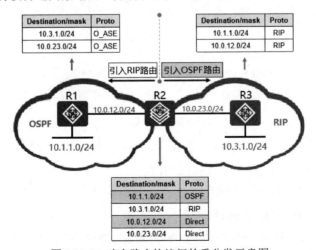

图 3.11.5　动态路由协议间的重分发示意图

同样，在将 RIP 路由引入 OSPF 路由域时，R2 将 RIP 协议路由 10.3.1.0/24 和 RIP 协议接口对应的直连路由 10.0.23.0/24 发布到 OSPF 路由域中，OSPF 路由域中的 R1 将获得这两条外部路由，并将协议类型标识为 O_ASE。

需要注意的是，动态路由协议间的重分发要保证双向引入，避免数据有去无回。

不同动态路由协议对度量值的定义不同，在进行路由重分发时需要重新定义。如图 3.11.6 所示，在 RIP 路由域中引入 OSPF 进程 1 的路由，R2 将引入的 OSPF 路由项 Cost 设置为 1，并累加 1 跳，通告到 RIP 路由域中。

需要说明的是，将外部路由引入到 OSPF 路由域时，存在如下两种度量计算类型。

① Type-1：累加内部开销。

② Type-2：不累加内部开销。

OSPF 路由域在引入外部路由时默认计算类型为 Type-2，即不累加内部开销。

在图 3.11.6 中，在 OSPF 路由域中引入 RIP 进程 1 的路由，R2 将引入的 RIP 路由项 Cost 设置为 10，通告到 OSPF 路由域中，并累加内部开销。

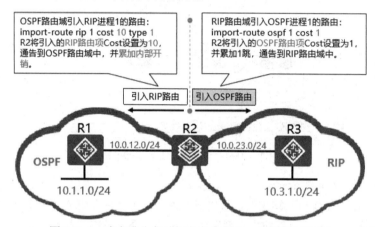

图 3.11.6 路由重分发过程中度量值 Cost 的设置示意图

3．路由重分发配置命令

（1）在 RIP 路由域中引入外部路由。

命令：import-route { static | direct | ospf [*process-id*] } [cost *cost*]。

说明：Cost 取值范围为 0～15，默认值为 0。

视图：RIP 视图。

举例如下。

① RIP 路由器 R1 引入 OSPF 进程 1 路由，Cost 取值为 10：

```
[R1-rip-1]import-route ospf 1 cost 10
```

② RIP 路由器 R1 引入静态路由，Cost 取值为 5：

```
[R1-rip-1]import-route static cost 5
```

③ RIP 路由器 R1 引入直连路由，Cost 取值为 3：

```
[R1-rip-1]import-route direct cost 3
```

（2）在 OSPF 路由域中引入外部路由。

命令：import-route { static | direct | rip [*process-id*] } [cost *cost*] [type *type*]。

说明：Cost 取值范围为 0～16777214，默认值为 1；type 取值为 1 或 2，1 表示累加内部开销，

2 表示不累加内部开销，默认值为 2。

视图：OSPF 视图。

举例如下。

① OSPF 路由器 R1 引入 RIP 进程 1 路由，Cost 取值为 20，累加内部开销：

```
[R1-ospf-1]import-route rip 1 cost 20 type 1
```

② OSPF 路由器 R1 引入静态路由，Cost 取值为 50，不累加内部开销：

```
[R1-ospf-1]import-route static cost 50 type 2
```

③ OSPF 路由器 R1 引入直连路由，Cost 取值为 5，不累加内部开销：

```
[R1-ospf-1]import-route direct cost 5
```

3.11.3 任务实施

操作演示

1．任务目的

（1）掌握引入直连、静态路由的配置方法。

（2）掌握 OSPF、RIP 路由重分发的配置方法。

2．任务描述

某公司有多家子公司，此公司网络的路由类型呈现多样化，公司决定在不改变各自原有通信环境的前提下，通过路由重分发技术实现全网连通。

3．实施规划

1）拓扑图（见图 3.11.7）

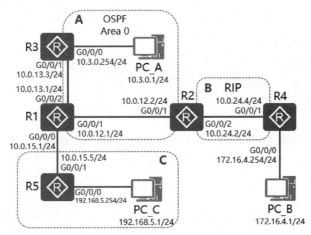

图 3.11.7 拓扑图

2）操作流程

（1）配置各子公司的路由环境。

（2）为 R1 配置去往 C 部 192.168.5.0/24 的静态路由，并引入 OSPF 路由域。

（3）为 R2 配置 OSPF、RIP 双向重分发。

（4）R4 引入直连路由至 RIP 路由域。

（5）为 R5 配置去往 A 部、B 部业务网段的静态路由。

4．具体步骤

（1）配置路由器网络参数。

① 配置 R1 的网络参数：

```
[R1]int g0/0/0
[R1-GigabitEthernet0/0/0]ip add 10.0.15.1 24
[R1-GigabitEthernet0/0/0]int g0/0/1
[R1-GigabitEthernet0/0/1]ip add 10.0.12.1 24
[R1-GigabitEthernet0/0/1]int g0/0/2
[R1-GigabitEthernet0/0/2]ip add 10.0.13.1 24
```

② 配置 R2 的网络参数：

```
[R2]int g0/0/1
[R2-GigabitEthernet0/0/1]ip add 10.0.12.2 24
[R2-GigabitEthernet0/0/1]int g0/0/2
[R2-GigabitEthernet0/0/2]ip add 10.0.24.2 24
```

③ 配置 R3 的网络参数：

```
[R3]int g0/0/0
[R3-GigabitEthernet0/0/0]ip add 10.3.0.254 24
[R3-GigabitEthernet0/0/0]int g0/0/1
[R3-GigabitEthernet0/0/1]ip add 10.0.13.3 24
```

④ 配置 R4 的网络参数：

```
[R4]int g0/0/0
[R4-GigabitEthernet0/0/0]ip add 172.16.4.254 24
[R4-GigabitEthernet0/0/0]int g0/0/1
[R4-GigabitEthernet0/0/1]ip add 10.0.24.4 24
```

⑤ 配置 R5 的网络参数：

```
[R5]int g0/0/0
[R5-GigabitEthernet0/0/0]ip add 192.168.5.254 24
[R5-GigabitEthernet0/0/0]int g0/0/1
[R5-GigabitEthernet0/0/1]ip add 10.0.15.5 24
```

（2）为 R1、R2、R3 配置 OSPF。

① 为 R1 配置 OSPF：

```
[R1]ospf 1 router-id 1.1.1.1
[R1-ospf-1]area 0
[R1-ospf-1-area-0.0.0.0]network 10.0.0.0 0.0.255.255
```

② 为 R2 配置 OSPF：

```
[R2]ospf 1 router-id 2.2.2.2
[R2-ospf-1]area 0
[R2-ospf-1-area-0.0.0.0]network 10.0.12.2 0.0.0.0
```

③ 为 R3 配置 OSPF：

```
[R3]ospf 1 router-id 3.3.3.3
[R3-ospf-1]area 0
[R3-ospf-1-area-0.0.0.0]network 10.0.0.0 0.255.255.255
```

（3）为 R2、R4 配置 RIPv2。

① 为 R2 配置 RIPv2：

```
[R2]rip 1
[R2-rip-1]version 2
[R2-rip-1]undo summary
[R2-rip-1]network 10.0.0.0
```

② 为 R4 配置 RIPv2：

```
[R4]rip 1
[R4-rip-1]version 2
[R4-rip-1]undo summary
[R4-rip-1]network 10.0.0.0
[R4-rip-1]import-route direct cost 5    //引入直连路由到 RIP 路由域中，Cost 值为 5
```

（4）为 R1 配置静态路由重分发：

```
[R1]ip route-static 192.168.5.0 24 10.0.15.5
[R1]ospf 1
[R1-ospf-1]import-route static cost 10 type 1 //引入静态路由，Cost 值为 10，累加内部开销
```

（5）为 R2 配置路由重分发：

```
[R2]rip 1
[R2-rip-1]import-route ospf 1 cost 5    //将 OSPF 路由引入到 RIP 路由域中，Cost 值为 5
[R2-rip-1]ospf 1
//将 RIP 路由引入 OSPF 路由域，Cost 值为 20，累加内部开销
[R2-ospf-1]import-route rip 1 cost 20 type 1
```

（6）为 R5 配置去往子公司 A、子公司 B 的静态路由：

```
[R5]ip route-static 10.3.0.0 24 10.0.15.1
[R5]ip route-static 172.16.4.0 24 10.0.15.1
```

5. 实验测试

1）查看路由信息

（1）查看 R1 的路由信息：

```
[R1]display ip routing-table | include /24
Route Flags: R - relay, D - download to fib
-----------------------------------------------------------------------------
Routing Tables: Public
        Destinations : 17      Routes : 17
Destination/Mask    Proto   Pre   Cost   Flags   NextHop       Interface

    10.0.12.0/24    Direct  0     0      D       10.0.12.1     GigabitEthernet0/0/1
    10.0.13.0/24    Direct  0     0      D       10.0.13.1     GigabitEthernet0/0/2
    10.0.15.0/24    Direct  0     0      D       10.0.15.1     GigabitEthernet0/0/0
    10.0.24.0/24    O_ASE   150   21     D       10.0.12.2     GigabitEthernet0/0/1
    10.3.0.0/24     OSPF    10    2      D       10.0.13.3     GigabitEthernet0/0/2
   172.16.4.0/24    O_ASE   150   21     D       10.0.12.2     GigabitEthernet0/0/1
  192.168.5.0/24    Static  60    0      RD      10.0.15.5     GigabitEthernet0/0/0
```

（2）查看 R2 的路由信息：

```
[R2]display ip routing-table | include /24
```

```
Route Flags: R - relay, D - download to fib
------------------------------------------------------------------------------
Routing Tables: Public
        Destinations : 15     Routes : 15
Destination/Mask     Proto   Pre   Cost   Flags   NextHop        Interface

    10.0.12.0/24     Direct   0     0      D      10.0.12.2      GigabitEthernet0/0/1
    10.0.13.0/24     OSPF    10     2      D      10.0.12.1      GigabitEthernet0/0/1
    10.0.15.0/24     OSPF    10     2      D      10.0.12.1      GigabitEthernet0/0/1
    10.0.24.0/24     Direct   0     0      D      10.0.24.2      GigabitEthernet0/0/2
    10.3.0.0/24      OSPF    10     3      D      10.0.12.1      GigabitEthernet0/0/1
    172.16.4.0/24    RIP    100     6      D      10.0.24.4      GigabitEthernet0/0/2
    192.168.5.0/24   O_ASE  150    12      D      10.0.12.1      GigabitEthernet0/0/1
```

（3）查看 R3 的路由信息：

```
[R3]display ip routing-table | include /24
Route Flags: R - relay, D - download to fib
------------------------------------------------------------------------------
Routing Tables: Public
        Destinations : 15     Routes : 15
Destination/Mask     Proto   Pre   Cost   Flags   NextHop        Interface

    10.0.12.0/24     OSPF    10     2      D      10.0.13.1      GigabitEthernet0/0/1
    10.0.13.0/24     Direct   0     0      D      10.0.13.3      GigabitEthernet0/0/1
    10.0.15.0/24     OSPF    10     2      D      10.0.13.1      GigabitEthernet0/0/1
    10.0.24.0/24     O_ASE  150    22      D      10.0.13.1      GigabitEthernet0/0/1
    10.3.0.0/24      Direct   0     0      D      10.3.0.254     GigabitEthernet0/0/0
    172.16.4.0/24    O_ASE  150    22      D      10.0.13.1      GigabitEthernet0/0/1
    192.168.5.0/24   O_ASE  150    12      D      10.0.13.1      GigabitEthernet0/0/1
```

（4）查看 R4 的路由信息：

```
[R4]display ip routing-table | include /24
Route Flags: R - relay, D - download to fib
------------------------------------------------------------------------------
Routing Tables: Public
        Destinations : 15     Routes : 15
Destination/Mask     Proto   Pre   Cost   Flags   NextHop        Interface

    10.0.12.0/24     RIP    100     1      D      10.0.24.2      GigabitEthernet0/0/1
    10.0.13.0/24     RIP    100     6      D      10.0.24.2      GigabitEthernet0/0/1
    10.0.15.0/24     RIP    100     6      D      10.0.24.2      GigabitEthernet0/0/1
    10.0.24.0/24     Direct   0     0      D      10.0.24.4      GigabitEthernet0/0/1
    10.3.0.0/24      RIP    100     6      D      10.0.24.2      GigabitEthernet0/0/1
    172.16.4.0/24    Direct   0     0      D      172.16.4.254   GigabitEthernet0/0/0
    192.168.5.0/24   RIP    100     6      D      10.0.24.2      GigabitEthernet0/0/1
```

（5）查看 R5 的路由信息：

```
[R5]display ip routing-table | include /24
Route Flags: R - relay, D - download to fib
------------------------------------------------------------------------------
Routing Tables: Public
        Destinations : 12     Routes : 12
```

Destination/Mask	Proto	Pre	Cost	Flags	NextHop	Interface
10.0.15.0/24	Direct	0	0	D	10.0.15.5	GigabitEthernet0/0/1
10.3.0.0/24	**Static**	**60**	**0**	**RD**	**10.0.15.1**	**GigabitEthernet0/0/1**
172.16.4.0/24	**Static**	**60**	**0**	**RD**	**10.0.15.1**	**GigabitEthernet0/0/1**
192.168.5.0/24	Direct	0	0	D	192.168.5.254	GigabitEthernet0/0/0

2）连通性测试

（1）子公司 A 的 PC_A ping 子公司 B 的 PC_B

```
PC>PING 172.16.4.1

Ping 172.16.4.1: 32 data bytes, Press Ctrl_C to break
From 172.16.4.1: bytes=32 seq=1 ttl=124 time=31 ms
From 172.16.4.1: bytes=32 seq=2 ttl=124 time=31 ms
From 172.16.4.1: bytes=32 seq=3 ttl=124 time=16 ms
From 172.16.4.1: bytes=32 seq=4 ttl=124 time=31 ms
From 172.16.4.1: bytes=32 seq=5 ttl=124 time=31 ms

--- 172.16.4.1 ping statistics ---
 5 packet(s) transmitted
 5 packet(s) received
 0.00% packet loss
 round-trip min/avg/max = 16/28/31 ms
```

（2）子公司 A 的 PC_A ping 子公司 C 的 PC_C：

```
PC>PING 192.168.5.1

Ping 192.168.5.1: 32 data bytes, Press Ctrl_C to break
From 192.168.5.1: bytes=32 seq=1 ttl=125 time=31 ms
From 192.168.5.1: bytes=32 seq=2 ttl=125 time=16 ms
From 192.168.5.1: bytes=32 seq=3 ttl=125 time=31 ms
From 192.168.5.1: bytes=32 seq=4 ttl=125 time=15 ms
From 192.168.5.1: bytes=32 seq=5 ttl=125 time=31 ms
--- 192.168.5.1 ping statistics ---
 5 packet(s) transmitted
 5 packet(s) received
 0.00% packet loss
 round-trip min/avg/max = 15/24/31 ms
```

（3）子公司 B 的 PC_B ping 子公司 C 的 PC_C：

```
PC>PING 192.168.5.1

Ping 192.168.5.1: 32 data bytes, Press Ctrl_C to break
From 192.168.5.1: bytes=32 seq=1 ttl=124 time=31 ms
From 192.168.5.1: bytes=32 seq=2 ttl=124 time=31 ms
From 192.168.5.1: bytes=32 seq=3 ttl=124 time=15 ms
From 192.168.5.1: bytes=32 seq=4 ttl=124 time=31 ms
From 192.168.5.1: bytes=32 seq=5 ttl=124 time=32 ms
--- 192.168.5.1 ping statistics ---
 5 packet(s) transmitted
 5 packet(s) received
```

```
0.00% packet loss
round-trip min/avg/max = 15/28/32 ms
```

6. 结果分析

通过配置路由协议，实现了各路由域内的网络互通。通过配置路由重分发和静态路由，网络中各路由器的路由条目完整，各业务网段的主机可以正常通信。

7. 注意事项

（1）路由重分发可以指定度量值，不同动态路由协议对度量值的定义不同，在路由引入时需要注意取值范围。

（2）在配置动态路由协议间的重发布时，注意双向引入，避免数据有去无回。

模块四

网络安全技术

概述

随着网络规模的迅速扩大、网络应用类型的逐步丰富，安全问题日益复杂。建设可管、可控、可信的安全网络运行环境，保护网络不受攻击、侵入、干扰、破坏和非法使用等，是进一步推进网络应用发展的前提。

本模块主要介绍交换机端口安全、DHCP Snooping、基本 ACL、高级 ACL 等网络安全技术。

学习目标

一、知识目标

（1）掌握交换机端口安全的基本原理。

（2）掌握 DHCP Snooping 技术原理。

（3）掌握 ACL 的工作原理和部署原则。

二、技能目标

（1）能够基于安全需求配置交换机端口安全。

（2）能够结合 DHCP 运行环境配置 DHCP 安全防护技术。

（3）能够基于安全需求配置基本 ACL。

（4）能够基于安全需求部署应用高级 ACL。

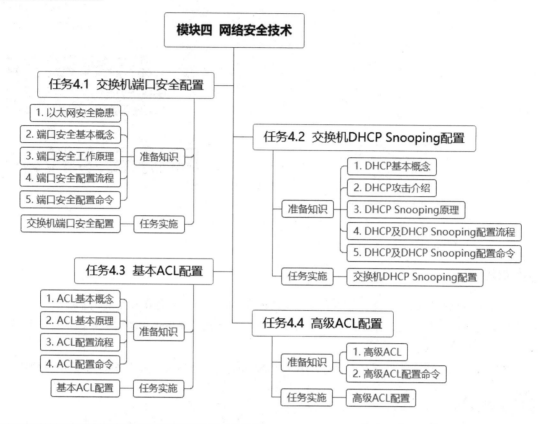

任务规划

任务 4.1   交换机端口安全配置

4.1.1 任务背景

对于安全性要求较高的网络环境，通常要对用户的接入进行基本安全管控，以防非法用户的接入及恶意的网络攻击。

对交换机端口配置安全功能可以增强网络的安全性，有效避免信息泄露、MAC 地址泛洪攻击等安全问题。本任务介绍交换机端口安全的基本原理和配置方法。

4.1.2 准备知识

1. 以太网安全隐患

（1）MAC 地址泛洪攻击。

基于交换机的工作原理，交换机会将所有数据帧的源 MAC 地址和接收端口的对应关系储存到 MAC 地址表中。如果攻击者发送大量虚假源 MAC 地址数据帧，MAC 地址表就会被快速填满，交换机将无法再学习新的 MAC 地址。这样交换机在转发数据帧时就失去了"依据"，只能以广播的方式将数据帧从其余端口发送出去，从而导致用户的通信数据被窃取。

MAC 地址泛洪攻击示意图如图 4.1.1 所示。

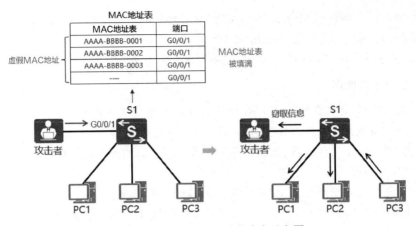

图 4.1.1 MAC 地址泛洪攻击示意图

（2）终端接入隐患。

终端接入隐患包括两方面。一方面是用户私自扩充网络，导致终端数量增大，为通信环境带来了不稳定因素；另一方面是接入非信任终端，可能导致信息泄露。

终端接入隐患示意图如图 4.1.2 所示。

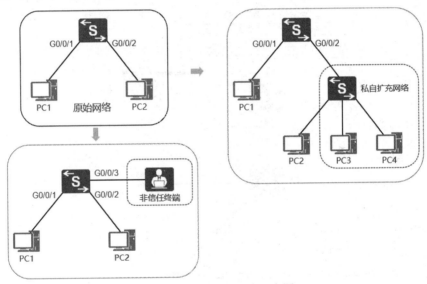

图 4.1.2 终端接入隐患示意图

2．端口安全基本概念

交换机端口安全对于网络安全的作用主要体现在以下三方面。

（1）限制端口学习 MAC 地址的数量。在默认条件下，端口学习 MAC 地址限制数是 1，即只能学习一个 MAC 地址表项。此功能限制了私自扩充网络。

（2）限制非信任终端接入网络。任何源 MAC 地址为非安全 MAC 地址的报文将被丢弃。

（3）限制信任终端切换连接端口，即信任终端只能通过指定的端口接入网络。

不符合交换机端口安全设定的通信数据称为违例数据，对于违例数据，交换机的保护动作有以下三种。

（1）restrict：丢弃源 MAC 地址为非安全 MAC 地址的报文并上报告警。这是交换机对违例数据的默认处理动作。

（2）protect：只丢弃源 MAC 地址为非安全 MAC 地址的报文，不上报告警。

（3）shutdown：端口状态被置为 error-down 状态，并上报告警。在默认情况下，端口在被置为 error-down 状态后不会自动恢复，只能由网络管理人员手动恢复。

3．端口安全工作原理

交换机开启端口安全功能后，端口学习到的 MAC 地址会被转换为安全 MAC 地址；端口学习的 MAC 地址数量达到上限后，不再学习新的 MAC 地址；交换机在收到源 MAC 地址不属于安全 MAC 地址的报文时，会认为有非法用户攻击，将根据配置的保护动作对端口进行保护。

（1）安全 MAC 地址。

安全 MAC 地址分为安全动态 MAC 地址和 Sticky MAC 地址。

端口在开启端口安全功能后，之前学习到的动态 MAC 地址表项会被删除，之后学习到的 MAC 地址将变为安全动态 MAC 地址。此时，该端口仅允许源 MAC 地址匹配安全 MAC 地址或静态 MAC 地址的报文通过。若端口开启 Sticky MAC 地址功能，安全动态 MAC 地址表项将转化为 Sticky MAC 地址表项，之后学习到的 MAC 地址将变为 Sticky MAC 地址。当安全 MAC 地址数量达到限制数量时，将不再学习 MAC 地址，并对端口或报文采取配置的保护动作。安全 MAC 地址机制示意图如图 4.1.3 所示。

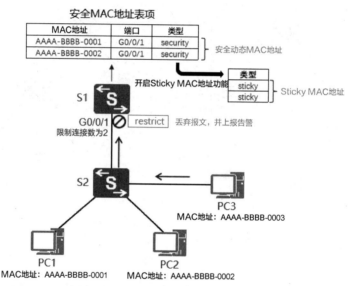

图 4.1.3　安全 MAC 地址机制示意图

安全动态 MAC 地址表项在设备重启后会丢失，需要重新学习。Sticky MAC 地址可由安全动态 MAC 地址转换而来，也可以手动添加。在手动保存 Sticky MAC 地址之后，重启设备 Sticky MAC 地址表项不会丢失。

（2）静态 MAC 地址漂移检测。

静态 MAC 地址漂移检测主要是限制信任终端的连接端口，也就是说信任终端必须连接到指定的交换机端口才能接入网络。如果源 MAC 地址已存在于静态 MAC 地址表中，但该源 MAC 地址设备连接到了其他端口，那么交换机将认为存在静态 MAC 地址漂移，将根据配置的保护动作对报文或端口进行处理。

4．端口安全配置流程

（1）开启端口安全功能。

（2）为端口配置 MAC 地址学习的限制数量。

（3）开启 Sticky MAC 地址功能：

① 动态转化；

② 手动添加。

（4）设置端口安全保护动作（可选）。

5．端口安全配置命令

（1）开启端口安全功能。

命令：port-security enable。

说明：在默认情况下，交换机端口未开启端口安全功能；通常对连接终端的端口进行配置。

视图：接口视图。

举例，为 S1 的 G0/0/1 接口开启端口安全功能：

```
[S1]interface GigabitEthernet 0/0/1
[S1-GigabitEthernet0/0/1]port-security enable
```

（2）为端口配置学习安全动态 MAC 地址限制数量。

命令：port-security max-mac-num *max-number*。

说明：在默认情况下，交换机端口学习 MAC 地址限制数量为 1。

视图：接口视图。

举例，设置 S1 的 G0/0/1 接口学习 MAC 地址限制数量为 2：

```
[S1]interface GigabitEthernet 0/0/1
[S1-GigabitEthernet0/0/1]port-security max-mac-num 2
```

（3）开启 Sticky MAC 地址功能。

命令：port-security mac-address sticky [*mac-address* vlan *vlan-id*]。

说明：sticky 后不加参数，表示将动态安全 MAC 地址转化为 Sticky MAC 地址；sticky 后加 MAC 地址及 VLAN 参数，表示手动添加 Sticky MAC 地址表项。

视图：接口视图。

举例如下。

① 为 S1 的 G0/0/1 接口开启 Sticky MAC 功能，将动态安全 MAC 地址转化为 Sticky MAC 地址：

```
[S1]interface GigabitEthernet 0/0/1
[S1-GigabitEthernet0/0/1]port-security enable
[S1-GigabitEthernet0/0/1]port-security mac-address sticky
```

② 为 S1 的 VLAN10 中的 G0/0/1 接口手动添加 Sticky MAC 地址表项 AAAA-BBBB-0001：

```
[S1]interface GigabitEthernet 0/0/1
[S1-GigabitEthernet0/0/1]port-security enable
[S1-GigabitEthernet0/0/1]port-security mac-address sticky AAAA-BBBB-0001 vlan 10
```

（4）设置端口安全保护动作。

命令：port-security protect-action { shutdown | protect | restrict }。

说明：在默认情况下，交换机端口保护动作为 restrict。

视图：接口视图。

举例如下。

① 设置 S1 的 G0/0/1 接口保护动作为 shutdown：

```
[S1-GigabitEthernet0/0/1]port-security protect-action shutdown
```

② 设置 S1 的 G0/0/2 接口保护动作为 protect：

```
[S1-GigabitEthernet0/0/2]port-security protect-action protect
```

③ 设置 S1 的 G0/0/3 接口保护动作为 restrict：

```
[S1-GigabitEthernet0/0/3]port-security protect-action restrict
```

（5）启动静态 MAC 地址漂移检测功能。

命令：port-security static-flapping protect。

说明：开启了端口安全的端口才支持静态 MAC 漂移的检测功能。

视图：系统视图。

举例，启动 S1 的静态 MAC 地址漂移检测功能：

```
[S1]port-security static-flapping protect
```

4.1.3　任务实施

操作演示

1. 任务目的

（1）掌握交换机端口安全的基本原理。

（2）掌握交换机端口安全的配置方法。

2. 任务描述

某公司出于网络安全的考虑，希望对员工终端的网络接入进行基本安全管控，要求接入层交换机限制非信任终端的接入，每个接口只能连接一台固定的员工终端。

3. 实施规划

1）拓扑图（见图 4.1.4）

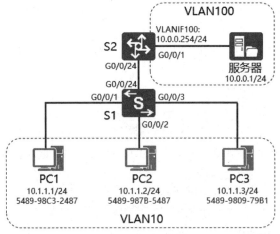

图 4.1.4　拓扑图

2）操作流程

（1）配置 PC 服务器网络参数。

（2）配置交换机 VLAN。

（3）为 S1 的 G0/0/1～G0/0/3 接口开启端口安全功能，限制连接数为 1，对应只允许 PC1～PC3 接入网络。

（4）对 S1 的 G0/0/1 接口和 G0/0/2 接口，开启 Sticky MAC 地址功能，自动将动态安全 MAC 地址转化为 Sticky MAC 地址。

（5）对 S1 的 G0/0/3 接口，手动添加 Sticky MAC 地址表项。

（6）配置 S1 的 G0/0/1～G0/0/3 接口的违例保护模式均为 shutdown。

4. 具体步骤

（1）配置 PC 服务器的网络参数。

（2）为交换机配置 VLAN。

① 配置 S1 的 VLAN：

```
[S1]vlan 10
[S1-vlan10]int g0/0/1
[S1-GigabitEthernet0/0/1]port link-type access
[S1-GigabitEthernet0/0/1]port default vlan 10
[S1-GigabitEthernet0/0/1]int g0/0/2
[S1-GigabitEthernet0/0/2]port link-type access
[S1-GigabitEthernet0/0/2]port default vlan 10
[S1-GigabitEthernet0/0/2]int g0/0/3
[S1-GigabitEthernet0/0/3]port link-type access
[S1-GigabitEthernet0/0/3]port default vlan 10
[S1-GigabitEthernet0/0/3]int g0/0/24
[S1-GigabitEthernet0/0/24]port link-type trunk
[S1-GigabitEthernet0/0/24]port trunk allow-pass vlan 10
```

② 配置 S2 的 VLAN：

```
[S2]vlan batch 10 100
[S2]int g0/0/24
[S2-GigabitEthernet0/0/24]port link-type trunk
[S2-GigabitEthernet0/0/24]port trunk allow-pass vlan 10
[S2-GigabitEthernet0/0/24]int g0/0/1
[S2-GigabitEthernet0/0/1]port link-type access
[S2-GigabitEthernet0/0/1]port default vlan 100
[S2-GigabitEthernet0/0/1]int vlanif 100
[S2-Vlanif100]ip add 10.0.0.254 24
[S2-Vlanif100]int vlanif 10
[S2-Vlanif10]ip add 10.1.1.254 24
```

（3）为 S1 G0/0/1 开启接口安全功能：

```
[S1]int g0/0/1
[S1-GigabitEthernet0/0/1]port-security enable                    //开启端口安全功能
[S1-GigabitEthernet0/0/1]port-security max-mac-num 1             //默认值为1
//将动态安全 MAC 地址转换为 Sticky MAC 地址
[S1-GigabitEthernet0/0/1]port-security mac-address sticky
[S1-GigabitEthernet0/0/1]port-security protect-action shutdown  //设置违例保护模式为shutdown
[S1-GigabitEthernet0/0/1]int g0/0/2
[S1-GigabitEthernet0/0/2]port-security enable
[S1-GigabitEthernet0/0/2]port-security mac-address sticky
[S1-GigabitEthernet0/0/2]port-security protect-action shutdown
```

```
[S1-GigabitEthernet0/0/2]int g0/0/3
[S1-GigabitEthernet0/0/3]port-security enable
[S1-GigabitEthernet0/0/3]port-security mac-address sticky
//手动添加 Sticky MAC 地址
[S1-GigabitEthernet0/0/3]port-security mac-address sticky 5489-9809-79B1 vlan 10
[S1-GigabitEthernet0/0/3]port-security protect-action shutdown
```

5. 实验测试

（1）查看 S1 的 Sticky MAC 地址信息：

```
[S1]display mac-address sticky
MAC address table of slot 0:
-------------------------------------------------------------------------------
MAC Address     VLAN/     PEVLAN   CEVLAN    Port          Type      LSP/LSR-ID
                VSI/SI                                                MAC-Tunnel
-------------------------------------------------------------------------------
5489-9809-79b1 10         -        -         GE0/0/3       sticky    -
5489-98c3-2487 10         -        -         GE0/0/1       sticky    -
5489-987b-5487 10         -        -         GE0/0/2       sticky    -
-------------------------------------------------------------------------------
Total matching items on slot 0 displayed = 3
```

（2）连通性测试。

① PC1 ping 服务器 10.0.0.1：

```
PC>ping 10.0.0.1

Ping 10.0.0.1: 32 data bytes, Press Ctrl_C to break
From 10.0.0.1: bytes=32 seq=1 ttl=127 time=47 ms
From 10.0.0.1: bytes=32 seq=2 ttl=127 time=62 ms
From 10.0.0.1: bytes=32 seq=3 ttl=127 time=47 ms
From 10.0.0.1: bytes=32 seq=4 ttl=127 time=46 ms
From 10.0.0.1: bytes=32 seq=5 ttl=127 time=47 ms

--- 10.0.0.1 ping statistics ---
  5 packet(s) transmitted
  5 packet(s) received
  0.00% packet loss
  round-trip min/avg/max = 46/49/62 ms
```

② PC2 ping 服务器 10.0.0.1：

```
PC>ping 10.0.0.1

Ping 10.0.0.1: 32 data bytes, Press Ctrl_C to break
From 10.0.0.1: bytes=32 seq=1 ttl=127 time=125 ms
From 10.0.0.1: bytes=32 seq=2 ttl=127 time=78 ms
From 10.0.0.1: bytes=32 seq=3 ttl=127 time=78 ms
From 10.0.0.1: bytes=32 seq=4 ttl=127 time=78 ms
From 10.0.0.1: bytes=32 seq=5 ttl=127 time=46 ms

--- 10.0.0.1 ping statistics ---
  5 packet(s) transmitted
  5 packet(s) received
```

```
 0.00% packet loss
 round-trip min/avg/max = 46/81/125 ms
```

③ PC3 ping 服务器 10.0.0.1：

```
PC>ping 10.0.0.1

Ping 10.0.0.1: 32 data bytes, Press Ctrl_C to break
From 10.0.0.1: bytes=32 seq=1 ttl=127 time=62 ms
From 10.0.0.1: bytes=32 seq=2 ttl=127 time=78 ms
From 10.0.0.1: bytes=32 seq=3 ttl=127 time=78 ms
From 10.0.0.1: bytes=32 seq=4 ttl=127 time=62 ms
From 10.0.0.1: bytes=32 seq=5 ttl=127 time=63 ms

--- 10.0.0.1 ping statistics ---
 5 packet(s) transmitted
 5 packet(s) received
 0.00% packet loss
 round-trip min/avg/max = 62/68/78 ms
```

（3）非信任终端接入 S1 的 G0/0/3 接口，模拟非法接入。

① 非信任终端 ping 服务器 10.0.0.1：

```
PC>ping 10.0.0.1

Ping 10.0.0.1: 32 data bytes, Press Ctrl_C to break
Request timeout!
Request timeout!
Request timeout!
Request timeout!
Request timeout!

--- 10.0.0.1 ping statistics ---
 5 packet(s) transmitted
 0 packet(s) received
 100.00% packet loss
```

② 查看 S1 的 G0/0/3 接口状态：

```
[S1]dis int g0/0/3
GigabitEthernet0/0/3 current state : Administratively DOWN
Line protocol current state : DOWN
Description:
Switch Port, PVID :   10, TPID : 8100(Hex), The Maximum Frame Length is 9216
IP Sending Frames' Format is PKTFMT_ETHNT_2, Hardware address is 4c1f-cc99-5dd5
Last physical up time  : 2021-04-30 19:19:35 UTC-08:00
Last physical down time : 2021-04-30 19:20:09 UTC-08:00
Current system time: 2021-04-30 19:25:03-08:00
Hardware address is 4c1f-cc99-5dd5
   Last 300 seconds input rate 0 bytes/sec, 0 packets/sec
   Last 300 seconds output rate 0 bytes/sec, 0 packets/sec
   Input: 14438 bytes, 225 packets
   Output: 756572 bytes, 6405 packets
   Input:
```

```
    Unicast: 74 packets, Multicast: 0 packets
    Broadcast: 151 packets
Output:
    Unicast: 32 packets, Multicast: 6373 packets
    Broadcast: 0 packets
Input bandwidth utilization :    0%
Output bandwidth utilization :    0%
```

6. 结果分析

PC1～PC3 为信任终端，可以通过对应接口接入网络访问服务器；当非信任终端接入网络时，产生违例数据，系统执行 shutdown 保护动作，关闭接口。

7. 注意事项

（1）eNSP 的交换机不支持静态 MAC 地址漂移检测功能（port-security static-flapping protect）；

（2）在收到违例数据后接口被置为 error-down 状态，在该接口视图下执行 undo shutdown 命令即可恢复。eNSP 不支持自动恢复（error-down auto-recovery cause port-security interval <时延>）。

任务 4.2　交换机 DHCP Snooping 配置

4.2.1　任务背景

通过 DHCP 分配机制可有效避免人工配置出现的各种错误，便于管理员统一维护管理。DHCP 在应用过程中存在安全方面的问题，如遭受 DHCP 仿冒者攻击、DHCP 拒绝服务攻击等都会影响网络的正常通信。

DHCP Snooping 可以有效防御各类 DHCP 攻击，保障 DHCP 环境的安全稳定。本任务介绍 DHCP Snooping 的基本原理和配置方法。

4.2.2　准备知识

1. DHCP 基本概念

DHCP（Dynamic Host Configuration Protocol，动态主机配置协议）是一种集中对用户 IP 地址进行动态管理和配置的技术。

1）DHCP 环境下的角色

在 DHCP 环境下，包括以下三种角色。

（1）DHCP 服务器：负责为 DHCP 客户端分配网络参数，可以是专用服务器，也可以是支持 DHCP 服务的网络设备。

（2）DHCP 客户端：自动获取 IP 地址等网络参数的设备，如用户终端（计算机、IP 电话）、AP 等。

（3）DHCP 中继设备：负责转发 DHCP 服务器和 DHCP 客户端间的 DHCP 报文，协助 DHCP 服务器动态向 DHCP 客户端分配网络参数的设备。如果 DHCP 服务器和 DHCP 客户端不在同一网段，就需要 DHCP 中继设备转发协议报文。

DHCP 环境下的角色示意图如图 4.2.1 所示。

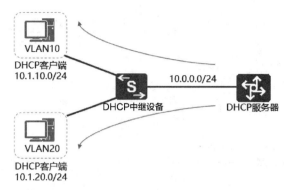

图 4.2.1　DHCP 环境下的角色示意图

2）DHCP 地址池

DHCP 地址池是指可以为客户端分配的所有 IP 地址的集合，包括 IP 地址范围、网关地址、DNS 地址等网络参数。

根据创建方式的不同，地址池可以分为基于接口方式的地址池和基于全局方式的地址池。

（1）基于接口方式的地址池：存储的是 DHCP 服务器接口所属网段的 IP 地址，且地址池中的 IP 地址只能分配给此接口下的客户端，适用于 DHCP 服务器与 DHCP 客户端在同一个网段的场景。

（2）基于全局方式的地址池：是在系统视图下创建的，同一 DHCP 服务器可以配置多个地址池。DHCP 服务器接口调用基于全局方式的地址池（系统自动匹配与 DHCP 服务器接口 IP 地址所在网段相同的地址池）为其连接的 DHCP 客户端分配地址。

当 DHCP 客户端和 DHCP 服务器在同一网段时，可以直接交互 DHCP 报文。当 DHCP 服务器与 DHCP 客户端不在同一个网段时，需要部署 DHCP 中继设备来转发 DHCP 客户端和 DHCP 服务器之间的 DHCP 报文。根据是否部署 DHCP 中继设备来选择地址池，分为以下两种场景。

（1）在无 DHCP 中继设备的场景下，DHCP 服务器选择与接收 DHCP Request 报文的接口的 IP 地址处于同一网段的地址池，如图 4.2.2 所示。

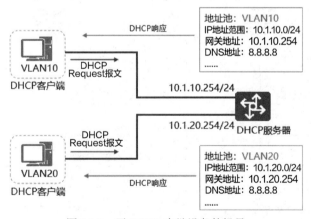

图 4.2.2　无 DHCP 中继设备的场景

（2）在有 DHCP 中继设备场景下，DHCP 服务器选择与连接 DHCP 客户端的 DHCP 中继设备接口的 IP 地址在同一网段的地址池，如图 4.2.3 所示。

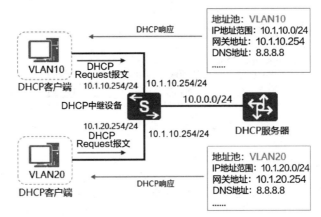

图 4.2.3 有 DHCP 中继设备场景

3）DHCP 工作原理

在没有部署 DHCP 中继设备的场景下，DHCP 客户端与 DHCP 服务器间的报文交互过程分为四个阶段，如图 4.2.4 所示。

（1）发现阶段：DHCP 客户端广播发送 DHCP Discover 报文寻找 DHCP 服务器。

（2）提供阶段：DHCP 服务器单播回应 DHCP Offer 报文，该报文包含可供分配的 IP 地址。

（3）选择阶段：如果有多个 DHCP 服务器向 DHCP 客户端回应 DHCP Offer 报文，DHCP 客户端一般只接收第一个收到的 DHCP Offer 报文。然后，DHCP 客户端广播发送 DHCP Request 报文，并通知所有 DHCP 服务器自己选用的地址。

（4）确认阶段：DHCP 服务器单播回应 DHCP Ack 报文，确认分配。

在部署了 DHCP 中继设备的场景下，DHCP 客户端与 DHCP 服务器间的报文交互过程也分为四个阶段，如图 4.2.5 所示。与没有部署 DHCP 中继设备的场景相比部署了 DHCP 中继设备场景下的 DHCP 客户端与 DHCP 服务器间的报文交互过程多了 DHCP 中继设备在 DHCP 服务器和 DHCP 客户端间转发 DHCP 报文的过程，以保证 DHCP 服务器和 DHCP 客户端正常交互。

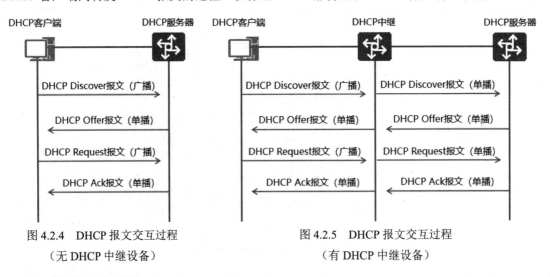

图 4.2.4 DHCP 报文交互过程　　　　　图 4.2.5 DHCP 报文交互过程
（无 DHCP 中继设备）　　　　　　　　（有 DHCP 中继设备）

2. DHCP 攻击介绍

1）DHCP 仿冒者攻击

DHCP 仿冒者攻击是指 DHCP 客户端和 DHCP 服务器之间无认证机制，导致非法 DHCP 服务器分配有误的网络参数，用户无法使用网络。DHCP 仿冒者攻击示意图如图 4.2.6 所示。

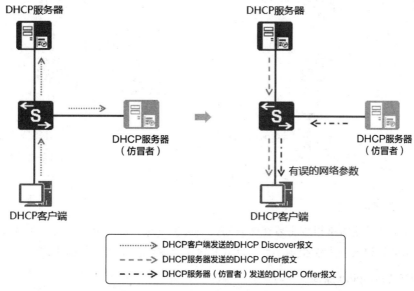

图 4.2.6 DHCP 仿冒者攻击示意图

2）DHCP 拒绝服务攻击

DHCP 拒绝服务攻击是指攻击者伪造 DHCP 客户端，恶意申请 IP 地址，导致 DHCP 服务器地址池中的 IP 地址快速耗尽，不能为合法用户提供服务。DHCP 拒绝服务攻击示意图如图 4.2.7 所示。

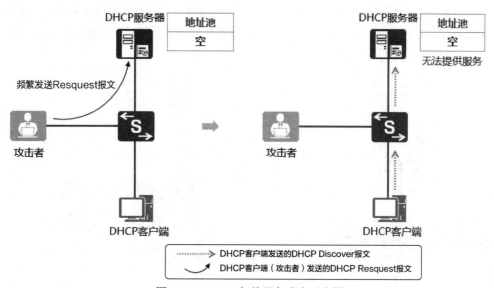

图 4.2.7 DHCP 拒绝服务攻击示意图

3）仿冒 DHCP 报文攻击

仿冒 DHCP 报文攻击是指攻击者冒充合法用户不断向 DHCP 服务器发送 DHCP Request 报文续租 IP 地址，导致到期的 IP 地址无法正常回收，一些合法用户不能获得 IP 地址。另外，攻击者冒充合法用户向 DHCP 服务器发送 DHCP Release 报文，会导致合法用户异常下线。仿冒 DHCP 报文攻击示意图如图 4.2.8 所示。

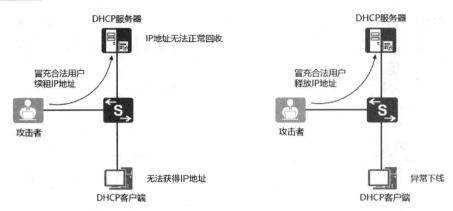

图 4.2.8　仿冒 DHCP 报文攻击示意图

4）DHCP 报文泛洪攻击

DHCP 报文泛洪攻击是指攻击者在短时间内向设备发送大量 DHCP 报文，对设备的性能造成巨大冲击，可能导致设备无法正常工作。DHCP 报文泛洪攻击示意图如图 4.2.9 所示。

3．DHCP Snooping 原理

DHCP Snooping 是 DHCP 的一种安全特性，用于保证 DHCP 客户端从合法的 DHCP 服务器获取 IP 地址，并记录 DHCP 客户端 IP 地址与 MAC 地址等参数的对应关系，防止网络上针对 DHCP 的攻击。

1）预防 DHCP 仿冒者攻击

预防 DHCP 仿冒者攻击的方法是配置信任接口。只有信任接口允许接收服务器发送的 DHCP Offer 报文、DHCP Ack 报文，非信任接口在收到 DHCP 报文后将进行丢弃处理。预防 DHCP 仿冒者攻击示意图如图 4.2.10 所示。

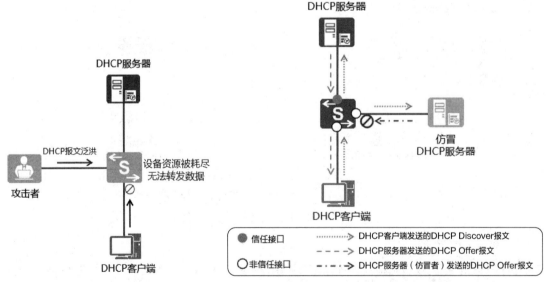

图 4.2.9　DHCP 报文泛洪攻击示意图　　　图 4.2.10　预防 DHCP 仿冒者攻击示意图

2）预防 DHCP 服务拒绝攻击

预防 DHCP 服务拒绝攻击的方法是配置允许接入的最大用户数及检测 DHCP Request 报文帧

头源 MAC 地址与 DHCP 数据区中的 CHADDR 字段（客户端 MAC 地址）是否一致。当接口下 DHCP Snooping 绑定表项数达到最大值时，后续用户将无法接入。DHCP Request 报文帧头中的源 MAC 地址与 DHCP 数据区中的 CHADDR 字段不一致，说明该客户端为伪造客户端，丢弃其发送 的报文。预防 DHCP 服务拒绝攻击示意图如图 4.2.11 所示。

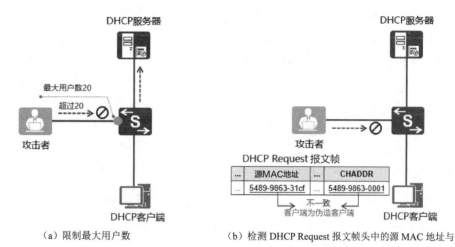

（a）限制最大用户数
（b）检测 DHCP Request 报文帧头中的源 MAC 地址与 DHCP 数据区中的 CHADDR 字段是否一致

图 4.2.11　预防 DHCP 拒绝服务攻击示意图

3）预防仿冒 DHCP 报文攻击

预防仿冒 DHCP 报文攻击的方法是配置 DHCP Snooping 绑定表功能。将 DHCP Request 报文 和 DHCP Release 报文与 DHCP Snooping 绑定表进行匹配，检查报文中的 VLAN、IP 地址、MAC 地址、接口信息，以判别报文是否合法。预防仿冒 DHCP 报文攻击示意图如图 4.2.12 所示。

预防 DHCP 报文泛洪攻击的方法是使能 DHCP 报文上送速率检测功能。允许在规定速率内上 送 DHCP 报文，超过规定速率的报文将会被丢弃。预防 DHCP 报文泛洪攻击示意图如图 4.2.13 所示。

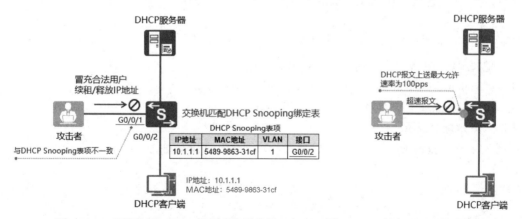

图 4.2.12　预防仿冒 DHCP 报文攻击示意图　　图 4.2.13　预防 DHCP 报文泛洪攻击示意图

4．DHCP 及 DHCP Snooping 配置流程

（1）DHCP 配置流程。

① 开启 DHCP 功能。

② 配置全局地址池：设置地址池范围、网关地址、DNS 地址等参数。

③ 接口开启 DHCP 服务器功能：采用全局地址池或接口地址池。

④ 配置 DHCP 中继服务：依据实际网络环境确定是否需要配置 DHCP 中继服务。

（2）DHCP Snooping 配置流程。

① 开启 DHCP Snooping 功能，包括全局开启及 VLAN 或接口下开启。

② 配置 DHCP Snooping 各项安全功能。

5．DHCP 及 DHCP Snooping 配置命令

（1）开启 DHCP 功能。

命令：dhcp enable。

说明：此命令也是配置 DHCP 中继服务、安全功能等相关功能的总开关。

视图：系统视图。

举例，为 S1 开启 DHCP 功能：

```
[S1]dhcp enable
```

（2）创建地址池。

命令：ip pool *ip-pool-name*。

说明：一台 DHCP 服务器可以创建多个地址池。

视图：系统视图。

举例，为 S1 创建名为 vlan10_pool 的地址池：

```
[S1]ip pool vlan10_pool
```

（3）配置全局地址池中可分配的网段地址。

命令：network *ip-address* [mask { *mask* | *mask-length* }]。

说明：每个地址池只能配置一个网段。

视图：IP 地址池视图。

举例，为 S1 配置地址池 vlan10_pool 并分配网段 10.1.1.0/24：

```
[S1]ip pool  vlan10_pool
[S1-ip-pool-vlan10_pool]network 10.1.1.0 mask 24
```

（4）配置地址池中不参与自动分配的 IP 地址范围。

命令：excluded-ip-address *start-ip-address* [*end-ip-address*]。

说明：可以排除单个 IP 地址或多个连续 IP 地址。

视图：IP 地址池视图。

举例，为 S1 配置地址池 vlan10_pool，不参与自动分配的 IP 地址为 10.1.1.101～10.1.1.150 及 10.1.1.200：

```
[S1]ip pool vlan10_pool
[S1-ip-pool-vlan10_pool]excluded-ip-address 10.1.1.101 10.1.1.150
[S1-ip-pool-vlan10_pool]excluded-ip-address 10.1.1.200
```

（5）配置为 DHCP 客户端分配的网关地址。

命令：gateway-list *ip-address*。

说明：网关地址隶属于地址池。

视图：IP 地址池视图。

举例，配置地址池 vlan10_pool，并为 DHCP 客户端分配网关地址 10.1.1.254：

```
[S1]ip pool vlan10_pool
[S1-ip-pool-vlan10_pool]gateway-list 10.1.1.254
```

（6）配置为 DHCP 客户端分配的 DNS 地址。

命令：dns-list *ip-address*。

说明：可配置多个 DNS 地址，第一个为主 DNS。

视图：IP 地址池视图。

举例，配置地址池 vlan10_pool，并为 DHCP 客户端分配 DNS 地址 8.8.8.8 和 114.114.114.114：

```
[S1]ip pool vlan10_pool
[S1-ip-pool-vlan10_pool]dns-list 8.8.8.8
[S1-ip-pool-vlan10_pool]dns-list 114.114.114.114
```

（7）为接口开启 DHCP 服务器功能。

命令：dhcp select { global | interface }。

说明：global 表示接口选择对应的全局地址池为 DHCP 客户端分配地址；interface 表示接口选择接口地址池为 DHCP 客户端分配地址。

视图：接口视图。

举例如下。

① 为 S1 的 VLANIF 10 接口开启采用全局地址池的 DHCP 服务器功能：

```
[S1]int vlanif 10
[S1-Vlanif10]dhcp select global
```

② 为 S1 的 VLANIF 10 接口开启采用接口地址池的 DHCP 服务器功能：

```
[S1]int vlanif 10
[S1-Vlanif10]dhcp select interface
```

（8）开启 DHCP 中继功能。

命令：dhcp select relay。

说明：为 DHCP 客户端的网关设备配置。

视图：接口视图。

举例，为 S1 的 VLANIF 10 接口开启 DHCP 中继功能：

```
[S1]int vlanif 10
[S1-Vlanif10]dhcp select relay
```

（9）配置 DHCP 中继代理的 DHCP 服务器的 IP 地址：

命令：dhcp relay server-ip *ip-address*。

说明：对 DHCP 客户端的网关设备进行配置。

视图：接口视图。

举例，为 S1 的 VLANIF 10 接口指定 DHCP 中继代理的服务器的 IP 地址为 10.2.1.254：

```
[S1-Vlanif 10]dhcp relay server-ip 10.2.1.254
```

（10）使能 DHCP Snooping 功能。

命令：dhcp snooping enable。

说明：为 VLAN、接口配置 DHCP Snooping 功能时，需要先全局开启 DHCP Snooping 功能。

视图：系统视图、VLAN 视图、接口视图。

举例如下。

① 为 S1 的 VLAN10 开启 DHCP Snooping 功能：

```
[S1]dhcp snooping enable
[S1]vlan 10
[S1-vlan10]dhcp snooping enable
```

② 为 S1 的 G0/0/1 接口开启 DHCP Snooping 功能：

```
[S1]dhcp snooping enable
[S1]interface GigabitEthernet 0/0/1
[S1-GigabitEthernet0/0/1]dhcp snooping enable
```

（11）设置信任接口。

命令：dhcp snooping trusted。

说明：在默认情况下，所有接口均为非信任接口。

视图：接口视图。

举例，将 S1 的 G0/0/1 接口设置为信任接口：

```
[S1]dhcp snooping enable
[S1]interface GigabitEthernet 0/0/1
[S1-GigabitEthernet0/0/1]dhcp snooping trusted
```

（12）开启检测 DHCP Request 报文帧头源 MAC 地址与 DHCP 数据区中的 CHADDR 字段是否一致功能。

命令：dhcp snooping check dhcp-chaddr enable。

说明：该功能可避免攻击者修改 CHADDR 字段反复申请 IP 地址，导致地址池耗尽。

视图：VLAN 视图、接口视图。

举例如下。

① 为 S1 的 VLAN10 中的所有成员开启源 MAC 地址、CHADDR 一致性检测功能：

```
[S1]vlan10
[S1-vlan10]dhcp snooping enable
[S1-vlan10]dhcp snooping check dhcp-chaddr enable
```

② 为 S1 的 G0/0/1 接口开启源 MAC 地址、CHADDR 一致性检测功能：

```
[S1]interface GigabitEthernet 0/0/1
[S1-GigabitEthernet0/0/1]dhcp snooping enable
[S1-GigabitEthernet0/0/1]dhcp snooping check dhcp-chaddr enable
```

（13）限制最大 DHCP 用户接入数。

命令：dhcp snooping max-user-number *number*。

说明：防止 DHCP 服务拒绝攻击。

视图：系统视图、VLAN 视图、接口视图。

举例如下。

① 配置 S1 为最多存在 50 个 DHCP 客户端：

```
[S1]dhcp snooping enable
```

```
[S1]dhcp snooping max-user-number 50
```

② 配置 S1 为 VLAN10 中最多存在 30 个 DHCP 客户端：

```
[S1-vlan10]dhcp snooping enable
[S1-vlan10]dhcp snooping max-user-number 30
```

（14）开启对 DHCP 报文进行 DHCP Snooping 绑定表匹配检查功能。

命令：dhcp snooping check dhcp-request enable。

说明：对 DHCP Request 报文或 DHCP Release 报文进行匹配检查。

视图：系统视图、VLAN 视图、接口视图。

举例如下。

① 为 S1 的 G0/0/1 接口开启对 DHCP 报文进行 DHCP Snooping 绑定表匹配检查功能：

```
[S1]interface GigabitEthernet 0/0/1
[S1-GigabitEthernet0/0/1]dhcp snooping enable
[S1-GigabitEthernet0/0/1]dhcp snooping check dhcp-request enable
```

② 为 S1 的 VLAN 10 开启对 DHCP 报文进行 DHCP Snooping 绑定表匹配检查功能。

```
[S1]vlan 10
[S1-vlan10] dhcp snooping enable
[S1-vlan10] dhcp snooping check dhcp-request enable
```

（15）开启对 DHCP 报文上送至 DHCP 报文处理单元的速率检测功能。

命令：dhcp snooping check dhcp-rate enable [*rate*]。

说明：rate 为 DHCP 报文上送至 DHCP 报文处理单元的最大允许速率，取值范围为 1~100，单位为 pps，默认值为 100。超过 rate 指定速率的报文将被丢弃。

视图：系统视图、VLAN 视图、接口视图。

举例如下。

① 为 S1 开启对 DHCP 报文上送至 DHCP 报文处理单元的速率检测功能：

```
[S1]dhcp snooping check dhcp-rate enable
```

② 为 S1 的 VLAN 10 开启对 DHCP 报文上送至 DHCP 报文处理单元的速率检测功能：

```
[S1]vlan 10
[S1-vlan10] dhcp snooping enable
[S1-vlan10] dhcp snooping check dhcp-rate enable
```

4.2.3　任务实施

1．任务目的

（1）掌握 DHCP Snooping 的基本原理。

（2）掌握 DHCP Snooping 安全功能的配置方法。

操作演示

2．任务描述

某公司网络通过 DHCP 为 VLAN10 中的用户终端动态分配网络参数，以满足用户的网络访问需求。为保证 DHCP 环境的安全稳定运行，管理员计划对 DHCP 进行必要的安全配置，以免 DHCP 仿冒者攻击、DHCP 服务拒绝攻击及仿冒 DHCP 报文攻击等安全问题。

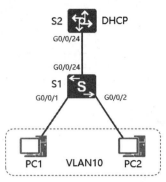

图 4.2.14　拓扑图

3．实施规划

1）拓扑图（见图 4.2.14）

2）操作流程

（1）配置交换机的 VLAN。

（2）为 S2 配置 DHCP 服务，为 VLAN10 中的用户分配地址参数。

（3）为 S1 配置 DHCP Snooping 安全功能。

① 设置 G0/0/24 接口为信任接口，只允许该接口接收 DHCP 服务器的响应报文。

② 开启 DHCP Request 报文帧头源 MAC 地址与 DHCP 数据区中的 CHADDR 字段的检测功能，并限制用户接入数，预防 IP 地址恶意申请。

③ 开启对 DHCP 报文进行 DHCP Snooping 绑定表检测功能，预防 DHCP 伪造报文。

④ 开启对 DHCP 报文进行 DHCP Snooping，DHCP 报文上送至 DHCP 报文处理单元的速率检测功能，预防 DHCP 报文泛洪攻击。

4．具体步骤

（1）配置交换机的 VLAN。

① 为 S1 配置 VLAN：

```
[S1]vlan 10
[S1-vlan10]int g0/0/1
[S1-GigabitEthernet0/0/1]port link-type access
[S1-GigabitEthernet0/0/1]port default vlan 10
[S1-GigabitEthernet0/0/1]int g0/0/2
[S1-GigabitEthernet0/0/2]port link-type access
[S1-GigabitEthernet0/0/2]port default vlan 10
[S1-GigabitEthernet0/0/2]int g0/0/24
[S1-GigabitEthernet0/0/24]port link-type trunk
[S1-GigabitEthernet0/0/24]port trunk allow-pass vlan 10
```

② 为 S2 配置 VLAN：

```
[S2]vlan 10
[S2-vlan10]int vlanif 10
[S2-Vlanif10]ip add 10.1.10.254 24
[S2-Vlanif10]int g0/0/24
[S2-GigabitEthernet0/0/24]port link-type trunk
[S2-GigabitEthernet0/0/24]port trunk allow-pass vlan 10
```

（2）为 S2 配置 DHCP 服务：

```
[S2]dhcp enable
[S2]ip pool vlan10_pool
[S2-ip-pool-vlan10_pool]network 10.1.10.0 mask 24
[S2-ip-pool-vlan10_pool]gateway-list 10.1.10.254
[S2-ip-pool-vlan10_pool]dns-list 8.8.8.8
[S2-ip-pool-vlan10_pool]int vlanif 10
[S2-Vlanif10]dhcp select global
```

（3）为 S1 配置 DHCP 安全功能：

```
[S1]dhcp enable
[S1]dhcp snooping enable                            //全局开启 DHCP Snooping 功能
[S1]int g0/0/24
[S1-GigabitEthernet0/0/24]dhcp snooping trusted     //设置 G0/0/24 接口为信任接口
[S1-GigabitEthernet0/0/24]vlan 10
[S1-vlan10]dhcp snooping enable                     //VLAN10 开启 DHCP Snooping 功能
[S1-vlan10]dhcp snooping max-user-number 20         //限制连接用户为 20
 //开启检测 DHCP Request 报文帧头源 MAC 地址与 DHCP 数据区中的 CHADDR 字段一致性功能
[S1-vlan10]dhcp snooping check dhcp-chaddr enable
 //开启对 DHCP 报文进行绑定表匹配检查功能
[S1-vlan10]dhcp snooping check dhcp-request enable
 //开启对 DHCP 报文上送到 DHCP 报文处理单元的速率进行检测的功能
[S1-vlan10]dhcp snooping check dhcp-rate enable
[S1-vlan10]dhcp snooping check dhcp-rate 50         //设置上送速率最大值为 50
```

5. 实验测试

（1）查看 S1 的 DHCP Snooping 绑定表信息：

```
[S1]display dhcp snooping user-bind vlan 10
DHCP Dynamic Bind-table:
Flags:O - outer vlan ,I - inner vlan ,P - map vlan
IP Address       MAC Address     VSI/VLAN(O/I/P) Interface    Lease
--------------------------------------------------------------------------------
10.1.10.253      5489-9839-02c1  10  /--  /--   GE0/0/1      2021.05.03-09:35
10.1.10.252      5489-987f-1dbf  10  /--  /--   GE0/0/2      2021.05.03-09:35
--------------------------------------------------------------------------------
print count:        2          total count:         2
```

（2）查看 S1 的 DHCP 安全配置信息：

```
[S1]display dhcp snooping configuration
dhcp snooping enable
#
vlan 10
 dhcp snooping enable
 dhcp snooping check dhcp-request enable
 dhcp snooping check dhcp-chaddr enable
 dhcp snooping check dhcp-rate enable
 dhcp snooping check dhcp-rate 50
 dhcp snooping max-user-number 20
#
interface GigabitEthernet0/0/24
 dhcp snooping trusted
#
```

（3）查看 PC 的 IP 地址信息。

① 查看 PC1 的 IP 地址信息：

```
PC>ipconfig /renew
IP Configuration
Link local IPv6 address..........: fe80::5689:98ff:fe39:2c1
IPv6 address.....................: :: / 128
IPv6 gateway.....................: ::
IPv4 address.....................: 10.1.10.253
```

```
Subnet mask.......................: 255.255.255.0
Gateway...........................: 10.1.10.254
Physical address..................: 54-89-98-39-02-C1
DNS server........................: 8.8.8.8
```

② 查看 PC2 的 IP 地址信息：

```
PC>ipconfig /renew
IP Configuration
Link local IPv6 address...........: fe80::5689:98ff:fe7f:1dbf
IPv6 address......................: :: / 128
IPv6 gateway......................: ::
IPv4 address......................: 10.1.10.252
Subnet mask.......................: 255.255.255.0
Gateway...........................: 10.1.10.254
Physical address..................: 54-89-98-7F-1D-BF
DNS server........................: 8.8.8.8
```

6. 结果分析

PC1 和 PC2 正常获得网络参数，对应生成了 DHCP Snooping 绑定表信息，各项 DHCP Snooping 安全功能已经开启，可以有效防御各项 DHCP 攻击。

7. 注意事项

（1）在系统视图下，dhcp snooping enable 命令是 DHCP Snooping 相关功能的总开关。

（2）执行 dhcp snooping enable 命令后，交换机接口均默认为非信任接口，需要将连接服务器的接口设置为信任接口。

（3）在 VLAN 视图下开启 DHCP Snooping 相关安全功能，将对该 VLAN 中的所有接口接收到的 DHCP 报文生效。

任务 4.3　基本 ACL 配置

4.3.1　任务背景

随着网络的飞速发展，网络安全和网络服务质量问题日益突出。网络环境的安全性和网络服务质量的可靠性是评价网络性能的重要指标。

通过 ACL 可以实现对网络中的报文流的精确识别和控制，达到控制网络访问行为、防止网络攻击和提高网络带宽利用率的目的。本任务主要介绍 ACL 的基本原理及基本 ACL 的配置。

4.3.2　准备知识

1. ACL 基本概念

ACL（Access Control Lists，访问控制列表）是由一条或多条规则组成的。ACL 相当于一个过滤器，规则相当于滤芯。设备可以根据这些规则，抓取特定报文，并对这些报文进行控制。

如图 4.3.1 所示，公司网络的财务管理系统只希望被财务部门的主机访问，可以通过定义 ACL 并将其部署在相关设备上来实现。

1）ACL 组成

ACL 由一系列规则组成，具体包括如下内容。

（1）ACL 编号：ACL 的标识，不同类型 ACL 的编号有特定的取值范围。

（2）规则：用于描述报文的匹配条件及处理动作，包含如下要素。

① 规则编号：标识 ACL 规则，可以自行配置规则编号，也可以由系统自动分配。

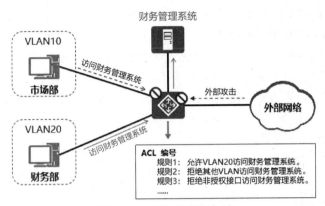

图 4.3.1　ACL 应用示意图

② 处理动作：允许（permit）/拒绝（deny）。

③ 匹配条件：定义报文的匹配项。

图 4.3.2 所示为一个简单的 ACL 示例。

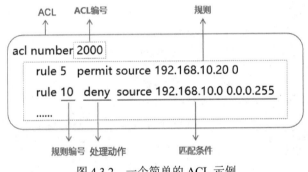

图 4.3.2　一个简单的 ACL 示例

2）ACL 部署应用

定义 ACL 之后，必须将 ACL 应用到业务模块中才能生效。ACL 应用的业务模块如下。

（1）对转发的报文进行过滤。基于全局和接口，对转发的报文进行过滤，以使设备进一步对过滤出的报文进行丢弃、修改优先级、重定向等处理。

（2）对上送 CPU 处理的报文进行过滤。对上送 CPU 的报文进行必要的限制，可以避免 CPU 因处理过多协议报文造成占用率过高、性能下降。

（3）登录控制。对设备的登录权限进行控制，允许合法用户登录，拒绝非法用户登录，从而有效防止未被授权用户的非法接入，保证网络安全性。

（4）路由过滤。应用在各种动态路由协议中，对路由协议发布、接收的路由信息及组播流量进行过滤。

最基本的 ACL 应用方式是在简化流策略/流策略中应用 ACL，使设备能够基于全局或接口下发 ACL，实现对转发报文的过滤，本任务主要介绍基于接口的报文转发过滤。基于接口下发 ACL 包括 Inbound 和 Outbound 两个方向。Inbound 表示对接收的报文进行过滤；Outbound 表示对发送的报文进行过滤。

3）ACL 匹配机制

报文在与 ACL 进行匹配时，遵循"只要命中就停止匹配"的机制。ACL 匹配结果有匹配或不匹配两种。无论匹配动作是 permit 还是 deny 都称为"匹配"；不匹配是指不存在 ACL，或者 ACL 中没有规则，或者在 ACL 中遍历了所有规则后没有找到符合匹配条件的规则。

简化流策略依据规则中的 permit 或 deny 处理动作，对报文执行相应的动作。

ACL 匹配机制如图 4.3.3 所示。首先系统会查找设备是否配置了 ACL。若未配置 ACL，则 ACL 匹配结果为不匹配；若配置了 ACL，则查找 ACL 中是否存在规则。若不存在规则，则 ACL 匹配结果为不匹配；若存在规则，则分析第一条规则是否匹配。若匹配，则匹配结果为匹配执行 permit/deny 处理动作；若不匹配，则分析下一条规则。以此循环，直到最后一条规则，若仍未匹配，则 ACL 匹配结果为不匹配。

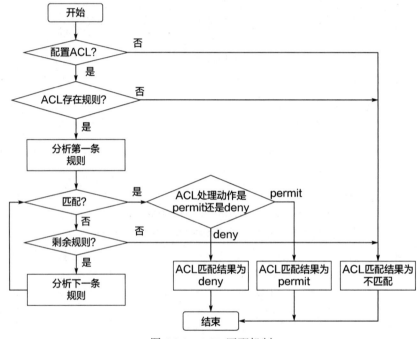

图 4.3.3　ACL 匹配机制

4）ACL 分类

（1）基于 ACL 规则定义方式，可将 ACL 分为基本 ACL、高级 ACL、二层 ACL 和用户 ACL。各类型 ACL 介绍如表 4.3.1 所示。

表 4.3.1　各类型 ACL 介绍

ACL 分类	规则定义描述	编号范围
基本 ACL	仅使用报文的源 IP 地址、分片信息、生效时间段信息来定义规则	2000～2999
高级 ACL	可使用 IPv4 报文的源 IP 地址、目的 IP 地址、IP 协议类型、ICMP 类型、TCP 源/目的端口号、UDP 源/目的端口号、生效时间段等来定义规则	3000～3999
二层 ACL	使用报文的以太网帧头信息来定义规则，如根据源 MAC 地址、目的 MAC 地址、二层协议类型等	4000～4999
用户 ACL	可使用 IPv4 报文的源 IP 地址、目的 IP 地址、IP 协议类型、ICMP 类型、TCP 源端口/目的端口号、UDP 源端口/目的端口号等来定义规则	6000～6031

（2）基于 ACL 的标识方式，可将 ACL 分为数字型 ACL 和命名型 ACL。

数字型 ACL：通过编号来标识 ACL。在创建数字型 ACL 时，指定一个唯一的数字标识该 ACL。

命名型 ACL：通过名称代替编号来标识 ACL。在创建命名型 ACL 时，可以同时指定 ACL 编号；若不指定 ACL 编号，系统将自动分配。

2．ACL 基本原理

1）ACL 步长

一个 ACL 中可以有多条规则，每一条规则都有一个规则编号。步长指规则编号之间的差值。ACL 中的首条规则若不指定编号，则使用步长值作为该规则的编号。例如，步长为 5，首条规则的编号未手工指定，则系统会自动将首条规则的编号设置为 5。后续规则若不指定编号，则使用大于当前最大且是步长最小整倍数的编号作为该规则编号。

ACL 在匹配报文时遵循"只要命中就停止匹配"的机制。因此规则书写的先后顺序尤为重要。ACL 按照规则的编号由小到大进行排序，编号小的规则优先被匹配，引入步长便于在旧的规则前插入新的规则。例如，可以在规则 5 和规则 10 间根据需要插入编号为 6～9 的 4 条规则。

2）通配符掩码

通配符掩码的长度为 32bit，用来与源/目的 IP 地址字段共同确定一个地址范围。通配符掩码与 IP 地址的反向子网掩码类似，不同的是子网掩码中的"0"和"1"必须是连续的，而通配符掩码中的"0"和"1"可以是不连续的，其中，"0"表示需要匹配，"1"表示无须匹配。通配符掩码用单个"0"表示，代表主机地址，如"192.168.1.1 0"表示匹配主机地址为 192.168.1.1。

如图 4.3.4 所示，"192.168.10.0　0.0.0.255"表示前 24 位为 192.168.10 的 IP 地址，即 192.168.10.0/24 网段中的所有 IP 地址（192.168.10.1～192.168.10.254）。

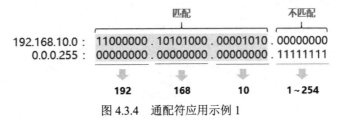

图 4.3.4　通配符应用示例 1

如图 4.3.5 所示，"192.168.10.1 0.0.0.254"表示前 24 位为 192.168.10 且最后 1 位为 1 的 IP 地址，即 192.168.10.0/24 网段中最后一个字节为奇数的 IP 地址。

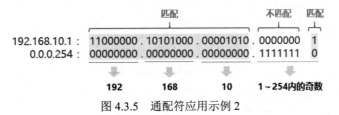

图 4.3.5　通配符应用示例 2

3）ACL 常用匹配项

ACL 匹配项种类非常丰富，其中最常用的匹配项包括以下几种。

（1）源 IP 地址。

（2）源 IP 地址+目的 IP 地址。

（3）TCP/UDP+源 IP 地址+源端口号+目的 IP 地址+目的端口号。

（4）IP 承载的协议（ICMP、GRE 等）+源 IP 地址+目的 IP 地址。

ACL 匹配项示例如图 4.3.6 所示。

```
acl number 2000
  rule  5 permit source 10.1.1.1 0              //匹配源IP地址为10.1.1.1的流量
  rule 10 deny    source 10.1.1.0 0.0.0.255     //匹配源IP地址为10.1.1.0/24的流量
  ......
```

```
acl number 3000
  //匹配源地址为10.1.1.0/24到任意目的网络的流量
  rule  5 permit ip source 10.1.1.0 0.0.0.255 destination any
  //匹配基于TCP的源地址为10.1.1.0/24到任意目的网络的www流量（端口80）
  rule 10 permit tcp source 10.2.1.0 0.0.0.255 destination any  destination-port eq www
  //匹配源地址为10.1.1.0/24到目的地址为10.2.1.1的ICMP流量
  rule 15 deny icmp source 10.1.1.0 0.0.0.255 destination 10.2.1.1 0
  ......
```

图 4.3.6　ACL 匹配项示例

4）ACL 编写规则

前文介绍过，ACL 在匹配报文时遵循"只要命中就停止匹配"的原则，因此一定要合理规划规则的先后顺序。通常将地址范围小、流量定义精细的规则写在前面。以免报文因命中条件宽松的规则停止往下匹配，造成无法命中条件严格的规则。

如图 4.3.7 所示，为 R1 部署 ACL，要求只允许总经理主机和财务部主机访问财务管理系统。若按如图 4.3.8 所示的规则顺序，总经理主机访问财务管理系统的流量匹配了条件更宽松的第一条规则，执行 deny 动作，所以总经理主机无法访问财务管理系统，合理的规则顺序应如图 4.3.9 所示。

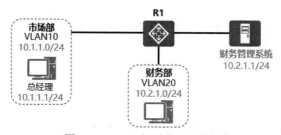

图 4.3.7　ACL 规则编写示例拓扑

```
acl number 3001
  rule  5 deny    ip source 10.1.1.0 0.0.0.255 destination 10.2.1.1 0
  rule 10 permit ip source 10.1.1.1 0 destination 10.2.1.1 0
  rule 15 permit ip source 10.2.1.0 0.0.0.255 destination 10.2.1.1 0
```

图 4.3.8　ACL 规则编写示例 1

```
acl number 3001
  rule  5 permit ip source 10.1.1.1 0 destination 10.2.1.1 0
  rule 10 deny    ip source 10.1.1.0 0.0.0.255 destination 10.2.1.1 0
  rule 15 permit ip source 10.2.1.0 0.0.0.255 destination 10.2.1.1 0
```

图 4.3.9　ACL 规则编写示例 2

另外，在不同类业务模块中应用 ACL 时，ACL 的默认动作有所不同，因此不同类业务模块对命中/未命中 ACL 规则报文的处理机制有所不同。基于简化流策略应用的 ACL 默认动作为

permit，对于报文的处理机制是命中 permit 规则，允许通过；命中 deny 规则，拒绝通过；若无匹配规则，则执行默认动作，允许通过。

5）ACL 部署原则

在部署基本 ACL 时，尽量靠近目的，以免正常的流量被过滤。如图 4.3.10 所示，使用基本 ACL 禁止 PC1 和 PC2 通信。若基本 ACL 部署在 R1 上，则会导致 PC1 访问 PC3 的正常流量也被过滤，所以应将基本 ACL 部署在靠近目的的 R2 上。

在部署高级 ACL 时，因为高级 ACL 能对流量进行精确定义，所以应尽量靠近源，以尽早过滤掉相关流量，避免该流量在网络中继续传输，耗用通信资源，增加路由器负担。如图 4.3.11 所示，使用高级 ACL 禁止 PC1 和 PC2 通信。若高级 ACL 部署在 R2 上，则会导致 PC1 访问 PC2 的流量到达 R2 后才被过滤，增加了路由器负担，所以应将高级 ACL 部署在靠近源的 R1 上。

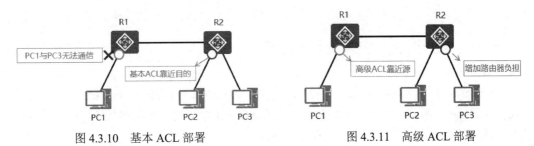

图 4.3.10　基本 ACL 部署　　　　　图 4.3.11　高级 ACL 部署

3．ACL 配置流程

（1）创建 ACL：根据需求创建基本 ACL 或高级 ACL。

（2）定义 ACL 规则。

（3）接口应用 ACL。

4．ACL 配置命令

（1）创建 ACL。

命令：acl [number] *acl-number*。

说明：基本 ACL 的编号范围为 2000～2999，高级 ACL 的编号范围为 3000～3999。

视图：系统视图。

举例如下。

① 在 R1 上创建基本 ACL 2000：

```
[R1]acl number 2000
```

或者：

```
[R1]acl 2000
```

② 在 R1 上创建高级 ACL 3000：

```
[R1]acl number 3000
```

（2）创建并命名 ACL。

命令：acl name *acl-name* [*acl-number*]。

说明：若不指定 ACL 编号，则系统会指定一个最大的可用高级 ACL 编号。

视图：系统视图。

举例如下。

① 在 R1 上创建名为 test1 的基本 ACL，编号为 2100：

```
[R1]acl name test1 2100
```

② 在 R1 上创建名为 test2 的高级 ACL，编号为 3100：

```
[R1]acl name test2 3100
```

（3）配置基本 ACL 规则。

命令：rule [*rule-id*] { deny | permit } [source {*source-address source-wildcard* | any }]。

说明：若不配置报文的源地址，则表示报文的任何源地址都匹配。

视图：ACL 视图。

举例，为 R1 配置 ACL 2000，拒绝来自 192.168.10.0/24 网段的报文通过，来自其余网段的报文允许通过：

```
[R1]acl 2000
[R1-acl-basic-2000]rule 5 deny source 192.168.10.0 0.0.0.255
[R1-acl-basic-2000]rule 10 permit source any
```

（4）ACL 应用。

命令：traffic-filter { inbound | outbound } acl { *bas-acl* | *adv-acl* | name *acl-name* }。

说明：inbound 表示对接收的报文进行过滤，outbound 表示对发送的报文进行过滤。bas-acl 为基本 ACL 编号，adv-acl 为高级 ACL 编号。

视图：接口视图。

举例如下。

① 在 R1 的 G0/0/0 接口入方向应用 ACL 2001：

```
[R1]interface GigabitEthernet 0/0/0
[R1-GigabitEthernet0/0/0]traffic-filter inbound acl 2001
```

② 在 R1 的 G0/0/1 接口出方向应用 ACL 3001：

```
[R1]interface GigabitEthernet 0/0/1
[R1-GigabitEthernet0/0/1]traffic-filter outbound acl 3001
```

4.3.3 任务实施

操作演示

1. 任务目的

（1）掌握基本 ACL 的工作原理。

（2）掌握基本 ACL 的配置方法。

2. 任务描述

某公司安装部署了财务管理系统，出于安全考虑，只允许财务部主机和总经理主机访问该系统，其他部门不能访问该系统。

3. 实施规划

1）拓扑图（见图 4.3.12）

2）操作流程

（1）为终端及财务管理系统配置网络参数。

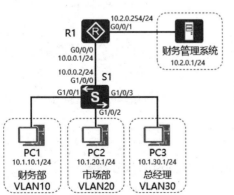
图 4.3.12 拓扑图

（2）为 S1（CE6800）配置 VLAN、VLANIF 及网络参数。VLAN 规划如表 4.3.2 所示。

表 4.3.2　VLAN 规划

VLAN	接口	VLANIF_IP 地址
VLAN10	G1/0/1	10.1.10.254/254
VLAN20	G1/0/2	10.1.20.254/254
VLAN30	G1/0/3	10.1.30.254/254

（3）为 R1、S1 配置静态路由，实现全网连通。

（4）为 R1 配置基本 ACL，要求只允许 VLAN10（财务部主机）和 VLAN30（总经理主机）访问财务管理系统。

4．具体步骤

（1）为终端及财务管理系统配置网络参数。

（2）为 S1 配置 VLAN、VLANIF 及网络参数：

```
[S1]vlan batch 10 20 30
[S1]int g1/0/1
[S1-GE1/0/1]port link-type access
[S1-GE1/0/1]port default vlan 10
[S1-GE1/0/1]undo shutdown                    //eNSP 中的 CE6800 接口默认状态为 shutdown
[S1-GE1/0/1]int g1/0/2
[S1-GE1/0/2]port link-type access
[S1-GE1/0/2]port default vlan 20
[S1-GE1/0/2]undo shutdown
[S1-GE1/0/2]int g1/0/3
[S1-GE1/0/3]port link-type access
[S1-GE1/0/3]port default vlan 30
[S1-GE1/0/3]undo shutdown
[S1-GE1/0/3]quit
[S1]int vlanif 10
[S1-Vlanif10]ip add 10.1.10.254 24
[S1-Vlanif10]int vlanif 20
[S1-Vlanif20]ip add 10.1.20.254 24
[S1-Vlanif20]int vlanif 30
[S1-Vlanif30]ip add 10.1.30.254 24
[S1-Vlanif30]int g1/0/0
[S1-GE1/0/0]undo shutdown
[S1-GE1/0/0]undo portswitch                  //二层接口转三层模式
[S1-GE1/0/0]ip add 10.0.0.2 24
```

（3）为设备配置静态路由。

① 为 R1 配置静态汇总路由：

```
[R1]int g0/0/0
[R1-GigabitEthernet0/0/0]ip add 10.0.0.1 24
[R1-GigabitEthernet0/0/0]int g0/0/1
[R1-GigabitEthernet0/0/1]ip add 10.2.0.254 24
[R1-GigabitEthernet0/0/1]quit
[R1]ip route-static 10.1.0.0 255.255.0.0 10.0.0.2          //静态汇总路由
```

② 为 S1 配置静态路由：

```
[S1]ip route-static 10.2.0.1 255.255.255.255 10.0.0.1      //静态路由
```

（4）为 R1 配置基本 ACL：

```
[R1]acl 2000
[R1-acl-basic-2000]rule permit source 10.1.10.0 0.0.0.255 //允许来自10.1.10.0/24网段的报文通过
[R1-acl-basic-2000]rule permit source 10.1.30.1 0          //允许来自10.1.30.1的报文通过
[R1-acl-basic-2000]rule deny source any                    //拒绝任意源的报文
[R1-GigabitEthernet0/0/1]traffic-filter outbound acl 2000 //在G0/0/1接口出方向应用ACL 2000
```

5．实验测试

（1）查看 R1 的 ACL 配置信息：

```
[R1]dis acl 2000
Basic ACL 2000, 3 rules
Acl's step is 5
 rule 5 permit source 10.1.10.0 0.0.0.255 (3 matches)
 rule 10 permit source 10.1.30.1 0 (5 matches)
 rule 15 deny (5 matches)
```

（2）连通性测试。

① PC1 ping 财务管理系统：

```
PC>ping 10.2.0.1

Ping 10.2.0.1: 32 data bytes, Press Ctrl_C to break
From 10.2.0.1: bytes=32 seq=1 ttl=126 time=16 ms
From 10.2.0.1: bytes=32 seq=2 ttl=126 time=16 ms
From 10.2.0.1: bytes=32 seq=3 ttl=126 time=31 ms
From 10.2.0.1: bytes=32 seq=4 ttl=126 time=15 ms
From 10.2.0.1: bytes=32 seq=5 ttl=126 time=15 ms

--- 10.2.0.1 ping statistics ---
 5 packet(s) transmitted
 5 packet(s) received
 0.00% packet loss
 round-trip min/avg/max = 15/18/31 ms
```

② PC2 ping 财务管理系统：

```
PC>ping 10.2.0.1

Ping 10.2.0.1: 32 data bytes, Press Ctrl_C to break
Request timeout!
Request timeout!
Request timeout!
Request timeout!
Request timeout!

--- 10.2.0.1 ping statistics ---
 5 packet(s) transmitted
 0 packet(s) received
 100.00% packet loss
```

③ PC3 ping 财务管理系统：

```
PC>ping 10.2.0.1

Ping 10.2.0.1: 32 data bytes, Press Ctrl_C to break
From 10.2.0.1: bytes=32 seq=1 ttl=126 time=16 ms
From 10.2.0.1: bytes=32 seq=2 ttl=126 time=16 ms
From 10.2.0.1: bytes=32 seq=3 ttl=126 time=16 ms
From 10.2.0.1: bytes=32 seq=4 ttl=126 time=16 ms
From 10.2.0.1: bytes=32 seq=5 ttl=126 time=31 ms

--- 10.2.0.1 ping statistics ---
 5 packet(s) transmitted
 5 packet(s) received
 0.00% packet loss
 round-trip min/avg/max = 16/19/31 ms
```

6. 结果分析

R1 在连接财务管理系统的 G0/0/1 接口出方向部署基本 ACL，只放行来自财务部网段的报文和来自总经理主机 IP 地址的报文，实现了除财务部主机和总经理主机外，其他部门无法访问财务管理系统的需求。

7. 注意事项

（1）基本 ACL 只能基于源 IP 地址进行规则制定，可控性差，通常和其他技术[如 NAT（Network Address Translation，网络地址转换）]配合使用。

（2）基于简化流策略的 ACL 在应用时，要注意应用方向。

（3）基于简化流策略的 ACL 的默认动作是允许所有，因此在制定规则时应有 deny 语句，否则相当于无策略。

任务 4.4　高级 ACL 配置

4.4.1　任务背景

基本 ACL 只能基于源 IP 地址定义规则，采用基本 ACL 抓取的流量范围过大或不够具体，因此基本 ACL 在流量过滤的应用中存在诸多局限。基本 ACL 通常不单独部署应用，常结合其他技术（如 NAT、登录认证等）使用。

高级 ACL 可以对流量进行精准定义，是网络中进行流量控制的首选。本任务主要介绍高级 ACL 配置方法。

4.4.2　准备知识

1. 高级 ACL

高级 ACL 可以根据源 IP 地址、目的 IP 地址、IP 协议类型、TCP 源/目的端口、UDP 源/目的端口号、分片信息、生效时间段等信息来定义规则，对 IPv4 报文进行过滤。高级 ACL 具有比基本 ACL 更准确、丰富、灵活的规则定义方法。下面列出高级 ACL 常见的几种规则定义类型。

（1）源/目的 IP 地址。

基于源/目的 IP 地址定义规则能够实现从某个源 IP 地址/地址段到某个目的 IP 地址/地址段的

报文流量的抓取。由于流量的抓取基于 IP 数据包，不考虑流量的具体业务类型，因此抓取的流量相对宽泛。

（2）TCP/UDP 端口号。

当指定协议类型为 TCP 或 UDP 时，可以基于 TCP/UDP 的源/目的端口号定义规则，从而实现更具体地针对服务应用来抓取流量。端口号的指定有以下 4 种方式。

① eq port：等于源/目的端口。

② gt port：大于源/目的端口。

③ lt port：小于源/目的端口。

④ range port-start port-end：指定源/目的端口的范围。port-start 是端口范围的起始值，port-end 是端口范围的结束值。

TCP/UDP 端口号可以用数字表示，也可以用字符串表示。例如，WWW 服务端口号可以表示为 eq www，也可以表示为 eq 80。表 4.4.1 所示为常见的 TCP 端口号。表 4.4.2 所示为常见的 UDP 端口号。

表 4.4.1　常见的 TCP 端口号

端口号	字符串	协议	说明
7	echo	Echo	Echo 服务
9	discard	Discard	用于连接测试的空服务
20	ftp-data	FTP data connections	FTP 数据端口
21	ftp	FTP	FTP 端口
23	telnet	Telnet	Telnet 服务
25	smtp	Simple Mail Transport Protocol	简单邮件传输协议
43	whois	Nickname (WHOIS)	目录服务
53	dns	DNS	域名服务
80	www	HTTP	万维网（WWW）
110	pop3	Post Office Protocol v3	邮件协议-版本 3
179	bgp	Border Gateway Protocol	边界网关协议（BGP）

表 4.4.2　常见的 UCP 端口号

端口号	字符串	协议	说明
7	echo	Echo	Echo 服务
9	discard	Discard	用于连接测试的空服务
53	dns	DNS	域名服务
67	bootps	Bootstrap Protocol Server	引导程序协议（BOOTP）服务端
68	bootpc	Bootstrap Protocol Client	引导程序协议（BOOTP）客户端
69	tftp	TFTP	小文件传输协议
123	ntp	Network Time Protocol (NTP)	网络时间协议，蠕虫病毒会利用该协议
161	snmp	SNMP	简单网络管理协议
520	rip	RIP	RIP 路由协议

（3）IP 承载的协议类型。

高级 ACL 除 IP 协议外，还可以针对 IP 报文承载的协议类型进行过滤。常用的协议类型包括：ICMP（协议号为 1）、TCP（协议号为 6）、UDP（协议号为 17）、GRE（协议号为 47）、IGMP（协议号为2)、OSPF(协议号为89)等。例如,限制 ping 命令的使用,可以直接基于 ICMP 定义规则。

2. 高级 ACL 配置命令

(1)配置高级 ACL 规则(ICMP | IP)。

命令:rule [*rule-id*] { deny | permit } { icmp|ip } [source { *source-address source-wildcard* | any } | destination { *destination-address destination-wildcard* | any }]。

视图:ACL 视图。

举例,为 R1 配置 ACL 3000,不允许 192.168.10.0/24 网段的主机 ping 10.1.1.0/24 网段的主机,允许其他所有流量通过:

```
[R1]acl 3000
[R1-acl-adv-3000]rule 5 deny icmp source 192.168.10.0 0.0.0.255 destination 10.1.1.0 0.0.0.255
[R1-acl-adv-3000]rule 10 permit ip source any destination any
```

(2)配置高级 ACL 规则(TCP | UDP)。

命令:rule [*rule-id*] { deny | permit } { tcp|udp } [source { *source-address source-wildcard* | any } | source-port eq *port* | destination { *destination-address destination-wildcard* | any } | destination-port eq *port*]。

说明:若不指定 ACL 编号,则系统会指定一个最大的可用高级 ACL 编号。

视图:ACL 视图。

举例,为 R1 配置 ACL 3000,拒绝任意源地址访问任意目的地址的 WWW 服务器:

```
[R1]acl 3000
[R1-acl-adv-3000]rule deny tcp source any destination any destination-port eq 80
```

4.4.3 任务实施

1. 任务目的

(1)掌握高级 ACL 的工作原理。

(2)掌握高级 ACL 的配置方法。

操作演示

2. 任务描述

某公司网络部署了 FTP 服务器和 WWW 服务器,为了保证服务器的安全访问,除 IT 部外,对其他部门只开放必要服务。

3. 实施规划

1)拓扑图(见图 4.4.1)

2)操作流程

(1)为 PC 及服务器配置网络参数。

(2)为 S1 配置 VLAN 及 VLANIF。VLAN 规划如表 4.4.3 所示。

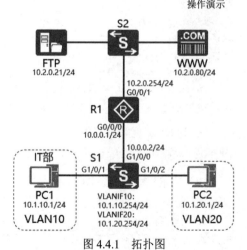

图 4.4.1 拓扑图

表 4.4.3 VLAN 规划

VLAN	接口	VLANIF_IP 地址
VLAN10	G1/0/1	10.1.10.254/254
VLAN20	G1/0/2	10.1.20.254/254

（3）为 R1、S1 配置静态路由，实现全网连通。

（4）为 R1 配置高级 ACL，满足 VLAN20 主机只能访问 FTP 服务器的 20 端口、21 端口及 WWW 服务器的 80 端口；VLAN10 主机对 FTP 和 WWW 服务器访问没有限制。

4．具体步骤

（1）为 PC 及服务器配置网络参数。

（2）为 S1 配置 VLAN 及 VLANIF：

```
[S1]vlan batch 10 20
[S1]int g1/0/1
[S1-GE1/0/1]port link-type access
[S1-GE1/0/1]port default vlan 10
[S1-GE1/0/1]undo shutdown
[S1-GE1/0/1]int g1/0/2
[S1-GE1/0/2]port link-type access
[S1-GE1/0/2]port default vlan 20
[S1-GE1/0/2]undo shutdown
[S1-GE1/0/2]int vlanif 10
[S1-Vlanif10]ip add 10.1.10.254 24
[S1-Vlanif10]int vlanif 20
[S1-Vlanif20]ip add 10.1.20.254 24
[S1-Vlanif20]int g1/0/0
[S1-GE1/0/0]undo portswitch
[S1-GE1/0/0]undo shutdown
[S1-GE1/0/0]ip add 10.0.0.2 24
```

（3）设备配置静态路由。

① 为 R1 配置静态路由：

```
[R1]int g0/0/0
[R1-GigabitEthernet0/0/0]ip add 10.0.0.1 24
[R1-GigabitEthernet0/0/0]int g0/0/1
[R1-GigabitEthernet0/0/1]ip add 10.2.0.254 24
[R1-GigabitEthernet0/0/1]quit
[R1]ip route-static 10.1.10.0 255.255.255.0 10.0.0.2
[R1]ip route-static 10.1.20.0 255.255.255.0 10.0.0.2
```

② 为 S1 配置静态路由：

```
[S1]ip route-static 10.2.0.0 255.255.255.0 10.0.0.1
```

（4）为 R1 配置高级 ACL：

```
[R1]acl 3000
[R1-acl-adv-3000]rule permit ip source 10.1.10.0 0.0.0.255 destination any
//允许10.1.20.0/24 访问10.2.0.21 的20 端口
[R1-acl-adv-3000]rule permit tcp source 10.1.20.0 0.0.0.255 destination 10.2.0.21 0
destination-port eq ftp-data
//允许10.1.20.0/24 访问10.2.0.21 的21 端口
[R1-acl-adv-3000]rule permit tcp source 10.1.20.0 0.0.0.255 destination 10.2.0.21 0
destination-port eq ftp
//允许10.1.20.0/24 访问10.2.0.80 的80 端口
[R1-acl-adv-3000]rule permit tcp source 10.1.20.0 0.0.0.255 destination 10.2.0.80 0
```

```
destination-port eq www
//拒绝10.1.20.0/24 对10.2.0.21的其他访问
[R1-acl-adv-3000]rule deny ip source 10.1.20.0 0.0.0.255 destination 10.2.0.21 0
//拒绝10.1.20.0/24 对10.2.0.80的其他访问
[R1-acl-adv-3000]rule deny ip source 10.1.20.0 0.0.0.255 destination 10.2.0.80 0
[R1-acl-adv-3000]int g0/0/0
[R1-GigabitEthernet0/0/0]traffic-filter inbound acl 3000  //G0/0/0 入方向应用
```

5. 实验测试

（1）查看 R1 的 ACL 配置信息：

```
[R1]dis acl 3000
Advanced ACL 3000, 6 rules
Acl's step is 5
 rule 5 permit ip source 10.1.10.0 0.0.0.255 (38 matches)
 rule 10 permit tcp source 10.1.20.0 0.0.0.255 destination 10.2.0.21 0
destination-port eq ftp (12 matches)
 rule 15 permit tcp source 10.1.20.0 0.0.0.255 destination 10.2.0.21 0
destination-port eq ftp-data (4 matches)
 rule 20 permit tcp source 10.1.20.0 0.0.0.255 destination 10.2.0.80 0
destination-port eq www (6 matches)
 rule 25 deny ip source 10.1.20.0 0.0.0.255 destination 10.2.0.21 0 (5 matches)
 rule 30 deny ip source 10.1.20.0 0.0.0.255 destination 10.2.0.80 0 (5 matches)
```

（2）访问测试。

① PC2 ping FTP 服务器，如图 4.4.2 所示

图 4.4.2　PC2 ping FTP 服务器

② PC2 ping WWW 服务器，如图 4.4.3 所示

③ PC2 访问 FTP 服务器，如图 4.4.4 所示。

④ PC2 访问 WWW 服务器，如图 4.4.5 所示。

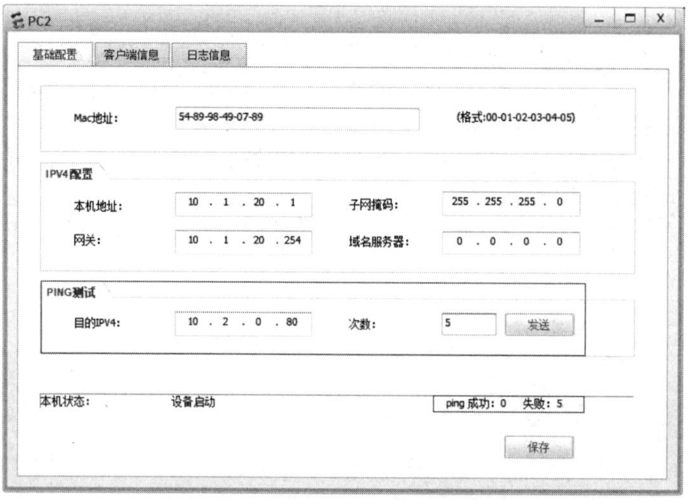

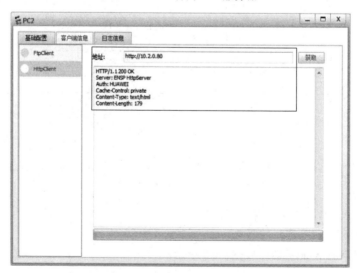

图 4.4.3 PC2 ping WWW 服务器

图 4.4.4 PC2 访问 FTP 服务器

图 4.4.5 PC2 访问 WWW 服务器

6. 结果分析

R1 通过部署高级 ACL，针对内部网络 FTP 服务器和 WWW 服务器，只对 VLAN20 中的主机开放对应的 FTP 和 WWW 服务。所以 VLAN20 中的主机虽然无法连通这两台服务器，但能登录 FTP 服务器和访问 WWW 服务器。另外用同样的方式测试 IT 部门，可以发现 IT 部门的访问不受限。

7. 注意事项

（1）在部署高级 ACL 时应尽量靠近源，避免不必要的流量在网络中传输。

（2）部分服务同时基于 TCP 和 UDP 运行，如 DNS，在编写规则时需要分别在 TCP、UDP 下定义。

模块五

广域网技术

概述

PPP 能够基于链路层、网络层进行参数协商，并且提供了认证协议，更好地保障了网络的安全，在网络中得到了广泛应用。

另外，随着 Internet 的发展和网络应用的增多，IPv4 地址枯竭成为网络发展的瓶颈。尽管 IPv6 地址可以从根本上解决 IPv4 地址空间不足的问题，但当前网络应用的主体还是基于 IPv4 地址的。NAT 技术可以实现多个私有地址共用一个公网地址访问外部网络，是当前缓解 IPv4 地址紧张的主要技术手段。

本模块主要介绍 CHAP 和 PAP 认证、各类 NAT 技术原理及配置方法。

学习目标

一、知识目标

（1）掌握广域网封装协议 PPP 的基本概念。

（2）掌握 CHAP 和 PAP 认证的工作原理。

（3）掌握 NAT 技术的分类和工作原理。

二、技能目标

（1）能够配置 CHAP 和 PAP 认证技术。

（2）能够基于通信需求配置动态 NAPT。

（3）能够基于通信需求配置静态 NAT 和静态 NAPT。

（4）能够基于通信需求配置 Easy IP。

任务规划

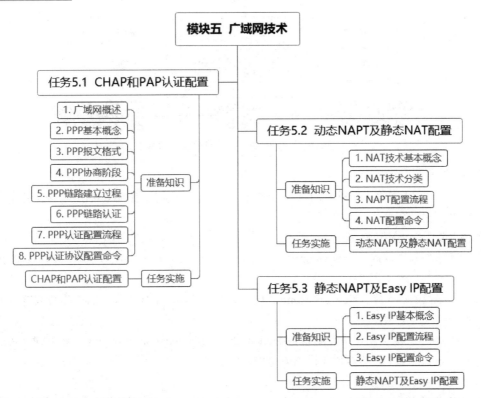

任务 5.1 CHAP 和 PAP 认证配置

5.1.1 任务背景

广域网通常用于覆盖很大的地理范围，提供远距离数据通信。广域网协议工作在 OSI 参考模型的物理层、链路层和网络层，是负责 Internet 中的路由器间连接的链路层协议。

PPP（Point-to-Point Protocol，点到点协议）是一种常见的广域网链路层协议，主要用于在全双工的同/异步链路上进行点到点数据传输封装。PPP 具有支持多种网络层协议、无重传机制、支持多种验证方式等特点，得到了广泛应用。本任务介绍 PPP 的工作原理及 CHAP 和 PAP 认证配置方法。

5.1.2 准备知识

1. 广域网概述

广域网通常使用 Internet 服务提供商提供的设备作为信息传输平台，对网络通信的要求较高。常见的广域网的通信协议包括 PPP、高级数据链路控制协议（High-level Data Link Control, HDLC）、帧中继协议（Frame Relay）等。不同的链路可以使用不同的链路层协议，每种链路层协议都定义了相应的链路层封装的帧格式。数据包如果想通过某一链路，就要封装成对应的帧。

广域网协议对应的 OSI 三层模型如图 5.1.1 所示。

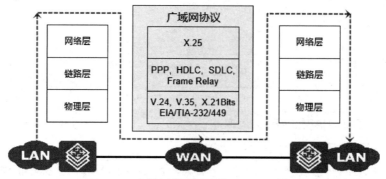

图 5.1.1 广域网协议对应的 OSI 三层模型

2．PPP 基本概念

PPP 是 TCP/IP 网络中最重要的点到点链路层协议，主要用于在全双工的同/异步链路上进行点到点数据传输封装。

PPP 主要由三类协议族组成。

（1）链路控制协议族（Link Control Protocol，LCP），主要用来建立、拆除和监控 PPP 数据链路。

（2）网络控制协议族（Network Control Protocol，NCP），主要用来协商在该数据链路上传输的数据包的格式与类型。

（3）扩展协议族 CHAP（Challenge-Handshake Authentication Protocol）和 PAP（Password Authentication Protocol），主要用于网络安全方面的验证。

PPP 相对于其他链路层协议有如下优点。

① PPP 既支持同步链路，又支持异步链路，而 X.25、帧中继等链路层协议仅支持同步链路，SLIP 仅支持异步链路。

② PPP 具有良好的扩展性，如以太网链路在承载 PPP 时，可扩展为 PPPoE。

③ 支持数据链路层、网络层参数的协商。

④ 支持认证功能，可提升网络的安全性。

⑤ 无重传机制，网络开销小，传输速率快。

3．PPP 报文格式

PPP 报文封装格式如图 5.1.2 所示。PPP 帧各字段的含义如表 5.1.1 所示。

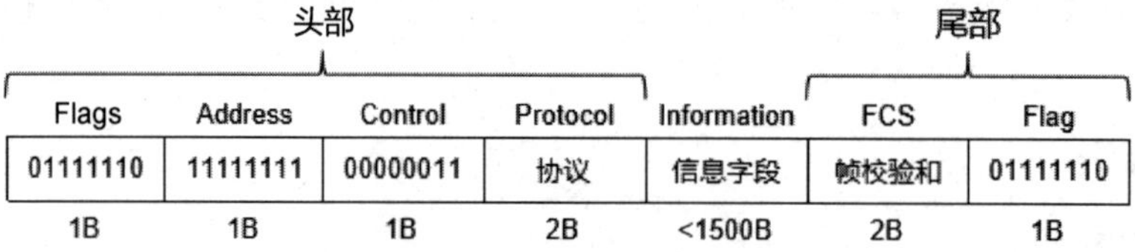

头部					尾部	
Flags	Address	Control	Protocol	Information	FCS	Flag
01111110	11111111	00000011	协议	信息字段	帧校验和	01111110
1B	1B	1B	2B	<1500B	2B	1B

图 5.1.2 PPP 报文封装格式

表 5.1.1 PPP 帧各字段的含义

字段名称	含义
Flags	标识一个物理帧的起始和结束，该字节为 0x7E
Address	值为全 1 的广播地址，对于 PPP 来说，该字段无实际意义
Control	该字段默认值为 0x03，表明为无序号帧

续表

字段名称	含义
Protocol	用来区分 PPP 帧中信息域承载的数据包类型。例如，0021 表示 IP 数据包，C021 表示 LCP 报文，C023 表示 PAP 报文，C223 表示 CHAP 报文
Information	PPP 帧的载荷数据，包含协议字段中指定协议的数据包，默认最大长度是 1500B
FCS	主要对 PPP 帧传输的正确性进行检测

4．PPP 协商阶段

PPP 链路的建立存在五个协商阶段，下面分别对各阶段进行介绍。

（1）Dead 阶段。

Dead 阶段也称为物理层不可用阶段。PPP 链路需要从这个阶段开始和结束。在通信双方检测到物理线路激活时，链路会从 Dead 阶段跃迁至 Establish 阶段；链路被断开同样会返回 Dead 阶段。

（2）Establish 阶段。

Establish 阶段为链路建立阶段，PPP 链路进行 LCP 协商。协商内容包括工作方式［SP（Single-link PPP）或 MP（Multilink PPP）］、最大接收单元（MRU）、验证方式和魔术字（Magic Number）等。LCP 协商若成功，则底层链路建立；若协商失败，则链路退回 Dead 阶段。

（3）Authenticate 阶段。

Authenticate 阶段为验证阶段。在默认情况下，PPP 链路不进行验证。如果需要验证，在链路建立阶段必须指定验证协议。PPP 提供 PAP 和 CHAP 两种验证方式。

（4）Network 阶段。

Network 阶段为网络层协商阶段。PPP 通过 NCP 协商，选择和配置一个网络层协议并进行网络层参数协商。在 NCP 协商成功后，PPP 链路就可以承载网络层数据的传输。

（5）Terminate 阶段。

Terminate 阶段为网络终止阶段。在 PPP 运行过程中，物理链路断开、认证失败、超时定时器到时间、管理员通过配置关闭连接等动作，都可能导致链路进入 Terminate 阶段。在 Terminate 阶段，如果所有资源都被释放，通信双方的 PPP 链路将回到 Dead 阶段，直到通信双方重新开始建立新的 PPP 链路。

5．PPP 链路建立过程

PPP 链路建立流程图如图 5.1.3 所示。

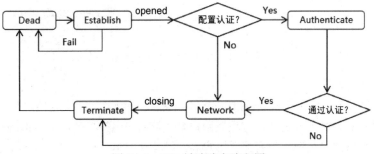

图 5.1.3 PPP 链路建立流程图

具体过程描述如下。

（1）通信双方开始建立 PPP 链路，由 Dead 阶段进入 Establish 阶段。

（2）开始进行 LCP 协商，协商成功后链路进入 opened 状态，表示底层链路已经建立。若协商失败，则链路退回 Dead 阶段。

（3）在 LCP 协商成功后，若配置认证，则链路进入 Authenticate 阶段。若通过认证，则进入 Network 阶段；若没有通过认证，则进入 Terminate 阶段，拆除链路，LCP 状态转为 Down。若在 LCP 协商过程中不存在认证，则链路直接进入 Network 阶段。

（4）在 Network 阶段通信双方进行 NCP 协商，协商成功后，即可通过这条 PPP 链路发送报文。

（5）在 NCP 协商成功后，若因故障、参数或人为原因导致连接关闭，则链路处于 closing 状态，进入 Terminate 阶段。

（6）在 Terminate 阶段，当所有资源都被释放后，通信双方的 PPP 链路回到 Dead 阶段。

6．PPP 链路认证

在 PPP 链路建立阶段可进行身份认证。PPP 提供了 PAP 和 CHAP 两种认证方式。两种协议都支持单向认证和双向认证。单向认证是指一端作为认证方，另一端作为被认证方。双向认证是指两端都是既作为认证方又作为被认证方。在实际应用中一般只采用单向认证。下面我们以单向认证方式来介绍 PAP 认证和 CHAP 认证过程。

（1）PAP 认证。

PAP 认证为两次握手机制，口令以明文方式在链路上传输。PAP 认证过程如下。

① 被认证方将携带本端用户名及密码的 Authenticate-Request 报文发送给认证方。

② 认证方收到被认证方发送的用户名和密码信息之后，根据本地配置的用户数据库检查用户名和密码信息是否匹配。若匹配，则返回 Authenticate-Ack 报文，表示认证成功；否则，返回 Authenticate-Nak 报文，表示认证失败。

PAP 认证过程示意图如图 5.1.4 所示。

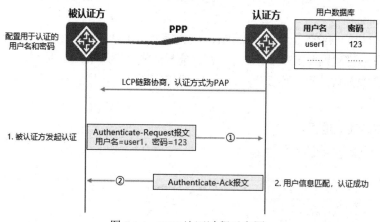

图 5.1.4　PAP 认证过程示意图

（2）CHAP 认证。

CHAP 认证过程为三次握手机制，在链路上不传输用户密码，因此安全性比 PAP 认证高。CHAP 认证有两种方式：第一种方式是认证方配置用户名，该用户名被封装在 Challenge 报文中发送给被认证方；第二种方式是认证方没有配置用户名。推荐使用第一种方式，这样被认证方可以对认证方的用户名进行确认。

下面基于第一种方式介绍 CHAP 的认证过程。

① 认证方主动发起认证请求，认证方向被认证方发送 Challenge 报文，该报文包含认证方的

用户名、随机数（Random）和 ID 字段（认证序列号）。

  ② 被认证方收到此 Challenge 报文之后，根据报文中的用户名在本地用户数据库中查找对应密码，并结合随机数和 ID 字段进行 HASH 运算，将生成的 HASH 值和本端的用户名封装在 Response 报文中发回认证方。

  ③ 认证方接收到被认证方发送的 Response 报文后，按照报文中的用户名在本地用户数据库中查找对应的密码，然后结合随机数和 ID 字段进行 HASH 运算，最后将运算得到的 HASH 值和 Response 报文中封装的 HASH 值进行比较，若二者相同则认证成功，返回 Success 报文；若二者不相同则认证失败，返回 Failure 报文。

  CHAP 认证（认证方配置用户名）过程示意图如图 5.1.5 所示。

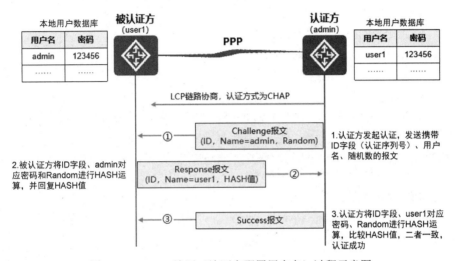

图 5.1.5　CHAP 认证（认证方配置用户名）过程示意图

7．PPP 认证配置流程

（1）PAP 认证配置流程。

① 设置接口的链路层封装协议为 PPP，华为设备默认串口封装模式为 PPP，此步可忽略。

② 认证方配置本地用户，该用户就是被认证方的用户信息。

③ 认证方配置链路认证方式为 PAP。

④ 被认证方配置向认证方发送用于认证的自身用户信息。

（2）CHAP 认证配置流程（认证方配置用户名）。

① 设置接口的链路层封装协议为 PPP，华为设备默认串口封装模式为 PPP，此步可忽略。

② 认证方配置本地用户数据库，创建被认证方的用户信息。

③ 认证方配置链路认证方式为 CHAP。

④ 认证方配置用户名，该用户名将被封装在 Challenge 报文中发送给被认证方。

⑤ 被认证方创建认证方的用户信息。

⑥ 被认证方配置用于认证的自身用户名。

8．PPP 认证协议配置命令

（1）配置接口封装的链路层协议。

命令：link-protocol { PPP | HDLC }。

说明：在默认情况下，接口封装的链路层协议为 PPP。

视图：接口视图。

举例，配置 R1 的 S1/0/0/0 接口的链路层封装协议为 PPP：

```
[R1]interface Serial 1/0/0
[R1-Serial1/0/0] link-protocol PPP          //将 S1/0/0 端口的链路层封装协议设置为 PPP
```

（2）创建本地用户。

① 创建 AAA 本地用户。

命令：local-user *username* password cipher *password*。

说明：在 PAP 认证方式下，在认证方创建本地用户，该用户为被认证方的用户信息；在 CHAP 认证方式下，认证方和被认证方都需要创建对端的用户信息，且两端密码要一致。

视图：AAA 视图。

② 配置 AAA 用户的服务类型为 PPP。

命令：local-user *user-name* service-type ppp。

说明：在默认情况下，本地用户关闭所有服务类型。

视图：AAA 视图。

举例，配置 R1 的 AAA 用户（用户名为 huawei，密码为 huawei@123），服务类型为 PPP：

```
[R1]aaa
[R1-aaa]local-user huawei password cipher huawei@123
[R1-aaa]local-user huawei service-type ppp
```

（3）配置 PPP 认证类型。

命令：ppp authentication-mode { pap | chap }。

说明：在默认情况下，PPP 不进行认证。

视图：接口视图。

举例如下。

① 配置 R1 的 S1/0/0 接口的认证方式为 PAP：

```
[R1-Serial1/0/0] ppp authentication-mode pap
```

② 配置 R1 的 S1/0/1 接口的认证方式为 CHAP：

```
[R1-Serial1/0/1] ppp authentication-mode chap
```

（4）配置 PAP 认证下的被认证方用于认证方验证的 PAP 用户名及密码。

命令：ppp pap local-user *username* password cipher *password*。

说明：被认证方发送的 PAP 用户信息只有与认证方创建的本地用户一致才能认证成功。

视图：接口视图。

举例，为被认证方 R2 的 S1/0/0 接口配置用于 PAP 认证的用户信息，用户名为 huawei，密码为 huawei@123：

```
[R2-Serial1/0/0]ppp pap local-user huawei password cipher huawei@123
```

（5）配置 CHAP 认证下的认证用户名。

命令：ppp chap user *username*。

说明：当该命令配置在认证方时，用户名将被封装在 Challenge 报文中发送给被认证方，且被认证方要存在与该用户名一致的本地用户。当该命令配置在被认证方时，认证方将对此用户进行认证，认证方要存在与该用户名一致的本地用户。

视图：接口视图。

举例，在 CHAP 认证下，在认证方 R1 的 S1/0/0 接口上配置用户名 huawei：

```
[R1-Serial1/0/0] ppp chap user huawei
```

5.1.3 任务实施

操作演示

1．任务目的

（1）掌握 PPP 的工作原理。

（2）掌握 PAP 认证、CHAP 认证的配置方法。

2．任务描述

某公司总部与分支机构通过 PPP 链路连接，考虑到安全性，分支机构在接入总部网络时需进行 PPP 认证，认证通过后，总、分支网络之间才能正常通信。

3．实施规划

1）拓扑图（见图 5.1.6）

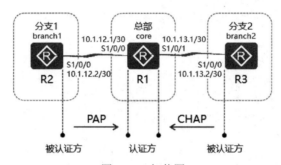

图 5.1.6 拓扑图

2）操作流程

（1）配置路由器的网络参数。

（2）公司总部路由器 R1 作为 PPP 认证方，对分支接入设备（被认证方）进行单向认证。分支 1 在接入时采用 PAP 认证；分支 2 在接入时采用 CHAP 认证，具体认证信息如表 5.1.2 所示。

表 5.1.2 PPP 认证信息

认证方式	R1 配置本地用户名/密码	R2 配置本地用户名/密码	R3 配置本地用户名/密码
PAP	branch1 / huawei@123	—	—
CHAP	branch2 / huawei@456	—	core / huawei@456

4．具体步骤

（1）为路由器配置网络参数。

① 为 R1 配置网络参数：

```
[R1]interface Serial 1/0/0
[R1-Serial1/0/0]ip add 10.1.12.1 30
[R1-Serial1/0/0]int s1/0/1
[R1-Serial1/0/1]ip add 10.1.13.1 30
```

② 为 R2 配置网络参数：

```
[R2]int Serial 1/0/0
[R2-Serial1/0/0]ip add 10.1.12.2 30
```

③ 为 R3 配置网络参数:

```
[R3]int Serial 1/0/0
[R3-Serial1/0/0]ip add 10.1.13.2 30
```

（2）配置 PAP 单向认证。

① 为 R1（认证方）配置 PAP 认证:

```
[R1]aaa
//创建本地用户信息，与被认证方的用户信息一致
[R1-aaa]local-user branch1 password cipher huawei@123
[R1-aaa]local-user branch1 service-type ppp     //用户可使用的服务类型为 PPP
[R1-aaa]int s1/0/0
[R1-Serial1/0/0]ppp authentication-mode pap     //指定认证方式为 PAP，此时 R1 为 PAP 认证方
```

② 为 R2（被认证方）配置 PAP 认证:

```
[R2]int s1/0/0
//配置被认证方发送的 PAP 认证用户信息
[R2-Serial1/0/0]ppp pap local-user branch1 password cipher huawei@123
```

（3）配置 CHAP 单向认证。

① 为 R1（认证方）配置 CHAP 认证:

```
[R1]aaa
[R1-aaa]local-user branch2 password cipher huawei@456
[R1-aaa]local-user branch2 service-type ppp
[R1-aaa]int s1/0/1
[R1-Serial1/0/1]ppp chap user core  //配置 CHAP 认证用户名，与被认证方的本地用户信息一致
[R1-Serial1/0/1]ppp authentication-mode chap   //指定认证方式为 CHAP，此时 R1 为 CHAP 认证方
```

② 为 R3（被认证方）配置 CHAP 认证:

```
[R3]aaa
[R3-aaa]local-user core password cipher huawei@456
[R3-aaa]local-user core service-type ppp
[R3-aaa]int s1/0/0
[R3-Serial1/0/0]ppp chap user branch2
```

5. 实验测试

查看 R1 的接口状态信息。

（1）查看 R1 的 S1/0/0 接口状态信息:

```
[R1]dis int s1/0/0
Serial1/0/0 current state : UP
Line protocol current state : UP
Last line protocol up time : 2021-05-03 12:21:28 UTC-08:00
Description:HUAWEI, AR Series, Serial1/0/0 Interface
Route Port,The Maximum Transmit Unit is 1500, Hold timer is 10(sec)
Internet Address is 10.1.12.1/30
Link layer protocol is PPP
LCP opened, IPCP opened
Last physical up time   : 2021-05-03 12:21:22 UTC-08:00
Last physical down time : 2021-05-03 12:21:21 UTC-08:00
Current system time: 2021-05-03 14:39:36-08:00
Physical layer is synchronous, Virtualbaudrate is 64000 bps
```

```
Interface is DTE, Cable type is V11, Clock mode is TC
Last 300 seconds input rate 6 bytes/sec 48 bits/sec 0 packets/sec
Last 300 seconds output rate 2 bytes/sec 16 bits/sec 0 packets/sec
......<省略部分输出>
```

（2）查看 R1 的 S1/0/1 接口状态信息：

```
[R1]dis int s1/0/1
Serial1/0/1 current state : UP
Line protocol current state : UP
Last line protocol up time : 2021-05-03 13:54:10 UTC-08:00
Description:HUAWEI, AR Series, Serial1/0/1 Interface
Route Port,The Maximum Transmit Unit is 1500, Hold timer is 10(sec)
Internet Address is 10.1.13.1/30
Link layer protocol is PPP
LCP opened, IPCP opened
Last physical up time   : 2021-05-03 13:44:54 UTC-08:00
Last physical down time : 2021-05-03 13:44:49 UTC-08:00
Current system time: 2021-05-03 14:40:43-08:00
Physical layer is synchronous, Virtualbaudrate is 64000 bps
Interface is DTE, Cable type is V11, Clock mode is TC
Last 300 seconds input rate 6 bytes/sec 48 bits/sec 0 packets/sec
Last 300 seconds output rate 2 bytes/sec 16 bits/sec 0 packets/sec
......<省略部分输出>
```

6. 结果分析

在 PPP 链路建立过程中，R1 作为认证方，分别对分支 1 中的 R2、分支 2 中的 R3 进行了认证。结果显示 R1 的 S1/0/0 接口和 S1/0/1 接口的物理层和链路层状态都是 UP，并且 PPP 的 LCP 和 IPCP 都处于 opened 状态，说明链路的 PPP 协商已经成功。

7. 注意事项

（1）CHAP 认证分为两种方式：认证方配置用户名和认证方没有配置用户名。本任务采用的是第一种认证方式，认证方和被认证方都需要创建对端的用户信息，且密码必须一致。

（2）配置 PPP 认证后，可以在接口视图下执行 shutdown 和 undo shutdown 命令，以使认证立即生效。

任务 5.2　动态 NAPT 及静态 NAT 配置

5.2.1　任务背景

连接到 Internet 的设备都需要一个唯一的、合法的 IP 地址来标识。随着 Internet 的发展，终端数量的增多，以及 IPv4 地址空间的限制，IPv4 地址无法实现一对一的分配。

NAT 技术有效缓解了 IPv4 地址紧张的局面，该技术通过将多个私有地址转化为一个或多个公网地址，解决了内部网络的用户数量多而公网地址数量少的问题。本任务介绍 NAT 技术的分类、工作原理及配置方法。

5.2.2　准备知识

1. NAT 技术基本概念

Internet 管理机构将 IPv4 地址划分为公网地址和私有地址。公网地址具有唯一性，标识了

Internet 中的设备的身份。Internet 中的路由设备只能转发目的 IP 地址为公网地址的数据包。

从 A、B、C 三类地址中各划取一段作为私有地址,具体如表 5.2.1 所示。私有地址不能被 Internet 识别,仅供 LAN 内部通信使用,并且在不同 LAN 中可以重复用。

表 5.2.1 私有地址范围

地址类型	地址范围
A	10.0.0.0～10.255.255.255
B	172.16.0.0～172.31.255.255
C	192.168.0.0～192.168.255.255

LAN 内的主机在访问 Internet 时,必须要有一个公网地址身份标识。当内网主机访问外部网络时,NAT 技术可以将 IP 数据包头中的私有地址(源 IP 地址)转化为公网地址,实现 IP 数据包头部的 IP 地址的转换。

通过部署 NAT 技术,可以实现公网地址和私有地址的"一对多"的映射关系,从而缓解 IPv4 地址紧张的局面。

2. NAT 技术分类

1)静态 NAT 技术

利用静态 NAT 技术可以将内部网络中的一个私有地址固定地转换为一个公网地址(固定转换)。静态 NAT 技术通常被应用在允许外部网络中的主机访问内部网络中的服务器的环境中,外部网络中的主机可以通过内网服务器映射的公网地址来对其进行访问。

以图 5.2.1 所示拓扑为例,介绍静态 NAT 技术的工作过程。

(1)外部网络中的主机 PC 访问内网 WWW 服务器,数据包的源 IP 地址为自身 IP 地址 20.1.1.10,目的 IP 地址为 WWW 服务器映射的公网地址 20.1.1.1。

(2)NAT 设备收到数据包后,查询 NAT 静态地址映射表,将数据包的目的 IP 地址 20.1.1.1 转换为对应的私有地址 10.1.1.80。然后 NAT 设备将转换后的数据包路由转发,最终被内网 WWW 服务器接收。

(3)内网 WWW 服务器响应请求,响应数据包的源 IP 地址为自身 IP 地址 10.1.1.80,目的 IP 地址为 20.1.1.10。

(4)数据包到达 NAT 设备后,查询 NAT 静态地址映射表,将源 IP 地址 10.1.1.80 转换为公网地址 20.1.1.1。然后 NAT 设备将转换后的数据包转发到外部网络,最终到达外部网络中的主机 PC。

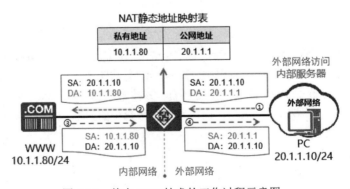

图 5.2.1 静态 NAT 技术的工作过程示意图

2）动态 NAT 技术

利用动态 NAT 技术可将内部网络中的一个私有地址转换为公网 IP 地址池中的一个地址（临时转换）。内网主机在访问外部网络时，若 IP 地址池中有可用 IP 地址，则转换使用；若 IP 地址池中无可用 IP 地址，主机将无法访问外部网络，直到其他主机通信结束，映射关系解除，公网地址重新释放至 IP 地址池中才可转化使用。如图 5.2.2 所示，公网 IP 地址池中的 IP 地址耗尽，PC3 暂时无法访问 Internet。

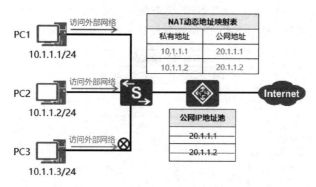

图 5.2.2　动态 NAT 技术的工作过程示意图

静态 NAT 技术和动态 NAT 技术实现的都是"一对一"的 IP 地址转换。静态 NAT 技术应用于内网服务器对外提供服务，有一定的应用价值。而动态 NAT 技术基于公网地址和私有地址的一对一映射，并不能起到节约公网地址的作用，并且公网 IP 地址池中的 IP 地址个数限制了同时访问外部网络的内网用户数量，因此不适应当前网络部署。

3）NAPT 技术

NAPT 技术基于"IP 地址+端口号"的转换方式，来实现一个公网地址同时与多个私有地址形成映射关系，不同的映射关系通过端口号来区分。端口号分类如表 5.2.2 所示。

表 5.2.2　端口号分类

端口号分类	端口范围	描述
公认端口	0～1023	这些端口明确地表明了某种服务的协议。例如，FTP 服务端口为 20 和 21，HTTP 通信端口为 80
注册端口	1024～49151	这些端口大多数没有明确定义的服务对象，应用程序会根据自己的实际需要进行定义
动态/私有端口	49152～65535	理论上不为服务分配这些端口，通常从 1024 号端口开始分配动态端口

NAPT 技术分为动态 NATP 技术和静态 NAPT 技术。

（1）动态 NAPT 技术。

动态 NAPT 技术构造的映射关系是临时的，主要应用在为内网主机提供外部网络访问服务的环境中。

以如图 5.2.3 所示的拓扑为例，介绍动态 NAPT 技术的工作过程。

① 内部网络中的主机 PC1 访问 Internet 的 WWW 服务器，数据包的源 IP 地址为自身 IP 地址 10.1.1.1，源端口为动态随机端口 2001；目的 IP 地址为 WWW 服务器 IP 地址 20.1.1.80，目的端口号为 80。

内部网络中的主机 PC2、PC3 也访问 WWW 服务器，数据包的源 IP 地址:源端口号分别为

10.1.1.2:2002 和 10.1.1.3:2003；目标 IP 地址:目的端口号均为 20.1.1.80:80。

② NAT 设备在收到数据包后，生成 NAT 动态地址映射表，将数据包中的源 IP 地址均转换为公网 IP 地址池中的公网地址 20.1.1.1，源端口号假设分别转换为 3001、3002 和 3003。然后 NAT 设备将转换后的数据包转发到 Internet，最终到达 WWW 服务器。

③ WWW 服务器响应服务请求，响应数据包的源 IP 地址为自身 IP 地址 20.1.1.80，源端口号为 80，目的 IP 地址:目的端口号分别为 20.1.1.1:3001、20.1.1.1:3002 和 20.1.1.1:3003。

④ 数据包到达 NAT 设备后，查询 NAT 动态地址映射表，将目的 IP 地址:目的端口号转化为其对应的私有地址:端口号，然后 NAT 设备转发转换后的数据包，最终到达内部网络中的各主机。

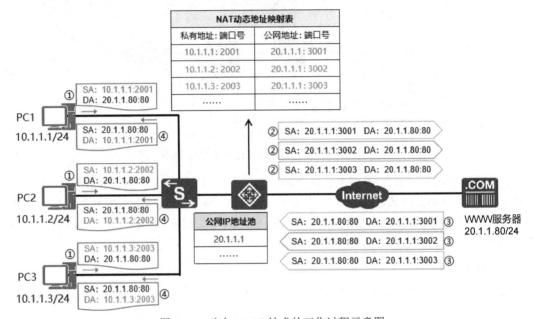

图 5.2.3　动态 NAPT 技术的工作过程示意图

（2）静态 NAPT 技术。

和静态 NAT 一样，静态 NAPT 的映射关系也是固定的。区别于静态 NAT 技术构造的基于 IP 地址的一对一映射关系，静态 NAPT 技术基于 IP 地址+端口号方式，可以实现一个公网地址与内网多个私有地址（通常为服务器 IP 地址）的一对多映射关系。静态 NAPT 技术的工作过程示意图如图 5.2.4 所示。

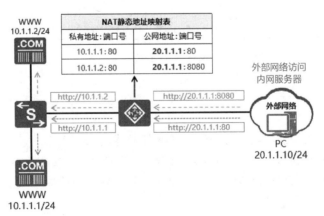

图 5.2.4　静态 NAPT 技术的工作过程示意图

3．NAPT 配置流程

（1）创建公网 IP 地址池。

（2）配置 ACL，定义允许进行 NAT 转化的内网私有地址范围。

（3）在连接外部网络的出接口配置内部网络私有地址与公网 IP 地址池的转换关系。

4．NAT 配置命令

（1）配置静态 NAT。

命令：nat static global *global-address* inside *host-address*。

说明：该命令用于将内网私有地址映射成为公网地址。

视图：接口视图。

举例，R1 将内网私有地址 192.168.10.1 映射成公网地址 23.1.1.1：

```
[R1]interface GigabitEthernet 0/0/1
[R1-GigabitEthernet0/0/1]nat static global 23.1.1.1 inside 192.168.10.1
```

（2）创建公网 IP 地址池。

命令：nat address-group *group-index start-address end-address*。

说明：group-index 参数为 NAT IP 地址池索引号，在定义 NAT 映射关系时被调用；地址池内的 IP 地址不可与设备已有 IP 地址重复。

视图：系统视图。

举例，在 R1 上创建索引号为 1 的地址池，起始 IP 地址为 23.1.1.1，终止 IP 地址为 23.1.1.2：

```
[R1]nat address-group 1 23.1.1.1 23.1.1.2
```

（3）配置动态 NAT/动态 NAPT。

命令：nat outbound *acl-number* address-group *group-index* [no-pat]。

说明：acl-number 参数为通过 ACL 定义的允许进行 NAT 转化的内部网络私有地址范围；携带 no-pat 参数为动态 NAT 转换，不携带 no-pat 参数为 NAPT 转换。

视图：接口视图。

举例，在 R1 出接口 G0/0/1 上配置 ACL 2000 与索引号为 1 的 NAT IP 地址池的映射关系：

```
[R1-GigabitEthernet0/0/1]nat outbound 2000 address-group 1
```

（4）配置静态 NAPT。

命令：nat static protocol { tcp | udp } global {*global-address|current-interface*} *global-port* inside *host-address host-port*。

说明：将私有地址+端口号映射成公网地址+指定端口号。

视图：接口视图。

举例，为 R1 配置静态 NAPT，外部网络中的用户可通过 http://23.1.1.1 访问内网 WWW 服务器（192.168.10.1）。

```
[R1]interface GigabitEthernet 0/0/1
[R1-GigabitEthernet0/0/1]nat static protocol tcp global 23.1.1.1 80 inside 192.168.10.1 80
```

5.2.3 **任务实施**

1．任务目的

（1）掌握动态 NAPT 技术及静态 NAT 技术的工作原理。

操作演示

（2）掌握 NAT 技术的配置方法。

2．任务描述

某公司网络用户数量较多，通过路由器接入运营商，申请了公网地址段 20.1.1.0/29，用于内部网络中的用户访问 Internet。同时公司内部部署了一台 WWW 服务器，能够对外提供访问服务。

3．实施规划

1）拓扑图（见图 5.2.5）

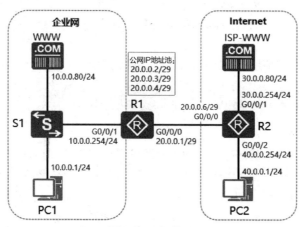

图 5.2.5　拓扑图

2）操作流程

（1）为终端及服务器配置网络参数。

（2）为路由器配置网络参数，网络出口配置 IP 地址 20.0.0.1/29，运营商侧配置 IP 地址 20.0.0.6/29。

（3）为 R1 配置默认路由，下一跳指向运营商 20.0.0.6。

（4）为 R1 配置 NAT。

① 配置公网 IP 地址池：20.0.0.2/29～20.0.0.4/29。

② 配置 ACL 2000，定义允许转换的内网私有地址范围。

③ 定义转化过程，采用 NAPT 方式，实现公网地址一对多的转化。

④ 配置静态 NAT，将 WWW 服务器映射至公网地址 20.0.0.5。

4．具体步骤

（1）为终端及服务器配置网络参数。

（2）为路由器配置网络参数。

① 配置 R1 的网络参数：

```
[R1]int g0/0/0
[R1-GigabitEthernet0/0/0]ip add 20.0.0.1 29
[R1-GigabitEthernet0/0/0]int g0/0/1
[R1-GigabitEthernet0/0/1]ip add 10.0.0.254 24
```

② 配置 R2 的网络参数：

```
[R2]int g0/0/0
[R2-GigabitEthernet0/0/0]ip add 20.0.0.6 29
```

```
[R2-GigabitEthernet0/0/0]int g0/0/1
[R2-GigabitEthernet0/0/1]ip add 30.0.0.254 24
[R2-GigabitEthernet0/0/1]int g0/0/2
[R2-GigabitEthernet0/0/2]ip add 40.0.0.254 24
```

（3）为 R1 配置默认路由：

```
[R1]ip route-static 0.0.0.0 0.0.0.0 20.0.0.6
```

（4）为 R1 配置 NAT：

```
[R1]nat address-group 1 20.0.0.2 20.0.0.4                    //指定公网 IP 地址池
[R1]acl 2000
[R1-acl-basic-2000]rule permit source 10.0.0.0 0.0.0.255    //允许转换的内部网络私有地址范围
[R1-acl-basic-2000]int g0/0/0
//配置转换过程，采用 NAPT 方式
[R1-GigabitEthernet0/0/0]nat outbound 2000 address-group 1
//配置一对一静态映射
[R1-GigabitEthernet0/0/0]nat static global 20.0.0.5 inside 10.0.0.80
```

5. 实验测试

1）查看 R1 的 NAT 信息

（1）查看 R1 的 NAT 动态映射表项：

```
[R1]dis nat session all
 NAT Session Table Information:

    Protocol        : TCP(6)
    SrcAddr  Port Vpn : 10.0.0.1          1544
    DestAddr Port Vpn : 30.0.0.80         20480
    NAT-Info
      New SrcAddr    : 20.0.0.4
      New SrcPort    : 10254
      New DestAddr   : ----
      New DestPort   : ----
  Total : 1
```

（2）查看 R1 的 NAT 静态映射表项：

```
[R1]dis nat static
 Static Nat Information:
 Interface  : GigabitEthernet0/0/0
   Global IP/Port   : 20.0.0.5/----
   Inside IP/Port   : 10.0.0.80/----
   Protocol : ----
   VPN instance-name : ----
   Acl number       : ----
   Netmask  : 255.255.255.255
   Description : ----
 Total :  1
```

2）访问测试

（1）PC1 访问 Internet 中的 ISP-WWW，如图 5.2.6 所示。

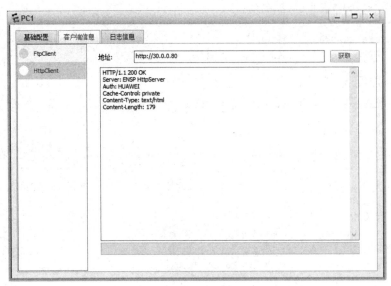

图 5.2.6　PC1 访问 Internet 中的 ISP-WWW

（2）PC2 访问企业网的 WWW 服务器，如图 5.2.7 所示

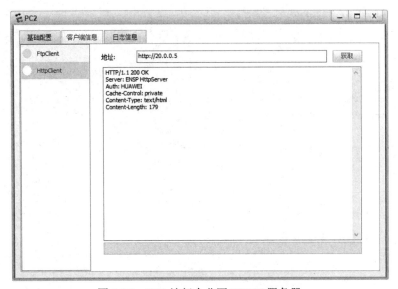

图 5.2.7　PC2 访问企业网 WWW 服务器

6．结果分析

从 NAT 动态映射表项可以看出，企业网用户在访问 Internet 上的 WWW 服务器时，其私有地址转换为公网 IP 地址池中的 20.0.0.4。从 NAT 静态映射表项可以看出，企业网 WWW 服务器的私有地址 10.0.0.80 映射为公网地址 20.0.0.5。外部网络中的主机可以通过访问公网地址 20.0.0.5 来实现对内部网络中的 Web 服务器的访问。

7．注意事项

（1）动态 NAPT 技术可以实现公网地址一对多的映射关系。如果用户在配置了 NAT 设备出接口的 IP 地址和其他应用后，还有空闲公网 IP 地址，那么可以选择此方式。

（2）IP 地址池中是一些连续的 IP 地址集合，且 IP 地址池的起始 IP 地址必须小于或等于结束 IP 地址。

任务 5.3　静态 NAPT 及 Easy IP 配置

5.3.1　任务背景

对于小型网络而言，通常只有一个公网地址配置在网络出口设备连接外部网络的接口上，这个公网地址既可以是静态地址，也可以是通过拨号方式获取的动态地址。

Easy IP 可以将外部网络接口上的公网地址和内网用户的私有地址进行一对多映射，以满足用户访问外部网络的需求。本任务主要介绍 Easy IP 的工作原理及配置方法。

5.3.2　准备知识

1．Easy IP 基本概念

Easy IP 是 NAPT 的一种简化情况。公网地址不再由公网 IP 地址池提供，而是将连接公网的接口的 IP 地址作为转化的公网地址。

Easy IP 同样基于 IP 地址+端口号的映射方式，其将内网络主机地址映射为出接口 IP 地址+随机端口号的形式，访问外部网络；同时可以将内网络服务器地址映射为出接口 IP 地址+指定端口号的形式，对外提供访问服务。

以如图 5.3.1 所示的拓扑为例，介绍 Easy IP 的工作过程。

① 内网主机 PC1、PC2 访问 Internet 中的 WWW 服务器，数据包中的源 IP 地址:源端口号分别为 10.1.1.1:2001 和 10.1.1.2:2002；目的 IP 地址为 WWW 服务器 IP 地址 20.1.1.80，目的端口号为 80。

② NAT 设备在收到数据包后，生成 NAT 地址映射表，将数据包的源 IP 地址均转换为出接口公网地址 20.1.1.1，源端口号分别转换为 3001 和 3002。NAT 设备将转换后的数据包转发到 Internet，最终到达 WWW 服务器。

③ WWW 服务器响应服务请求，响应数据包的源 IP 地址为自身 IP 地址 20.1.1.80，源端口号为 80，目的 IP 地址:目的端口号分别为 20.1.1.1:3001 和 20.1.1.1:3002。

④ 数据包在到达 NAT 设备后，查询 NAT 地址映射表，将目的 IP 地址:目的端口转化为其对应的私有地址:端口号，NAT 设备转发转换后的数据包，最终到达各内网主机。

如果内网部署了 WWW 服务器，需要对外提供访问服务，那么可基于出接口公网地址进行 80 端口映射，访问过程如下。

⑤ 外部网络中的主机 20.1.1.80 访问内网 WWW 服务器，源 IP 地址为自身 IP 地址 20.1.1.80，源端口号为随机动态端口 2000，目的 IP 地址为 20.1.1.1，目的端口号为 80。

⑥ NAT 设备在收到数据包后，查询 NAT 地址映射表，将目的地址:目的端口号由 20.1.1.1:80 转换为 10.1.1.3:80。NAT 设备将转换后的数据包路由转发，最终被内部网络中的 WWW 服务器接收。

⑦ 内网 WWW 服务器响应请求，响应数据包的源 IP 地址:源端口号为 10.1.1.3:80，目的 IP 地址:目的端口号为 20.1.1.80:2000。

⑧ 数据包在到达 NAT 设备后，查询 NAT 地址映射表，将源 IP 地址:源端口号由

10.1.1.3:80 转换为 20.1.1.1:80。NAT 设备将转换后的数据包转发到外部网络，最终到达外部网络中的主机。

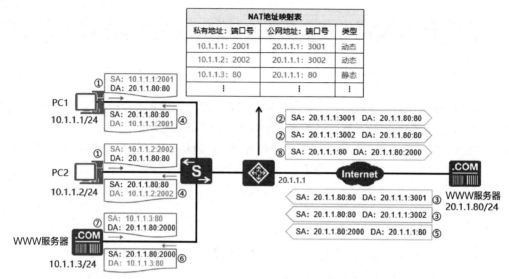

图 5.3.1 Easy IP 的工作过程

2．Easy IP 配置流程

（1）配置 ACL：定义允许进行 NAT 转换的内部网络私有地址范围。

（2）配置 Easy IP：ACL 匹配的内部网络私有地址转换为出接口公网地址。

3．Easy IP 配置命令

配置 Easy IP。

命令：nat outbound *acl-number*。

说明：Easy IP 无须创建公网 IP 地址池，其将 ACL 匹配内部网络私有地址直接转化为出接口公网地址。

视图：接口视图。

举例，内网用户（通过 ACL 2000 定义）在访问外部网络时，转化为 R1 出接口 G0/0/1 的 IP 地址：

```
[[R1]interface GigabitEthernet 0/0/1
[R1-GigabitEthernet0/0/1]nat outbound 2000
```

5.3.3 任务实施

1．任务目的

（1）掌握静态 NAPT 及 Easy IP 的工作原理。

（2）掌握静态 NAPT 及 Easy IP 的配置方法。

操作演示

2．任务描述

某公司网络通过路由器接入运营商，只申请了一个公网地址 20.0.0.1/30 用于内部网络中的用户访问 Internet。同时公司内部部署了一台 WWW 服务器，用于对外提供访问服务。

3. 实施规划

1）拓扑图（见图 5.3.2）

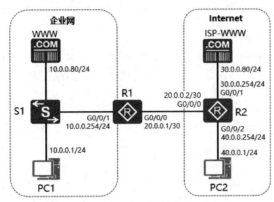

图 5.3.2 拓扑图

2）操作流程

（1）为终端及服务器配置网络参数。

（2）为路由器配置网络参数，网络出口配置 20.0.0.1/30，运营商侧配置 20.0.0.2/30。

（3）为 R1 配置默认路由，下一跳指向运营商 20.0.0.2。

（4）为 R1 配置 NAT。

① 配置 ACL 2000，定义允许转换的内网私有地址。

② 定义转化过程，采用 Easy IP 方式实现公网地址一对多转换。

③ 配置静态 NAPT，将 WWW 服务器 10.0.0.80:80 映射至 20.0.0.1:80。

4. 具体步骤

（1）为终端及服务器配置网络参数。

（2）为路由器配置网络参数。

① 配置 R1 的网络参数：

```
[R1]int g0/0/0
[R1-GigabitEthernet0/0/0]ip add 20.0.0.1 30
[R1-GigabitEthernet0/0/0]int g0/0/1
[R1-GigabitEthernet0/0/1]ip add 10.0.0.254 24
```

② 配置 R2 的网络参数：

```
[R2]int g0/0/0
[R2-GigabitEthernet0/0/0]ip add 20.0.0.230
[R2-GigabitEthernet0/0/0]int g0/0/1
[R2-GigabitEthernet0/0/1]ip add 30.0.0.254 24
[R2-GigabitEthernet0/0/1]int g0/0/2
[R2-GigabitEthernet0/0/2]ip add 40.0.0.254 24
```

（3）为 R1 配置默认路由：

```
[R1]ip route-static 0.0.0.0 0.0.0.0 20.0.0.2
```

（4）为 R1 配置 NAT。

① 配置 Easy IP：

```
[R1]acl 2000                              //定义允许转换的内网私有地址
[R1-acl-basic-2000]rule permit source 10.0.0.0 0.0.0.255
[R1-acl-basic-2000]int g0/0/0
[R1-GigabitEthernet0/0/0]nat outbound 2000   //配置转换过程，采用 Easy IP 方式实现
```

② 配置静态 NAPT：

```
[R1-GigabitEthernet0/0/0]nat static protocol tcp global current-interface www
inside 10.0.0.80 www                       //配置一对一静态 NAPT
```

5. 实验测试

1）查看 R1 的 NAT 信息

（1）查看 R1 的 NAT 动态映射表项：

```
[R1]dis nat session all
 NAT Session Table Information:

    Protocol         : TCP(6)
    SrcAddr  Port Vpn : 10.0.0.1         520
    DestAddr Port Vpn : 30.0.0.80        20480
    NAT-Info
     New SrcAddr      : 20.0.0.1
     New SrcPort      : 10244
     New DestAddr     : ----
     New DestPort     : ----
 Total : 1
```

（2）查看 R1 的 NAT 静态映射表项：

```
[R1]dis nat static
    Static Nat Information:
 Interface : GigabitEthernet0/0/0
    Global IP/Port      : current-interface/80(www)  (Real IP : 20.0.0.1)
    Inside IP/Port      : 10.0.0.80/80(www)
    Protocol : 6(tcp)
    VPN instance-name  : ----
    Acl number         : ----
    Netmask      : 255.255.255.255
    Description  : ----
 Total :   1
```

2）访问测试

（1）PC1 访问 Internet 中的 ISP-WWW，如图 5.3.3 所示。

（2）PC2 访问企业网 WWW 服务器，如图 5.3.4 所示。

6. 结果分析

从 NAT 动态映射表项可以看出，内网用户在访问 Internet 上的 WWW 服务器时，其私有地址转换为 R1 出接口公网地址 20.0.0.1。从 NAT 静态映射表项可以看出，内网 WWW 服务器 10.0.0.80 的 80 端口映射到了出端口公网地址 20.0.0.1 的 80 端口。外部网络中的主机可以通过访问 20.0.0.1 的 80 端口，实现对内网络 WWW 服务器的访问。

图 5.3.3 PC1 访问 Internet 中的 ISP-WWW

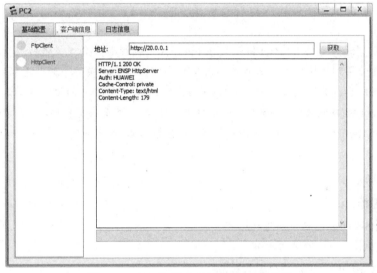

图 5.3.4 PC2 访问企业网 WWW 服务器

出口设备 R1 配置 Easy IP 后,内部网络中的主机 PC1 成功访问外部网络中的 WWW 服务器,源地址转换为出端口公网地址 20.0.0.1。R1 配置静态 NAPT 后,外部网络中的主机 PC2 通过访问 R1 出接口公网地址的 80 端口,实现了对内部网络中的 WWW 服务器的访问。

7. 注意事项

(1)用户在只有一个公网地址的网络环境下,可以利用 Easy IP 方式实现对 Internet 的访问。

(2)Easy-IP 指直接使用接口的 IP 地址作为 NAT 转换后的 IP 地址。

(3)静态 NAPT 也可以基于其他可用的公网 IP 地址进行转化配置,不限于出接口的公网 IP 地址。

模块六

IPv6 技术

概述

IPv4 是目前广泛部署的 Internet 协议。在 Internet 发展初期，IPv4 凭借协议简单、易于实现、互操作性好的优势得到快速发展。随着网络应用的丰富，以及物联网等新兴技术的发展，IPv4 地址空间几乎消耗殆尽，其不足日益明显。IPv6 的出现，解决了 IPv4 的诸多弊端。

本模块主要介绍 IPv6 的报文格式、地址格式、IPv6 地址无状态自动配置、IPv6 地址有状态自动配置，以及 IPv6 动态路由协议 RIPng、OSPFv3 等内容。

学习目标

一、知识目标

（1）掌握 IPv6 的地址格式和报文格式。

（2）掌握 IPv6 地址的分类及作用。

（3）掌握 ICMPv6、NDP 的原理及功能。

（3）掌握 IPv6 地址的无状态、有状态地址自动配置的原理和实现过程。

（4）掌握 IPv6 动态路由协议 RIPng、OSPFv3 的工作机制。

二、技能目标

（1）能够对设备进行 IPv6 地址配置，包括手工配置及无状态（SLAAC）自动配置、有状态（DHCPv6）自动配置。

（2）能够配置 IPv6 静态路由实现 IPv6 网络的连通。

（3）能够规划和配置 IPv6 动态路由协议 RIPng、OSPFv3。

任务规划

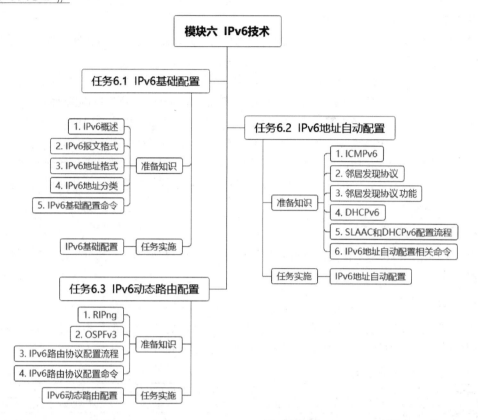

任务 6.1　IPv6 基础配置

6.1.1　任务背景

随着 Internet 规模的扩大，IPv4 地址空间几乎耗尽，目前主要采用 NAT 技术来缓解这种局面。但 NAT 技术并不能从根本上解决 IP 地址短缺的问题，随着 5G、物联网等技术的兴起，IPv4 面临的挑战日益增大。

下一代 Internet 协议 IPv6 具有海量的地址空间，从根本上解决了 IP 地址短缺的问题。IPv6 采用了全新报文格式，提高了报文处理效率及报文传输安全性，能更好地支持 QoS 应用。IPv6 相对于 IPv4 有巨大优势，取代 IPv4 成为必然。本任务介绍 IPv6 的基本概念和基础配置。

6.1.2　准备知识

1．IPv6 概述

IPv6（Internet Protocol Version 6）是网络层协议的第二代标准协议，也被称为 IPNG（IP Next Generation）。它是 IETF 设计的一套规范，是 IPv4 的升级版本。

与 IPv4 相比，IPv6 有如下优势。

（1）地址空间。IPv6 地址采用 128 比特标识，因此 IPv6 在理论上可以拥有近乎无限的地址空间。

（2）报文格式。IPv6 采用了全新的报文格式，较 IPv4 更简洁，提高了报文处理效率。另外，IPv6 新增了扩展报头的概念，在新增选项时不必修改现有结构，在理论上可以无限扩展，具有优异的灵活性和扩展性。

（3）路由聚合。巨大的 IP 地址空间使得 IPv6 可以很方便地进行层次化网络部署，层次化的网络结构便于进行路由聚合，提高了路由转发效率。

（4）即插即用。IPv6 支持地址自动配置，主机可以自动发现网络并获取 IPv6 地址。

（5）端到端的完整性。IPv6 网络不再使用 NAT 技术，保证了端到端的完整性。

（6）安全性。IPv6 支持 IPSec 的认证和加密，可以保障端到端的安全通信。

（7）QoS 功能。IPv6 新增了流标记域，可以根据不同的业务流量进行分类，支持 QoS 应用。

（8）移动性。IPv6 使用邻居发现功能，可直接实现外地网络的发现并得到转交地址；并利用路由扩展头和目的地址扩展头，实现移动节点和对等节点之间的直接通信，移动通信处理效率更高且对应用层透明。

2．IPv6 报文格式

IPv6 报文由 IPv6 基本报头、IPv6 扩展报头及上层协议数据单元三部分组成，下面介绍前面两个组成部分。

1）IPv6 基本报头

IPv6 基本报头有 8 个字段，固定大小为 40B，用于提供报文转发的基本信息，解析被转发路径上面的所有设备。IPv4 报头和 IPv6 基本报头比较如图 6.1.1 所示。

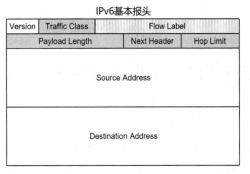

图 6.1.1　IPv4 报头和 IPv6 基本报头比较

IPv6 基本报头与 IPv4 报头的区别如下。

（1）长度。

IPv4 报头的长度为 20～60B，IPv6 基本报头的长度为固定值 40B。

（2）取消的字段。

IPv6 基本报头去除了 IPv4 的 IHL 字段、Identification 字段、Flags 字段、Fragment Offset 字段、Header Checksum 字段、Options 字段和 Padding 字段，被大大简化，提高了报文处理效率。

（3）新增的字段。

IPv6 基本报头中新增了 Flow Label 字段，该字段用于区分实时流量。不同的流标签+源地址可以唯一确定一条数据流，中间网络设备可以根据该字段的信息更加高效率地区分实时数据流。

（4）保留的字段。

① Version 字段：表示版本号，长度为 4bit，对于 IPv6，该值为 6bit。

② Source Address 字段：表示源地址，长度为 128bit。

③ Destination Address 字段：表示目的地址，长度为 128bit。

（5）名字/位置修改的字段。

① Traffic Class 字段：表示流类别，长度为 8bit，等同于 IPv4 报头中的 ToS 字段，表示 IPv6 数据报的类或优先级，主要应用于 QoS。

② Payload Length 字段：表示有效载荷长度，指紧跟 IPv6 报头的数据报的其他部分，即扩展报头和上层协议数据单元，长度为 16bit。IPv4 报头中的 Total Length 字段指报头和数据长度之和，两者含义有所区别。

③ Next Header 字段：用来指示 IPv6 基本报头后面的报文类型，相当于 IPv4 报头中的 Protocol 字段。

④ Hop Limit 字段：类似于 IPv4 报头的 TTL 字段，定义了数据报能经过的最大跳数。每经过一个设备，该数值就减去 1，当该数值为 0 时，数据报将被丢弃。

2）IPv6 扩展报头

IPv6 将原来 IPv4 报文中的 Options 字段的相关功能通过扩展报头来实现。一个 IPv6 报文可以包含 0 个、1 个或多个扩展报头。与 IPv4 报文不同，IPv6 扩展报头是任意长度的，有利于日后扩充新增选项。

若需要设备或目的节点进行某些特殊处理，则可由发送方添加一个或多个扩展报头来实现。路由设备在进行转发时，根据基本报头中 Next Header 字段的值来决定是否要处理扩展报头，而不是查看和处理所有扩展报头，提高了路由节点的转发效率。当使用多个扩展报头时，前面的扩展报头的 Next Header 字段指明下一个扩展报头的类型，形成了链状的报头列表。

IPv6 报文格式如图 6.1.2 所示。

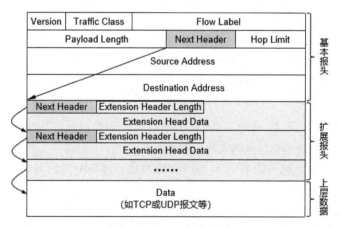

图 6.1.2　IPv6 报文格式

IPv6 扩展报头中的主要字段含义如下。

（1）Next Header：长度为 8bit，与基本报头中的 Next Header 字段的作用相同，指明下一个扩展报头（如果存在）或上层协议的类型。

（2）Extension Header Length：扩展报头长度（不包含 Next Header 字段），长度为 8bit。

（3）Extension Head Data：扩展报头数据，长度可变，为一系列选项字段和填充字段的组合。

目前，RFC 中定义了 6 种 IPv6 扩展报头，当超过一种扩展报头被用在同一个分组中时，报头必须按照指定顺序出现。各种 IPv6 扩展报头的含义如表 6.1.1 所示。

表 6.1.1　各种 IPv6 扩展报头含义

扩展报头名称	出现顺序	Next Header 字段值	含义
逐跳选项报头	1	0	主要用于为传送路径上的每一跳指定发送参数，传送路径上的每台中间节点都要读取并处理该字段
目的选项报头	2	60	携带了一些只有目的节点才会处理的信息，当存在路由报头时，用于中间目标
路由报头	3	43	IPv6 源节点用来强制数据包经过特定的设备
分段报头	4	44	当报文长度超过 MTU（Maximum Transmission Unit，最大传输单元）时，需要分段发送。在 IPv6 中，分段发送使用的是分段报头
认证报头	5	51	由 IPSec 使用，提供认证、数据完整性及重放保护
封装安全有效载荷报头	6	50	由 IPSec 使用，提供认证、数据完整性及重放保护，以及对 IPv6 数据报进行保密，类似于认证报头
目的选项报头	7	60	用于最终目标

3．IPv6 地址格式

1）IPv6 地址的表示方法

IPv6 地址总长度为 128 位，通常分为 8 组，每组为 4 个十六进制数，每组十六进制数间用冒号分隔，如 2001:01A0:0000:00AB:0000:0000:0000:0001。由此可以看出，采用 IPv6 完整格式书写不太方便。基于此，IPv6 提供了压缩格式，以上述 IPv6 地址为例，对压缩规则进行说明。

（1）每组中的前导"0"都可以省略。上述 IPv6 地址可写为 2001:1A0:0:AB:0:0:0:1。

（2）地址中包含的连续两个或多个均为 0 的组，可以用双冒号"::"代替。上述 IPv6 地址可以进一步简写为 2001:1A0:0:AB::1。

需要注意的是，在一个 IPv6 地址中，双冒号"::"只能使用一次。因为多次使用双冒号，在将压缩后的 IPv6 地址恢复为 128 位时，无法确定每个"::"代表的 0 的个数。

如 IPv6 地址：2001:0000:0000:00AB:0000:0000:0000:0001，若压缩为 2001::AB::1，在恢复 128 位时会产生歧义，正确的压缩地址为 2001:0:0:AB::1 或 2001::AB:0:0:0:1。

2）IPv6 地址结构

一个 IPv6 地址可以分为网络前缀和接口标识两部分。

（1）网络前缀：$n$bit，相当于 IPv4 地址中的网络 ID。不同类型的 IPv6 地址对网络前缀的定义有所区别。

（2）接口标识：128-$n$bit，相当于 IPv4 地址中的主机 ID。接口标识可通过三种方法生成，即手工配置、系统自动生成、基于 IEEE EUI-64 规范生成。

① 手工配置：手工为接口配置接口标识。

② 系统自动生成：系统自动生成随机接口标识，常见于 IPv6 用户终端。

③ 基于 IEEE EUI-64 规范生成：根据接口的 48bit MAC 地址计算得到 64bit 的接口标识。转换过程是先将 FFFE 插入 MAC 地址的公司标识符（前 24 位）和扩展标识符（后 24 位）间；然后从高位数起，将第 7 位的 0 改为 1，即可得到对应的接口标识，并且该接口标识全球唯一。

基于 IEEE EUI-64 规范生成的 MAC 地址 50-2B-73-A9-31-AC 接口标识过程如图 6.1.3 所示。

4．IPv6 地址分类

IPv6 地址分为单播地址、任播地址（Anycast Address）、组播地址三种类型。其中，单播地址又可细化为全球单播地址、链路本地地址、唯一本地地址、环回地址和未指定地址。IPv6 地址以更丰富的组播地址代替了 IPv4 地址中的广播地址，同时增加了任播地址类型。

MAC地址（十六进制）	50-2B-73-A9-31-AC
MAC地址（二进制）	01010000 - 00101011 - 01110011 - 10101001 - 00110001 - 10101100
转化过程	01010000 - 00101011 - 01110011 - 10101001 - 00110001 - 10101100 第7位取1　　　　插入FFFE
EUI-64规范接口标识	01010010 - 00101011 - 01110011 - 11111111 11111110 - 10101001 - 00110001 - 10101100
EUI-64规范接口标识 （十六进制）	52-2B-73-FF-FE-A9-31-AC

图 6.1.3　基于 IEEE EUI-64 规范生成的 MAC 地址 50-2B-73-A9-31-AC 接口标识过程

IPv6 地址分类如图 6.1.4 所示。

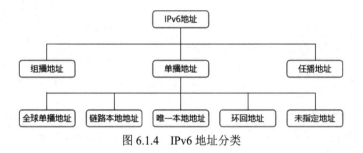

图 6.1.4　IPv6 地址分类

1）单播地址

单播地址用来唯一标识一个接口，与 IPv4 地址中的单播地址类似。发送到单播地址的报文将被传送给此地址标识的接口。

（1）全球单播地址。

全球单播地址与 IPv4 地址中的公网地址类似，是带有全球单播前缀的 IPv6 地址。这种类型的 IP 地址允许路由前缀的聚合，限制了全球路由表项的数量。全球单播地址结构如图 6.1.5 所示。

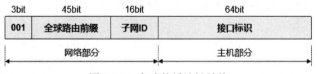

图 6.1.5　全球单播地址结构

① 全球路由前缀：由提供商指定给一个组织机构，通常全球路由前缀至少为 48 位。目前已经分配的全球路由前缀的前 3 位均为 001。

② 子网 ID：组织机构可以用子网 ID 来构建本地网络，子网 ID 通常最多分配到第 64 位。子网 ID 和 IPv4 地址中的子网号作用相似。

③ 接口标识：用来标识一个设备（Host），与 IPv4 地址中的主机地址概念相似。

（2）链路本地地址。

链路本地地址只能在连接到同一本地链路的节点间使用，也就是说，以链路本地地址为源地址或目的地址的 IPv6 报文不会被路由设备转发到其他链路上。它以 FE80::/10 为前缀，低 64 位作为接口标识，中间 54 位为 0。链路本地地址结构如图 6.1.6 所示。

图 6.1.6　链路本地地址结构

当一个节点启动 IPv6 栈时，每个接口会自动配置一个链路本地地址，接口标识基于 IEEE EUI-64 规范生成（也可手工配置）。因此，两个连接到同一链路的 IPv6 节点不需要进行任何配置就可以通过链路本地地址通信。所以该地址被应用于邻居发现、自动地址配置、路由器发现等机制中。

（3）唯一本地地址。

唯一本地地址的作用类似于 IPv4 地址中的私有地址，任何没有申请到提供商分配的全球单播地址的组织机构都可以使用唯一本地地址。唯一本地地址只能在本地网络内部使用，在 IPv6 网络中不能被路由转发。唯一本地地址结构如图 6.1.7 所示。

图 6.1.7　唯一本地地址结构

唯一本地地址固定前缀为 FC00::/7。L 标志位值为 1 表示该 IP 地址为在本地网络范围内使用的 IP 地址；值为 0 则被保留，用于以后扩展。所以唯一本地地址前缀通常表述为 FD00::/8。Global ID 为全球唯一前缀，通过伪随机方式产生。

（4）环回地址。

IPv6 地址中的环回地址即 0:0:0:0:0:0:0:1/128（::1/128）。与 IPv4 地址中的 127.0.0.1 作用相同。环回地址不能作为实际发送的数据包中的源地址或者目的地址，主要用于进行本地协议栈回环测试。

（5）未指定地址。

IPv6 地址中的未指定地址即 0:0:0:0:0:0:0:0/128（::/128）。若接口或者节点还没有 IPv6 地址，则可以作为某些报文的源地址，如作为重复地址检测时发送的邻居请求（Neighbor Solicitation，NS）报文的源地址。以::/128 为源地址的报文不会被路由设备转发。

2）组播地址

（1）组播地址结构。

组播地址用来标识一组接口（通常这组接口属于不同节点），类似于 IPv4 地址中的组播地址。发送到组播地址的数据报文被传送给此地址标识的所有接口。IPv6 地址中的组播地址由前缀、Flags（标志）字段、范围（Scope）字段及组播组 ID（Group ID）4 部分组成。组播地址结构如图 6.1.8 所示。

图 6.1.8　组播地址结构

① 组播地址的固定前缀为 FF00::/8。

② Flags 字段长度为 4bit，目前只使用了最后 1 位（前 3 位必须置 0）。当最后一位值为 0 时，

表示当前组播地址是由 IANA 分配的一个永久地址；当最后一位值为 1 时，表示当前组播地址是一个临时组播地址。

③ Scope 字段用来限制组播数据流在网络中发送的范围，该字段值和含义如表 6.1.2 所示。

表 6.1.2　Scope 字段值和含义

Scope 字段值	含义
0	预留
1	节点本地范围
2	链路本地范围
5	站点本地范围
8	组织本地范围
E	全球范围
F	预留
Other	未定义

④ Reserved 字段长度为 80bit，必须为 0。

⑤ Group ID 字段长度为 32bit，可唯一映射到一个以太网组播 MAC 地址。IPv6 组播报文在执行以太网封装时，目的 MAC 地址必须是组播 MAC 地址，并且该地址与 IPv6 组播地址对应。以 FF02::1 为例，其映射关系如图 6.1.9 所示，3333 是专门为 IPv6 组播地址预留的 MAC 地址前缀，MAC 地址的后 32 位与对应的 IPv6 组播地址的后 32 位相同。

图 6.1.9　IPv6 组播地址的 MAC 地址映射示例

（2）众所周知的 IPv6 组播地址。

类似于 IPv4 地址，IPv6 地址中同样有一些众所周知的组播地址，如表 6.1.3 所示。

表 6.1.3　众所周知的 IPv6 组播地址

组播地址	范围	含义	描述
FF01::1	节点	所有节点	本地接口范围内的所有节点
FF01::2	节点	所有路由器	本地接口范围内的所有路由器
FF02::1	链路本地	所有节点	本地链路范围内的所有节点
FF02::2	链路本地	所有路由器	本地链路范围内的所有路由器
FF02::5	链路本地	OSPF 路由器	所有 OSPF 路由器的组播地址
FF02::6	链路本地	OSPF DR 路由器	所有 OSPF 的 DR 路由器组播地址
FF02::9	链路本地	RIP 路由器	所有 RIP 路由器组播地址
FF02::D	链路本地	PIM 路由器	所有 PIM 路由器组播地址
FF05::2	站点	所有路由器	一个站点范围内的所有路由器

（3）被请求节点组播地址。

被请求节点组播地址通过节点的单播地址或任播地址生成。一个节点具有单播地址或任播地址后，就会对应生成一个被请求节点组播地址，并且加入这个组播组。该地址主要用于地址解析、邻居发现机制和地址重复检测功能。

IPv6 网络中没有广播地址，也不使用 ARP，解析 IPv6 地址对应的 MAC 地址的功能是通过邻居请求报文完成的。当一个节点需要解析某个 IPv6 地址对应的 MAC 地址时，会发送邻居请求报文，该报文的目的 IPv6 地址就是需要解析的 IPv6 地址对应的被请求节点组播地址。只有具有该组播地址的节点，才会检查处理该报文。

被请求节点组播地址由前缀 FF02::1:FF00:0/104 和单播地址的最后 24 位组成，如图 6.1.10 所示。

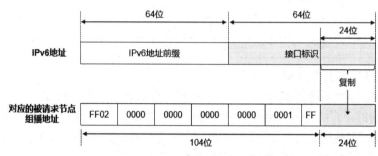

图 6.1.10　被请求节点组播地址结构

3）任播地址

任播地址用于标识一组网络接口，这些接口通常属于不同节点。目的地址是任播地址的数据包，将发送给路由意义上最近的一个网络接口。IPv6 没有为任播地址规定单独的地址空间，任播地址的使用通过共享单播地址方式完成。

任播地址的设计是允许源节点向一组目的节点中的一个节点发送数据报，而这个节点由路由系统选择，对源节点透明。因此，任播地址在 IP 网络中具有很好的应用前景。首先，分布的服务系统共享相同的 IPv6 地址，不仅在网络层能够进行透明的服务定位，而且各种网络服务，特别是应用层服务，具有更强的透明性。例如，在 IPv6 网络中 DNS（域名系统）可以共享一个熟知的 IPv6 地址，用户不用关心访问的是哪一台 DNS 服务器。其次，路由系统选择了"最近"的服务系统，缩短了服务响应的时间，同时减轻了网络负载。最后，相同的服务在网络上冗余分布，路由系统可以设计相应机制来选择负载相对轻的、带宽相对高的路径来转发报文。

目前 IPv6 地址中的任播地址仅可以分配路由设备，不能应用于主机，也不能作为 IPv6 报文的源地址。

5．IPv6 基础配置命令

（1）使能设备转发 IPv6 单播报文。

命令：ipv6。

说明：只有在系统视图下执行 ipv6 命令后，才能进行 IPv6 的相关配置。

视图：系统视图。

举例，使能 R1 转发 IPv6 单播报文功能：

```
[R1]ipv6
```

（2）开启接口的 IPv6 功能。

命令：ipv6 enable。

说明：只有接口开启了 IPv6 功能，才能在该接口下进行其他 IPv6 相关配置。在默认情况下，接口上的 IPv6 功能未开启。

视图：接口视图。

举例，为 R1 的 G0/0/0 接口开启 IPv6 功能：

```
[R1]int g0/0/0
[R1-GigabitEthernet0/0/0]ipv6 enable
```

（3）为接口配置全球单播地址。

命令：ipv6 address {*ipv6-address prefix-length* | *ipv6-address/prefix-length*}。

说明：接口在配置全球单播地址后，会自动生成链路本地地址。

视图：接口视图。

举例，为 R1 的 G0/0/1 接口配置全球单播地址 2001::1/64：

```
[R1]ipv6
[R1]int g0/0/1
[R1-GigabitEthernet0/0/1]ipv6 enable
[R1-GigabitEthernet0/0/1]ipv6 address 2001::1 64
```

或者：

```
[R1-GigabitEthernet0/0/1]ipv6 address 2001::1/64
```

（4）为接口配置链路本地地址。

① 手工指定。

命令：ipv6 address *ipv6-address* link-local。

说明：ipv6-address 参数的前缀必须匹配 FE80::/10。

视图：接口视图。

举例，为 R1 的 G0/0/0 接口配置链路本地地址为 FE80::1：

```
[R1-GigabitEthernet0/0/0]ipv6 address FE80::1 link-local
```

② 自动生成。

命令：ipv6 address auto link-local。

说明：接口标识默认基于 IEEE EUI-64 规范生成链路本地地址。

视图：接口视图。

举例，为 R1 的 G0/0/1 接口配置自动生成链路本地地址：

```
[R1-GigabitEthernet0/0/1]ipv6 address auto link-local
```

（5）配置 IPv6 静态路由。

命令：ipv6 route-static *dest-ipv6-address prefix-length nexthop-ipv6-address*。

说明：IPv6 静态路由可以指定出接口或下一跳地址，也可以同时指定出接口和下一跳地址。

视图：接口视图。

举例如下。

① 为 R1 配置去往 IPv6 网络 2021::/48 的静态路由，下一跳地址为 2001::2：

```
[R1]ipv6 route-static 2021:: 48 2001::2
```

② 为 R1 配置去往 IPv6 网络 2022::/48 的静态路由，出接口为 G0/0/1，下一跳地址为 2001::3：

```
[R1]ipv6 route-static 2022:: 48 g0/0/1 2001::3
```

6.1.3 任务实施

操作演示

1．任务目的

（1）掌握 IPv6 地址分类。

（2）掌握 IPv6 地址及静态路由的配置方法。

2．任务描述

某公司采用全球单播地址部署了 IPv6 网络，并基于业务部门规划了多个 IPv6 网段，通过配置静态路由实现 IPv6 业务网段的互通。

3．实施规划

1）拓扑图（见图 6.1.11）

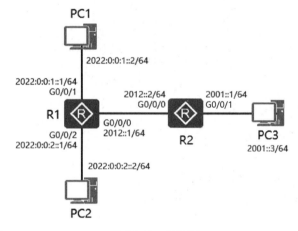

图 6.1.11　拓扑图

2）操作流程

（1）配置 PC、路由器的 IPv6 网络参数。

（2）配置各路由器的非直连 IPv6 网络的静态路由。

① 为 R1 添加 2001::/64 的路由。

② 为 R2 添加 2022::/48 的路由（对 R1 连接的 IPv6 网络进行路由聚合）。

4．具体步骤

（1）配置 PC 的 IPv6 网络参数（必须配置 IPv6 网关地址）。

（2）为路由器配置 IPv6 网络参数。

① 为 R1 配置 IPv6 网络参数：

```
[R1]ipv6
[R1]int g0/0/0
[R1-GigabitEthernet0/0/0]ipv6 enable
[R1-GigabitEthernet0/0/0]ipv6 address 2012::1 64
[R1-GigabitEthernet0/0/0]int g0/0/1
[R1-GigabitEthernet0/0/1]ipv6 enable
```

```
[R1-GigabitEthernet0/0/1]ipv6 address 2022:0:0:1::1 64
[R1-GigabitEthernet0/0/1]int g0/0/2
[R1-GigabitEthernet0/0/2]ipv6 enable
[R1-GigabitEthernet0/0/2]ipv6 address 2022:0:0:2::1 64
```

② 为 R2 配置 IPv6 网络参数：

```
[R2]ipv6
[R2]int g0/0/0
[R2-GigabitEthernet0/0/0]ipv6 enable
[R2-GigabitEthernet0/0/0]ipv6 address 2012::2 64
[R2-GigabitEthernet0/0/0]int g0/0/1
[R2-GigabitEthernet0/0/1]ipv6 enable
[R2-GigabitEthernet0/0/1]ipv6 address 2001::1 64
```

（3）配置 IPv6 静态路由。

① 为 R1 配置 IPv6 静态路由：

```
[R1]ipv6 route-static 2001:: 64 2012::2
```

② 为 R2 配置 IPv6 静态路由：

```
[R2]ipv6 route-static 2022:: 48 2012::1        //IPv6 静态路由聚合
```

5. 实验测试

1）查看路由器接口的 IPv6 网络参数

（1）查看 R1 的 G0/0/1 接口的 IPv6 网络参数：

```
[R1]display ipv6 interface g0/0/1
GigabitEthernet0/0/1 current state : UP
IPv6 protocol current state : UP
IPv6 is enabled, link-local address is FE80::2E0:FCFF:FE1F:4EC1   //链路本地地址
 Global unicast address(es):
   2022:0:0:1::1, subnet is 2022:0:0:1::/64                     //手工配置的全球单播地址
 Joined group address(es):
   FF02::1:FF00:1          //全球单播地址对应的被请求节点组播地址
   FF02::2
   FF02::1
   FF02::1:FF1F:4EC1        //链路本地地址对应的被请求节点组播地址
 MTU is 1500 bytes
 ND DAD is enabled, number of DAD attempts: 1
 ND reachable time is 30000 milliseconds
 ND retransmit interval is 1000 milliseconds
 Hosts use stateless autoconfig for addresses
```

（2）查看 R2 的 G0/0/1 接口的 IPv6 网络参数：

```
[R2]display ipv6 interface g0/0/1
GigabitEthernet0/0/1 current state : UP
IPv6 protocol current state : UP
IPv6 is enabled, link-local address is FE80::2E0:FCFF:FEBA:77E7
 Global unicast address(es):
   2001::1, subnet is 2001::/64
 Joined group address(es):
   FF02::1:FF00:1
```

```
 FF02::2
 FF02::1
 FF02::1:FFBA:77E7
 MTU is 1500 bytes
 ND DAD is enabled, number of DAD attempts: 1
 ND reachable time is 30000 milliseconds
 ND retransmit interval is 1000 milliseconds
 Hosts use stateless autoconfig for addresses
```

2）查看路由器的 IPv6 静态路由

（1）查看 R1 的 IPv6 静态路由：

```
[R1]display ipv6 routing-table protocol static
Public Routing Table : Static
Summary Count : 1

Static Routing Table's Status : < Active >
Summary Count: 1

Destination : 2001::          PrefixLength : 64
NextHop     : 2012::2         Preference   : 60
Cost        : 0               Protocol     : Static
RelayNextHop: ::              TunnelID     : 0x0
Interface   : GigabitEthernet0/0/0   Flags  : RD

Static Routing Table's Status : < Inactive >
Summary Count : 0
```

（2）查看 R2 的 IPv6 静态路由：

```
[R2]display ipv6 routing-table protocol static
Public Routing Table : Static
Summary Count : 1

Static Routing Table's Status : < Active >
Summary Count : 1

Destination : 2022::          PrefixLength : 48
NextHop     : 2012::1         Preference   : 60
Cost        : 0               Protocol     : Static
RelayNextHop: ::              TunnelID     : 0x0
Interface   : GigabitEthernet0/0/0   Flags  : RD

Static Routing Table's Status : < Inactive >
Summary Count : 0
```

3）连通性测试

（1）PC3 分别 ping PC1、PC2：

```
PC>ipconfig

Link local IPv6 address...........: fe80::5689:98ff:fe70:7630
IPv6 address......................: 2001::2 / 64
IPv6 gateway......................: 2001::1
```

```
IPv4 address......................: 0.0.0.0
Subnet mask.......................: 0.0.0.0
Gateway...........................: 0.0.0.0
Physical address..................: 54-89-98-70-76-30
DNS server........................:

PC>ping 2022:0:0:1::2

Ping 2022:0:0:1::2: 32 data bytes, Press Ctrl_C to break
From 2022:0:0:1::2: bytes=32 seq=1 hop limit=253 time=15 ms
From 2022:0:0:1::2: bytes=32 seq=2 hop limit=253 time=16 ms
From 2022:0:0:1::2: bytes=32 seq=3 hop limit=253 time=31 ms
From 2022:0:0:1::2: bytes=32 seq=4 hop limit=253 time=15 ms
From 2022:0:0:1::2: bytes=32 seq=5 hop limit=253 time=16 ms

--- 2022:0:0:1::2 ping statistics ---
  5 packet(s) transmitted
  5 packet(s) received
  0.00% packet loss
  round-trip min/avg/max = 15/18/31 ms

PC>ping 2022:0:0:2::2

Ping 2022:0:0:2::2: 32 data bytes, Press Ctrl_C to break
From 2022:0:0:2::2: bytes=32 seq=1 hop limit=253 time=16 ms
From 2022:0:0:2::2: bytes=32 seq=2 hop limit=253 time=31 ms
From 2022:0:0:2::2: bytes=32 seq=3 hop limit=253 time=15 ms
From 2022:0:0:2::2: bytes=32 seq=4 hop limit=253 time=32 ms
From 2022:0:0:2::2: bytes=32 seq=5 hop limit=253 time=31 ms

--- 2022:0:0:2::2 ping statistics ---
  5 packet(s) transmitted
  5 packet(s) received
  0.00% packet loss
  round-trip min/avg/max = 15/25/32 ms
```

（2）PC1 ping PC2：

```
PC>ipconfig

Link local IPv6 address...........: fe80::5689:98ff:fe5b:7058
IPv6 address......................: 2022:0:0:1::2 / 64
IPv6 gateway......................: 2022:0:0:1::1
IPv4 address......................: 0.0.0.0
Subnet mask.......................: 0.0.0.0
Gateway...........................: 0.0.0.0
Physical address..................: 54-89-98-5B-70-58
DNS server........................:

PC>ping 2022:0:0:2::2

Ping 2022:0:0:2::2: 32 data bytes, Press Ctrl_C to break
```

```
From 2022:0:0:2::2: bytes=32 seq=1 hop limit=254 time=16 ms
From 2022:0:0:2::2: bytes=32 seq=2 hop limit=254 time=15 ms
From 2022:0:0:2::2: bytes=32 seq=3 hop limit=254 time=32 ms
From 2022:0:0:2::2: bytes=32 seq=4 hop limit=254 time=15 ms
From 2022:0:0:2::2: bytes=32 seq=5 hop limit=254 time=16 ms

--- 2022:0:0:2::2 ping statistics ---
 5 packet(s) transmitted
 5 packet(s) received
 0.00% packet loss
 round-trip min/avg/max = 15/18/32 ms
```

6. 结果分析

路由器配置全球单播地址后，设备自动生成了链路本地地址，并基于这两个单播地址分别生成了对应的被请求节点组播地址。通过配置静态路由，实现了各 IPv6 业务网段的互通。

7. 注意事项

（1）对设备进行 IPv6 配置，需要先在系统视图下使能 IPv6 单播报文转发功能。在接口上配置 IPv6 地址前，必须先使能接口的 IPv6 功能。

（2）在同一设备下，不同接口的 IPv6 地址或前缀不能相同。在同一接口上可以配置多个全球单播地址。

（3）设备每个接口只能有一个链路本地地址，为了避免链路本地地址冲突，推荐使用自动生成方式生成链路本地地址。

任务 6.2　IPv6 地址自动配置

6.2.1　任务背景

相对于 IPv4 地址，IPv6 地址的编址格式更加复杂，对于普通用户来说，手工为终端设备配置 IPv6 地址不太方便，所以自动配置 IPv6 地址的需求更为迫切。

IPv6 提供了无状态和有状态两种地址自动配置的方式，用户可以方便快捷地接入 IPv6 网络。本任务介绍实现 IPv6 地址自动配置的相关协议和配置方法。

6.2.2　准备知识

1. ICMPv6

在 IPv4 中，ICMP 用于向源节点报告数据报文传输过程中的错误和信息，如目的不可达、数据包超长、超时、回应请求和回送应答等。

在 IPv6 中，ICMPv6（Internet Control Message Protocol for the IPv6）除了提供 ICMPv4 常用的功能，还有一些其他功能的基础，如邻接点发现、无状态地址配置、重复地址检测、PMTU 发现等。

（1）ICMPv6 报文格式。

ICMPv6 是 IPv6 的基础协议之一，是 IPv6 网络中很多机制运行的基础。ICMPv6 的协议类型号为 58，即在 IPv6 报头中，若 Next Header 字段值为 58，则表示封装着 ICMPv6 报文，如图 6.2.1 所示。

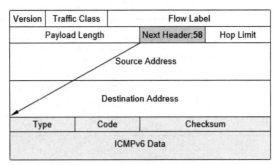

图 6.2.1 封装着 ICMPv6 报文

ICMPv6 报文中的字段解释如下。

① Type：表明消息的类型，0～127 表示差错报文，128～255 表示信息报文。

② Code：表示此消息类型细分的类型。

③ Checksum：表示 ICMPv6 报文的校验和。

（2）ICMPv6 报文类型。

ICMPv6 报文可分为差错报文和信息报文。差错报文用于报告转发 IPv6 数据包过程中出现的错误。常见的差错报文有目的不可达、数据报文超长、超时和参数错误。信息报文能够提供诊断功能和附加的主机功能，如多播侦听发现和邻居发现。

常见的 ICMPv6 差错报文类型如表 6.2.1 所示，常见的 ICMPv6 信息报文类型如表 6.2.2 所示。

表 6.2.1 常见的 ICMPv6 差错报文类型

类型	名称	Code 字段值	含义
1	目的不可达	0	没有到达目的的路由
		1	与目的的通信被管理策略禁止
		2	未指定
		3	目的地址不可达
		4	目的接口不可达
2	数据报文超长	0	报文超过出接口的链路 MTU
3	超时	0	在传输中超越了跳数限制
		1	分片重组超时
4	参数错误	0	IPv6 基本报头或扩展报头的某个字段有错误
		1	IPv6 基本报头或扩展报头的 Next Header 字段值不可识别
		2	扩展报头中出现未知选项

表 6.2.2 常见的 ICMPv6 信息报文类型

类型	名称	支持协议或功能
128	回送请求报文	报文超过出接口的链路 MTU
129	回送应答报文	
130	多播侦听查询报文	多播侦听发现协议
131	多播侦听报告报文	
132	多播侦听完成报文	

续表

类型	名称	支持协议或功能
133	路由器请求报文	
134	路由器通告报文	
135	邻居请求报文	邻居发现协议（Neighbor Discovery Protocol，NDP）
136	邻居通告报文	
137	重定向报文	

2．邻居发现协议

NDP 是 IPv6 中的一个重要的基础协议，不仅定义了 IPv4 中的 ARP、ICMP 和重定向功能外，还定义了其他重要的功能，如前缀通告、邻居状态跟踪、重复地址检测等。

NDP 的功能组成如图 6.2.2 所示。

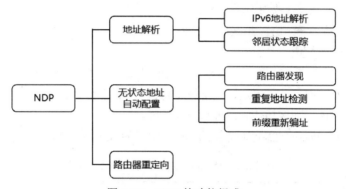

图 6.2.2　NDP 的功能组成

ICMPv6 定义了 5 种服务于 NDP 机制的信息报文类型，分别为路由器请求报文、路由器通告报文、邻居请求报文、邻居通告报文和重定向报文。NDP 机制使用的 ICMPv6 报文类型如表 6.2.3 所示。

表 6.2.3　NDP 机制使用的 ICMPv6 报文类型

ICMPv6 报文-Type	NDP 机制				
	地址解析	前缀通告	前缀重编址	重复地址检测	路由器重定向
路由器请求报文-133		√	√		
路由器通告报文-134		√	√		
邻居请求报文-135	√			√	
邻居通告报文-136	√			√	
重定向报文-137					√

3．邻居发现协议功能

1）地址解析功能

NDP 的地址解析功能不仅替代了 IPv4 中的 ARP，还通过邻居不可达检测机制来跟踪邻居节点间的可达性状态信息。

在 IPv4 中，当主机和目的主机通信时，必须先通过 ARP 获得目的主机的链路层地址。在 IPv6 中也需要从 IPv6 地址解析到目的主机的链路层地址。地址解析通过邻居请求报文和邻居通告报文两种报文来实现。

下面结合如图 6.2.3 所示的示例，来介绍 IPv6 地址的解析过程。图 6.2.3 所示为 Node1 请求获取 IPv6 地址 2001::2 对应的链路层地址的解析过程。

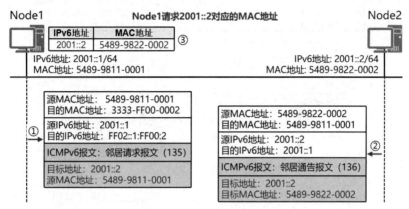

图 6.2.3　IPv6 地址解析示例

① 首先 Node1 发送一个邻居请求报文，其数据内容为解析目的地址 2001::2 对应的 MAC 地址，并携带 Node1 的 MAC 地址。三层封装的源地址为 Node1 的 IPv6 地址，目的地址为 Node2 的被请求节点组播地址。二层封装的源 MAC 地址为 Node1 的 MAC 地址，目的 MAC 地址为 Node2 的被请求节点组播地址映射的组播 MAC 地址。

② 其他节点在收到该报文后，因目的 MAC 地址在本地不侦听，故直接丢弃。Node2 在接收该报文后，由于报文的目的地址 FF02::1:FF00:2 是 Node2 的被请求节点组播地址，所以处理该报文，拆掉帧头后将 IPv6 报文送至 IPv6 栈。从报头的 Next Header 字段得知封装着 ICMPv6 报文，拆除 IPv6 报头，交由 ICMPv6 处理。ICMPv6 解读该报文为邻居请求报文，要求获悉 2001::2 对应的 MAC 地址，于是 Node2 返回邻居通告报文，报文中携带目的地址 2001::2 对应的 MAC 地址。

③ Node1 在接收到邻居通告报文后，根据报文中携带的 Node2 链路层地址，创建到达 Node2 的邻居缓存表项。同样 Node2 建立到达 Node1 的邻居缓存表项，从而实现双方互相通信。

2）无状态地址自动配置

IPv6 定义了无状态地址自动配置机制和有状态地址自动配置机制。无状态地址自动配置通过 NDP 来实现，主机通过接收链路上路由器发出的路由通告报文，获取 IPv6 地址前缀信息，然后结合自己生成的接口标识成一个全球单播地址。有状态地址自动配置通过 DHCPv6 实现。

无状态地址自动配置涉及 3 种机制，即路由器发现、重复地址检测和前缀重新编址。

（1）路由器发现。

路由器发现是指主机定位本地链路上的路由器，并获取与地址自动配置相关的前缀信息和其他配置参数（MTU、Hop Limit、生存周期等）的过程，通过路由器请求报文和路由器通告报文两种报文实现。

路由器通告报文携带网络前缀信息及参数信息。主机在接入网络后，会向本地链路范围内的所有路由器发送路由器请求报文，触发链路上的路由器响应路由器通告报文。主机在收到路由器通告报文后，自动配置默认路由器，建立默认路由器列表、前缀列表，并设置其他配置参数，最后完成 IPv6 网络的接入。

下面结合如图 6.2.4 所示的示例介绍路由器发现过程。图 6.2.4 所示为 Node1 发送路由请求报文触发路由器回送路由器通告报文的过程。

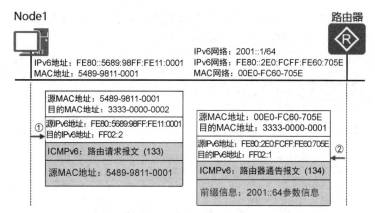

图 6.2.4 路由器发现示例

① Node1 以链路本地地址为源 IPv6 地址，发送路由请求报文到所有路由器组播地址 FF02::2。

② 路由器在收到路由请求报文后，以链路本地地址为源 IPv6 地址，发送路由器通告报文到所有节点组播地址 FF02::1。路由器通告报文携带了前缀信息及配置参数，Node1 在接收后基于此自动生成 IPv6 地址。

（2）重复地址检测。

重复地址检测（Duplicate Address Detection，DAD）用于确保 IPv6 地址中的单播地址在链路上不存在冲突（重复）。所有 IPv6 地址中的单播地址都需要进行重复地址检测，不管该地址是手工配置的，还是自动配置的。只有通过重复地址检测（无冲突），IPv6 地址才能正式启用。重复地址检测通过邻居请求报文和邻居通告报文两种报文来实现。

重复地址的基本机制是节点向 IPv6 地址对应的被请求节点组播组地址发送一个邻居请求报文，如果收到邻居通告报文，就证明该地址已被链路上的其他设备使用，故该节点不能使用该地址；如果未收到邻居通告报文，那么经历一定时间间隔后节点正式启用该地址。

下面结合如图 6.2.5 所示示例来介绍重复地址检测过程。图 6.2.5 所示为 Node1 对自身 IPv6 地址进行重复地址检测的过程。

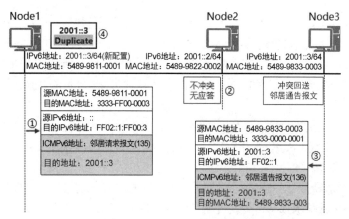

图 6.2.5 重复地址检测示例

① Node1 新配置 IPv6 地址 2001::3/64 后，开始进行重复地址检测。Node1 发送邻居请求报文，源 IPv6 地址为"::"，目的 IPv6 地址为要进行检测的 2001::3 对应的被请求节点组播组地址 FF02::1:FF00:3，报文数据内容为要进行重复地址检测的目的地址 2001:3。

② 链路上的其他节点都会收到 Node1 发出的邻居请求报文，Node2 没有配置 2001::3，其接口没有加入该地址对应的被请求节点组播组，在收到此邻居请求报文后会直接丢弃，不做应答。

③ Node3 因配置了 2001::3 地址，其接口已经加入组播组 FF02::1:FF00:3，所以接收邻居请求报文并进行处理。Node3 解析到邻居请求报文中要进行重复地址检测的目的地址与自己接口地址相同，于是立即回送邻居通告报文，目的 IPv6 地址为所有节点组播组地址 FF02:1，报文内容为目的地址 2001::3 和自己接口的 MAC 地址。

④ Node1 收到此邻居通告报文应答，说明该地址已被使用，于是将其标记为 Duplicate（重复），该地址将不能用于通信。

（3）前缀重新编址。

前缀重新编址（Prefix Renumbering）允许网络从以前的前缀平稳地过渡到新的前缀，提供对用户透明的网络重新编址能力。路由器通过路由器通告报文中的优先时间（Preferred Lifetime）和有效时间（Valid Lifetime）参数来实现前缀重新编址。

优先时间是指通过无状态地址自动配置得到的 IPv6 地址保持优先选择状态的时间。有效时间是指 IPv6 地址保持有效状态的时间。对于一个地址或前缀，优先时间小于或等于有效时间。若某地址的优先时间到期，则此地址将不能被用来建立新连接，但是在有效时间内，此地址还能用来保持以前建立的连接。

地址状态与生存周期关系如图 6.2.6 所示。自动配置的 IPv6 地址在系统中存在一个生存周期，根据其与优先时间和有效时间的关系被划分为四个状态。

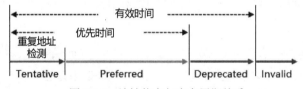

图 6.2.6 地址状态与生存周期关系

各状态的介绍如下。

① Tentative：临时状态。节点获得 IPv6 地址，处于重复地址检测过程中。

② Preferred：优先状态。节点通过重复地址检测，可以使用此地址接收或发送报文。

③ Deprecated：反对状态。优先时间耗尽后，地址从 Preferred 状态进入 Deprecated 状态。Deprecated 状态属于有效时间的最后阶段，在此状态下，不再使用当前地址建立新的连接，但允许保持旧的连接。

④ Invalid：无效状态。有效时间耗尽后，此地址将被废止，不能再被使用。

在前缀重新编址时，当前前缀的有效时间和优先时间被减小到接近 0，并会被继续通告，同时路由器开始通告新的前缀，因此路由器通告报文中包含当前前缀及新的前缀信息。节点收到路由器通告报文后，因当前前缀具有短的生命周期而被停止使用，于是节点基于新的前缀生成新的 IPv6 地址。

在前缀转换期间，节点会存在新、旧两个单播地址。旧的单播地址用来维持已建立的连接，新的单播地址用来建立新的连接。当旧前缀的有效时间递减为 0 时，该地址被废止，此后路由器通告报文中仅包含新的前缀，前缀重新编址完成。

（4）无状态地址自动配置工作过程。

无状态地址自动配置（StateLess Address Autoconfiguration，SLAAC）是 IPv6 的标准功能。主机节点在接入 IPv6 网络时，只需开启相邻设备的 IPv6 路由通告功能，就可以根据通告报文包含的前缀信息自动配置本机地址。SLAAC 方式无须管理员配置，也无须在网络中部署 DHCP 服务器，实现了用户节点的即插即用。

图 6.2.7 所示为 SLAAC 的工作过程。

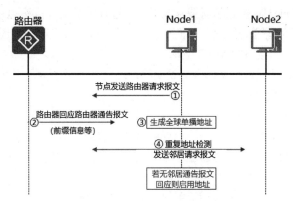

图 6.2.7　SLAAC 的工作过程

① 主机节点在生成链路本地地址后，发送路由器请求报文，请求路由器的前缀信息。

② 路由器在收到路由器请求报文后，回应路由器通告报文。路由器通告报文携带用于无状态地址自动配置的前缀信息。

③ 主机节点在收到路由器通告报文后，根据前缀信息及配置信息生成全球单播地址。

④ 主机启动重复地址检测，若无冲突，则启用该地址。

3）路由器重定向

当节点的网关设备发现报文从其他路由设备转发更好时，便会向发送报文的节点发送重定向报文，告知其在同一链路上存在更优的转发报文的路由设备。发送报文的节点接收重定向报文，并修改本地路由表项。

重定向报文也承载在 ICMPv6 报文中，其 Type 字段值为 137，报文中会携带更好的路径下一跳地址信息。

4．DHCPv6

（1）DHCPv6 概述。

DHCPv6（Dynamic Host Configuration Protocol for IPv6，IPv6 动态主机配置协议）针对 IPv6 编址方案设计，为主机分配 IPv6 地址/前缀和其他网络配置参数。相对于无状态地址自动配置，DHCPv6 方式为有状态自动地址配置。

在无状态地址配置方案中设备并不记录连接的 IPv6 主机的具体地址信息，可管理性差。而且无状态地址配置方式不能使 IPv6 主机获取 DNS 服务器的 IPv6 地址等配置信息，在可用性上有一定缺陷。

DHCPv6 地址配置方式与无状态地址自动配置相比，具有以下优点。

① DHCPv6 地址配置方式能更好地控制 IPv6 地址的分配。DHCPv6 地址配置方式不仅可以记录为 IPv6 主机分配的地址，还可以为特定的 IPv6 主机分配特定的地址，便于网络管理。

② DHCPv6 地址配置方式支持为网络设备分配 IPv6 前缀，便于全网络的自动配置和网络层次性管理。

③ DHCPv6 地址配置方式除了为 IPv6 主机分配 IPv6 地址/前缀，还支持分配 IPv6 DNS 服务器的 IPv6 地址等网络配置参数。

（2）有状态自动配置地址标志位。

IPv6 支持地址有状态和无状态两种地址自动配置方式。路由器通告报文中的 M 标志位（管理地址配置标识）和 O 标志位（其他有状态配置标识）用来控制终端自动获取地址的方式。

管理地址配置标识（Managed Address Configuration）：M 位为 0，表示采用无状态地址自动配置方式，客户端通过无状态协议（如 NDP）获得 IPv6 地址；M 位为 1，表示采用有状态地址自动配置方式，客户端通过有状态协议（如 DHCPv6）获得 IPv6 地址。

其他有状态配置标识（Other Stateful Configuration）：O 位为 0，表示客户端通过无状态协议获取除地址外的其他配置信息；O 位为 1，表示客户端通过有状态协议获取除地址外的其他配置信息，如 DNS 服务器信息。

因此，在采用无状态地址自动配置方式时，M 标志位和 O 标志位取值均为 0；在采用有状态地址自动配置方式时，M 标志位和 O 标志位取值均为 1。

（3）DHCPv6 工作过程。

DHCPv6 通常通过四步交互实现地址的分配，如图 6.2.8 所示。

① DHCPv6 客户端首先组播发送 Solicit 报文，确定能够提供服务的 DHCPv6 服务器。

② DHCPv6 服务器回复 Advertise 报文，通知客户端可以为其分配地址和网络配置参数。

③ 如果 DHCPv6 客户端接收到多个服务器回复的 Advertise 报文，就根据 Advertise 报文中的服务器优先级等参数，选择优先级最高的一台服务器，并向所有服务器发送 Request 组播报文，该报文中携带已选择的 DHCPv6 服务器的 DUID（DHCP 唯一标识符）。

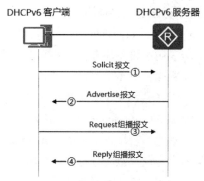

图 6.2.8　DHCPv6 工作过程示意图

④ DHCPv6 服务器回复 Reply 组播报文，确认将地址和网络配置参数分配给 DHCPv6 客户端。

5．SLAAC 和 DHCPv6 配置流程

（1）SLAAC 配置流程如下。

① 为设备及接口开启 IPv6 功能。

② 为设备接口开启路由器通告报文发布功能。

③ 路由器通告报文中的 M 标志位和 O 标志位的默认值均为 0，无须配置。

（2）DHCPv6 配置流程如下。

① 为设备启动 DHCP 服务。

② 配置 DHCPv6 服务器，设置 IPv6 地址池相关参数，如前缀、DNS 服务器地址等。

③ 为设备及接口开启 IPv6 功能。

④ 为接口开启 DHCP 服务器功能。

⑤ 配置发布路由器通告报文消息的 M 标志位和 O 标志位（设置 M 标志位和 O 标志位为 1）。

6．IPv6 地址自动配置相关命令

（1）使能系统发布路由器通告报文功能。

命令：undo ipv6 nd ra halt。

说明：在默认情况下，系统抑制发布路由器通告报文；执行此项配置前，设备全局及接口需要使能 IPv6 功能。

视图：接口视图。

举例：使能路由器的 G0/0/0 接口的路由器通告报文的功能。

```
[Huawei]ipv6
[Huawei]interface gigabitethernet 0/0/0
[Huawei-GigabitEthernet0/0/0]ipv6 enable
[Huawei-GigabitEthernet0/0/0]undo ipv6 nd ra halt
```

（2）配置 DHCPv6 服务器。

① 创建 IPv6 地址池。

命令：dhcpv6 pool *pool-name*。

说明：pool-name 为字符串形式，不支持空格，区分大小写，长度范围为 1～31。

视图：系统视图。

② 配置网络前缀。

命令：address prefix *ipv6-prefix/ipv6-prefix-length*。

说明：设备最多支持配置 3 个网络前缀。

视图：IPv6 地址池视图。

③ 配置 DNS 服务器的 IPv6 地址。

命令：dns-server *ipv6-address*。

说明：若用户主机访问 Internet，则需要配置此项。每个 IPv6 地址池最多可以配置两个 DNS 服务器地址，最先分配给客户端的一个作为主地址。

视图：IPv6 地址池视图。

④ 设置不参与自动分配的 IPv6 地址范围。

命令：excluded-address *start-ipv6-address* [to *end-ipv6-address*]。

说明：可以基于单个 IPv6 地址或一个 IPv6 地址范围进行设置；如果只配置参数 start-ipv6-address，就表示单个地址不参与分配。

视图：IPv6 地址池视图。

举例，配置 DHCPv6 服务器地址池 test，设置网络前缀为 2022::/64，DNS 服务器地址为 2001::1：

```
[Huawei]dhcpv6 pool test
[Huawei-dhcpv6-pool-test] address prefix 2022::/64
[Huawei-dhcpv6-pool-test] dns-server 2001::1
```

（3）接口使能 DHCPv6 服务器功能。

命令：dhcpv6 server *pool-name*。

说明：执行此项配置前，要先全局使能 DHCP 功能、IPv6 功能，接口使能 IPv6 功能。

视图：接口视图。

举例，路由器 G0/0/1 接口使能 DHCP 服务器功能，引用 DHCPv6 地址池 test：

```
[Huawei]dhcp enable
[Huawei]ipv6
[Huawei]interface gigabitethernet 0/0/1
[Huawei-GigabitEthernet0/0/1] ipv6 enable
[Huawei-GigabitEthernet0/0/1] dhcpv6 server test
```

（4）设置有状态自动配置地址标志位。

① 设置 M 标志位。

命令：ipv6 nd autoconfig managed-address-flag。

说明：设置该标志位，主机可以通过有状态地址自动配置方式获得 IPv6 地址；执行此项配置前，设备全局及接口应使能 IPv6 功能。

视图：接口视图。

② 设置 O 标志位。

命令：ipv6 nd autoconfig other-flag。

说明：设置该标志位，主机可以通过有状态自动地址配置方式获得除 IPv6 地址外的其他配置信息，包括路由器 TTL、邻居可达时间、邻居重传时间、链路的 MTU 信息；执行此项配置前，设备全局及接口应使能 IPv6 功能。

视图：接口视图。

举例，设置路由器 G0/0/0 接口的有状态地址自动配置 M 标志位和 O 标志位：

```
[Huawei]ipv6
[Huawei]interface gigabitethernet 0/0/0
[Huawei-GigabitEthernet0/0/0]ipv6 enable
[Huawei-GigabitEthernet0/0/0]undo ipv6 nd ra halt
[Huawei-GigabitEthernet0/0/0]ipv6 nd autoconfig managed-address-flag
[Huawei-GigabitEthernet0/0/0]ipv6 nd autoconfig other-flag
```

6.2.3 任务实施

1. 任务目的

操作演示

（1）掌握 IPv6 地址自动配置的分类及原理。

（2）掌握 SLAAC、DHCPv6 的配置方法。

2. 任务描述

某公司采用全球单播地址部署了 IPv6 网络，并基于业务部门规划了多个 IPv6 网段，其中 IT 部主机采用手工方式配置 IPv6 地址；业务部主机采用无状态地址自动配置方式（SLAAC 方式）配置 IPv6 地址；市场部主机采用有状态地址自动配置方式（DHCPv6 方式）配置 IPv6 地址。

3. 实施规划

1）拓扑图（见图 6.2.9）

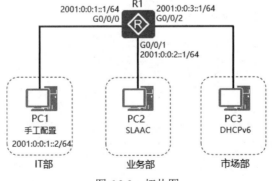

图 6.2.9 拓扑图

2）操作流程

（1）为路由器配置 IPv6 网络参数。

（2）为路由器配置 SLAAC 和 DHCPv6。

① SLAAC 分配 IPv6 地址前缀为 2001:0:0: 2::/64。

② DHCPv6 地址池名称为 mypool，分配地址前缀为 2001:0:0:3::/64，排除网关地址，DNS 地址为 2022::1。

4．具体步骤

（1）为路由器 R1 配置 IPv6 网络参数：

```
[R1]ipv6
[R1]int g0/0/0
[R1-GigabitEthernet0/0/0]ipv6 enable
[R1-GigabitEthernet0/0/0]ipv6 address 2001:0:0:1::1 64
[R1-GigabitEthernet0/0/0]int g0/0/1
[R1-GigabitEthernet0/0/1]ipv6 enable
[R1-GigabitEthernet0/0/1]ipv6 address 2001:0:0:2::1 64
[R1-GigabitEthernet0/0/1]int g0/0/2
[R1-GigabitEthernet0/0/2]ipv6 enable
[R1-GigabitEthernet0/0/2]ipv6 address 2001:0:0:3::1 64
```

（2）配置 SLAAC，接口 G0/0/0 使能路由器通告报文发布功能：

```
[R1]int g0/0/1
[R1-GigabitEthernet0/0/1]undo ipv6 nd ra halt        //使能路由器通告报文发布功能
```

（3）配置 DHCPv6。

① R1 开启 DHCP 功能：

```
[R1]dhcp enable
```

② 配置 DHCPv6 地址池：

```
[R1]dhcpv6 pool mypool
[R1-dhcpv6-pool-mypool]address prefix 2001:0:0:3::/64
[R1-dhcpv6-pool-mypool]excluded-address 2001:0:0:3::1
[R1-dhcpv6-pool-mypool]dns-server 2022::1
```

③ 接口使能 DHCP 服务器功能：

```
[R1]int g0/0/2
[R1-GigabitEthernet0/0/2]dhcpv6 server mypool
```

④ 设置有状态地址自动配置标志位：

```
[R1-GigabitEthernet0/0/2]undo ipv6 nd ra halt
[R1-GigabitEthernet0/0/2]ipv6 nd autoconfig managed-address-flag        //设置 M 标志位为 1
[R1-GigabitEthernet0/0/2]ipv6 nd autoconfig other-flag                  //设置 O 标志位为 1
```

5．实验测试

eNSP 中的 PC 对 IPv6 地址自动配置功能支持不完整，故 R1 的 G0/0/1 接口和 G0/0/2 接口分别桥接本地网卡来进行测试。

1）查看 IPv6 网络参数信息

（1）PC2 查看 IPv6 网络参数信息：

```
以太网适配器 PC2:
```

```
连接特定的 DNS 后缀 . . . . . . . :
描述. . . . . . . . . . . . . . . : Microsoft KM-TEST 环回适配器
物理地址. . . . . . . . . . . . . : 02-00-4C-4F-4F-50
DHCP 已启用 . . . . . . . . . . . : 否
自动配置已启用. . . . . . . . . . : 是
IPv6 地址 . . . . . . . . . . . . : 2001::2:75d5:1287:eff9:e84c(首选)
临时 IPv6 地址 . . . . . . . . . . : 2001::2:90cb:4f51:f375:5b9c(首选)
本地链接 IPv6 地址. . . . . . . . : fe80::75d5:1287:eff9:e84c%34(首选)
IPv4 地址 . . . . . . . . . . . . : 192.168.10.4(首选)
子网掩码 . . . . . . . . . . . . . : 255.255.255.0
默认网关. . . . . . . . . . . . . : fe80::2e0:fcff:fece:2230%34
DHCPv6 IAID . . . . . . . . . . . : 922878028
DHCPv6 客户端 DUID . . . . . . . . : 00-01-00-01-29-2D-7E-E0-3C-46-D8-32-9A-F7
DNS 服务器 . . . . . . . . . . . . : fec0:0:0:ffff::1%1
                                     fec0:0:0:ffff::2%1
                                     fec0:0:0:ffff::3%1
TCPIP 上的 NetBIOS . . . . . . . . : 已启用
```

（2）PC3 查看 IPv6 网络参数信息：

```
以太网适配器 PC3:

连接特定的 DNS 后缀 . . . . . . . :
描述. . . . . . . . . . . . . . . : Microsoft KM-TEST 环回适配器 #2
物理地址. . . . . . . . . . . . . : 02-00-4C-4F-4F-50
DHCP 已启用 . . . . . . . . . . . : 是
自动配置已启用. . . . . . . . . . : 是
IPv6 地址 . . . . . . . . . . . . : 2001:0:0:3::2(首选)
获得租约的时间 . . . . . . . . . : 2022 年 4 月 30 日 13:44:48
租约过期的时间 . . . . . . . . . : 2022 年 5 月 2 日 13:44:47
IPv6 地址 . . . . . . . . . . . . : 2001::3:ec6f:3dea:5dd5:c090(首选)
临时 IPv6 地址. . . . . . . . . . : 2001::3:586a:4ed:3e39:2e5e(首选)
本地链接 IPv6 地址. . . . . . . . : fe80::ec6f:3dea:5dd5:c090%19(首选)
自动配置 IPv4 地址 . . . . . . . : 169.254.192.144(首选)
子网掩码 . . . . . . . . . . . . . : 255.255.0.0
默认网关. . . . . . . . . . . . . : fe80::2e0:fcff:fece:2231%19
DHCPv6 IAID . . . . . . . . . . . : 1006764108
DHCPv6 客户端 DUID . . . . . . . . : 00-01-00-01-29-2D-7E-E0-3C-46-D8-32-9A-F7
DNS 服务器 . . . . . . . . . . . . : 2022::1
TCPIP 上的 NetBIOS . . . . . . . . : 已启用
```

2）连通性测试

PC1 配置 IPv6 网络参数，分别测试与 PC2、PC3 的连通性。

（1）PC1 ping PC2：

```
PC>ipconfig

Link local IPv6 address...........: fe80::5689:98ff:fef4:53c7
IPv6 address......................: 2001:0:0:1::2 / 64
IPv6 gateway......................: 2001:0:0:1::1
IPv4 address......................: 0.0.0.0
Subnet mask.......................: 0.0.0.0
Gateway...........................: 0.0.0.0
Physical address..................: 54-89-98-F4-53-C7
```

```
DNS server........................:

PC>ping 2001::2:75d5:1287:eff9:e84c

Ping 2001::2:75d5:1287:eff9:e84c: 32 data bytes, Press Ctrl_C to break
From 2001::2:75d5:1287:eff9:e84c: bytes=32 seq=1 hop limit=63 time<1 ms
From 2001::2:75d5:1287:eff9:e84c: bytes=32 seq=2 hop limit=63 time<1 ms
From 2001::2:75d5:1287:eff9:e84c: bytes=32 seq=3 hop limit=63 time=16 ms
From 2001::2:75d5:1287:eff9:e84c: bytes=32 seq=4 hop limit=63 time=15 ms
From 2001::2:75d5:1287:eff9:e84c: bytes=32 seq=5 hop limit=63 time<1 ms

--- 2001::2:75d5:1287:eff9:e84c ping statistics ---
  5 packet(s) transmitted
  5 packet(s) received
  0.00% packet loss
  round-trip min/avg/max = 0/6/16 ms
```

（2）PC1 ping PC3：

```
PC>ping 2001:0:0:3::2

Ping 2001:0:0:3::2: 32 data bytes, Press Ctrl_C to break
From 2001:0:0:3::2: bytes=32 seq=1 hop limit=63 time=15 ms
From 2001:0:0:3::2: bytes=32 seq=2 hop limit=63 time<1 ms
From 2001:0:0:3::2: bytes=32 seq=3 hop limit=63 time=16 ms
From 2001:0:0:3::2: bytes=32 seq=4 hop limit=63 time=16 ms
From 2001:0:0:3::2: bytes=32 seq=5 hop limit=63 time=15 ms

--- 2001:0:0:3::2 ping statistics ---
  5 packet(s) transmitted
  5 packet(s) received
  0.00% packet loss
  round-trip min/avg/max = 0/12/16 ms
```

6. 结果分析

PC2、PC3 按照各自地址自动配置方式获取了 IPv6 地址，并基于 R1 的路由功能实现了各 IPv6 业务网络的互通。

7. 注意事项

（1）主机节点通过地址自动配置方式获取的 IPv6 地址的接口标识是随机产生的，并非基于 EUI-64 规范生成，这样可以隐藏主机的 MAC 地址，提高网络安全性。

（2）IPv6 自动配置方式，除获取 IPv6 地址外，还会产生临时 IPv6 地址。临时地址是为了保证通信安全生成的不停更换随机接口标识的 IPv6 地址，生存周期相对较短。使用 IPv6 联网时，暴露给 Internet 的是 IPv6 临时地址。

任务 6.3　IPv6 动态路由配置

6.3.1　任务背景

随着 IPv6 网络的建设，需要部署动态路由协议来完成 IPv6 路由的学习。IETF 在保留了 RIP

优点的基础上针对 IPv6 网络修改形成了 RIPng 协议。在 OSPFv2 的基础上，开发了针对 IPv6 网络的 OSPFv3。

RIPng、OSPFv3 在延续 IPv4 版本的基本原理和功能的基础上，进行了改良。IPv6 网络在部署实现上与 IPv4 网络存在一些区别。本任务介绍 RIPng、OSPFv3 协议的基本原理和配置方法。

6.3.2 准备知识

1. RIPng

RIPng 是一种较简单的 IGP，主要用在规模较小的网络中，由于 RIPng 的实现较简单，在配置和维护管理方面较其他 IPv6 动态路由协议更容易，因此在实际组网中仍有广泛应用。

1）RIPng 与 RIPv2 的区别

RIPng 对 RIPv2 进行了如下修改。

（1）UDP 端口：使用 UDP 的 521 端口发送和接收路由信息。

（2）源地址：使用链路本地地址 FE80::/10 作为源地址，发送 RIPng 路由信息更新报文。

（3）组播地址：使用 FF02::9 作为链路本地范围内的路由器组播地址，周期性地发送路由信息。

（4）前缀长度：目的地址使用 128bit 的前缀长度。

（5）下一跳地址：使用 128bit 的 IPv6 地址作为下一跳地址。

（6）安全性：RIPng 没有安全认证机制，存在安全隐患。

2）RIPng 工作机制

RIPng 工作机制与 RIPv2 基本相同，具体表现在如下方面。

（1）RIPng 同样基于距离矢量算法计算路由。使用跳数来衡量到达目的网络的距离，当跳数大于 15 时，目的网络或主机不可达。

（2）RIPng 具有路由更新定时器（时限为 30s）、老化定时器（时限为 180s）和垃圾回收定时器（时限为 120s）。各定时器的时限与 RIPv2 相同。

（3）RIPng 具备防环机制，如水平分割、毒性逆转等。

（4）RIPng 支持通过修改度量值、优先级来实现路由选取。

（5）RIPng 支持抑制端口、路由重分发等功能，可控制路由信息的发布。

RIPng 因为与 RIPv2 的运行机制基本相同，所以存在与 RIPv2 一样的弊端。例如，RIPng 网络的直径不能超过 15 跳，不能在大型的网络环境中部署；RIPng 以跳数来衡量路由的优劣，所以选择的最佳路由并非通信效率最高的路由。

2. OSPFv3

OSPFv3 是运行在 IPv6 网络中的 OSPF 路由协议，其在 OSPF 的基础上进行了增强，对内部路由器信息进行了重新设计，是一种独立于任何具体网络层的路由协议。

1）OSPFv3 与 OSPF 的区别

（1）协议基于链路运行。OSPFv3 基于链路运行，同一个链路上可以有多个 IPv6 子网。OSPF 中的网段、子网等概念在 OSPFv3 中被链路取代。由于 OSPFv3 不受网段限制，所以两个具有不同 IPv6 前缀的节点可以在同一条链路上建立邻居关系。

（2）独立于网络层协议。OSPFv3 中 IPv6 地址信息仅包含在部分 LSA 载荷中。其中 Router-LSA 和 Network-LSA 中不再包含地址信息，仅用来描述网络拓扑。通过取消协议报文和 LSA 头中的地址信息，OSPFv3 可以独立于网络层协议，大大提高了协议的扩展性。

（3）LSA 的变化。新增 Intra-Area-Prefix-LSA，携带了 IPv6 地址前缀，用于发布区域内的路由；新增 Link-LSA，用于向链路上其他路由器通告自己的链路本地地址及本链路上的所有 IPv6 地址前缀。另外，OSPFv3 将 3 类 LSA 更名为 Inter-Area-Prefix-LSA，将 4 类 LSA 更名为 Inter-Area-Router-LSA。

（4）使用链路本地地址。OSPFv3 使用链路本地地址作为协议报文的源地址，所有路由器都会学习本链路上其他路由器的链路本地地址，并将它们作为路由的下一跳地址。

（5）明确 LSA 泛洪范围。OSPFv3 对 LSA 中的 LS Type 字段进行了扩展，该字段不再仅标识 LSA 的类型，还指明路由器对该 LSA 的处理方式和该 LSA 的泛洪范围。

（6）STUB 区域支持的变化。OSPFv3 中允许发布未知类型的 LSA，通过对 LSA 处理方式和泛洪范围的明确定义，可以避免 AS 泛洪范围的 LSA 发布到 STUB 区域。

（7）验证方式改变。OSPFv3 取消了报文中的验证字段，改为使用 IPv6 中的扩展头 AH 和 ESP 来保证报文的完整性和机密性。

2）OSPFv3 运行机制

OSPFv3 沿袭了 OSPF 的协议框架，其运行机制概况如下。

（1）OSPFv3 在网络类型、邻居发现、邻接关系建立、邻居状态机、协议报文类型等方面的工作原理和 OSPFv2 基本一致。

（2）OSPFv3 把 AS 划分成逻辑意义上的一个或多个区域，通过 LSA 的形式发布路由。

（3）OSPFv3 通过在 OSPFv3 区域内各设备间交互 OSPFv3 报文来实现路由信息的统一。

（4）OSPFv3 报文封装在 IPv6 报文内，可以采用单播和组播的形式发送。

3．IPv6 路由协议配置流程

（1）RIPng 配置流程如下。

① 全局及接口使能 IPv6 功能。

② 启动 RIPng 进程。

③ 在接口下使能 RIPng。

（2）OSPFv3 配置流程如下。

① 全局及接口使能 IPv6 功能。

② 启动 OSPFv3。

③ 配置 Router ID。

④ 在接口上使能 OSPFv3。

4．IPv6 路由协议配置命令

（1）配置 RIPng 协议。

① 启动 RIPng 进程。

命令：ripng [*process-id*]。

说明：启动 RIPng 进程是进行所有 RIPng 配置的前提；process-id 为 RIPng 进程号，整数形式，取值范围是 1～65535，默认值是 1。

视图：系统视图。

② 接口使能 RIPng 路由协议。

命令：ripng *process-id* enable。

说明：在执行该命令前，必须先使能 RIPng 进程及接口的 IPv6 功能。

视图：接口视图。

举例，路由器启动 RIPng 进程 100，并在 G0/0/0 接口使能该进程：

```
[Huawei]ipv6
[Huawei]ripng 100
[Huawei]interface gigabitethernet 0/0/0
[Huawei-GigabitEthernet0/0/0]ipv6 enable
[Huawei-GigabitEthernet0/0/0]ripng 100 enable
```

（2）配置 OSPFv3。

① 启动 OSPFv3。

命令：ospfv3 [*process-id*]。

说明：process-id 为 OSPFv3 进程号，整数形式，取值范围是 1~65535，默认值是 1。

视图：系统视图。

② 配置 Router ID。

命令：router-id *router-id*。

说明：Router ID 是一个 OSPFv3 进程在 AS 中的唯一标识。若用户没有指定 Router ID，则 OSPFv3 进程无法运行。router-id 为点分十进制格式。

视图：OSPFv3 进程视图。

③ 接口使能 OSPFv3。

命令：ospfv3 *process-id* area *area-id*。

说明：area-id 为区域的标识，通常是十进制整数。

视图：接口视图。

举例，路由器启动 OSPFv3 进程 10，Router ID 为 1.1.1.1，在 G0/0/0 接口使能该进程，区域为 0：

```
[Huawei]ipv6
[Huawei]ospfv3 10
[Huawei-ospfv3-1]router-id 1.1.1.1
[Huawei]interface gigabitethernet 0/0/0
[Huawei-GigabitEthernet0/0/0]ipv6 enable
[Huawei-GigabitEthernet0/0/0]ospfv3 10 area 0
```

6.3.3 任务实施

1. 任务目的

操作演示

（1）理解 IPv6 动态路由协议 RIPng、OSPFv3 的基本概念及工作机制。

（2）掌握 RIPng、OSPFv3 的配置方法。

2. 任务描述

某公司的 IPv6 网络存在 RIPng 和 OSPFv3 两个路由域，现需要进行 IPv6 动态路由协议配置，实现各路由域内 IPv6 路由的学习。同时，通过路由重分发技术，实现两个路由网络的互通。

3. 实施规划

1）拓扑图（见图 6.3.1）

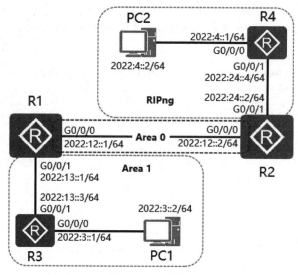

图 6.3.1　拓扑图

2）操作流程

（1）配置各路由器、PC 的 IPv6 网络参数。

（2）配置各路由器的 IPv6 动态路由协议，规划如表 6.3.1 所示。

表 6.3.1　IPv6 路由协议配置规划

设备	OSPFv3	RIPng
R1	Process ID：10；Router ID：1.1.1.1	—
R2	Process ID：10；Router ID：2.2.2.2	Process-ID：100
R3	Process ID：10；Router ID：3.3.3.3	—
R4	—	Process-ID：100

（3）为 R2 配置 IPv6 路由重分发。

① OSPFv3 进程引入 RIPng 路由，Type 值为 2。

② RIPng 进程引入 OSPFv3 路由，Cost 值为 5。

4．具体步骤

1）为路由器配置 IPv6 网络参数

（1）配置 R1 的 IPv6 网络参数：

```
[R1]ipv6
[R1]interface g0/0/0
[R1-GigabitEthernet0/0/0]ipv6 enable
[R1-GigabitEthernet0/0/0]ipv6 address 2022:12::1 64
[R1-GigabitEthernet0/0/0]interface g0/0/1
[R1-GigabitEthernet0/0/1]ipv6 enable
[R1-GigabitEthernet0/0/1]ipv6 address 2022:13::1 64
```

（2）配置 R2 的 IPv6 网络参数：

```
[R2]ipv6
```

```
[R2]interface g0/0/0
[R2-GigabitEthernet0/0/0]ipv6 enable
[R2-GigabitEthernet0/0/0]ipv6 address 2022:12::2 64
[R2-GigabitEthernet0/0/0]interface g0/0/1
[R2-GigabitEthernet0/0/1]ipv6 enable
[R2-GigabitEthernet0/0/1]ipv6 address 2022:24::2 64
```

（3）配置 R3 的 IPv6 网络参数：

```
[R3]ipv6
[R3]interface g0/0/0
[R3-GigabitEthernet0/0/0]ipv6 enable
[R3-GigabitEthernet0/0/0]ipv6 address 2022:3::1 64
[R3-GigabitEthernet0/0/0]interface g0/0/1
[R3-GigabitEthernet0/0/1]ipv6 enable
[R3-GigabitEthernet0/0/1]ipv6 address 2022:13::3 64
```

（4）配置 R4 的 IPv6 网络参数：

```
[R4]ipv6
[R4]interface g0/0/0
[R4-GigabitEthernet0/0/0]ipv6 enable
[R4-GigabitEthernet0/0/0]ipv6 address 2022:4::1 64
[R4-GigabitEthernet0/0/0]interface g0/0/1
[R4-GigabitEthernet0/0/1]ipv6 enable
[R4-GigabitEthernet0/0/1]ipv6 address 2022:24::4 64
```

2）为路由器配置 OSPFv3

（1）为 R1 配置 OSPFv3：

```
[R1]ospfv3 10
[R1-ospfv3-10]router-id 1.1.1.1
[R1-ospfv3-10]int g0/0/0
[R1-GigabitEthernet0/0/0]ospfv3 10 area 0
[R1-GigabitEthernet0/0/0]int g0/0/1
[R1-GigabitEthernet0/0/1]ospfv3 10 area 1
```

（2）为 R2 配置 OSPFv3：

```
[R2]ospfv3 10
[R2-ospfv3-10]router-id 2.2.2.2
[R2-ospfv3-10]int g0/0/0
[R2-GigabitEthernet0/0/0]ospfv3 10 area 0
```

（3）为 R3 配置 OSPFv3：

```
[R3]ospfv3 10
[R3-ospfv3-10]router-id 3.3.3.3
[R3-ospfv3-10]int g0/0/0
[R3-GigabitEthernet0/0/0]ospfv3 10 area 1
[R3-GigabitEthernet0/0/0]int g0/0/1
[R3-GigabitEthernet0/0/1]ospfv3 10 area 1
```

3）为路由器配置 RIPng

（1）为 R2 配置 RIPng：

```
[R2]ripng 100
```

```
[R2-ripng-100]int g0/0/1
[R2-GigabitEthernet0/0/1]ripng 100 enable
```

（2）为 R4 配置 RIPng：

```
[R4]ripng 100
[R4-ripng-100]int g0/0/0
[R4-GigabitEthernet0/0/0]ripng 100 enable
[R4-GigabitEthernet0/0/0]int g0/0/1
[R4-GigabitEthernet0/0/1]ripng 100 enable
```

4）为 R2 配置 IPv6 路由重分发

（1）OSPFv3 进程引入 RIPng 路由，Type 值为 2：

```
[R2]ospfv3 10
[R2-ospfv3-10]import-route ripng 100 Type 2
```

（2）RIPng 进程引入 OSPFv3 路由，Cost 值为 5：

```
[R2]ripng 100
[R2-ripng-100]import-route ospfv3 10 Cost 5
```

5. 实验测试

（1）查看 R1 的 OSPFv3 邻居状态信息：

```
[R1]display ospfv3 peer
OSPFv3 Process (10)
OSPFv3 Area (0.0.0.0)
Neighbor ID     Pri State          Dead Time Interface       Instance ID
2.2.2.2         1   Full/Backup    00:00:34  GE0/0/0                    0
OSPFv3 Area (0.0.0.1)
Neighbor ID     Pri State          Dead Time Interface       Instance ID
3.3.3.3         1   Full/Backup    00:00:38  GE0/0/1
```

（2）IPv6 查看的路由信息。

① 查看 R3 的 OSPFv3 路由信息：

```
[R3]display ospfv3 routing

Codes : E2 - Type 2 External, E1 - Type 1 External, IA - Inter-Area,
        N - NSSA, U - Uninstalled

OSPFv3 Process (10)
   Destination                               Metric
     Next-hop
     2022:3::/64                                1
       directly connected, GigabitEthernet0/0/0
  E2 2022:4::/64                                1
       via FE80::2E0:FCFF:FEED:2221, GigabitEthernet0/0/1
  IA 2022:12::/64                               2
       via FE80::2E0:FCFF:FEED:2221, GigabitEthernet0/0/1
     2022:13::/64                               1
       directly connected, GigabitEthernet0/0/1
  E2 2022:24::/64                               1
       via FE80::2E0:FCFF:FEED:2221, GigabitEthernet0/0/1
```

② 查看 R4 的 RIPng 路由信息：

```
[R4]display ripng 100 route
  Route Flags: R - RIPng
             A - Aging, G - Garbage-collect
------------------------------------------------------------
Peer FE80::2E0:FCFF:FE9D:472E on GigabitEthernet0/0/1
Dest 2022:3::/64,
   via FE80::2E0:FCFF:FE9D:472E, cost  6, tag 1, RA, 27 Sec
Dest 2022:12::/64,
   via FE80::2E0:FCFF:FE9D:472E, cost  6, tag 0, RA, 27 Sec
Dest 2022:13::/64,
   via FE80::2E0:FCFF:FE9D:472E, cost  6, tag 1, RA, 27 Sec
```

（3）连通性测试。

① PC1 ping PC2：

```
PC>ipconfig

Link local IPv6 address............: fe80::5689:98ff:fe8b:2e54
IPv6 address......................: 2022:3::2 / 64
IPv6 gateway.....................: 2022:3::1
IPv4 address.....................: 0.0.0.0
Subnet mask......................: 0.0.0.0
Gateway..........................: 0.0.0.0
Physical address.................: 54-89-98-8B-2E-54
DNS server.......................:

PC>ping 2022:4::2

Ping 2022:4::2: 32 data bytes, Press Ctrl_C to break
From 2022:4::2: bytes=32 seq=1 hop limit=251 time=47 ms
From 2022:4::2: bytes=32 seq=2 hop limit=251 time=47 ms
From 2022:4::2: bytes=32 seq=3 hop limit=251 time=31 ms
From 2022:4::2: bytes=32 seq=4 hop limit=251 time=47 ms
From 2022:4::2: bytes=32 seq=5 hop limit=251 time=47 ms

--- 2022:4::2 ping statistics ---
 5 packet(s) transmitted
 5 packet(s) received
 0.00% packet loss
 round-trip min/avg/max = 31/43/47 ms
```

② PC1 tracert PC2（查看路径节点信息）：

```
PC>tracert 2022:4::2

traceroute to 2022:4::2, 8 hops max, press Ctrl_C to stop
 1  2022:3::1     15 ms  <1 ms  16 ms
 2  2022:13::1    16 ms  15 ms  16 ms
 3  2022:12::2    15 ms  16 ms  31 ms
 4  2022:24::4    32 ms  31 ms  31 ms
 5  2022:4::2     47 ms  16 ms  46 ms
```

6．结果分析

通过 OSPFv3、RIPng 路由及重分发配置，路由器完成 IPv6 路由的学习。处于 OSPFv3 路由域中的 PC1 可以连通处于 RIPng 路由域中的 PC2，IPv6 网络实现了全网连通。

7．注意事项

（1）OSPFv3 的 Router ID 必须手工配置，且要保证全域唯一。当在同一台路由器上运行多个 OSPFv3 进程时，必须为不同的进程指定不同的 Router ID。如果没有配置 Router ID，OSPFv3 将无法正常运行。

（2）配置 IPv6 路由协议之前，要确保全局及接口使能 IPv6 功能、接口配置 IPv6 地址且相邻节点网络层可达。

模块七

网络优化技术

概述

在网络构建过程中，除要满足基本通信需求外，还应融入优化设计的思想。结合技术手段，统筹规划通信资源、充分发挥设备性能，以提升网络的可靠性和通信效率，使网络运行环境更加高效、稳定。

本模块主要介绍 VRRP、MSTP+VRRP 融合网络架构、路由策略及策略路由等网络优化技术。

学习目标

一、知识目标

（1）掌握 VRRP 的概念和工作原理。

（2）掌握基于 MSTP+VRRP 的负载分担、冗余备份的融合设计思想及原理。

（3）掌握路由控制技术的方式及原理。

（4）掌握策略路由的工作原理。

二、技能目标

（1）能够部署应用 VRRP。

（2）能够规划部署 MSTP+VRRP，构建可靠性网络运行环境。

（3）能够基于网络通信需求实施路由控制。

（4）能够结合通信需求规划设计策略路由。

任务规划

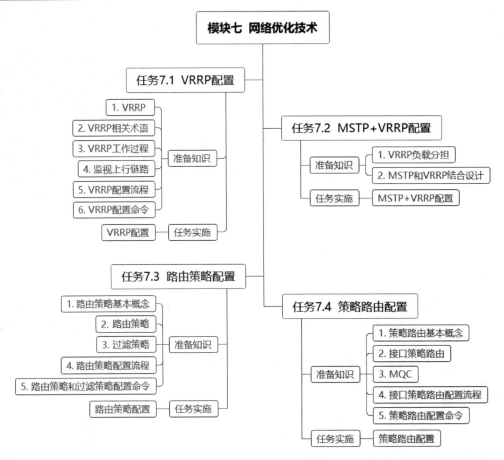

任务 7.1　VRRP 配置

7.1.1　任务背景

　　LAN 内的主机在与其他网段或外部网络进行通信时，要先将报文发往网关设备，再由网关设备转发。当网关设备发生故障时，主机与外界的通信就会中断。

　　VRRP 能在网关设备出现故障时提供备份链路，从而有效避免单一节点出现故障造成的通信中断。本任务介绍 VRRP 的工作原理及配置方法。

7.1.2　准备知识

1. VRRP

　　VRRP（Virtual Router Redundancy Protocol，虚拟路由冗余协议）通过联合几台路由设备组成一个虚拟网关备份组，并将虚拟网关备份组的 IP 地址（虚拟 IP 地址）作为用户的默认网关地址，来实现与外部网络的通信。当网关设备发生故障时，VRRP 机制能够选举出新的网关设备来转发数据流量，从而保障网络的可靠通信，此过程对用户透明。

　　如图 7.1.1 所示，S1、S2 两台网关设备构建了一个虚拟网关备份组，并指定虚拟 IP 地址

10.1.1.254 作为用户的网关地址。在正常情况下用户访问外部网络流量通过 S1 转发。

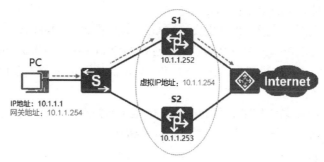

图 7.1.1　VRRP 工作原理 1

当 S1 发生故障时，S2 快速接管业务，从而使网络可以不间断运行，如图 7.1.2 所示。

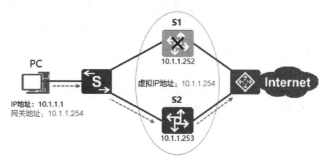

图 7.1.2　VRRP 工作原理 2

在逻辑上，可以把 S1 和 S2 组成的虚拟网关备份组当作一台虚拟路由器，如图 7.1.3 所示。

图 7.1.3　VRRP 工作原理 3

2．VRRP 相关术语

下面结合图 7.1.4 来介绍 VRRP 的相关术语。

（1）VRRP 路由器：指运行 VRRP 的路由设备（不限于路由器），如图 7.1.4 中的 S1 和 S2。

（2）虚拟路由器：又称 VRRP 备份组，由一个 Master 设备和多个 Backup 设备组成。图 7.1.4 中的 S1（Master 路由器）和 S2（Backup 路由器）组成了一个 VRRP 备份组。

（3）Master 路由器：是承担转发报文任务的 VRRP 设备，如图 7.1.4 中的 S1。

（4）Backup 路由器：是一个或一组没有承担转发任务的 VRRP 设备，当 Master 设备出现故障时，它们将通过竞选成为新的 Master 设备，如图 7.1.4 中的 S2。

（5）VRID：是 VRRP 备份组的标识，如图 7.1.4 中的 S1 和 S2 组成的 VRRP 备份组的 VRID 为 10。

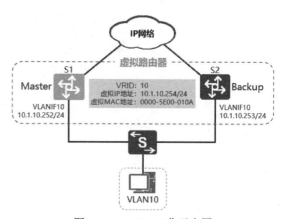

图 7.1.4　VRRP 工作示意图

（6）虚拟 IP 地址：是为 VRRP 备份组指定的 IP 地址，如图 7.1.4 中的 S1 和 S2 组成的 VRRP 备份组的虚拟 IP 地址为 10.1.10.254/24。

（7）虚拟 MAC 地址：根据 VRID 生成的 MAC 地址，格式为 00-00-5E-00-01-{VRID}（IPv4）；00-00-5E-00-02-{VRID}(IPv6)。VRRP 备份组在回应 ARP 请求时，使用虚拟 MAC 地址，而不是接口的真实 MAC 地址，如图 7.1.4 中的 S1 和 S2 组成的 VRRP 备份组的虚拟 MAC 地址为 0000-5E00-010A。

（8）IP 地址拥有者：若 VRRP 设备的接口的 IP 地址作为虚拟 IP 地址，则该设备就是 IP 地址拥有者。若 IP 地址拥有者是可用的，则其将成为 Master 设备。

3．VRRP 工作过程

1）Master 设备选举

VRRP 工作的第一个环节是选举 Master 设备，选举办法是 VRRP 备份组设备之间通过依次比较 VRRP 优先级、接口 IP 地址来确定 Master 设备。优先级范围为 0～255，值越大越优先。在一个 VRRP 备份组中只能有一个 Master 设备。

Master 设备选举过程如下。

（1）若存在 IP 地址拥有者，则该设备优先级自动调整为最大值 255，成为 Master。

（2）若不存在 IP 地址拥有者，则选举 VRRP 优先级大的设备为 Master 设备。

（3）若 VRRP 备份组中的设备的优先级相同，则选举 IP 地址大的设备为 Master 设备。

2）抢占与非抢占模式

在抢占模式下，如果 Backup 设备的优先级比当前 Master 设备的优先级高，则主动将自己切换成 Master 设备。系统默认为抢占模式。

在非抢占模式下，只要 Master 设备没有出现故障，即使 Backup 设备随后被配置了更高的优先级也不会成为 Master 设备。只有当 Master 设备失效时，优先级最高的 Backup 设备才能成为 Master 设备。

3）工作过程

下面结合图 7.1.5 来描述 VRRP 的工作过程。

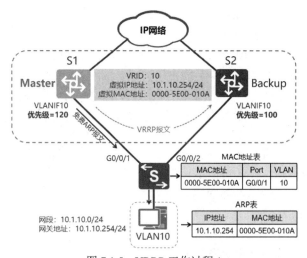

图 7.1.5　VRRP 工作过程 1

先选举 Master：由于 S1 具有更大的 VRRP 优先级，故被选举为 Master 设备。

然后 Master 设备 S1 通过发送免费 ARP 报文，来更新交换机的 MAC 地址表和终端的 ARP 表；同时 Master 设备开始周期性地发送 VRRP 报文，向 VRRP 备份组中的 Backup 设备 S2 通告自己的状态。

当主机访问外部网络时，数据流量通过 Master 设备 S1 转发；若 S1 出现故障，S2 在指定时间内未收到 Master 设备发送的 VRRP 报文，则认为 Master 设备失效，S2 切换为 Master 设备。然后 S2 发送免费 ARP 报文，交换机刷新 MAC 地址表，如图 7.1.6 所示。

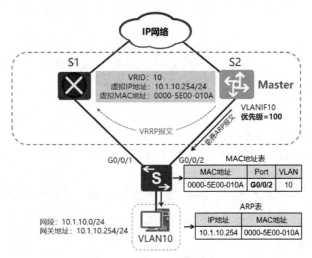

图 7.1.6　VRRP 工作过程 2

最后 S2 接管业务，此变更过程用户是无感知的。如果 S1 故障恢复，并且为抢占模式，那么 S1 将重新成为 Master 设备。

4.监视上行链路

如图 7.1.7 所示，当 Master 设备上行链路发生故障时，若不切换 VRRP 备份组的主备状态，则访问外部网络的流量将无法通过 Master 设备转发。

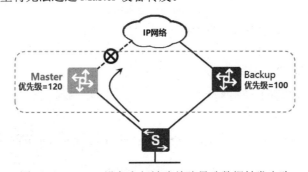

图 7.1.7　Master 设备上行链路故障导致数据转发失败

在配置上行链路监视功能后，当 Master 设备检测到上行链路发生故障时，会自动降低 VRRP 优先级，使其值小于 Backup 设备，以便在抢占模式下，快速实现角色切换，保证 VRRP 备份组的有效运行。上行链路监视功能运行效果示意图如图 7.1.8 所示。

5.VRRP 配置流程

（1）创建 VRRP 备份组，包括备份组 ID、虚拟 IP 地址。

（2）设置 VRRP 优先级。

（3）配置上行链路监视功能（可选）。

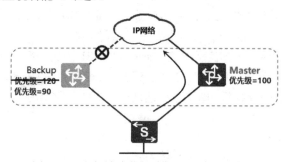

图 7.1.8　上行链路监视功能运行效果示意图

6．VRRP 配置命令

（1）创建 VRRP 备份组。

命令：vrrp vrid *virtual-router-id* 　virtual-ip *virtual-address*。

说明：virtual-router-id 为整数形式，取值范围为 1～255。

视图：接口视图（三层接口）。

举例，在 S1 的 VLANIF10 接口下创建 VRRP 备份组 10，虚拟 IP 地址为 10.1.1.254：

```
[S1-Vlanif10]vrrp vrid 10 virtual-ip 10.1.1.254
```

（2）设置 VRRP 优先级。

命令：vrrp vrid *virtual-router-id* 　priority *priority-value*。

说明：priority-value 取值范围为 0～255，默认值为 100。

视图：接口视图（三层接口）。

举例，将 S1 的 VRRP 备份组 10 的优先级设置为 150：

```
[S1-Vlanif10]vrrp vrid 10 priority 150
```

（3）设置非抢占模式。

命令：vrrp vrid *virtual-router-id* preempt-mode disable。

说明：在默认情况下，设备处于抢占模式，并且是立即抢占。

视图：接口视图（三层接口）。

举例，将 S1 的 VRRP 备份组 10 设置为非抢占模式：

```
[S1-Vlanif10]vrrp vrid 10 preempt-mode disable
```

（4）配置上行链路监视功能。

命令：vrrp vrid *virtual-router-id* track interface *interface-type interface-number* reduced *value-reduced*。

说明：要确保当前 Master 设备的优先级在减少指定数值（value-reduced）后低于 Backup 设备的优先级，以便在抢占模式下进行角色切换。

视图：接口视图（三层接口）。

举例，S1 的 G0/0/1 接口上行链路发生故障后，将 VRRP 备份组 10 中优先级下降 30：

```
[S1-Vlanif10]vrrp vrid 10 track interface G 0/0/1 reduced 30
```

7.1.3 任务实施

1. 任务目的

（1）理解 VRRP 的工作原理。

（2）掌握 VRRP 的配置方法。

操作演示

2. 任务描述

某公司为增强网络的可靠性，部署了两台核心交换机作为业务网段的网关设备。在网络正常时，业务网段通过其中一台网关设备转发上行流量；在设备出现故障时，上行流量自动切换到另一台网关设备，从而保障网络的不间断运行。

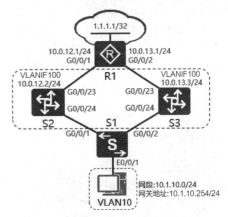

图 7.1.9　拓扑图

3. 实施规划

1）拓扑图（见图 7.1.9）

2）操作流程

（1）为交换机配置 VLAN。

（2）为 R1、S2、S3 配置网络参数并运行 OSPF。R1 的 loopback1 接口 IP 地址 1.1.1.1/32 作为访问测试的目的地址。

（3）为 S2、S3 配置 VRRP。VRRP 备份组规划如表 7.1.1 所示。

表 7.1.1　VRRP 备份组规划

交换机	VRID	IP 地址	优先级	虚拟 IP 地址
S2	10	10.1.10.252/24	120	10.1.10.254
S3	10	10.1.10.253/24	100（默认）	10.1.10.254

4. 具体步骤

1）为交换机配置 VLAN

（1）为 S1 配置 VLAN：

```
[S1]vlan 10
[S1-vlan10]int e0/0/1
[S1-Ethernet0/0/1]port link-type access
[S1-Ethernet0/0/1]port default vlan 10
[S1-Ethernet0/0/1]int g0/0/1
[S1-GigabitEthernet0/0/1]port link-type trunk
[S1-GigabitEthernet0/0/1]port trunk allow-pass vlan 10
[S1-GigabitEthernet0/0/1]int g0/0/2
[S1-GigabitEthernet0/0/2]port link-type trunk
[S1-GigabitEthernet0/0/2]port trunk allow-pass vlan 10
```

（2）为 S2 配置 VLAN：

```
[S2]vlan batch 10 100
[S2]int g0/0/24
[S2-GigabitEthernet0/0/24]port link-type trunk
```

```
[S2-GigabitEthernet0/0/24]port trunk allow vlan 10
[S2-GigabitEthernet0/0/24]int g0/0/23
[S2-GigabitEthernet0/0/23]port link-type access
[S2-GigabitEthernet0/0/23]port default vlan 100
```

（3）为 S3 配置 VLAN：

```
[S3]vlan batch 10 100
[S3]int g0/0/24
[S3-GigabitEthernet0/0/24]port link-type trunk
[S3-GigabitEthernet0/0/24]port trunk allow-pass vlan 10
[S3-GigabitEthernet0/0/24]int g0/0/23
[S3-GigabitEthernet0/0/23]port link-type access
[S3-GigabitEthernet0/0/23]port default vlan 100
```

2）为设备配置 OSPF

（1）为 R1 配置 OSPF：

```
[R1]int g0/0/1
[R1-GigabitEthernet0/0/1]ip add 10.0.12.1 24
[R1-GigabitEthernet0/0/1]int g0/0/2
[R1-GigabitEthernet0/0/2]ip add 10.0.13.1 24
[R1-GigabitEthernet0/0/2]int lo 1
[R1-LoopBack1]ip add 1.1.1.1 32
[R1-LoopBack1]quit
[R1]ospf 1 router-id 1.1.1.1
[R1-ospf-1]area 0
[R1-ospf-1-area-0.0.0.0]network 10.0.12.0 0.0.0.255
[R1-ospf-1-area-0.0.0.0]network 10.0.13.0 0.0.0.255
[R1-ospf-1-area-0.0.0.0]network 1.1.1.1 0.0.0.0
```

（2）为 S2 配置 OSPF：

```
[S2]int vlanif 100
[S2-Vlanif100]ip add 10.0.12.2 24
[S2-Vlanif100]int vlanif 10
[S2-Vlanif10]ip add 10.1.10.252 24
[S2-Vlanif10]quit
[S2]ospf 1 router-id 2.2.2.2
[S2-ospf-1]area 0
[S2-ospf-1-area-0.0.0.0]network 10.0.12.0 0.0.0.255
[S2-ospf-1-area-0.0.0.0]network 10.1.10.0 0.0.0.255
```

（3）为 S3 配置 OSPF：

```
[S3]int vlanif 100
[S3-Vlanif100]ip add 10.0.13.3 24
[S3-Vlanif100]int vlanif 10
[S3-Vlanif10]ip add 10.1.10.253 24
[S3]ospf 1 router-id 3.3.3.3
[S3-ospf-1]area 0
[S3-ospf-1-area-0.0.0.0]network 10.0.13.0 0.0.0.255
[S3-ospf-1-area-0.0.0.0]network 10.1.10.0 0.0.0.255
```

3）配置 VRRP

（1）为 S2 配置 VRRP：

```
[S2]int vlanif 10
[S2-Vlanif10]vrrp vrid 10 virtual-ip 10.1.10.254        //创建 VRRP 备份组并设置虚拟 IP 地址
[S2-Vlanif10]vrrp vrid 10 priority 120                  //配置 S1 在 VRID 10 的优先级为 120
```

（2）为 S3 配置 VRRP：

```
[S3]int vlanif 10
[S3-Vlanif10]vrrp vrid 10 virtual-ip 10.1.10.254
[S3-Vlanif10]vrrp vrid 10 priority 100
```

5. 实验测试

1）查看 VRRP 备份组状态信息

（1）查看 S2 的 VRRP 备份组状态信息：

```
[S2]dis vrrp 10 brief
VRID  State       Interface         Type    Virtual IP
-----------------------------------------------------------------
10    Master      Vlanif10          Normal  10.1.10.254
-----------------------------------------------------------------
Total:1    Master:1    Backup:0    Non-active:0
```

（2）查看 S3 的 VRRP 备份组状态信息：

```
[S3]dis vrrp 10 brief
VRID  State       Interface         Type    Virtual IP
-----------------------------------------------------------------
10    Backup      Vlanif10          Normal  10.1.10.254
-----------------------------------------------------------------
Total:1    Master:0    Backup:1    Non-active:0
```

2）连通性测试

（1）PC1 ping 1.1.1.1：

```
PC>ping 1.1.1.1

Ping 1.1.1.1: 32 data bytes, Press Ctrl_C to break
From 1.1.1.1: bytes=32 seq=1 ttl=254 time=78 ms
From 1.1.1.1: bytes=32 seq=2 ttl=254 time=47 ms
From 1.1.1.1: bytes=32 seq=3 ttl=254 time=62 ms
From 1.1.1.1: bytes=32 seq=4 ttl=254 time=78 ms
From 1.1.1.1: bytes=32 seq=5 ttl=254 time=47 ms

--- 1.1.1.1 ping statistics ---
 5 packet(s) transmitted
 5 packet(s) received
 0.00% packet loss
 round-trip min/avg/max = 47/62/78 ms
```

（2）PC1 tracert 1.1.1.1：

```
PPC>tracert 1.1.1.1

traceroute to 1.1.1.1, 8 hops max
(ICMP), press Ctrl+C to stop
 1  10.1.10.252   109 ms  32 ms  46 ms
 2  1.1.1.1  47 ms  47 ms  47 ms
```

3）故障模拟测试

（1）在 PC1 ping 1.1.1.1 过程中，将 S2 的 G0/0/24 接口 shutdown：

```
PC>ping 1.1.1.1 -t

Ping 1.1.1.1: 32 data bytes, Press Ctrl_C to break
From 1.1.1.1: bytes=32 seq=1 ttl=254 time=47 ms
From 1.1.1.1: bytes=32 seq=2 ttl=254 time=47 ms
From 1.1.1.1: bytes=32 seq=3 ttl=254 time=63 ms
From 1.1.1.1: bytes=32 seq=4 ttl=254 time=47 ms
From 1.1.1.1: bytes=32 seq=5 ttl=254 time=78 ms
From 1.1.1.1: bytes=32 seq=6 ttl=254 time=47 ms
Request timeout!                          //S2 的 G0/0/24 接口 shutdown
Request timeout!
From 1.1.1.1: bytes=32 seq=9  ttl=254 time=47 ms
From 1.1.1.1: bytes=32 seq=10 ttl=254 time=63 ms
From 1.1.1.1: bytes=32 seq=11 ttl=254 time=63 ms
From 1.1.1.1: bytes=32 seq=12 ttl=254 time=62 ms
From 1.1.1.1: bytes=32 seq=13 ttl=254 time=47 ms
From 1.1.1.1: bytes=32 seq=14 ttl=254 time=62 ms

......
<省略输出>
```

（2）PC1 tracert 1.1.1.1（S2 的 G0/0/24 接口 shutdown）：

```
PC>tracert 1.1.1.1

traceroute to 1.1.1.1, 8 hops max
(ICMP), press Ctrl+C to stop
 1  10.1.10.253   47 ms  47 ms  47 ms
 2  1.1.1.1   31 ms  62 ms  63 ms
```

（3）查看 S3 的 VRRP 备份组状态信息（S2 的 G0/0/24 接口 shutdown）：

```
[S3]dis vrrp 10 brief
VRID State          Interface        Type     Virtual IP
----------------------------------------------------------------
10   Master         Vlanif10         Normal   10.1.10.254
----------------------------------------------------------------
Total:1    Master:1    Backup:0    Non-active:0
```

（4）查看 S2 的 VRRP 备份组状态信息（S2 的 G0/0/24 接口 shutdown）：

```
[S2]dis vrrp 10 brief
VRID State          Interface        Type     Virtual IP
----------------------------------------------------------------
10   Initialize     Vlanif10         Normal   10.1.10.254
----------------------------------------------------------------
Total:1    Master:0    Backup:0    Non-active:1
```

6．结果分析

基于优先级设定，S2 为 VRRP 备份组 10 的 Master 设备，S3 为 Backup 设备。在正常情况下 VLAN10 主机访问外部网络通过 S2 转发。当到达 S2 的链路出现故障（S2 的 G0/0/24 接口 shutdown）

后，业务通信短暂中断后自动恢复。S3 切换为 Master 设备，接管通信业务。

7．注意事项

（1）VRRP 备份组的虚拟 IP 地址必须和对应接口的 IP 地址在同一网段。

（2）VRRP 支持同一备份组配置多个虚拟 IP 地址。

任务 7.2　MSTP+VRRP 配置

7.2.1　任务背景

在构建网络平台时，除了要满足基本的业务承载、通信速率等需求，还要考虑网络的可用性。网络的可用性主要体现在稳定性和容错性两方面，即网络不间断运行的能力和出现故障后的快速恢复能力。网络可用性已成为目前网络构建过程中必须考虑的性能指标。

MSTP、VRRP 分别是基于二层、三层的冗余备份技术，将两者有效融合，合理规划设计网络，可以在最大限度上保障网络通信的稳定。本任务主要介绍两项技术的结合方法及部署应用。

7.2.2　准备知识

1．VRRP 负载分担

同一台 VRRP 设备可以加入多个 VRRP 备份组，设置该设备在不同 VRRP 备份组中的优先级，实现该设备在不同 VRRP 备份组中承担不同角色。

如图 7.2.1 所示，网关设备 S1 和 S2 基于 VLAN10、VLAN20 分别创建了 VRRP 备份组 10 和 VRRP 备份组 20。在 VRRP 备份组 10 中，设置 S1 的优先级为 120，S2 的优先级使用默认值 100，因此 S1 成为 VRRP 备份组 10 中的 Master 设备。在 VRRP 备份组 20 中，S1 的优先级使用默认值 100，设置 S2 的优先级为 120，因此 S2 成为 VRRP 备份组 20 中的 Master 设备。

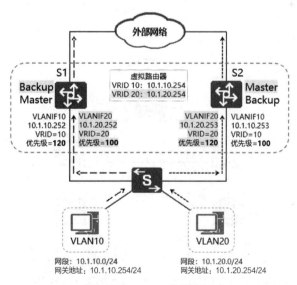

图 7.2.1　VRRP 负载分担

最后的通信效果是，VLAN10 访问外部网络的流量通过 S1 转发，VLAN20 访问外部网络的流量通过 S2 转发，实现了流量的负载分担。

2. MSTP 和 VRRP 结合设计

MSTP 和 VRRP 在功能特性上有许多相似之处，主要体现在如下几方面。

（1）冗余设计，用户数据具有多条转发路径。

（2）主备状态，能够提供主路径和备份路径。

（3）负载分担，能够基于 VLAN 进行分流设计。

（4）主备切换，能够根据拓扑变化自动切换通信线路。

基于以上几方面，可以融合部署 MSTP 和 VRRP。交换网络通过部署 MSTP，可以实现二层链路的冗余备份；三层转发通过部署 VRRP，可以实现网关冗余，从而使网络可用性在二层通信和三层通信上都有保障。

因为 MSTP、VRRP 分别属于二层协议、三层协议，因此常选择能够同时支持两种协议的多层交换机作为核心层设备。在部署过程中最关键的设计是主备的一致性，即基于某 VLAN 的 MSTP 的根桥或备份根桥也是该 VLAN 的 VRRP 备份组的 Master 设备或 Backup 设备，从而保证主备路径一致，避免数据在核心层设备间反复传递。

7.2.3　任务实施

操作演示

1. 任务目的

（1）理解 VRRP 负载分担的工作原理。

（2）掌握 MSTP+VRRP 多备份组的结合及配置方法。

2. 任务描述

某公司网络部署了两台核心交换机，为多个业务网段提供冗余网关，同时交换网络构建冗余链路。管理员希望采用相应技术手段，将二层冗余技术和三层冗余技术有效结合，最大限度地提高网络的稳定性和通信性能。

3. 实施规划

1）拓扑图（见图 7.2.2）

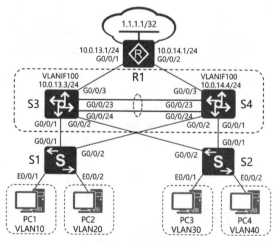

图 7.2.2　拓扑图

2）操作流程

（1）为交换机配置 VLAN 及干道链路。

（2）在核心交换机 S3 和 S4 间构建聚合链路，以提升内部网络数据交换速率。

（3）为 R1、S3 和 S4 配置网络参数并运行 OSPF。R1 的 loopback1 接口 IP 地址 1.1.1.1/32 作为访问测试的目的地址。S3、S4 的 VLANIF 地址规划如表 7.2.1 所示。

表 7.2.1 S3、S4 的 VLANIF 地址规划

VLANIF	S3	S4	备注
VLANIF10	10.1.10.252/24	10.1.10.253/24	各 VLAN 主机 IP 地址是所在网段中的第一个 IP 地址
VLANIF20	10.1.20.252/24	10.1.20.253/24	
VLANIF30	10.1.30.252/24	10.1.30.253/24	
VLANIF40	10.1.40.252/24	10.1.40.253/24	
VLANIF100	10.0.13.3/24	10.0.14.4/24	与 R1 互连

（4）为交换网络配置 MSTP。MSTP 规划如表 7.2.2 所示。

表 7.2.2 MSTP 规划

MST 域	MSTI	关联 VLAN	根桥	备份根桥
MST_A	instance 1	VLAN10、VLAN30	S3	S4
	instance 2	VLAN20、VLAN40	S4	S3

（5）为 S3、S4 配置 VRRP。VRRP 规划如表 7.2.3 所示。

表 7.2.3 VRRP 规划

VLAN	VRID	虚拟 IP 地址	Master 设备（优先级为 120）	Backup 设备（优先级为 100）
VLAN10	10	10.1.10.254	S3	S4
VLAN20	20	10.1.20.254	S4	S3
VLAN30	30	10.1.30.254	S3	S4
VLAN40	40	10.1.40.254	S4	S3

4．具体步骤

1）为交换机配置 VLAN 及干道链路

（1）为 S1 配置 VLAN 及干道链路：

```
[S1]]vlan batch 10 20 30 40
[S1]int e0/0/1
[S1-Ethernet0/0/1]port link-type access
[S1-Ethernet0/0/1]port default vlan 10
[S1-Ethernet0/0/1]int e0/0/2
[S1-Ethernet0/0/2]port link-type access
[S1-Ethernet0/0/2]port default vlan 20
[S1-Ethernet0/0/2]int g0/0/1
[S1-GigabitEthernet0/0/1]port link-type trunk
[S1-GigabitEthernet0/0/1]port trunk allow-pass vlan 10 20 30 40
[S1-GigabitEthernet0/0/1]int g0/0/2
[S1-GigabitEthernet0/0/2]port link-type trunk
[S1-GigabitEthernet0/0/2]port trunk allow-pass vlan 10 20 30 40
```

（2）为 S2 配置 VLAN 及干道链路：

```
[S2]vlan batch 10 20 30 40
```

```
[S2]int e0/0/1
[S2-Ethernet0/0/1]port link-type access
[S2-Ethernet0/0/1]port default vlan 30
[S2-Ethernet0/0/1]int e0/0/2
[S2-Ethernet0/0/2]port link-type access
[S2-Ethernet0/0/2]port default vlan 40
[S2-Ethernet0/0/2]int g0/0/1
[S2-GigabitEthernet0/0/1]port link-type trunk
[S2-GigabitEthernet0/0/1]port trunk allow-pass vlan 10 20 30 40
[S2-GigabitEthernet0/0/1]int g0/0/2
[S2-GigabitEthernet0/0/2]port link-type trunk
[S2-GigabitEthernet0/0/2]port trunk allow-pass vlan 10 20 30 40
```

（3）为 S3 配置 VLAN 及干道链路：

```
[S3]vlan batch 10 20 30 40 100
[S3]int g0/0/1
[S3-GigabitEthernet0/0/1]port link-type trunk
[S3-GigabitEthernet0/0/1]port trunk allow-pass vlan 10 20 30 40
[S3-GigabitEthernet0/0/1]int g0/0/2
[S3-GigabitEthernet0/0/2]port link-type trunk
[S3-GigabitEthernet0/0/2]port trunk allow-pass vlan 10 20 30 40
[S3-GigabitEthernet0/0/2]int g0/0/3
[S3-GigabitEthernet0/0/3]port link-type access
[S3-GigabitEthernet0/0/3]port default vlan 100
```

（4）为 S4 配置 VLAN 及干道链路：

```
[S4]vlan batch 10 20 30 40 100
[S4]int g0/0/1
[S4-GigabitEthernet0/0/1]port link-type trunk
[S4-GigabitEthernet0/0/1]port trunk allow-pass vlan 10 20 30 40
[S4-GigabitEthernet0/0/1]int g0/0/2
[S4-GigabitEthernet0/0/2]port link-type trunk
[S4-GigabitEthernet0/0/2]port trunk allow-pass vlan 10 20 30 40
[S4-GigabitEthernet0/0/2]int g0/0/3
[S4-GigabitEthernet0/0/3]port link-type access
[S4-GigabitEthernet0/0/3]port default vlan 100
```

2）配置聚合链路

（1）为 S3 配置聚合链路：

```
[S3]interface Eth-Trunk 1
[S3-Eth-Trunk1]mode lacp-static
[S3-Eth-Trunk1]trunkport g 0/0/23 to 0/0/24
[S3-Eth-Trunk1]port link-type trunk
[S3-Eth-Trunk1]port trunk allow-pass vlan 10 20 30 40
```

（2）为 S4 配置聚合链路：

```
[S4]interface Eth-Trunk 1
[S4-Eth-Trunk1]mode lacp-static
[S4-Eth-Trunk1]trunkport g 0/0/23 to 0/0/24
[S4-Eth-Trunk1]port link-type trunk
[S4-Eth-Trunk1]port trunk allow-pass vlan 10 20 30 40
```

3）配置网络参数及 OSPF

（1）为 S3 配置网络参数及 OSPF：

```
[S3]int vlanif 10
[S3-Vlanif10]ip address 10.1.10.252 24
[S3-Vlanif10]int vlanif 20
[S3-Vlanif20]ip address 10.1.20.252 24
[S3-Vlanif20]int vlanif 30
[S3-Vlanif30]ip address 10.1.30.252 24
[S3-Vlanif30]int vlanif 40
[S3-Vlanif40]ip address 10.1.40.252 24
[S3-Vlanif40]int vlanif 100
[S3-Vlanif100]ip address 10.0.13.3 24
[S3-Vlanif100]quit
[S3]ospf 1 router-id 3.3.3.3
[S3-ospf-1]area 0
[S3-ospf-1-area-0.0.0.0]network 10.1.0.0 0.0.255.255
[S3-ospf-1-area-0.0.0.0]network 10.0.13.0 0.0.0.255
```

（2）为 S4 配置网络参数及 OSPF：

```
[S4]int vlanif 10
[S4-Vlanif10]ip address 10.1.10.253 24
[S4-Vlanif10]int vlanif 20
[S4-Vlanif20]ip address 10.1.20.253 24
[S4-Vlanif20]int vlanif 30
[S4-Vlanif30]ip address 10.1.30.253 24
[S4-Vlanif30]int vlanif 40
[S4-Vlanif40]ip address 10.1.40.253 24
[S4-Vlanif40]int vlanif 100
[S4-Vlanif100]ip address 10.0.14.4 24
[S4-Vlanif100]quit
[S4]ospf 1 router-id 4.4.4.4
[S4-ospf-1]area 0
[S4-ospf-1-area-0.0.0.0]network 10.1.0.0 0.0.255.255
[S4-ospf-1-area-0.0.0.0]network 10.0.14.0 0.0.0.255
```

（3）为 R1 配置网络参数及 OSPF：

```
[R1]int g0/0/1
[R1-GigabitEthernet0/0/1]ip add 10.0.13.1 24
[R1-GigabitEthernet0/0/1]int g0/0/2
[R1-GigabitEthernet0/0/2]ip add 10.0.14.1 24
[R1-GigabitEthernet0/0/2]int lo 1
[R1-LoopBack1]ip add 1.1.1.1 32
[R1-LoopBack1]quit
[R1]ospf 1 router-id 1.1.1.1
[R1-ospf-1]area 0
[R1-ospf-1-area-0.0.0.0]network 10.0.0.0 0.0.255.255
[R1-ospf-1-area-0.0.0.0]network 1.1.1.1 0.0.0.0
```

4）配置 MSTP

（1）为 S1 配置 MSTP：

```
[S1]stp mode mstp
```

```
[S1]stp region-configuration
[S1-mst-region]region-name MST_A
[S1-mst-region]revision-level 1
[S1-mst-region]instance 1 vlan 10 30
[S1-mst-region]instance 2 vlan 20 40
[S1-mst-region]active region-configuration
```

（2）为 S2 配置 MSTP：

```
[S2]stp mode mstp
[S2]stp region-configuration
[S2-mst-region]region-name MST_A
[S2-mst-region]revision-level 1
[S2-mst-region]instance 1 vlan 10 30
[S2-mst-region]instance 2 vlan 20 40
[S2-mst-region]active region-configuration
```

（3）为 S3 配置 MSTP：

```
[S3]stp mode mstp
[S3]stp region-configuration
[S3-mst-region]region-name MST_A
[S3-mst-region]revision-level 1
[S3-mst-region]instance 1 vlan 10 30
[S3-mst-region]instance 2 vlan 20 40
[S3-mst-region]active region-configuration
[S3-mst-region]quit
[S3]stp instance 1 root primary
[S3]stp instance 2 root secondary
```

（4）为 S4 配置 MSTP：

```
[S4]stp mode mstp
[S4]stp region-configuration
[S4-mst-region]region-name MST_A
[S4-mst-region]revision-level 1
[S4-mst-region]instance 1 vlan 10 30
[S4-mst-region]instance 2 vlan 20 40
[S4-mst-region]active region-configuration
[S4-mst-region]quit
[S4]stp instance 1 root secondary
[S4]stp instance 2 root primary
```

5）配置 VRRP

（1）为 S3 配置 VRRP：

```
[S3]int vlanif 10
[S3-Vlanif10]vrrp vrid 10 virtual-ip 10.1.10.254
[S3-Vlanif10]vrrp vrid 10 priority 120
[S3-Vlanif10]int vlanif 20
[S3-Vlanif20]vrrp vrid 20 virtual-ip 10.1.20.254
[S3-Vlanif20]int vlanif 30
[S3-Vlanif30]vrrp vrid 30 virtual-ip 10.1.30.254
[S3-Vlanif30]vrrp vrid 30 priority 120
[S3-Vlanif30]int vlanif 40
[S3-Vlanif40]vrrp vrid 40 virtual-ip 10.1.40.254
```

（2）为 S4 配置 VRRP：

```
[S4]int vlanif 10
[S4-Vlanif10]vrrp vrid 10 virtual-ip 10.1.10.254
[S4-Vlanif10]int vlanif 20
[S4-Vlanif20]vrrp vrid 20 virtual-ip 10.1.20.254
[S4-Vlanif20]vrrp vrid 20 priority 120
[S4-Vlanif20]int vlanif 30
[S4-Vlanif30]vrrp vrid 30 virtual-ip 10.1.30.254
[S4-Vlanif30]int vlanif 40
[S4-Vlanif40]vrrp vrid 40 virtual-ip 10.1.40.254
[S4-Vlanif40]vrrp vrid 40 priority 120
```

5．实验测试

1）查看 VRRP 备份组状态信息

（1）查看 S3 的 VRRP 备份组状态信息：

```
[S3]display vrrp brief
VRID  State     Interface          Type     Virtual IP
-------------------------------------------------------------
10    Master    Vlanif10           Normal   10.1.10.254
20    Backup    Vlanif20           Normal   10.1.20.254
30    Master    Vlanif30           Normal   10.1.30.254
40    Backup    Vlanif40           Normal   10.1.40.254
-------------------------------------------------------------

Total:4    Master:2    Backup:2    Non-active:0
```

（2）查看 S4 的 VRRP 备份组状态信息：

```
[S4]display vrrp brief
VRID  State     Interface          Type     Virtual IP
-------------------------------------------------------------
10    Backup    Vlanif10           Normal   10.1.10.254
20    Master    Vlanif20           Normal   10.1.20.254
30    Backup    Vlanif30           Normal   10.1.30.254
40    Master    Vlanif40           Normal   10.1.40.254
-------------------------------------------------------------

Total:4    Master:2    Backup:2    Non-active:0
```

2）查看 MSTP 状态信息

（1）查看 S3 的 instance 1 的状态信息：

```
[S3]display stp instance 1
-------[MSTI 1 Global Info]-------
MSTI Bridge ID         :0.4c1f-cc99-5dd5
MSTI RegRoot/IRPC      :0.4c1f-cc99-5dd5 / 0
MSTI RootPortId        :0.0
MSTI Root Type         :Primary root
Master Bridge          :32768.4c1f-cc1b-5987
Cost to Master         :20000
TC received            :12
TC count per hello     :0
Time since last TC     :0 days 2h:19m:33s
......<省略部分输出>
```

（2）查看 S4 的 instance 1 状态信息：

```
[S4]dis stp instance 1
-------[MSTI 1 Global Info]-------
MSTI Bridge ID          :4096.4c1f-ccbe-6fbc
MSTI RegRoot/IRPC       :0.4c1f-cc99-5dd5 / 10000
MSTI RootPortId         :128.1
MSTI Root Type          :Secondary root
Master Bridge           :32768.4c1f-cc1b-5987
Cost to Master          :20000
TC received             :10
TC count per hello      :0
Time since last TC      :0 days 2h:23m:6s
......<省略部分输出>
```

（3）查看 S3 的 instance 2 状态信息：

```
[S3]dis stp instance 2
-------[MSTI 2 Global Info]-------
MSTI Bridge ID          :4096.4c1f-cc99-5dd5
MSTI RegRoot/IRPC       :0.4c1f-ccbe-6fbc / 10000
MSTI RootPortId         :128.1
MSTI Root Type          :Secondary root
Master Bridge           :32768.4c1f-cc1b-5987
Cost to Master          :20000
TC received             :8
TC count per hello      :0
Time since last TC      :0 days 2h:26m:3s
......<省略部分输出>
```

（4）查看 S4 的 instance 2 状态信息：

```
[S4]dis stp instance 2
-------[MSTI 2 Global Info]-------
MSTI Bridge ID          :0.4c1f-ccbe-6fbc
MSTI RegRoot/IRPC       :0.4c1f-ccbe-6fbc / 0
MSTI RootPortId         :0.0
MSTI Root Type          :Primary root
Master Bridge           :32768.4c1f-cc1b-5987
Cost to Master          :20000
TC received             :12
TC count per hello      :0
Time since last TC      :0 days 2h:27m:47s
......<省略部分输出>
```

3）连通性测试

（1）PC1 tracert 1.1.1.1：

```
PC>tracert 1.1.1.1

traceroute to 1.1.1.1, 8 hops max
(ICMP), press Ctrl+C to stop
 1 10.1.10.252    94 ms  31 ms  47 ms
 2 1.1.1.1        62 ms  62 ms  63 ms
```

（2）PC2 tracert 1.1.1.1：

```
PC>tracert 1.1.1.1

traceroute to 1.1.1.1, 8 hops max
(ICMP), press Ctrl+C to stop
1  10.1.20.253    62 ms    47 ms    47 ms
2  1.1.1.1        140 ms   62 ms    63 ms
```

（3）PC3 tracert 1.1.1.1：

```
PC>tracert 1.1.1.1

traceroute to 1.1.1.1, 8 hops max
(ICMP), press Ctrl+C to stop
1  10.1.30.252    78 ms  47 ms  47 ms
2  1.1.1.1        62 ms  63 ms  62 ms
```

（4）PC4 tracert 1.1.1.1：

```
PC>tracert 1.1.1.1

traceroute to 1.1.1.1, 8 hops max
(ICMP), press Ctrl+C to stop
1  10.1.40.253    78 ms  31 ms  47 ms
2  1.1.1.1        124 ms  63 ms  62 ms
```

6．结果分析

PC1～PC4 分别通过 tracert 连接 1.1.1.1，由回显信息可知，PC1、PC3 访问 1.1.1.1 的流量通过 S3 转发；PC2、PC4 访问 1.1.1.1 的流量通过 S4 转发，符合网络规划。

7．注意事项

MSTP+VRRP 在部署应用时，要保证二层和三层的主备一致性。

任务 7.3　路由策略配置

7.3.1　任务背景

通过配置路由协议或路由重分发可以实现网络的连通，但这样做可能造成设备路由表规模过大，也可能存在通信路径不合理的问题，同时出于安全考虑，一些路由可能不需要被全网获知。

根据实际组网需求实施路由控制技术，可对路由信息进行过滤或改变路由信息的属性，从而优化网络性能。本任务主要介绍路由策略技术。

7.3.2　准备知识

1．路由策略基本概念

路由策略主要实现了路由过滤和路由属性设置等功能，包括如下几方面。

（1）控制路由的接收和发布。通过路由策略，实现路由器只发布和接收必要的、合法的路由信息。如图 7.3.1 所示，R1 在发布 RIP 路由时，过滤掉 172.16.3.0/24 路由，因此 R2 获取不到该路由项；R3 在接收路由时过滤掉 172.16.2.0/24 路由，因此该路由项不会被加入 R3 的路由表。

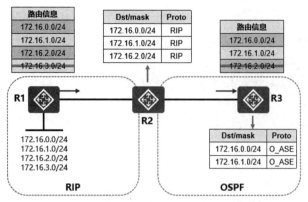

图 7.3.1　使用路由策略来控制路由的接收和发布

（2）在路由重分发时进行过滤，只引入特定的路由信息。如图 7.3.2 所示，R2 在将 RIP 路由域中的路由重分发到 OSPF 路由域时，过滤掉了 172.16.2.0/24 路由和 172.16.3.0/24 路由，因此 R3 获取不到这两条路由。

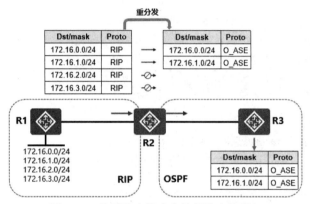

图 7.3.2　使用路由策略来控制路由的引入

（3）设置路由的属性。通过修改路由的属性，如度量值、优先级等，对通信路径进行优化。如图 7.3.3 所示，假设 R1、R2 都可以获知 172.16.0.0/24 和 172.16.1.0/24 两条外部路由，在将这两条路由引入 OSPF 路由域时，可以通过修改它们的度量值 Cost，来影响 R3 对这两条路由的认知。

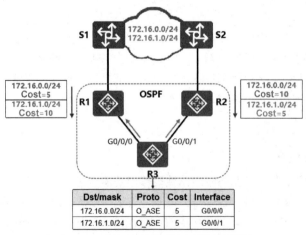

图 7.3.3　使用路由策略来设置路由属性

具体操作是，R1 将 172.16.0.0/24 路由和 172.16.1.0/24 路由的 Cost 值分别设置为 5 和 10，R2 将 172.16.0.0/24 路由和 172.16.1.0/24 路由的 Cost 值分别设置为 10 和 5，从而实现在不累加内部开销的前提下，R3 通过比较度量值获得如图 7.3.3 所示的路由项，从而实现负载分担，优化通信路径。

2．路由策略

1）路由策略原理

路由策略（Route-Policy）用于过滤路由信息及为匹配的路由设置路由属性。一个路由策略由多个节点构成，每个节点包括一个或多个 if-match 语句及一个或多个 apply 语句。

（1）if-match 语句用来定义路由信息的匹配条件。

（2）apply 语句用来设置已匹配路由的属性。

如图 7.3.4 所示，在执行路由策略时，路由按节点序号顺次匹配。先与第一个节点的所有 if-match 语句进行匹配，若匹配成功，则进入匹配模式。匹配模式分 permit 和 deny 两种。permit 表示路由允许通过，并执行该节点的 apply 语句对路由信息的一些属性进行设置；deny 表示路由拒绝通过。

若没有与第一个节点的所有 if-match 语句匹配成功，则继续匹配下一个节点。如果和所有节点都匹配失败，那么路由信息将被拒绝，如图 7.3.5 所示。

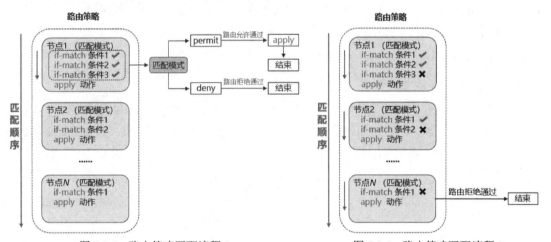

图 7.3.4　路由策略匹配流程 1　　　　　图 7.3.5　路由策略匹配流程 2

2）IP 地址前缀列表

IP 地址前缀列表和 ACL 是在用 if-match 语句定义路由信息的匹配条件时最常用的两个工具。两者在使用时存在一些区别，路由策略只能调用基本 ACL，并且只能匹配路由的目的网络地址。而 IP 地址前缀列表能够匹配路由的目的网络地址和子网掩码，并且可以设置子网掩码长度范围。

在设置子网掩码长度范围时需要用到如下两个关键字。

① greater-equal，表示大于或等于。

② less-equal，表示小于或等于。

基于如图 7.3.6 所示的示例来介绍 IP 地址前缀列表的语法格式。

各项解释如下。

（1）abc 为 IP 地址前缀列表名称，需要用户自定义，并且区分大小写。

图 7.3.6　IP 前缀列表示例

（2）index 40 用于指定本匹配项在 IP 地址前缀列表中的序号。

（3）10.0.0.0 为目的网络地址的前缀。

（4）16 为子网掩码长度，表示前 16 位必须匹配。

（5）greater-equal 30 less-equal 30 用于确定子网掩码的长度范围为 30。

解读以下各条 IP 地址前缀列表的含义：

```
ip ip-prefix abc index 10 permit 10.1.1.0 24
```

表示精确匹配 10.1.1.0/24 路由。

```
ip ip-prefix abc index 20 permit 10.1.2.0 24 greater-equal 24
```

表示匹配前 24 位为 10.1.2 且子网掩码长度大于或等于 24（小于或等于 32）的路由。

```
ip ip-prefix abc index 30 permit 10.1.3.0 24 less-equal 30
```

表示匹配前 24 位为 10.1.3 且子网掩码长度小于或等于 30（大于或等于 24）的路由。

```
ip ip-prefix abc index 40 deny 10.0.0.0 16 greater-equal 30 less-equal 30
```

表示匹配前 16 位为 10.0 且掩码长度等于 30 的路由。

3）路由策略的主要应用场景

路由策略通常应用在路由重分发的场景中。如图 7.3.7 所示，R2 在将 RIP 路由域中的路由重分发至 OSPF 路由域时，通过调用路由策略实现只将指定的 172.16.0.0/24 和 172.16.1.0/24 RIP 路由引入 OSPF 路由域，以使 R3 只获得指定路由。

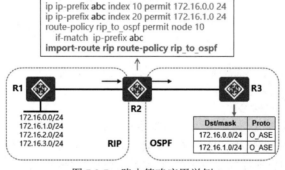

图 7.3.7　路由策略应用举例

3. 过滤策略

过滤策略（Filter-Policy）可用于控制路由的发布和接收，也可在引入路由时进行过滤。过滤策略定义了 export 和 import 两种策略方式。

（1）export 对引入的路由进行过滤。在 RIP 路由域中，export 还可以对从接口发送的路由信息进行过滤。

（2）import 对接收的路由进行过滤。

如图 7.3.8 所示，R1 在将 RIP 路由域中的路由通过 G0/0/0 接口向外通告时，执行 export 策略，过滤 10.1.3.0/24 路由。

R2 在将 RIP 路由域中的路由重分发至 OSPF 路由域时，执行 export 策略，过滤 10.1.2.0/24 路由，只将 10.1.0.0/24 和 10.1.1.0/24 路由加入 OSPF 路由表，并在 OSPF 路由域发布。

R3 对接收的路由，通过 import 策略，过滤掉 10.1.1.0/24 路由，最后路由表中只存有 10.1.0.0/24 路由。

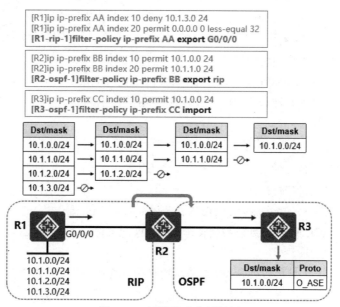

图 7.3.8 过滤策略应用举例

4．路由策略配置流程

（1）创建路由策略。

（2）定义匹配规则。

（3）在路由重分发时调用路由策略。

5．路由策略和过滤策略配置命令

（1）创建路由策略。

命令：route-policy *route-policy-name* { permit | deny } node *node*。

说明：路由策略名称区分大小写，node 为节点值，节点值越小越优先匹配。

视图：系统视图。

举例如下：

① 为 R1 创建名为 test 的路由策略，匹配模式为 permit，节点值为 5：

```
[R1]route-policy test permit node 5
```

② 为 R1 创建名为 test 的路由策略，匹配模式为 deny，节点值为 10：

```
[R1]route-policy test deny node 10
```

（2）定义匹配规则。

命令：if-match { acl { acl-number | *acl-name* } | ip-prefix *ip-prefix-name* }。

说明：可基于 ACL 或 IP 地址前缀列表定义路由匹配规则。

视图：Route-Policy 视图。

举例如下。

① 为 R1 的路由策略 test 定义匹配规则，匹配 ACL 2000：

```
[R1]route-policy test permit node 5
[R1-route-policy]if-match acl 2000
```

② 为 R1 的路由策略 test 定义匹配规则，匹配 IP 地址前缀列表 test1：

```
[R1]route-policy test deny node 10
[R1-route-policy]if-match ip-prefix test1
```

（3）在路由重分发时调用路由策略。

命令：import-route {direct|rip|static|ospf} [route-policy *route-policy-name*]。

说明：在重分发直连、静态或其他协议路由时执行路由策略。

视图：路由协议视图。

举例，R1 将 RIP 路由域中的路由引入 OSPF 路由域时，调用路由策略 test 进行过滤：

```
[R1-ospf-1]import-route rip 1 route-policy test
```

（4）对接收的路由进行过滤。

命令：filter-policy { *acl-number* | ip-prefix *ip-prefix-name* } import。

说明：可调用 ACL 或 IP 地址前缀列表作为路由匹配条件。

视图：路由协议视图。

举例，R1 按照 IP 地址前缀列表 test 过滤从所有接口收到的 RIP 路由更新报文：

```
[R1-rip-1]filter-policy ip-prefix test import
```

（5）在引入路由时使用过滤策略进行过滤。

命令：filter-policy { *acl-number* | ip-prefix *ip-prefix-name* } export。

说明：在 RIP 路由域中，export 还可以对从接口发送的路由信息进行过滤。

视图：路由协议视图。

举例如下。

① R1 对引入的 RIP 路由进行过滤，过滤后的路由加入路由表，并发布到 OSPF 路由域：

```
[R1-ospf-1]import-route rip 1
[R1-ospf-1]filter-policy ip-prefix test export rip 1
```

② R1 按照 ACL 2000 过滤从 G0/0/1 接口发出的 RIP 路由域中的路由：

```
[R1-rip-1]filter-policy 2000 export GigabitEthernet 0/0/1
```

7.3.3　任务实施

1．任务目的

（1）理解路由策略的工作原理。

（2）掌握路由策略、过滤策略的配置方法。

操作演示

2．任务描述

某公司网络总部与分支机构通过部署路由协议互相获取路由。总部部署 OSPF，分支机构部署 RIP。路由协议的默认工作机制会导致设备获取大量路由信息，因此管理员希望通过路由策略技术，过滤掉不必要的路由，以优化设备路由表，提高转发效率。

3. 实施规划

1）拓扑图（见图 7.3.9）

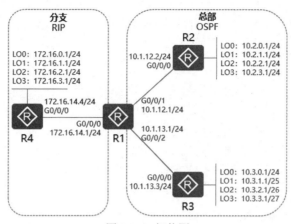

图 7.3.9 拓扑图

2）操作流程

（1）为设备配置网络参数及路由协议。总部和分支机构的设备通过路由重分发获取路由，业务网络通过配置环回口地址模拟。

（2）路由策略实施规划如表 7.3.1 所示。

表 7.3.1 路由策略实施规划

设备	路由策略工具	说明	配置
R1	过滤策略	RIP 路由在重分发到 OSPF 路由域时只发布 172.16.0.0/24 路由和 172.16.1.0/24 路由	在 OSPF 进程下使用
	路由策略	RIP 路由域在引入 OSPF 路由时只包含 10.2.0.0/24 路由及 R3 下连的子网路由	在 RIP 进程下引入 OSPF 路由时调用

4. 具体步骤

（1）配置网络参数及路由环境。

① 配置 R1 的网络参数及路由环境：

```
[R1]int G0/0/0
[R1-GigabitEthernet0/0/0]ip add 172.16.14.1 24
[R1-GigabitEthernet0/0/0]int g0/0/1
[R1-GigabitEthernet0/0/1]ip add 10.1.12.1 24
[R1-GigabitEthernet0/0/1]int g0/0/2
[R1-GigabitEthernet0/0/2]ip add 10.1.13.1 24
[R1-GigabitEthernet0/0/2]quit
[R1]ospf 1 router-id 1.1.1.1
[R1-ospf-1]area 0
[R1-ospf-1-area-0.0.0.0]network 10.1.12.0 0.0.0.255
[R1-ospf-1-area-0.0.0.0]network 10.1.13.0 0.0.0.255
[R1-ospf-1-area-0.0.0.0]quit
[R1-ospf-1]rip 1
[R1-rip-1]version 2
[R1-rip-1]undo summary
```

```
[R1-rip-1]network 172.16.0.0
```

② 配置 R2 的网络参数及路由环境：

```
[R2]int g0/0/0
[R2-GigabitEthernet0/0/0]ip add 10.1.12.2 24
[R2-GigabitEthernet0/0/0]int lo 0
[R2-LoopBack0]ip add 10.2.0.1 24
[R2-LoopBack0]ospf network-type broadcast
[R2-LoopBack0]int lo 1
[R2-LoopBack1]ip add 10.2.1.1 24
[R2-LoopBack1]ospf network-type broadcast
[R2-LoopBack1]int lo 2
[R2-LoopBack2]ip add 10.2.2.1 24
[R2-LoopBack2]ospf network-type broadcast
[R2-LoopBack2]int lo 3
[R2-LoopBack3]ip add 10.2.3.1 24
[R2-LoopBack3]ospf network-type broadcast
[R2-LoopBack3]ospf 1 router 2.2.2.2
[R2-ospf-1]area 0
[R2-ospf-1-area-0.0.0.0]network 10.0.0.0 0.255.255.255
```

③ 配置 R3 的网络参数及路由环境：

```
[R3]int g0/0/0
[R3-GigabitEthernet0/0/0]ip add 10.1.13.3 24
[R3-GigabitEthernet0/0/0]int lo 0
[R3-LoopBack0]ip add 10.3.0.1 24
[R3-LoopBack0]ospf network-type broadcast
[R3-LoopBack0]int lo 1
[R3-LoopBack1]ip add 10.3.1.1 25
[R3-LoopBack1]ospf network-type broadcast
[R3-LoopBack1]int lo 2
[R3-LoopBack2]ip add 10.3.2.1 26
[R3-LoopBack2]ospf network-type broadcast
[R3-LoopBack2]int lo 3
[R3-LoopBack3]ip add 10.3.3.1 27
[R3-LoopBack3]ospf network-type broadcast
[R3-LoopBack3]ospf 1 router 3.3.3.3
[R3-ospf-1]area 0
[R3-ospf-1-area-0.0.0.0]network 10.0.0.0 0.255.255.255
```

④ 配置 R4 的网络参数及路由环境：

```
[R4]int g0/0/0
[R4-GigabitEthernet0/0/0]ip add 172.16.14.4 24
[R4-GigabitEthernet0/0/0]int lo 0
[R4-LoopBack0]ip add 172.16.0.1 24
[R4-LoopBack0]int lo 1
[R4-LoopBack1]ip add 172.16.1.1 24
[R4-LoopBack1]int lo 2
[R4-LoopBack2]ip add 172.16.2.1 24
[R4-LoopBack2]int lo 3
[R4-LoopBack3]ip add 172.16.3.1 24
[R4-LoopBack3]rip 1
```

```
[R4-rip-1]version 2
[R4-rip-1]undo summary
[R4-rip-1]network 172.16.0.0
```

（2）为 R1 配置路由重分发：

```
[R1-ospf-1]import-route rip 1 type 1
[R1-rip-1]import-route ospf 1 cost 5
```

（3）查看路由表信息。

① 查看 R2 的 OSPF 路由表信息：

```
[R2]dis ip routing-table protocol ospf
Route Flags: R - relay, D - download to fib
-----------------------------------------------------------------------
Public routing table : OSPF
        Destinations : 10     Routes : 10
OSPF routing table status : <Active>
        Destinations : 10     Routes : 10
Destination/Mask    Proto   Pre  Cost   Flags   NextHop       Interface

     10.1.13.0/24   OSPF    10   2        D     10.1.12.1     GigabitEthernet0/0/0
     10.3.0.0/24    OSPF    10   2        D     10.1.12.1     GigabitEthernet0/0/0
     10.3.1.0/25    OSPF    10   2        D     10.1.12.1     GigabitEthernet0/0/0
     10.3.2.0/26    OSPF    10   2        D     10.1.12.1     GigabitEthernet0/0/0
     10.3.3.0/27    OSPF    10   2        D     10.1.12.1     GigabitEthernet0/0/0
    172.16.0.0/24   O_ASE   150  2        D     10.1.12.1     GigabitEthernet0/0/0
    172.16.1.0/24   O_ASE   150  2        D     10.1.12.1     GigabitEthernet0/0/0
    172.16.2.0/24   O_ASE   150  2        D     10.1.12.1     GigabitEthernet0/0/0
    172.16.3.0/24   O_ASE   150  2        D     10.1.12.1     GigabitEthernet0/0/0
    172.16.14.0/24  O_ASE   150  2        D     10.1.12.1     GigabitEthernet0/0/0

OSPF routing table status : <Inactive>
        Destinations : 0      Routes : 0
```

② 查看 R3 的 OSPF 路由表信息：

```
[R3]dis ip routing-table protocol ospf
Route Flags: R - relay, D - download to fib
-----------------------------------------------------------------------
Public routing table : OSPF
        Destinations : 10     Routes : 10
OSPF routing table status : <Active>
        Destinations : 10     Routes : 10
Destination/Mask    Proto   Pre  Cost   Flags   NextHop       Interface

     10.1.12.0/24   OSPF    10   2        D     10.1.13.1     GigabitEthernet0/0/0
     10.2.0.0/24    OSPF    10   2        D     10.1.13.1     GigabitEthernet0/0/0
     10.2.1.0/24    OSPF    10   2        D     10.1.13.1     GigabitEthernet0/0/0
     10.2.2.0/24    OSPF    10   2        D     10.1.13.1     GigabitEthernet0/0/0
     10.2.3.0/24    OSPF    10   2        D     10.1.13.1     GigabitEthernet0/0/0
    172.16.0.0/24   O_ASE   150  2        D     10.1.13.1     GigabitEthernet0/0/0
    172.16.1.0/24   O_ASE   150  2        D     10.1.13.1     GigabitEthernet0/0/0
    172.16.2.0/24   O_ASE   150  2        D     10.1.13.1     GigabitEthernet0/0/0
    172.16.3.0/24   O_ASE   150  2        D     10.1.13.1     GigabitEthernet0/0/0
    172.16.14.0/24  O_ASE   150  2        D     10.1.13.1     GigabitEthernet0/0/0
```

```
OSPF routing table status : <Inactive>
        Destinations : 0        Routes : 0
```

③ 查看 R4 的 RIP 路由表信息：

```
[R4]dis ip routing-table protocol rip
Route Flags: R - relay, D - download to fib
-----------------------------------------------------------------------
Public routing table : RIP
        Destinations : 10       Routes : 10
RIP routing table status : <Active>
        Destinations : 10       Routes : 10
Destination/Mask      Proto    Pre   Cost   Flags   NextHop         Interface

    10.1.12.0/24      RIP      100   6      D       172.16.14.1     GigabitEthernet0/0/0
    10.1.13.0/24      RIP      100   6      D       172.16.14.1     GigabitEthernet0/0/0
     10.2.0.0/24      RIP      100   6      D       172.16.14.1     GigabitEthernet0/0/0
     10.2.1.0/24      RIP      100   6      D       172.16.14.1     GigabitEthernet0/0/0
     10.2.2.0/24      RIP      100   6      D       172.16.14.1     GigabitEthernet0/0/0
     10.2.3.0/24      RIP      100   6      D       172.16.14.1     GigabitEthernet0/0/0
     10.3.0.0/24      RIP      100   6      D       172.16.14.1     GigabitEthernet0/0/0
     10.3.1.0/25      RIP      100   6      D       172.16.14.1     GigabitEthernet0/0/0
     10.3.2.0/26      RIP      100   6      D       172.16.14.1     GigabitEthernet0/0/0
     10.3.3.0/27      RIP      100   6      D       172.16.14.1     GigabitEthernet0/0/0

RIP routing table status : <Inactive>
        Destinations : 0        Routes : 0
```

（4）配置路由策略。

① 为 R1 配置过滤策略：

```
[R1]acl 2000
[R1-acl-basic-2000]rule permit source 172.16.0.0 0
[R1-acl-basic-2000]rule permit source 172.16.1.0 0
//对引入的 RIP 路由进行过滤，通过策略的路由加入 OSPF 路由表并在 OSPF 路由域中发布
[R1-ospf-1]filter-policy 2000 export rip
```

② 为 R1 配置路由策略：

```
[R1]ip ip-prefix ZB_to_FZ permit 10.2.0.0 24
[R1]ip ip-prefix ZB_to_FZ permit 10.3.0.0 22 greater-equal 24 less-equal 27
[R1]route-policy ospf_to_rip permit node 10
[R1-route-policy]if-match ip-prefix ZB_to_FZ
//在 OSPF 路由重分发到 RIP 路由域时匹配路由策略，通过策略的路由被引入
[R1-rip-1]import-route ospf 1 cost 5 route-policy ospf_to_rip
```

5. 实验测试

查看配置路由策略后的路由表信息。

（1）查看 R2 的 OSPF 路由表信息：

```
[R2]dis ip routing-table protocol ospf
Route Flags: R - relay, D - download to fib
-----------------------------------------------------------------------
Public routing table : OSPF
```

```
        Destinations : 7        Routes : 7
OSPF routing table status : <Active>
        Destinations : 7        Routes : 7
Destination/Mask    Proto    Pre    Cost    Flags    NextHop        Interface

    10.1.13.0/24    OSPF     10     2       D        10.1.12.1      GigabitEthernet0/0/0
    10.3.0.0/24     OSPF     10     2       D        10.1.12.1      GigabitEthernet0/0/0
    10.3.1.0/25     OSPF     10     2       D        10.1.12.1      GigabitEthernet0/0/0
    10.3.2.0/26     OSPF     10     2       D        10.1.12.1      GigabitEthernet0/0/0
    10.3.3.0/27     OSPF     10     2       D        10.1.12.1      GigabitEthernet0/0/0
   172.16.0.0/24    O_ASE    150    2       D        10.1.12.1      GigabitEthernet0/0/0
   172.16.1.0/24    O_ASE    150    2       D        10.1.12.1      GigabitEthernet0/0/0

OSPF routing table status : <Inactive>
        Destinations : 0        Routes : 0
```

（2）查看 R3 的 OSPF 路由表信息：

```
[R3]dis ip routing-table protocol ospf
Route Flags: R - relay, D - download to fib
---------------------------------------------------------------------------
Public routing table : OSPF
        Destinations : 7        Routes : 7
OSPF routing table status : <Active>
        Destinations : 7        Routes : 7
Destination/Mask    Proto    Pre    Cost    Flags    NextHop        Interface

    10.1.12.0/24    OSPF     10     2       D        10.1.13.1      GigabitEthernet0/0/0
    10.2.0.0/24     OSPF     10     2       D        10.1.13.1      GigabitEthernet0/0/0
    10.2.1.0/24     OSPF     10     2       D        10.1.13.1      GigabitEthernet0/0/0
    10.2.2.0/24     OSPF     10     2       D        10.1.13.1      GigabitEthernet0/0/0
    10.2.3.0/24     OSPF     10     2       D        10.1.13.1      GigabitEthernet0/0/0
   172.16.0.0/24    O_ASE    150    2       D        10.1.13.1      GigabitEthernet0/0/0
   172.16.1.0/24    O_ASE    150    2       D        10.1.13.1      GigabitEthernet0/0/0

OSPF routing table status : <Inactive>
        Destinations : 0        Routes : 0
```

（3）查看 R4 的 RIP 路由表信息：

```
[R4]dis ip routing-table protocol rip
Route Flags: R - relay, D - download to fib
---------------------------------------------------------------------------
Public routing table : RIP
        Destinations : 5        Routes : 5
RIP routing table status : <Active>
        Destinations : 5        Routes : 5
Destination/Mask    Proto    Pre    Cost    Flags    NextHop         Interface

    10.2.0.0/24     RIP      100    6       D        172.16.14.1     GigabitEthernet0/0/0
    10.3.0.0/24     RIP      100    6       D        172.16.14.1     GigabitEthernet0/0/0
    10.3.1.0/25     RIP      100    6       D        172.16.14.1     GigabitEthernet0/0/0
    10.3.2.0/26     RIP      100    6       D        172.16.14.1     GigabitEthernet0/0/0
    10.3.3.0/27     RIP      100    6       D        172.16.14.1     GigabitEthernet0/0/0
```

```
RIP routing table status : <Inactive>
       Destinations : 0        Routes : 0
```

6. 结果分析

通过对比执行路由策略前后的路由表信息可以看出，R2 和 R3 的 OSPF 路由表中只保留了来自 RIP 路由域的 172.16.0.0 路由和 172.16.1.0 路由；R4 的路由表中只获取了总部 OSPF 路由域中指定的路由。

7. 注意事项

（1）路由策略、IP 地址前缀列表名称区分大小写。

（2）ACL 或 IP 地址前缀列表均可定义路由匹配规则，IP 地址前缀列表可以基于子网掩码及长度进行更灵活的定义。

（3）同一种路由策略需求可能有多种实施方式。

任务 7.4　策略路由配置

7.4.1　任务背景

传统的路由转发原理是根据报文的目的地址查找路由表，然后进行报文转发。在某些情况下，用户希望能够在传统路由转发的基础上，根据自己定义的路径转发报文。

策略路由可以跨过路由表直接控制报文的转发，以达到优化通信路径的目的。本任务采用策略路由技术，来优化通信路径。

7.4.2　准备知识

1. 策略路由基本概念

策略路由（Policy-Based Routing，PBR）是一种依据用户制定的策略进行路由选择的机制。采用策略路由可根据目的地址、协议类型、报文大小、应用、源地址或其他属性，来选择报文转发路径。在转发数据报文时，策略路由优先于路由表。若流量未匹配策略路由，则依据路由表转发。策略路由增强了路由选择的灵活性，可应用于安全、负载分担等通信场景。

如图 7.4.1 所示，通过对 R1 部署策略路由，可对访问 10.1.0.0/24 的流量进行分流，实现负载分担。

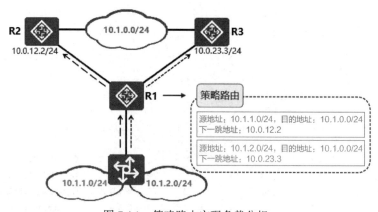

图 7.4.1　策略路由实现负载分担

策略路由与路由策略是不同类型的路由控制技术，都可影响数据报文的转发路径。两者在操作对象、策略制定、策略配置及工具使用上有很大区别。下面分别从这几方面进行对比。

（1）操作对象上：路由策略的操作对象是路由表，执行效果影响的是路由表的生成，进而影响数据转发；策略路由的操作对象是数据报文，直接对报文的转发进行路由控制。

（2）策略制定上：路由策略只能基于目的地址定义匹配规制；策略路由可以基于目的地址、源地址及协议类型等多元组合来定义匹配规则。

（3）策略配置上：路由策略需要与路由协议结合使用；策略路由需要手工指定。

（4）工具使用上：路由策略的工具有 Route-Policy、Filter-Policy；策略路由的工具有 Traffic-Policy、Policy-Based-Route 及其他联动工具。

2．接口策略路由

策略路由可分为本地策略路由、接口策略路由、智能策略路由。

（1）本地策略路由：仅对本地下发的报文进行处理，对转发的报文不起作用。

（2）接口策略路由：只对转发的报文起作用，对本地下发的报文不起作用。

（3）智能策略路由：基于业务需求的策略路由，通过匹配业务流量对链路质量的需求，实现路径智能选择。

本任务只讨论接口策略路由。接口策略路由通过配置路由器重定向，来实现对数据通信路径的控制，并且只对接口入方向的报文生效。在默认情况下，设备按照路由表进行报文转发，若配置了接口策略路由，则设备按照接口策略路由指定的下一跳地址对相关报文进行转发。

3．MQC

MQC（Modular QoS Command-Line Interface，模块化 QoS 命令行接口）用于将具有某类共同特征的报文划分为一类，并为同一类报文提供相同服务，也可用于为不同类报文提供不同服务。

MQC 使用模块化的结构体系，主要部署 QoS。接口路由策略是 MQC 功能之一，可以实现对特定流量执行特定动作。

MQC 的三要素包括流策略、流分类和流行为。

（1）流策略：用来对指定的流分类和流行为进行关联绑定。

（2）流分类：通过定义一组流量匹配规则，对报文进行分类。

（3）流行为：定义针对某类报文做的动作。

一个流策略可以同时绑定多组流分类和流行为。MQC 组成结构如图 7.4.2 所示。

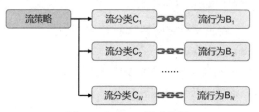

图 7.4.2　MQC 组成结构

4．接口策略路由配置流程

接口策略路由的配置流程分为四个步骤，依次是定义流分类、定义流行为、创建流策略及应用流策略。

（1）定义流分类：使用 if-match 语句，可以基于 ACL 定义一个或多个匹配条件，并且可以设置多条规则的关系为逻辑与或逻辑或。

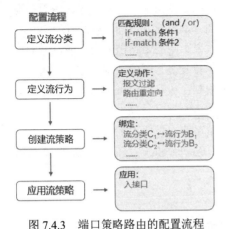

配置流程

定义流分类 → 匹配规则：(and / or)
if-match 条件1
if-match 条件2
......

定义流行为 → 定义动作：
报文过滤
路由重定向
......

创建流策略 → 绑定：
流分类C₁↔流行为B₁
流分类C₂↔流行为B₂
......

应用流策略 → 应用：
入接口

图 7.4.3　端口策略路由的配置流程

（2）定义流行为：可以设置报文过滤、路由器重定向等动作。

（3）创建流策略：对流分类和流行为进行绑定。

（4）应用流策略：在流量入接口应用流策略。

图 7.4.3 所示为接口策略路由的配置流程。

5．策略路由配置命令

（1）创建流分类。

命令：traffic classifier *classifier-name* [operator { and | or }]。

说明：流分类名称区分大小写，默认规则之间的关系为 or。

视图：系统视图。

举例，为 R1 创建流分类 C1：

```
[R1]traffic classifier C1
[R1-classifier-C1]
```

（2）定义流分类的匹配规则。

命令：if-match acl { *acl-number* | *acl-name* }。

说明：可调用基本 ACL 定义或高级 ACL 定义。

视图：流分类视图。

举例，在 R1 的流分类 C1 上定义基于 ACL 3000 的匹配规则：

```
[R1]traffic classifier C1
[R1-classifier-C1]if-match acl 3000
```

（3）创建流行为。

命令：traffic behavior *behavior-name*。

说明：流行为名称区分大小写。

视图：系统视图。

举例，为 R1 创建流行为 B1：

```
[R1]traffic behavior B1
[R1-behavior-B1]
```

（4）设置流行为的动作为将报文重定向到单个下一跳地址。

命令：redirect ip-nexthop *ip-address*。

说明：如果设备上没有下一跳地址对应的 ARP 表项，设备将触发 ARP 学习；若一直学习不到 ARP，则重定向不生效，该报文按照路由表转发。

视图：流行为视图。

举例，在 R1 的流行为 B1 上定义对报文的处理动作是重定向到 1.1.1.1：

```
[R1]traffic behavior B1
[R1-behavior-B1]redirect ip-nexthop 1.1.1.1
```

（5）创建流策略。

命令：traffic policy *policy-name*。

说明：流策略名称区分大小写。

视图：系统视图。

举例，为 R1 创建流策略 P1：

```
[R1]traffic policy P1
[R1-trafficpolicy-P1]
```

（6）绑定流分类和流行为。

命令：classifier *classifier-name* behavior *behavior-name*。

说明：一个流策略下可以同时绑定多组流分类和流行为。

视图：流策略视图。

举例，配置 R1 的流策略 P1 绑定流分类 C1 和流行为 B1，流分类 C2 和流行为 B2：

```
[R1]traffic policy P1
[R1-trafficpolicy-P1]classifier C1 behavior B1
[R1-trafficpolicy-P1]classifier C2 behavior B2
```

（7）在接口上应用流策略。

命令：traffic-policy *policy-name* inbound。

说明：接口流策略只能在接口入方向应用。

视图：接口视图。

举例，在 R1 的 G0/0/1 接口入方向上应用流策略 P1：

```
[R1]int g0/0/1
[R1-GigabitEthernet0/0/1]traffic-policy P1 inbound
```

7.4.3　任务实施

1. 任务目的

（1）理解策略路由的工作原理。

（2）掌握接口策略路由的配置方法。

操作演示

2. 任务描述

某公司网络有多个业务网段，通过两台出口路由器连接 Internet。为优化通信线路，实现可控的负载分担，管理员决定对访问 Internet 的内部网络中的流量基于业务网段进行分流，以提高通信效率。

3. 实施规划

1）拓扑图（见图 7.4.4）

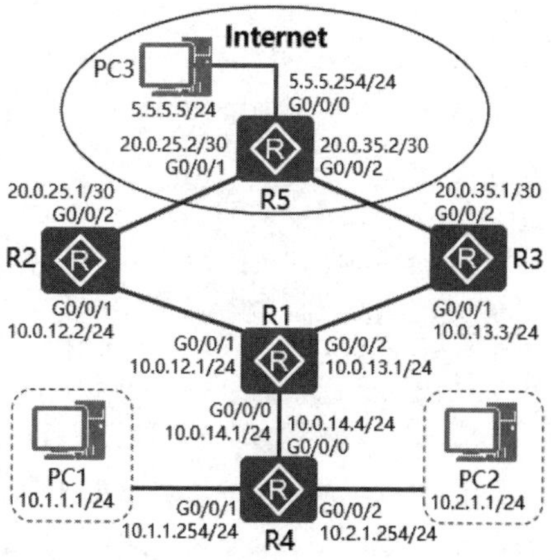

2）操作流程

（1）为设备配置网络参数及路由环境（OSPF）。

（2）R2、R3 为公司网络出口路由器，配置 NAT（Easy IP 方式），PC3 模拟外部网络主机。

（3）对公司业务网段访问外部网络（地址为 5.5.5.5/24）的流量进行分流：10.1.1.0/24 网段的主机通过 R2 访问 Internet；10.2.1.0/24 网段的主机通过 R3 访问 Internet。

图 7.4.4　拓扑图

策略路由实施规划如表 7.4.1 所示。

表 7.4.1　策略路由实施规划

设备	流分类	流行为	流策略
R1	C1：ACL 3001 匹配源地址 10.1.1.0/24	B1：下一跳地址为 10.0.12.2	fenliu：绑定 C1--B1、C2--B2
	C2：ACL 3002 匹配源地址 10.2.1.0/24	B2：下一跳地址为 10.0.13.3	

4．具体步骤

1）配置网络参数及路由环境

（1）为 R1 配置网络参数及路由环境：

```
[R1]int g0/0/0
[R1-GigabitEthernet0/0/0]ip add 10.0.14.1 24
[R1-GigabitEthernet0/0/0]int g0/0/1
[R1-GigabitEthernet0/0/1]ip add 10.0.12.1 24
[R1-GigabitEthernet0/0/1]int g0/0/2
[R1-GigabitEthernet0/0/2]ip add 10.0.13.1 24
[R1-GigabitEthernet0/0/2]ospf 1 router 1.1.1.1
[R1-ospf-1]area 0
[R1-ospf-1-area-0.0.0.0]network 10.0.0.0 0.255.255.255
```

（2）为 R2 配置网络参数及路由环境：

```
[R2]int g0/0/1
[R2-GigabitEthernet0/0/1]ip add 10.0.12.2 24
[R2-GigabitEthernet0/0/1]int g0/0/2
[R2-GigabitEthernet0/0/2]ip add 20.0.25.1 30
[R2-GigabitEthernet0/0/2]ospf 1 router 2.2.2.2
[R2-ospf-1]area 0
[R2-ospf-1-area-0.0.0.0]network 10.0.12.0 0.0.0.255
[R2-ospf-1-area-0.0.0.0]quit
[R2-ospf-1]default-route-advertise
[R2-ospf-1]quit
[R2]ip route-static 0.0.0.0 0.0.0.0 20.0.25.2 preference 100
```

（3）为 R3 配置网络参数及路由环境：

```
[R3]int g0/0/1
[R3-GigabitEthernet0/0/1]ip add 10.0.13.3 24
[R3-GigabitEthernet0/0/1]int g0/0/2
[R3-GigabitEthernet0/0/2]ip add 20.0.35.1 30
[R3-GigabitEthernet0/0/2]ospf 1 router 3.3.3.3
[R3-ospf-1]area 0
[R3-ospf-1-area-0.0.0.0]network 10.0.13.0 0.0.0.255
[R3-ospf-1-area-0.0.0.0]quit
[R3-ospf-1]default-route-advertise
[R3-ospf-1]quit
[R3]ip route-static 0.0.0.0 0.0.0.0 20.0.35.2 preference 100
```

（4）为 R4 配置网络参数及路由环境：

```
[R4]int g0/0/0
[R4-GigabitEthernet0/0/0]ip add 10.0.14.4 24
```

```
[R4-GigabitEthernet0/0/0]int g0/0/1
[R4-GigabitEthernet0/0/1]ip add 10.1.1.254 24
[R4-GigabitEthernet0/0/1]int g0/0/2
[R4-GigabitEthernet0/0/2]ip add 10.2.1.254 24
[R4-GigabitEthernet0/0/2]ospf 1 router 4.4.4.4
[R4-ospf-1]area 0
[R4-ospf-1-area-0.0.0.0]network 10.0.0.0 0.255.255.255
```

（5）为 R5 配置网络参数及路由环境：

```
[R5]int g0/0/1
[R5-GigabitEthernet0/0/1]ip add 20.0.25.2 30
[R5-GigabitEthernet0/0/1]int g0/0/2
[R5-GigabitEthernet0/0/2]ip add 20.0.35.2 30
[R5-GigabitEthernet0/0/2]int g0/0/0
[R5-GigabitEthernet0/0/0]ip add 5.5.5.254 24
```

2）配置 NAT

（1）为 R2 配置 NAT：

```
[R2]acl 2000
[R2-acl-basic-2000]rule permit source any
[R2-acl-basic-2000]int g0/0/2
[R2-GigabitEthernet0/0/2]nat outbound 2000
```

（2）为 R3 配置 NAT：

```
[R3]acl 2000
[R3-acl-basic-2000]rule permit source any
[R3-acl-basic-2000]int g0/0/2
[R3-GigabitEthernet0/0/2]nat outbound 2000
```

3）配置策略路由

（1）为 R1 配置 ACL，匹配上行数据流量：

```
[R1]acl 3001
[R1-acl-adv-3001]rule permit ip source 10.1.1.0 0.0.0.255 destination 5.5.5.5 0
[R1-acl-adv-3001]quit
[R1]acl 3002
[R1-acl-adv-3002]rule permit ip source 10.2.1.0 0.0.0.255 destination 5.5.5.5 0
```

（2）在 R1 上创建流分类：

```
[R1]traffic classifier C1                    //创建流分类 C1
[R1-classifier-C1]if-match acl 3001          //匹配 ACL 3001
[R1-classifier-C1]quit
[R1]traffic classifier C2
[R1-classifier-C2]if-match acl 3002
```

（3）在 R1 上创建流行为：

```
[R1]traffic behavior B1                       //创建流行为 B1
[R1-behavior-B1]redirect ip-nexthop 10.0.12.2  //强制下一跳
[R1-behavior-B1]quit
[R1]traffic behavior B2
[R1-behavior-B2]redirect ip-nexthop 10.0.13.3
```

（4）在 R1 上创建流策略：

```
[R1]traffic policy fenliu                              //创建流策略 fenliu
[R1-trafficpolicy-fenliu]classifier C1 behavior B1    //绑定 C1 和 B1
[R1-trafficpolicy-fenliu]classifier C2 behavior B2
```

（5）在 R1 接口上应用流策略：

```
[R1]int g0/0/0
[R1-GigabitEthernet0/0/0]traffic-policy fenliu inbound  //接口入方向应用
```

5. 实验测试

1）查看流策略信息

（1）查看 R1 的流策略信息：

```
[R1]dis traffic policy user-defined
 User Defined Traffic Policy Information  :
 Policy     : fenliu
  Classifier : C1
   Operator  : OR
    Behavior : B1
     Redirect:
       Redirect ip-nexthop 10.0.12.2
     statistic   : enable

  Classifier : C2
   Operator  : OR
    Behavior : B2
     Redirect:
       Redirect ip-nexthop 10.0.13.3
     statistic: enable
```

（2）查看 R1 的流策略应用记录信息：

```
[R1]dis traffic-policy applied-record
-------------------------------------------------
 Policy Name:  fenliu
 Policy Index: 0
    Classifier:C1      Behavior:B1
    Classifier:C2      Behavior:B2
-------------------------------------------------
 *interface GigabitEthernet0/0/0
    traffic-policy fenliu inbound
    slot 0   : success
-------------------------------------------------
```

2）流量分担测试

（1）PC1 tracert 5.5.5.5：

```
[PC>tracert 5.5.5.5

traceroute to 5.5.5.5, 8 hops max
(ICMP), press Ctrl+C to stop
 1  10.1.1.254    15 ms  <1 ms  16 ms
 2  10.0.14.1     16 ms  15 ms  16 ms
```

```
3    *   *   *
4   20.0.25.2       15 ms  16 ms  47 ms
5   5.5.5.5         15 ms  31 ms  16 ms
```

（2）PC2 tracert 5.5.5.5：

```
[PC>tracert 5.5.5.5

traceroute to 5.5.5.5, 8 hops max
(ICMP), press Ctrl+C to stop
1  10.2.1.254      15 ms  <1 ms  16 ms
2  10.0.14.1       16 ms  15 ms  31 ms
3    *   *   *
4   20.0.35.2       31 ms  15 ms  16 ms
5   5.5.5.5         31 ms  31 ms  32 ms
```

6．结果分析

从各业务终端执行 tracert 命令的回显消息可以看出，内部访问外部网络的流量得到了分流，策略路由配置对数据通信路径产生了影响。

7．注意事项

（1）在配置接口策略路由前，确保路由互通。

（2）重定向动作的流策略只能在接口入方向上应用。

（3）当重定向路由不生效时，数据报文按路由表转发。

参考文献

[1] 华为技术有限公司. HCNP 路由交换实验指南[M]. 北京：人民邮电出版社，2017.

[2] 华为技术有限公司. 网络系统建设与运维（中级）[M]. 北京：人民邮电出版社，2020.

[3] 华为技术有限公司. 网络系统建设与运维（高级）[M]. 北京：人民邮电出版社，2020.

[4] 华为技术有限公司. 数据通信与网络技术[M]. 北京：人民邮电出版社，2021.

[5] 崔升广，等. 网络互联技术项目教程[M]. 北京：人民邮电出版社，2021.

[6] 汪双顶，武春岭，王津. 网络互联技术（理论篇）[M]. 北京：人民邮电出版社，2017.